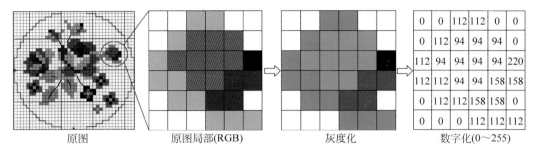

图 5-32　灰度图像的编码方式

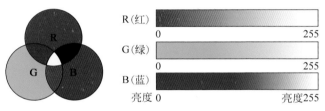

红色：R=255，G=0，B=0
绿色：R=0，G=255，B=0
蓝色：R=0，G=0，B=255
白色：R=255，G=255，B=255
黑色：R=0，G=0，B=0
中国红：R=230，G=0，B=0
桃红色：R=236，G=46，B=140

图 5-33　彩色图像的 RGB 编码方式

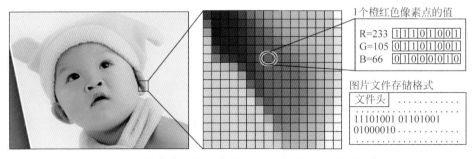

图 5-34　24 位色彩深度图像的编码方式（没有压缩时的编码）

21世纪高等学校计算机专业实用系列教材

计算科学导论

（第2版）

易建勋　刘珺　孙燕　冯桥华　编著

清华大学出版社
北京

内容简介

本书主要介绍计算机硬件工作原理、程序设计方法、计算学科主要研究领域，内容紧扣 ACM/IEEE-CS CS2013 中提出的计算科学核心课程知识点。全书共 8 章，第 1～4 章阐述计算技术发展历程、程序语言的基本结构、软件工程的基本方法、计算思维的基本概念、常用算法思想、计算科学基本理论；第 5～8 章说明计算机主要技术和工作原理，以及计算科学的热门技术。

本书可以作为高等学校计算科学基础教程，读者对象是理工科专业学生，在保持学科广度的同时，兼顾与不同专业相结合。通过阅读本书，相信读者对计算科学会有一个总体认识，并在此基础上，掌握计算思维的方法，学会解决各自专业领域的问题。

图书在版编目（CIP）数据

计算科学导论/易建勋等编著. -- 2 版. -- 北京：清华大学出版社，2025.3. --（21 世纪高等学校计算机专业实用系列教材）. -- ISBN 978-7-302-68636-1

Ⅰ. TP3

中国国家版本馆 CIP 数据核字第 2025JJ0128 号

责任编辑：闫红梅 薛 阳
封面设计：文 静
责任校对：刘惠林
责任印制：刘海龙

出版发行：清华大学出版社
  网 址：https://www.tup.com.cn，https://www.wqxuetang.com
  地 址：北京清华大学学研大厦 A 座   邮 编：100084
  社 总 机：010-83470000   邮 购：010-62786544
  投稿与读者服务：010-62776969，c-service@tup.tsinghua.edu.cn
  质量反馈：010-62772015，zhiliang@tup.tsinghua.edu.cn
  课件下载：https://www.tup.com.cn，010-83470236
印 装 者：河北鹏润印刷有限公司
经 销：全国新华书店
开 本：185mm×260mm   印 张：21 插 页：1   字 数：514 千字
版 次：2022 年 7 月第 1 版 2025 年 5 月第 2 版   印 次：2025 年 5 月第 1 次印刷
印 数：1～1500
定 价：69.00 元

产品编号：106972-01

前　言

本书主要内容包括计算机硬件工作原理、程序设计方法、计算科学的主要研究领域。"计算科学导论"是理工科学生的专业基础课程,本书内容是每个计算科学专业人员都应当了解和掌握的基础知识。

写作目标

本书的写作原则是**介绍基础知识,开阔专业视野**。作者期望达成以下目标。

(1) 说明计算无所不在。本书尽量从商业领域、社会科学领域、日常生活中选取不同的案例(如囚徒困境、网页搜索、平均收入等问题)从不同侧面讲解计算的普遍性。

(2) 讨论解决问题的方法。本书强调用计算思维的方法讨论和分析问题。例如,数学建模讨论中,着重讲解利用计算思维进行建模的方法,而不是数学模型的理论推导和技术实现细节。书中尽量结合计算思维来讨论问题和解决问题。

(3) 介绍专业知识框架。ACM/IEEE-CS 在 CS2013 中提出了计算科学的 18 门核心课程,本书在内容上尽量覆盖这些课程最基本的核心知识点。了解这些核心知识点有利于开阔读者的专业视野。

主要内容

第 1～4 章是本书最基本的核心知识。第 1 章主要介绍计算机的发展历程、计算技术的特征、计算学科的核心课程、计算领域的知识产权、职业道德和规范等内容;第 2 章主要介绍程序语言的演变、程序语言的基本语法、不同程序语言的设计风格、软件工程的基本方法等内容(本书核心内容);第 3 章主要介绍计算思维的基本概念、数学建模的典型案例、可计算理论基本概念、计算复杂性讨论、计算学科经典问题等内容;第 4 章主要介绍算法分析基本方法、常用经典算法介绍、数据结构基本概念等内容。

第 5～8 章可以根据需要选择部分内容进行教学。第 5 章主要介绍信息编码、数理逻辑;第 6 章按层次结构的方法介绍计算机基本工作原理(本书核心内容);第 7 章主要介绍"网络通信""信息安全"等核心课程的基本知识;第 8 章讨论目前计算领域的热门技术,如人工智能、大数据、数据库、区块链、计算社会学等。

几点说明

(1) 明确概念。ACM-IEEE《2020 年计算课程:全球计算教育范例》建议采用"计算"(computing)一词作为计算工程、计算科学等所有计算领域的统一术语。本书缩小了名词计算机(computer)的概念范围:**计算机专指与具体机器相关的概念**,如个人计算机、计算机系统、计算机网络等。**计算(computing)用来表示抽象或整体概念**,如计算科学、计算学科、计算领域、计算技术等。计算一词的内涵和外延都大于计算机。计算学科的核心并不是研究计算机的结构和设计,而是研究计算方法、数据处理和程序设计。计算学科发表的专著和论文等,都反映了计算学科的研究重点。

(2)内容编排。尽管本书有自己的结构体系,但各个主题在很大程度上相对独立。教师完全可以根据不同专业的教学要求,重新调整讲授内容和讲授顺序。本书每章至少讲解两个核心知识。本书对一些理论性问题尽量用图、表、案例的形式加以说明,试图帮助读者加深对所述内容的理解,但是作者也会存在力有不逮的情况。

(3)一家之言。作者力图以严肃认真的态度分析和讨论,但是不免会掺杂一些不成熟的个人看法与意见,如计算工具的发展,计算机类型的划分,第一台电子计算机的发明,软件的分类,对冯·诺依曼计算机结构的阐述,程序控制计算机的思想,并行传输与串行传输的性能比较,电子信号的传输速度,大型计算机集群系统的设计等,对这些内容的理解可能与目前的主流技术观点有所不同,仅是一家之言,期望专家学者们批评指正。

(4)课程困难。导论课程最大的难点在于建立自身的课程内容体系,千万不要使导论课程演变为其他专业课程的内容提要。因此,本书遵循了以下写作原则:一是"**广度优先**"原则。本书讨论范围涉及计算科学的主要核心知识点,例如,本书介绍了当前流行的 10 种编程语言和它们的程序案例;二是"**整体关联**"原则。例如,第 2 章对程序设计进行整体性和关联性介绍,第 6 章对计算机工作原理进行整体性和关联性讨论等;三是"**详简得当**"原则。对今后的一些必修课程(如"C 语言""数据结构"等)进行简单介绍,对专业课程缺少的内容进行详细介绍,如对计算科学特征、软件知识产权、开源软件、职业道德规范、数学建模、计算复杂性、计算机集群、集成电路、量子计算机等内容进行详细讨论。

(5)编程语言。本书对算法说明和实现采用 Python 编程语言。考虑到读者不一定学习过 Python 编程语言,因此本书中的程序案例都进行了详细的语法注释和算法说明,目的是帮助读者快速理解程序。在工程实际中,程序注释不需要说明语法规则和算法思想,而是要说明程序意图或语句参数,增强程序的易读性和可维护性。

(6)教学资源。本书提供了大量课程教学资源,如教学大纲、PPT 教学课件、习题参考答案、程序代码、教学参考文档等。这些资源都打包在"《计算科学导论》(第 2 版)教学资源"目录下,可在清华大学出版社官网下载。

致谢

本书由易建勋(长沙理工大学)、刘珺(河南工程学院)、孙燕(青海民族大学)、冯桥华(安顺职业技术学院)共同编著完成。本书在编写过程中得到了廖寿丰(湖南行政学院)、李冬萍(昆明学院)、周玮(四川工商学院)等老师的支持和帮助,谨在此表示衷心感谢。

由于计算科学技术发展日新月异,加之作者水平有限,书中难免有疏漏和不足之处,恳请各位同仁和读者批评指正。

易建勋

2024 年 1 月 22 日

目　录

VII

第1章 计算工具和计算科学

计算工具的发展经历了漫长的历史进程,科学家们发明了各种计算工具。总体来看,计算工具的发展经历了四个历史阶段:早期计算工具→古典计算机→现代计算机→微型计算机。**计算科学的基本目标是研究存储信息、传输信息和转换信息。**

1.1 计算机的发展

1.1.1 早期的计算工具

1. 人类最早的记数工具

人类最早的计算工具也许是手指和脚趾(见图 1-1),这些计算工具与生俱来,无须任何辅助设施,英语单词 digit 既有数字的意思,也有手指和脚趾的含义。但是手指和脚趾只能计算,不能保存。人类最早保存数字的方法是结绳和刻痕,《周易·系辞》(佚名,传为孔子作)中指出"上古结绳而治,后世圣人易之以书契"(见图 1-2)。1963 年,山西朔县峙峪遗址出土了 2.8 万年前的数百件兽骨,这些兽骨上刻有条痕,并且有分组的特点(见图 1-3)。考古学家贾兰坡认为,这些刻痕很可能是人类最早使用的记数符号。后续的贾湖刻符(8000年前)、双墩刻符(7000 年前)、半坡陶器(6000 年前)上都出现了数字符号。

图 1-1　手指计算

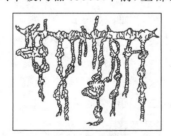
图 1-2　结绳记数

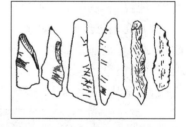
图 1-3　刻痕记数(2.8 万年前)

2. 十进制记数法和位值的概念

世界古代记数体系中,除巴比伦文明为六十进制、玛雅文明为二十进制外,其他均为十进制。5400 年前,古埃及已有十进制记数法,但是没有"位值"的概念(同一个符号位置不同时,表示的值不同)。古埃及、古希腊、古罗马等文明都没有"位值"的概念。例如,古罗马文明使用 7 个基本记数符号: I =1,V=5,X=10,L=50,C=100,D=500,M=1000。例如,XL 表示 50-10=40,LX 表示 50+10=60,DLV 表示 500+50+5=555。

在陕西半坡遗址(距今约 6000 年)出土的陶器上,已经辨认的数字符号有五、六、七、八、

十、二十等。在商代甲骨文中，有一、二、三、四、五、六、七、八、九、十、百、千、万13个记数单字。《甲骨文合集》6057号（甲骨之王）中记有不同位值的数字（见图1-4），这是中国人使用十进制记数法和"位值"概念的典型案例。

中国周代（距今约3200年）时十进制有了明显的"位值"概念。图1-5所示为西周早期青铜器"大盂鼎"，其铭文记载："自驭至于庶人，六百又五十又九夫，易（注：赐）尸司王臣十又三白（注：伯）人鬲（注：俘虏），千又五十夫。"另外，根据"小盂鼎"铭文记载："伐鬼方□□□三人获馘（读[guó]，首级）四千八百[又]二馘。俘人万三千八十一人。俘马□□匹。俘车卅辆。俘牛三百五十五牛。"这里三、五等数都有位值记数功能。

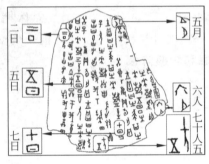 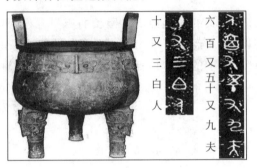

图1-4　《甲骨文合集》6057号摹片　　　　图1-5　西周大盂鼎和铭文中的数字

3. 算筹

算筹是中国古代最早的计算工具之一，成语"运筹帷幄"中的"筹"就是指算筹。南北朝科学家祖冲之（429—500）借助算筹成功地将圆周率计算到了3.1415926～3.1415927。算筹可能起源于周朝，在春秋战国时已经非常普遍。根据史书记载和考古材料发现，古代算筹实际上是一些差不多长短和粗细的小棍子。

4. 九九乘法口诀

中国使用"九九乘法口诀"（简称"九九表"）的时间较早，在《荀子》《管子》《战国策》等古籍中，能找到"三九二十七""六八四十八""四八三十二""六六三十六"等语句。早在春秋战国时，九九表已经开始流行了。九九表广泛用于算筹中进行乘法、除法、开方等运算，明代后改良用在算盘上。如图1-6所示，中国最早发现的九九表实物是湖南湘西出土的秦代木简，上面详细记录了九九乘法口诀。与今天乘法口诀不同，秦简上的九九表不是从"一一得一"开始，而是从"九九八十一"开始，到"二半而一"结束。

图1-6　秦代木简"九九乘法口诀表"和译文

九九表是早期算法之一，它的特点是只用一到十这 10 个数符；九九表包含了乘法的交换性，例如，只需要"八九七十二"，不需要"九八七十二"；九九表只有 45 项口诀。

位值的概念和九九表后来传入高丽、日本等国家，又经过丝绸之路传到印度、波斯，继而流行全世界。**十进制位值概念和九九表算法是古代中国对世界文化的重要贡献。**

5. 算盘

算盘一词并不专指中国的穿珠算盘。从文献资料看，许多文明古国都有过各种形式的算盘，如古希腊的算板、古印度的沙盘等。但是，它们的影响和使用范围都不及中国发明的穿珠算盘。从计算技术角度看，算盘主要有以下进步：一是建立了一套完整的算法规则，如"三下五去二"（算法的早期形式）；二是具有临时存储功能（类似现在的内存），能连续运算；三是出现了五进制，如上档一珠当五；四是可进行十进制四则运算。明代朱载堉用了 15 年的时间计算音乐十二平均律，1584 年他用特制的 81 档大算盘，计算出了最早的十二平均律波长，公比数为 $\sqrt[12]{2} = 1.059\ 463\ 094\ 359\ 295\ 3$，由这个公比数可以计算出十二律中各律的音高。2013 年，中国穿珠算盘被联合国公布为人类非物质文化遗产。

中国算盘起源于何时？珠算专家华印椿认为中国算盘由算筹演变而来，也有外国学者认为由古希腊算板演变而来，具体来源至今没有定论。1976 年，陕西岐山凤雏出土了距今约 3100 年（周文王时代）的 90 粒三色陶丸（见图 1-7）。"珠算"一词最早见于东汉三国时期徐岳《数术记遗》一书，书中所述："刘会稽（注：刘洪，129—210），博学多闻，偏于数学……隶首注术，乃有多种，其一珠算。"当代珠算史专家李培业结合古籍，提出陶丸系西周计算工具之说。中国古代泥制算盘的推理复原如图 1-8 所示。

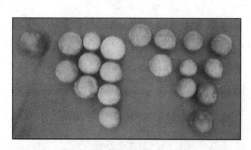

图 1-7　3100 年前的陶丸

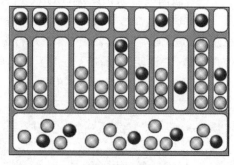

图 1-8　泥制算盘推理图

6. 提花机穿孔卡片：程序最早的起源

中国东汉时期，出现了花本式提花机（成都老官山汉墓出土的提花织机见图 1-9），花本是存储织锦纹样的部件，可以循环使用。东汉王逸（约 89—158）在《机妇赋》诗歌中记载了"至于织机，功用大矣"。花本式提花机在 11—12 世纪传到了欧洲，现代提花机称为贾卡织机（即雅卡尔提花机），是为了纪念约瑟夫·玛丽·雅卡尔（Joseph Marie Jacquard）对于提花机改进的贡献。雅卡尔并非提花机的最早发明者，而是将前人技术进行整合的集大成者。雅卡尔提花机用穿孔卡片控制织机的经线和纬线，穿孔卡片也就是最早的程序形式（见图 1-10），直到 20 世纪 70 年代，计算机一直采用穿孔卡片形式的程序。

1.1.2　古典计算机的发展

算盘作为主要计算工具，流行了相当长一段时间，直到 17 世纪，欧洲科学家兴起了研究

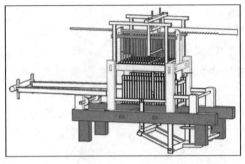

图 1-9　汉墓出土提花织机现代复原图　　　　图 1-10　雅卡尔提花机穿孔卡片

计算机器热潮。当时，法国数学家笛卡儿（René Descartes）曾经预言："**总有一天，人类会造出一些举止与人一样没有灵魂的机械来。**"

1. 机器计算的萌芽

1614 年，苏格兰数学家约翰·纳皮尔（John Napier）发明了对数，对数能够将乘法运算转换为加法运算。他还发明了简化乘法运算的纳皮尔算筹。

1623 年，德国的威廉·席卡德（Wilhelm Schickard）教授在给天文学家开普勒（Kepler）的信中讲到，自己设计了一种能做四则运算的机器（注：没有实物佐证）。

1630 年，英国的威廉·奥特雷德（William Oughtred）发明了圆形计算尺。

2. 帕斯卡加法机

1642 年，法国数学家帕斯卡（Blaise Pascal）制造了第一台能进行 6 位十进制加法运算的机器（见图 1-11），加法机在巴黎博览会展出期间引起了轰动。加法机引入了沿用至今的补码思想，但是它没有存储器，也不能进行编程控制。**加法机发明的意义远远超出了机器本身的使用价值，它证明了以前认为需要人类思维的计算过程，完全能够由机器自动实现，从此欧洲兴起了制造"思维工具"的热潮。**

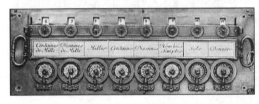

图 1-11　帕斯卡发明的加法机和它的内部齿轮结构（1642 年）

3. 莱布尼茨的二进制思想

1674 年，德国科学家莱布尼茨（Gottfried Wilhelm Leibniz）研制了一台机器，这台机器能够驱动轮子和滚筒进行四则运算（见图 1-12）。莱布尼茨还迷上了用定理证明的自动逻辑推理，他描述了一种能够解代数方程的机器，并且能够利用这种机器生成逻辑上的正确结论。莱布尼茨在《通用的特性和演算推理者》一文中描述："如果出现争议，两个哲学家之间就不需要争论，而是像两个会计师一样，手里拿着铅笔，坐下来就足够了，用他们的石板互相说'让我们计算一下'。"他希望这台机器可以使科学知识的产生变成全自动的推理演算过程，这反映了现代数理逻辑演绎和证明的思想。

1679 年，莱布尼茨在"1 与 0，一切数字的神奇渊源"的论文中断言：**"二进制是具有世界**

普遍性的、最完美的逻辑语言。"1701 年，他写信给当时在北京的神父闵明我（Domingo Fernández de Navarrete）和白晋（Joachim Bouvet），告知他们，自己发明的二进制可以解释中国《周易》中的阴阳八卦，莱布尼茨希望引起他心目中"算术爱好者"康熙皇帝的兴趣。莱布尼茨的二进制具有四则运算功能（见图 1-13），而八卦没有运算功能。

图 1-12　莱布尼茨四则运算机器（1674 年）

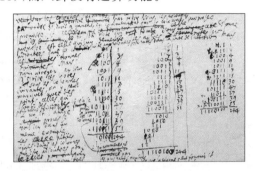
图 1-13　莱布尼茨二进制运算手稿

4. 巴贝奇自动计算机器

（1）差分机设计制造。18 世纪末，法国数学界组织了大批数学家，经过长期的艰苦奋斗，终于完成了 17 卷《数学用表》的编制。但是手工计算的数据表格出现了大量错误，这件事情强烈刺激了英国剑桥大学的数学家查尔斯·巴贝奇（Charles Babbage，见图 1-14）。巴贝奇经过整整 10 年的反复研制，终于在 1822 年成功研制了第一台差分机（见图 1-15），差分机由英国政府出资、工匠克莱门特（Joseph Clement）打造，估计有 25 000 个零件，重达 4t。差分机是一种专门用来计算特定多项式函数值的机器，"差分"的含义是将函数表的复杂计算转化为差分运算，用简单的加法代替平方运算，巴贝奇在差分机中使用了并行加法计算。差分机专用于编制三角函数表、航海计算表等。1862 年，伦敦世博会展出了巴贝奇的差分机。

图 1-14　巴贝奇（1791—1871）

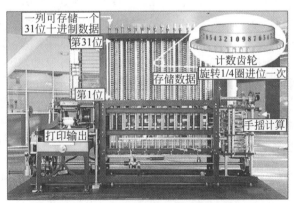
图 1-15　巴贝奇差分机现代复原模型

1843 年，瑞典人佩尔·乔治·舒茨（Per Georg Scheutz）借鉴巴贝奇的设计，建成了一台支持 5 位数、3 次差分的差分机；1853 年他又建成了支持 15 位数、4 次差分的机器。瑞典、英国、美国、德国等国家在 1859—1931 年都成功建造过差分机。

（2）分析机基本结构。分析机是巴贝奇设计的通用计算机，它有四部分：第一部分是

计算工具和计算科学

用于存储数据的装置，巴贝奇称为"仓库"（store），它相当于现在中央处理器（central processing unit，CPU）中的寄存器（数据暂存装置），这部分是对差分机计数装置的改进。第二部分是负责四则运算的装置，巴贝奇称为"工场"（mill），它相当于现在 CPU 中的算术运算器，这部分的结构非常复杂，巴贝奇针对乘除法还做了一些优化。第三部分是控制操作顺序、选择所需处理数据和输出结果的装置，巴贝奇没有为它起名字，它是分析机中的控制器。在第四部分，巴贝奇将穿孔卡片引入了计算机领域，用于控制数据输入和输出。1801年，巴贝奇在巴黎博览会上看到了雅卡尔提花机，对此印象深刻，他想到可以将穿孔卡片用到分析机中。分析机中的输入数据、存储地址、运算类型都使用穿孔卡片表示，它可以运行条件、转移、循环等语句。巴贝奇首次将运行步骤从机器上剥离，依靠随时可以替换的穿孔卡片指挥机器工作，实现了机器的可编程性。分析机从卡片读取数据到存储器，再将存储器中的数据传输到运算器，运算器计算完成后又将数据传回存储器。

分析机是第一台通用型计算机，它具备了现代程序控制计算机的基本特征。巴贝奇尝试将一些数送入机器，然后期待另外一些数从机器里冒出来。按现在的说法，巴贝奇尝试向机器提出问题，然后期望机器给出一个合理的答案。遗憾的是，巴贝奇直到去世也没有制造出分析机。虽然分析机没有制造成功，但它是机器时代最伟大的智力成就之一。巴贝奇因此家财散尽，贫困潦倒而终，巴贝奇是思想领先于时代的悲剧。

（3）巴贝奇对计算科学的贡献。分析机的设计思想非常具有前瞻性，在当今计算机系统中依然随处可见。一是分析机是一种通用型计算机（差分机是专用机器）；二是核心引擎采用数字计算设计，而非模拟计算方式；三是软件与硬件分离设计（用穿孔卡片编程），而非软件与硬件一体化设计；四是计算与存储的分离结构（分析机采用齿轮存储）；五是巴贝奇提出了程序语言的概念，1826 年，巴贝奇在《论一种利用符号表示机械动作的方法》论文中指出："日常语言的形式实在太过冗赘而难当此任。而符号，如果选择得当、应用广泛的话，将会以一种通用语言的姿态出现。"

图灵在"计算机器与智能"一文中评价道："**分析机实际上是一台万能数字计算机**。"巴贝奇以他天才的思想提出了类似于现代计算机的逻辑结构（见图 1-16），图灵、冯·诺依曼、香农（Claude Elwood Shannon）等科学家都非常推崇巴贝奇。**巴贝奇被人们公认为计算机之父**。分析机将抽象的代数关系看成可以由机器实现的实体，而且可以机械地操作这些实体，最终通过机器得出计算结果。这实现了亚里士多德和莱布尼茨描述的"形式的抽象和操作"。

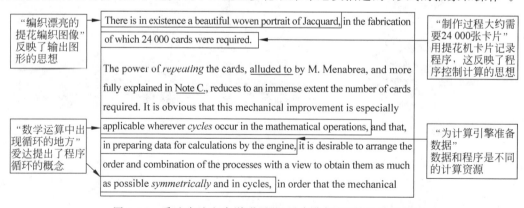

图 1-16 爱达在论文中说明了"巴贝奇分析机"的设计思想

5. 布尔与数理逻辑

英国数学家乔治·布尔（George Boole）终身没有接触过计算机，但他的研究成果为现代计算科学提供了重要的数学方法。布尔在《逻辑的数学分析》（1847年）和《思维规律的研究》（1854年）两部著作中，建立了一个完整的二进制代数理论体系。

布尔有以下贡献：第一，将亚里士多德的形式逻辑转化成了一种代数运算，实现了莱布尼茨对逻辑进行代数演算的设想；第二，用0和1构建了二进制代数系统（布尔代数），为现代计算领域提供了数学理论和方法；第三，用二进制描述和处理各种逻辑命题（二值逻辑），将人类的逻辑思维简化为二进制代数运算，推动了现代数理逻辑的发展。

1.1.3 现代计算机的发展

计算科学最重要的代表人物有阿兰·图灵（Alan Mathison Turing，见图1-17）和冯·诺依曼（John von Neumann，见图1-18），图灵是计算科学理论的创始人，冯·诺依曼是计算科学工程技术的先驱人物。国际计算协会（association for computing machinery，ACM）于1966年设立了"图灵奖"，奖励那些对计算科学做出重要贡献的个人；国际电子和电气工程师协会（institute of electrical and electronics engineers，IEEE）于1990年设立了"冯·诺依曼奖"，表彰在计算科学和工程技术领域具有杰出成就的科学家。

图1-17　阿兰·图灵（1912—1954）

图1-18　冯·诺依曼（1903—1957）

1. 图灵对现代计算科学的贡献

图灵在计算科学领域的主要研究成果如下。

（1）图灵机是一种通用的计算理论模型，它能模拟实际计算机的所有计算行为，为现代计算科学提供了理论基础。

（2）著名的图灵测试为人工智能科学提供了开创性的构思。

（3）图灵用"停机问题"的不可判定性，推论出一阶逻辑的不可判定性。

（4）图灵对不可判定性与非递归性问题的研究成果，为可计算理论奠定了基础。

2. 冯·诺依曼对现代计算科学的贡献

冯·诺依曼在计算科学领域的主要研究成果如下。

（1）在设计计算机过程中，不断发表相关技术论文，并且特别注明放弃专利，供大家免费使用。冯·诺依曼计算机结构是现代计算机设计的重要方法。

（2）"存储程序"的理论实现了程序控制计算机这一重要的设计思想。

（3）博弈论决策模型为计算科学在社会科学领域的应用提供了广阔前景。

（4）蒙特卡洛算法是计算科学最常用的算法之一，也是机器学习的基本方法。

（5）自动细胞机理论为生物繁殖、人工智能等领域提供了计算模拟的方法。

（6）在计算数学、量子力学等领域做出了开创性研究。

3. 第一台现代电子数字计算机 ABC

第一台现代二进制电子数字计算机是阿塔纳索夫-贝瑞计算机（Atanasoff-Berry computer，ABC），它是美国爱荷华州立大学物理系副教授阿塔纳索夫（John Vincent Atanasoff）和他的研究生克利福特·贝瑞（Clifford Berry），在 1939—1942 年成功研制的第一代样机（见图 1-19）。ABC 包含了 300 个电子管，采用电容器进行数据存储，主要用于求解代数方程组。1990 年，阿塔纳索夫因此获得了"美国国家科技奖"。

图 1-19　ABC 计算机复原模型（1942 年）

ABC 计算机采用二进制电路进行运算；存储系统采用不断充电的电容器，具有数据记忆功能；输入系统采用了 IBM 公司的穿孔卡片；输出系统采用高压电弧烧孔卡片。通过对 ABC 的设计，阿塔纳索夫提出了现代计算机设计最重要的三个基本原则。

（1）以二进制方式实现数字运算和逻辑运算，以保证运算精度。

（2）利用电子技术实现控制和运算，以保证运算速度。

（3）采用计算功能与存储功能的分离结构，以简化计算机设计。

4. ENIAC 计算机

1946 年，美国宾夕法尼亚大学莫尔学院 36 岁的莫克利（John Mauchly）教授和他的学生埃克特（Presper Eckert），成功研制出了 ENIAC 计算机（见图 1-20）。ENIAC 虽然不是第一台电子计算机，但是在计算机发展历史中影响很大。ENIAC 没有采用二进制计算，而是采用了十进制计算。ENIAC 主要器件是电子管，程序控制采用外接线路等形式实现。ENIAC 没有存储器，只有 20 个 10 位十进制数的寄存器。输入/输出设

图 1-20　ENIAC 计算机（1946 年）

备有穿孔卡片、指示灯、开关等。ENIAC 做一个 2s 的计算需要两天时间进行准备工作。

5. 冯·诺依曼与 101 报告

1944 年，冯·诺依曼专程到莫尔学院参观了没有完成的 ENIAC 计算机，并参加了为改进 ENIAC 而举行的一系列专家会议。冯·诺依曼对 ENIAC 的不足之处进行了认真分析，并讨论了全新的存储程序通用计算机设计方案。当军方要求设计一台比 ENIAC 性能更好的计算机时，他提出了 EDVAC 计算机设计方案。1945 年，冯·诺依曼发表了著名的《EDVAC 计算机报告书的第一份草案》（*First Draft of a Report on the EDVAC*）论文，这篇 101 页的论文又称为 101 报告。在 101 报告中，**冯·诺依曼提出了计算机的基本结构，以及存储程序的设计思想**。1946 年，冯·诺依曼和戈尔斯廷（Goldstein）在 101 报告的基础上，提出了一个更加完善的计算机设计报告"电子计算机逻辑设计初探"。以上两份是既有

理论分析又有具体设计的文件,形成了著名的"冯·诺依曼计算机结构"理论。

6. 三进制计算机的研究

1956 年,苏联科学院院士舍盖·索伯列夫(Сергéй Львóвич Сóболев)主持研制成了三进制计算机。三进制计算机建立在三种电压状态上,即正电压 1、零电压 0、负电压−1。三进制数的特点是对称,即相反数的一致性,它没有无符号数的概念。逻辑学中,三进制符号 1 代表真,符号−1 代表假,符号 0 代表未知,这种逻辑表达方式更适合人工智能的研究。1958 年,莫斯科大学建造了第一台三进制计算机;1960 年,Сетунь(塞通,河流名)三进制计算机通过了公测(主要部件是磁芯和二极管)。苏联官方对这个产品持否定态度,并勒令停产。到 1970 年,Сетунь 三进制计算机一共生产了 150 台左右。

7. IBM System 360 计算机

早期计算机的设计、生产和应用相互交叠、不可分割。每开发一款新计算机,指令集、外围设备、应用软件等都要从头做起。当时计算机都是独立产品,软、硬件互不兼容,不能通用。用户一旦更换不同的计算机,就必须重新改写原来的程序或软件。计算机系统的兼容问题成了计算产业发展中最突出的障碍。

1964 年,IBM 公司推出的 IBM System 360 是现代计算机最经典的产品(见图 1-21)。它是计算机设计思想和计算机产业史的一个转折点,**IBM System 360 最大的技术突破是实现了模块化设计和指令集兼容性**。IBM System 360 采用晶体管和集成电路作为主要器件;它开发了经典的 IBM OS/360 分时操作系统,可以在一台主机中运行多道程序;它第一次开始了计算机产品的通用化、系列化设计,从此有了兼容的重要概念;它解决了并行二进制计算和串行十进制计算的矛盾;它的寻址空间达到了 $2^{24}=16MB$,这在当时看来简直是一个天文数字。

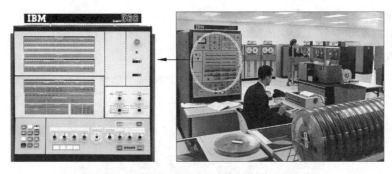

图 1-21　IBM System 360 计算机系统(1964 年)

开发 IBM System 360 是世界历史上的一次豪赌。为了研发这台计算机,IBM 公司征召了 6 万多名新员工,创建了 5 座新工厂,耗资 50 亿美元(十多年前的原子弹"曼哈顿工程"才花费了 20 亿美元),历时 5 年时间进行研制,而出货时间不断延迟。IBM System 360 总负责人是布鲁克斯(Frederick P. Brooks,1999 年获图灵奖),硬件结构设计师是阿姆达尔(Gene Amdahl),当时参加项目的软件工程师超过 2000 人,编写了将近 100 万行源程序代码。布鲁克斯根据项目开发经验,写出了《人月神话:软件项目管理之道》一书,记述了人类工程史上一项里程碑式的大型复杂软件系统开发的经验。

现代计算机诞生后,基本元器件经历了电子管、晶体管、中小规模集成电路、大规模和超大规模集成电路四个发展阶段(有专家认为它们是四代计算机)。计算机运算速度显著提

计算工具和计算科学

高,存储容量大幅增加。同时,软件技术也有了较大发展,出现了操作系统、编译系统、高级程序设计语言、数据库等系统软件,计算科学的应用进入许多领域。

1.1.4 微型计算机的发展

1. 早期微机研究

微机又称个人计算机,**现代计算机的普及得益于台式微机的发展。**

1965年,意大利Olivetti公司推出了Programma 101台式计算机。这台计算机质量为35kg,可以放在办公桌上。它没有显示器,使用磁卡和小型打印机作为输入/输出设备。虽然它不是一台微型计算机(没有微处理器芯片),但它是计算机小型化的良好开端。

图1-22　Intel 4004 CPU(1971年)

1971年,Intel公司的特德·霍夫(Ted Hoff)设计了世界上首个CPU芯片Intel 4004(见图1-22)。同时,Intel公司还推出了配套的4001(只读存储器ROM)、4002(随机存储器RAM)、4003(移位寄存器I/O)等,这些产品可以处理4位二进制数。

1975年,施乐公司的泰克(Charles P. Thacker)设计了桌面微机Alto(奥拓)。这台微机具备了大量创新元素,包括显示器、图形用户界面、鼠标,以及"所见即所得"的文本编辑器等。机器成本为1.2万美元,遗憾的是这台微机没有进行量产化推广。

2. 牵牛星微机 Altair 8800

1975年推出的牵牛星(Altair 8800)是第一款批量生产的通用型微机。如图1-23所示,最初的Altair 8800微机包括一个Intel 8080微处理器、256B存储器(后来增加到64KB)、一个电源、一个机箱,以及有大量开关和显示灯的面板。Altair 8800微机售价为395美元,比当时的大型计算机便宜。Altair 8800微机造成了极大的市场轰动效应,1975年第一季度,Altair 8800微机的订单金额就超过了100万美元。

图1-23　Altair 8800微机(1975年)

Altair 8800微机发明人爱德华·罗伯茨(Edward Roberts)是美国业余计算机爱好者,是当时"计算机解放"运动的倡导者之一。Altair 8800微机非常简陋,它既没有输入数据的键盘,也没有输出计算结果的显示器。使用者需要用手拨动面板上的开关,将二进制数0或1输入机器。计算完成后,面板上几排小灯忽明忽灭,用发出的灯光信号表示计算结果。

Altair 8800更像一台简陋的游戏机,它只能勉强算是一台计算机。现在看来,正是这台简陋的Altair 8800,掀起了一场改变整个计算机世界的革命。Altair 8800极大地推动了微机工业体系的发展,并带动了一批软件开发商(如微软公司)和硬件开发商(如苹果公司)

的成长。它的以下设计思想直到今天仍然具有重要的指导意义。

（1）**开放式设计思想**。如开放系统结构、放弃总线专利、保持兼容性等。

（2）**微型化设计方法**。如追求产品的短小轻薄,使产品进入家庭用户等。

（3）**代工生产方式**。如核心部件采购、通用部件定制、成品贴牌生产等。

（4）**DIY 营销模式**（do it yourself,自己动手制作）。如提倡个人组装微机等。

（5）**保证易用性**。如产品通用化、开机即用、非专业人员使用等。

3. 个人计算机 IBM PC 5150

微机发展初期,大型计算机公司对它不屑一顾,认为那只是计算机爱好者的玩具而已。直到苹果公司 Apple Ⅱ 微机在市场取得了极大的成功,并由此获得了巨大的经济利益,才使得大型计算机公司 IBM 开始坐立不安。

1981 年,IBM 公司推出了第一台个人计算机 IBM PC 5150（见图 1-24）,IBM 公司将这台计算机命名为个人计算机（personal computer,PC）。它采用 Intel 8088 CPU（16 位）,内存为 16KB,外存为两个 5.25 英寸[①]的 360KB 软盘（见图 1-24）,显示器为 12 英寸的 CRT,操作系统为微软公司的 MS-DOS（见图 1-24）。计算机终于突破了只为业余计算机爱好者使用的局面,PC 迅速普及工程技术领域和商业领域。直到今天,我们仍然在使用 PC 兼容产品,而且主机、显示器、键盘三大件也没有本质的变化。

图 1-24　IBM PC 5150 微机、软盘和 DOS 操作系统（1981 年）

1.2　计算机的类型

计算工业的迅速发展,促进了计算机类型的一再分化。从产品组成部件来看,计算机主要采用半导体集成电路芯片;从产品形式来看,主要以 PC 作为市场典型产品。

1.2.1　类型与特点

1. 计算机的定义

计算机发明之前,computer 一词早已存在,它用来表示负责计算的个人。第二次世界大战期间,美军有计算师（computer）的职务,他们的任务是为炮兵计算远程大炮的射程落点。中文"计算"一词出自司马迁《史记·平准书》:"桑弘羊以计算用事。"

现代计算机是一种在程序控制下进行通用计算,并且具有数字化信息存储和处理能力的电子设备。从定义可以看出,计算机由硬件（电子设备）和软件（程序）两部分组成;计算

---

①　英寸:1in＝25.4mm。

机由程序控制运行;它的工作方式是数字计算;它的功能是存储和处理信息。

"电脑"一词是互联网流行语,最早来源于 1965 年中国台湾范光陵教授的著作《电脑和你》,文中将英文 electronic computer 译名为"电脑"。

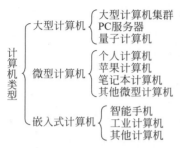

图 1-25 计算机的基本类型

2. 计算机的类型

计算机产业发展迅速,技术不断更新,性能不断提高。因此,很难对计算机进行精确的类型划分。如果按照目前计算机产品的市场应用划分,大致可以分为大型计算机、微型计算机、嵌入式计算机等类型(见图 1-25)。

3. 各种类型计算机的特点

(1) 大型计算机由成千上万台 PC 服务器联网组成,每台 PC 服务器都安装有 Linux 操作系统,都可以独立运行。**大型计算机主要用于计算密集型领域**。大型计算机由于投资大,体积大,运行能耗高,因此要求计算机采用并行计算,并且应尽可能提高设备的利用率。

(2) 微型计算机体积较小,价格低,应用领域非常广泛。个人计算机大多采用 Windows 操作系统;平板计算机的操作系统(Operating System,OS)有 iOS(苹果操作系统)、安卓(Android)等。**微型计算机通用性较强,因此要求价格便宜,易用性好**。

(3) 嵌入式计算机中,智能手机是近年发展起来的一种智能移动计算设备,操作系统主要采用 Android 和 iOS 等。智能手机受体积大小限制,要求发热小,以节约电能。工业计算机大部分是嵌入式系统,这些计算机大多安装在专用设备内,大小不一,专用性较强。**嵌入式计算机由于使用环境恶劣,维护困难,因此对可靠性要求较高**。

1.2.2 大型计算机

1. 计算机集群技术

在大型计算机设计领域,计算机集群的研制成本只有专用大型计算机的几十分之一,因此世界 500 强计算机都采用集群结构,只有个别用于探索的大型机采用专用结构。

计算机集群是将多台(几百台到十几万台)独立的 PC 服务器(每台机器都可独立运行),通过高速局域网组成一个机群,并以集群系统模式进行管理,使多台计算机像一台超级计算机那样统一管理和并行计算。集群中运行的单台计算机并不一定是高档计算机,但集群系统却可以提供高性能和不停机服务。集群中每台计算机都承担部分计算任务,因此整个系统计算能力非常强。集群系统有很好的容错功能,当集群中某台计算机出现故障时,系统可将这台计算机隔离,并通过负载转移机制,实现新的负载均衡。

2. "天河 2 号"超级计算机

图 1-26 所示为我国国防科技大学研制的"天河 2 号"超级计算机,2013—2015 年连续三年排名世界 500 强计算机第 1 名。"天河 2 号"共有 16 000 个计算节点,安装在 125 个机柜内;每个机柜容纳 4 个机框,每个机框容纳 16 块主板,每个主板有 2 个计算节点;每个计算节点配备 2 颗 Intel Xeon E5 12 核心的 CPU,3 个 Xeon Phi 57 核心的协处理器。"天河 2 号"使用光电混合网络传输技术,由 13 个大型路由器通过 576 个连接端口与各个计算节点互联。"天河 2 号"采用麒麟操作系统(基于 Linux 内核),最大功耗约 17.8MW。

图 1-26 "天河 2 号"超级计算机集群系统

3. PC 服务器

PC 服务器是性能和可靠性增强的 PC,它是组成大型计算机集群的核心设备。PC 服务器有机箱式、刀片式和机架式。机箱式服务器体积较大,便于今后扩充硬盘等输入输出(I/O)设备(见图 1-27);刀片式服务器结构紧凑,但是散热性较差(见图 1-28);机架式服务器体积较小,尺寸标准化,便于在机柜中扩充(见图 1-29)。PC 服务器一般运行在 Linux 或 Windows Server 操作系统下,软件和硬件上都与 PC 兼容。PC 服务器往往采用高性能 CPU(如"至强"系列 CPU),甚至采用多 CPU 结构。内存容量一般较大,而且要求具有错误校验(error correcting code,ECC)功能。硬盘也采用支持热拔插的硬盘或者固态盘。大部分服务器需要全年不间断工作,因此往往采用冗余电源和冗余风扇。PC 服务器主要用于网络服务,对数据处理能力和系统稳定性有很高要求。

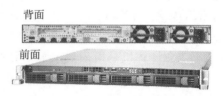

图 1-27 机箱式服务器　　　　图 1-28 刀片式服务器　　　　图 1-29 机架式服务器

1.2.3 微型计算机

1. 台式计算机

大部分台式计算机采用 Intel 公司的 CPU 作为核心部件,凡是能够兼容 IBM PC 的计算机都称为 PC。目前台式计算机基本采用 Intel 和 AMD 公司的 CPU 产品,这两家公司的 CPU 都兼容 Intel 公司 x86 系列指令系统。Intel 之所以授权 AMD 使用 x86 指令系统,一是避免陷入反垄断官司,二是军方招标产品都要求提供备用厂商。

台式计算机应用广泛,应用软件也最为丰富,有很好的性价比。目前,台式计算机在计算领域取得了巨大的成功,**台式计算机成功的原因在于拥有海量应用软件,以及优秀的兼容能力,而低价、高性能一直是台式计算机的市场竞争法宝。**

2. 笔记本电脑

笔记本电脑主要用于移动办公,具有短小轻薄的特点。笔记本计算机在软件上与台式计算机完全兼容,硬件上虽然按 PC 设计规范制造,但受到体积限制,不同厂商之间的产品不能互换,硬件兼容性较差。在与台式计算机相同的配置下,笔记本电脑的性能要低于台式计算机,价格要高于台式计算机。笔记本电脑屏幕在 10～15in,质量在 1～3kg。笔记本电脑都具有无线局域网功能。

3. 平板电脑

平板电脑(Tablet PC)于 2002 年由微软公司最先推出。平板电脑是一种小型、方便携带的个人计算机。平板电脑最典型的产品是苹果公司的 iPad。平板电脑在外观上只有一本杂志大小,目前主要采用苹果和安卓操作系统,它以触摸屏作为基本操作设备,所有操作都通过手指或手写笔完成,而不是传统键盘或鼠标。平板电脑一般用于阅读、上网、简单游戏等。平板电脑的应用软件专用性强,这些软件不能在台式计算机或笔记本电脑上运行,台式计算机上的软件也不能在平板电脑中运行。

1.2.4 嵌入式计算机

1. 嵌入式计算机的特征

嵌入式系统是一个外延极广的名词,"嵌入"的含义是将计算机设计和制造在专业设备内部,**嵌入式计算机是为特定应用而设计的计算机**。常见的嵌入式计算机有工业计算机、智能手机,以及专用设备中的计算机(如商场的收银机)等。

计算机是嵌入式系统(或产品)的核心控制部件,大部分嵌入式计算机不具备通用计算机的外观形态。例如,没有通用的键盘和鼠标,一般通过开关、按钮、专用键盘、触摸屏等进行操作。嵌入式计算机以应用为中心,计算机的硬件和软件根据需要进行"裁剪",以适用于产品的功能、性能、可靠性、成本、体积、功耗等特殊要求。嵌入式计算机一般由微处理器(MPU)、硬件设备、嵌入式操作系统以及应用软件四部分组成。

2. 工业计算机

工业计算机是指采用工业总线标准结构的计算机。工业计算机采用与 PC 相同的部件,如 CPU、内存、固态盘、电子元件等,但是它们的机箱和主板结构与 PC 完全不同(见图 1-30)。工业计算机广泛用于工业、商业、农业、军事等领域。

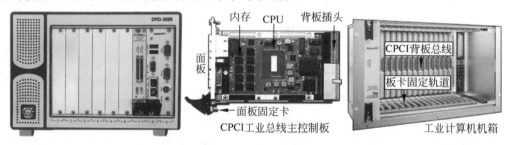

图 1-30　CPCI 工业总线计算机

(1) 工业计算机的类型。目前流行的工业计算机主要有三大系列:CompactPCI(紧凑型 PCI 标准,CPCI 标准)总线工业计算机(见图 1-31),或者改进的 CompactPCIE(紧凑型 PCI-E 标准)总线工业计算机,产品广泛用于工业、商业等领域;VPX(VME 国际贸易协会标准)总线工业计算机(见图 1-32),产品广泛用于军工、航空领域;AdvancedTCA(先进电信计算机结构标准,ATCA 标准)总线工业计算机(见图 1-33),产品主要用于网络和通信领域。

(2) 工业计算机的特点。工业计算机往往工作在粉尘、烟雾、高/低温、潮湿、震动、腐蚀等

| 图 1-31　CPCI 总线工业(军用)
计算机 | 图 1-32　VPX 总线工业(航空)
计算机 | 图 1-33　ATCA 总线工业(电信)
计算机 |

环境中,因此对系统可靠性要求很高。工业计算机需要对工作状态的变化给予快速响应,因此对实时性也有严格要求。工业计算机有很强的输入/输出功能,可扩充符合工业总线标准的板卡,完成工业现场的设备监测、数据采集、设备控制等任务。

(3) 工业计算机发展趋势。早期工业计算机总线标准繁多,产品兼容性不好。早期工业计算机往往采用专用硬件结构、专用软件系统、专用网络系统等技术。**目前工业计算机越来越PC化**,如采用 x86 系列 CPU(如 Intel、AMD 公司的 CPU)、采用高速串行传输标准(peripheral component interconnect express,PCI-E)总线、采用主流操作系统(如 Linux、Windows)、采用工业以太网(如支持 TCP/IP 网络协议)、支持主流程序设计语言(如 C,C++、Java、Python)等。

3. 智能手机

智能手机完全符合计算机关于“程序控制”和“信息处理”的定义,而且具有数量庞大的应用程序(Application,App),目前智能手机是移动计算的最佳终端。智能手机作为一种大众化计算机产品,性能越来越强大,应用领域越来越广泛。

(1) 智能手机的发展。1992 年,苹果公司推出了第一个掌上微机 Newton(牛顿),它具有日历、行程表、时钟、计算器、记事本、游戏等功能,但是没有手机的通信功能。第一部智能手机 IBM Simon(西蒙)诞生于 1993 年,它由 IBM 与 BellSouth 公司合作制造。它集当时的手提电话、个人数字助理(PDA)、传呼机、传真机、日历、行程表、世界时钟、计算器、记事本、电子邮件、游戏等功能于一身。IBM Simon 最大的特点是没有物理按键,完全依靠触摸屏操作,在当时引起了很大的轰动。

(2) 智能手机的功能。智能手机是指具有完整的硬件系统、独立的操作系统,用户可以自行安装第三方服务商提供的程序,并可以实现无线网络接入的移动计算设备。智能手机携带方便,并且为软件提供了性能强大的计算平台,因此是实现移动计算和普适计算的理想工具。很多信息服务可以在智能手机上展开,如个人信息管理(如日程安排、任务提醒等)、网页浏览、微信聊天、交通导航、软件下载、商品交易、移动支付、视频播放、游戏娱乐等。结合 5G(第 5 代)移动通信网络的支持,智能手机已经成为一个功能强大,集通话、网络接入、商业服务、影视娱乐为一体的综合性个人计算设备。

1.3　计算技术特征

1.3.1　计算技术的发展

计算机发展历史中,有两个需求推动着计算技术的持续发展:一个是希望计算机运行速度更快(对硬件的需求);另一个是期望提供的服务更加广泛(对软件的需求)。

1. 计算机硬件高速运算

计算机的高速运算能力极大地提高了工作效率,把人们从浩繁的脑力劳动中解放出来。过去耗时费力的计算任务,计算机瞬间就可完成。曾经有许多问题,由于计算量太大,数学家终其毕生精力也无法完成,使用计算机则可轻易解决。

【例 1-1】 古今中外的数学家对圆周率计算投入了毕生精力。中国魏晋时期数学家刘徽(约 225—295),用割圆术求得 π 的近似值,精确到了 2 位小数。公元 500 年前后,我国古代数学家祖冲之将 π 值计算到了小数点后面 7 位,这个纪录保持了 1000 多年。1706 年,英国数学家梅钦(John Machin)将 π 值计算到了小数点后面 100 位。1874 年,英国业余数学家尚克斯(William Shanks)花费了 15 年时间将圆周率 π 值计算到小数点后面 707 位。

【例 1-2】 电子计算机的出现使 π 值计算有了突飞猛进的发展,1949 年,J. W. Wrench 和 L. R. Smith 使用 ENIAC 计算机计算出 π 的 2037 个小数位,计算用时 70h;5 年后,IBM NORC(海军兵器研究所)计算机只用了 13min,就算出了 π 的 3089 个小数位;1973 年,Jean Guilloud 和 Martin Bouyer 利用 CDC 7600 计算机发现了 π 的第 100 万个小数位;1989 年,美国哥伦比亚大学研究人员用克雷 2(Cray-2)和 IBM-3090/VF 巨型计算机,计算出 π 值小数点后 4.8 亿位;2021 年,瑞士格劳宾登应用科学大学的研究人员借助超级计算机,耗时 108 天将 π 值计算到小数点后 62.8 万亿位。

由圆周率 π 值的计算过程可以看到,**计算机解决问题的速度越来越快**。

2. 计算机软件全面渗透

1958 年,《美国数学月刊》首次在出版物中使用"软件"一词。普林斯顿大学数学家约翰·杜奇(John Duchi)在文中写道:"如今的'软件'包括精心设计的解释路径、编译器以及自动化编程的其他方面,对于现代电子计算机而言,其重要性丝毫不亚于那些由晶体管、转换器和线缆等构成的'硬件'。"但是,这种观点在当时并不普遍。

随着硬件设备的同构化(通用化、量产化),不同硬件系统之间的不兼容都在通过软件来消除。**软件以远超硬件的灵活性、可定制性、可编程性、可二次开发性,引领了信息时代需求多变的特点**。目前越来越多的企业依靠软件运行,软件颠覆了传统的行业结构,未来会有更多的传统行业会被软件瓦解。简单地说,**软件正在占领全世界**。软件是计算机产品中的关键部分,过去八十多年里,软件已经从信息分析工具发展为一个独立产业。从专业角度看,软件产品包括可以在计算机中运行的程序,程序运行过程中产生的各种数据和信息;从用户角度看,软件是可以改善工作和生活质量的信息或服务。

目前一些软件产品正在逐渐演化为某种服务,如云计算中的软件即服务和通过智能手机提供各种网络在线服务(如游戏娱乐、消费购物、交通导航、股票投资等)。软件公司几乎比任何传统工业时代的公司都更强大、更有影响力。在大量应用软件驱动下,互联网发展迅速,将为人们生活的各方面带来革命性的变化。

1.3.2 软件特征与类型

软件(software)是能够完成预定功能的程序,以及程序正常执行所需要的数据,也包括有关描述程序操作和使用的文档。简单地说:**软件＝程序＋数据＋文档**。

1. 软件的特性

（1）软件是一种逻辑元素。软件是设计开发的，而不是生产制造的。软件开发和硬件制造有本质不同，**硬件产品的成本主要在于材料成本和制造成本，而软件产品的成本主要在于技术成本和设计成本**。

（2）软件不会"磨损"。随着时间推移，硬件会因为灰尘、震动、不当使用、温度超限，以及其他环境问题造成损耗，使得产品失效率提高。软件不会受"磨损"和"疲劳"问题的影响。磨损的硬件可以用备用部件替换，而软件不存在备用部件。软件存在功能退化问题，在软件生存周期里，**软件版本升级是防止软件功能退化的主要方法**。

（3）软件的可复制性。软件很容易被复制，从而形成多个复制品，而且原件与复制品之间在功能、质量、外观和内核等方面并没有任何差异。这一方面给软件的分发和应用带来了极大的方便，另一方面也给软件的知识产权保护带来了极大的困难。

2. 软件的类型

软件分为系统软件和应用软件两大类。系统软件并不针对某一特定应用领域，应用软件则相反，不同的应用软件根据用户和服务领域，提供不同的功能。计算科学专家普雷斯曼（Roger S. Pressman）按服务对象，将软件细分为以下七个大类。

（1）系统软件。系统软件是一整套服务于其他程序的软件。最重要的系统软件是操作系统和编译器，**操作系统控制和管理计算机硬件设备的运行；而编译器负责将高级语言编写的程序翻译为计算机硬件能够执行的指令**。系统软件的特点是与硬件有大量交互行为，用户经常使用，需要管理共享资源，具有复杂的数据结构和多种外部接口等。

（2）专用商业软件。专用商业软件主要为特定用户解决特定的业务，如铁路购票系统、银行金融管理系统、学校管理系统、三维图形设计软件等。

（3）通用商业软件。通用商业软件主要为大量普通用户提供特定服务，如文字处理、图像处理、计算机游戏、动画制作、视频播放、文件压缩、工具软件等。

（4）Web软件。Web软件是以因特网为中心的应用软件，网络应用正在发展成为一个复杂的计算环境。近年来蓬勃发展的手机App就属于这一类软件。

（5）工程/科学软件。这类软件通常有数值计算的特征，软件涵盖了广泛的应用领域，从天文学到气象学，从应力分析到飞行动力学，从分子生物学到自动制造业等。

（6）工业软件。工业软件又称嵌入式软件，它用于工业产品中，可实现工业设备要求的特性和功能。工业软件可以管理和控制工业智能设备（如洗衣机控制），或者提供重要设备的功能和控制（如飞机燃油控制、汽车刹车系统等）。

（7）人工智能软件。这个领域的应用软件包括机器人应用、机器学习、图像识别、自然语言处理、大数据处理、计算社会学、定理证明、博弈计算等。

1.3.3 计算机人机界面

人机界面是指人与机器之间相互交流和影响的区域。早期的人机界面是控制台，目前为鼠标和键盘操作，智能手机采用触摸屏操作。以人为中心的计算机操作方式是未来人机界面的总体特征。

1. 控制台人机界面

程序设计语言的问世，改善了计算机的人机界面（Human-computer interface）。早期程序员为了在计算机上运行程序,必须准备好一大堆穿孔纸带或穿孔卡片,这些穿孔纸带上记录了程序和数据(见图 1-34)。程序员将这些穿孔纸带装入设备中,拨动控制台开关,计算机将程序和数据读入存储器。程序员在控制台启动编译程序,将源程序翻译成目标代码;如果程序不出现语法错误,程序员就可以通过控制台按键,设定程序执行的起始地址,并启动程序执行。程序执行期间,程序员要观察控制台上各种指示灯,以监视程序的运行情况。如果发现错误,可以通过指示灯检查存储器中的内容,并且在控制台上进行程序调试和排错(见图 1-35)。如果程序运行正常,计算结果将通过电传打字机打印出来。目前一些专用工业设备还在应用这种控制台人机界面,如医疗设备、军事设备等。

图 1-34　纸带穿孔程序(1940—1950 年)　　　图 1-35　控制台界面(1950—1970 年)

2. 命令行人机界面

1897 年,卡尔·布劳恩(Karl Ferdinand Braun)发明了阴极射线管,但是它显示字符不是很清晰和稳定(字符闪烁)。1964 年,IBM System 360 计算机采用键盘和电传打字机作为主要输入/输出设备。1975 年以后,显示器技术逐步走向成熟,可以清晰和稳定地显示字符和图形。随着微机的流行,键盘和显示器逐步成为计算机的标准操作设备。键盘和显示器的流行使命令行人机界面应运而生。

命令行界面有 Windows shell(见图 1-36)、Linux shell(见图 1-37)等。命令行界面通常不支持鼠标操作,用户只能通过键盘输入指令,计算机接收到指令后开始执行。命令行界面需要用户记忆操作计算机的命令,但是命令行界面可以节约计算机系统的硬件资源。在熟记操作命令的前提下,命令行界面操作速度可以很快。因此,在嵌入式系统和网络设备(如交换机、路由器等)中,命令行界面使用较多。操作系统通常保留了命令行界面。

图 1-36　Windows shell 命令行界面　　　　　图 1-37　Linux shell 命令行界面

3. 图形用户人机界面

1975 年以前，计算机用户主要以专业人员为主；随着微型计算机广泛进入工作和生活领域，计算机用户发生了巨大的改变，**非专业人员成为计算机用户的主体**，这一重大转变使得计算机的易用性问题日益突出。

计算机发展史上，从字符显示到图形显示是一个重大的技术进步。1975 年，施乐公司 Alto 计算机第一次采用图形用户界面（graphical user interface，GUI）；1984 年，苹果公司的微机也开始采用图形用户界面；1986 年，X-Window System 窗口系统发布；1992 年，微软公司发布 Windows 3.1。计算机图形用户界面如图 1-38、图 1-39 所示。

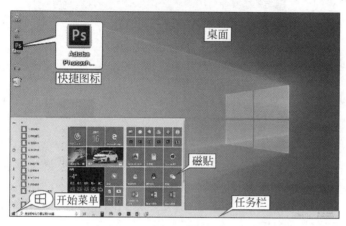

图 1-38　Windows 图形用户界面　　　　　　　图 1-39　手机图形用户界面

图形用户界面是采用图形窗口方式操作计算机的用户界面。在图形用户界面中，鼠标和显示器是主要操作设备。图形用户界面主要由桌面、窗口、标签、图标、菜单、按钮等元素组成，利用鼠标完成单击、移动、拖曳等操作。

图形用户界面极大地方便了普通用户，在操作上更加简单易学，极大提高了用户工作效率。但是，图形用户界面的信息量远多于字符界面，因此需要消耗更多的软件和硬件资源来支持图形用户界面。

4. 多媒体人机界面

多媒体人机界面技术主要有触摸屏、增强现实（AR，见图 1-40）、虚拟现实（VR，见图 1-41）、全息激光三维立体投影等。近年来，触摸屏图形用户界面广泛流行。触摸屏是安装在液晶显示器表面的定位操作设备。触摸屏由触摸检测部件和控制器组成，触摸检测部件安装在液晶显示器屏幕表面，用于检测用户触摸位置，并将检测到的信号发送到触摸屏控制器。控制器的主要作用是接收触摸检测部件的信号，并将它转换成触点坐标。触摸屏的流行，使得计算机操作方式发生了很大的变化。

计算科学专家正在努力使计算机能听、能说、能看、能感觉。语音和手势操作也许将会成为主要人机界面。增强现实技术和虚拟现实技术将实现以人为中心的人机交互方式。计算机将为用户提供光、声、力、嗅、味等全方位、多角度的真实感觉。虚拟屏幕和非接触式操作等新技术将彻底改变人们使用计算机的方式，也将对计算技术应用的广度和深度产生深远的影响。

计算工具和计算科学

图 1-40　AR 人机界面

图 1-41　VR 人机界面

1.3.4　计算机技术指标

计算机主要技术指标有性能、功能、可靠性、兼容性等,技术指标的好坏由硬件和软件两方面的因素决定。

1. 性能指标

系统性能是整个系统或子系统实现某种功能的效率。**计算机的性能主要取决于速度与容量**。计算机运行速度越快,处理的数据就越多,计算机的性能也就越好。

基准测试是让不同设备执行同一个基准测试程序,然后比较它们测试所得的数据(俗称跑分)。基准测试有:计算密集型测试,如 CPU 基准测试(见图 1-42);I/O 密集型测试,如固态盘基准测试(见图 1-43)等。

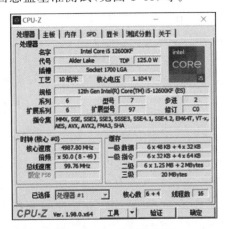

图 1-42　CPU 基准测试

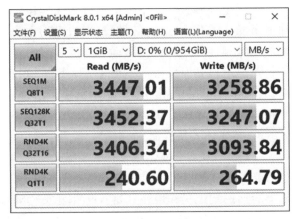

图 1-43　固态盘基准测试

计算机主要性能指标如下。

(1) 时钟频率。计算机内部有一个时钟发生器,它以精确的时间间隔触发高频电信号,**所有硬件设备都按时钟信号进行操作,确保所有设备按时序执行**。时钟频率是单位时间内发出的脉冲数,单位为赫兹(Hz),1Hz=每秒 1 个脉冲信号,1GHz=每秒 10 亿个信号周期。计算机时钟频率有 CPU 时钟频率、内存时钟频率、总线时钟频率等。时钟频率越高,计算机工作速度越快。**计算速度通常以十进制的形式定义**。

【例 1-3】　频率 3GHz 的 4 核 CPU,理论上每秒可以做 30 亿×4=120 亿次运算。目前桌面 CPU 的最高浮点运算速度在 1～10TFlops(万亿次浮点运算/秒)。

【例 1-4】 CPU 主频为 3.4GHz；DDR4-3200 内存数据传输频率为 1.6GHz；通用串行总线(Universal Serial Bus,USB)3.0 传输频率为 5.0GHz；网络带宽为 100Gb/s 等。

(2) 内存容量。计算机内存容量越大,软件运行速度越快。一些操作系统和大型应用软件对内存容量有一定要求。**存储容量通常以二进制的形式定义**。

【例 1-5】 1GB $= 2^{30} = 1.073\,741\,824 \times 10^{9} \approx 10$ 亿字节。

(3) 外部设备配置。计算机外部设备的性能对计算机系统也有直接影响,如硬盘容量、硬盘接口类型、显示器分辨率等。

2. 功能指标

对用户而言,计算机的功能是指它能够提供服务的类型;对专业人员而言,功能是系统中每个部件能够实现的操作。功能可以由硬件实现,也可以由软件实现,但是实现的成本和效率不同。例如,网络防火墙功能在客户端一般采用软件实现,以降低产品成本;而在服务器端,防火墙一般由硬件设备实现,以提高系统工作效率。

计算机系统设计中,一般由硬件提供基本通用平台,由各种软件实现不同的功能。例如,计算机硬件仅提供音频基本功能平台,而音乐播放、网络音频、语音录入、语音合成、音乐编辑等功能,都通过软件来实现。或者说,**计算机功能的多样性取决于软件的多样性**。计算机的所有功能都可以通过软件或硬件的方法进行测试。

3. 可靠性指标

(1) 可靠性要求。可靠性是指产品在规定条件下和规定时间内完成规定功能的能力。例如,计算机经常死机说明系统可靠性不好。

每个专业人员都希望他们负责的系统正常运行时间达到最大,最好将它们变成完全的容错系统。但是,约束条件使得这个问题几乎不可能解决。例如,经费限制、部件失效、不完善的程序代码、人为失误、自然灾害,以及不可预见的商业变化,都是达到 100% 可用性的障碍因素。系统越复杂,可靠性越难以保证。

硬件产品的故障率与运行时间成正比;软件产品的故障率难以预测。软件可靠性比硬件可靠性更难保证。如美国宇航局的软件系统可靠性比硬件系统可靠性低一个数量级。

(2) 软件可靠性与硬件可靠性的区别。硬件有老化损耗现象,硬件失效的原因是器件物理变化的必然结果;软件没有老化现象,也不会磨损,但是软件存在兼容性变差、功能落后、应用平台变化、业务变化等问题。硬件可靠性的决定因素是时间,受设计、生产、应用过程的影响。**软件可靠性的决定因素是人**,它与软件设计、用户输入数据、用户使用方法有关。硬件可靠性的检验方法已标准化,并且有一整套完整的理论,而软件可靠性验证方法仍未建立,也没有完整的理论体系。

(3) 硬件可靠性。提高硬件设备可靠性有以下方法:一是通过设计合理的系统,避免发生故障;二是采用冗余技术,即使出现故障系统仍然可以提供服务;三是进行故障预测,在故障发生前进行部件更换;四是减少故障恢复时间。硬件系统中的设备冗余(如双机热备、双电源等)、网络线路冗余等技术,可以有效地提高系统可靠性。**一般通过修复或更换失效部件来恢复系统硬件功能**。

(4) 软件可靠性。软件的冗余并不能提高可靠性。**软件可以采用数据备份、多虚拟机等技术提高可靠性**。软件故障可以通过安装软件服务包或升级软件版本来解决。

4. 兼容性指标

计算机硬件和软件由不同厂商的产品组合在一起,它们之间难免会发生一些摩擦,这就是通常所说的兼容性问题。兼容性是指产品在预期环境中能正常工作,并对使用环境中的其他部分不构成影响。

标准要求产品(硬件或软件)在整体上保持一致性,兼容仅要求产品在接口上保持一致性。例如,某个品牌的 PC 要求产品外观形状、内部结构、产品元件、制造工艺等都保持一致,符合企业的产品标准要求。兼容则简单多了,例如,兼容 PC 仅要求产品在功能、总线、接口上保持一致性,对产品的结构、元件、工艺等并无要求。例如,Intel 与 AMD 的 CPU 主板互不兼容,但是它们在软件、总线、接口上是兼容的。

硬件兼容性是指计算机中的各个部件组合在一起后不会相互影响,能很好地运行。在硬件设备中,为了保护用户和设备生产商的利益,**硬件产品都遵循向下兼容的设计原则**,即新产品应当兼容过去的老产品,而老产品无法兼容未来的新产品(无法向上兼容)。**当出现硬件兼容性问题时,一般采用升级驱动程序的方法解决。**

软件升级经常会出现兼容性问题。如图 1-44(a)所示为函数 A;如果函数 A 升级时修改了内部代码,但是没有修改函数应用程序接口(application program interface,API,见图 1-44(b)),则不会造成兼容性问题;如果函数升级新增加了一些参数,但是没有改变原来的参数和返回值(见图 1-44(c)),则很少造成兼容性问题;一旦函数升级修改了原参数和返回值(见图 1-44(d)),肯定会造成不兼容问题,导致原来正常运行的程序在软件升级后运行出错。**软件兼容性问题可以通过安装软件服务包或者恢复原版本解决。**

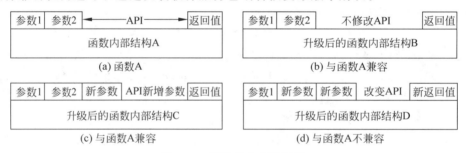

图 1-44　函数的兼容性问题

1.4　计算学科特征

1.4.1　计算学科的形态

1. 计算是一门学科

计算科学先驱巴贝奇曾经预测过计算科学的未来:"我们必须记住另一门更高级的科学……也在大步前进……那就是计算的科学,它在我们前进的每一步中变得越来越不可或缺,并且最终它将主导科学在生活中的所有应用。"

计算机发明以来,围绕着计算科学能否成为一门独立学科产生过许多争论。1985 年,ACM 和 IEEE-CS 组成了联合攻关组,开始证明计算作为一门学科的存在性,经过近 4 年的工作,攻关组提交了《计算作为一门学科》的报告。报告主要内容刊登在 1989 年 1 月的

《ACM 通讯》杂志上。ACM/IEEE-CS 在报告中对计算学科的定义是："**计算学科是对描述和变换信息的算法过程的系统研究,包括它的理论、分析、设计、有效性、实现和应用。全部计算学科的基本问题是'什么能够(有效地)自动进行'**。"定义说明了计算学科的研究对象是信息处理(不局限于数值计算),主要工作是算法研究(用程序实现算法),最终目标是用程序自动执行任务(人工智能)。

2. 学科形态

计算不仅是一种用于实践的工具,也是一个主要的科学概念。**计算学科有"理论、抽象、设计"三种主要形态**。

(1)理论基于数学。数学是一切科学理论研究的基础,科学的发展都依赖纯数学研究。理论研究过程包含以下步骤:研究对象的特征(定义);假设它们之间可能的关系(定理);确定这些关系是否正确(证明);解释研究结果。计算科学和数学的关系更像母子关系。21 世纪 50 年代以前,计算科学基本上是数学的一个分支,而现在计算科学拥有广泛的研究领域和众多的研究人员,在很多方面反过来推动了数学的发展。计算科学专家斯蒂芬·沃尔夫勒姆(Stephen Wolfram)在《一种新科学》一书中预言:"**基于程序的发现,将逐渐取代基于方程的发现**。"

(2)抽象(模型化)基于实验科学。自然科学研究的过程基本上是形成假设,然后用模型化的方法进行求证。客观现象的研究过程包含以下步骤:形成假设;构造模型并做出预测;设计实验并收集数据;分析结果。

(3)设计基于工程。工程设计的方法是提出问题,然后通过设计去构造系统和解决问题。解决问题一般按以下步骤进行:提出要求、给定条件、设计和实现系统、测试系统等。虽然理论、抽象和设计三种形态紧密相关,但毕竟是三种不同的形态。理论关心的是揭示和证明对象之间的关系;抽象关心的是应用这些关系对现实世界做出预测的能力;而设计则关心这些关系的某些特定实现,并应用它们去完成有用的任务。理论、抽象、设计三者之间哪一个更加重要呢? 仔细考察计算科学可以发现,在计算科学中,这三个过程紧密地交织在一起,以致无法分清哪一个更加重要。

3. 计算学科的 12 个核心概念

ACM/IEEE 计算课程体系规范(computing curricula,CC)1991 报告提出了计算学科中反复出现的 12 个核心概念,它们体现了计算思维的基本特征。

(1)绑定。绑定是将两个或多个实体强制关联在一起,绑定与关联或连接有相同的语义。如在编译器或解释器中,将变量名与内存地址绑定在一起;如程序设计中,动态链接库(.dll 文件)就是典型的关联文件;如将网络协议与网卡绑定在一起。

(2)大问题的复杂性。随着问题规模的增长,问题的复杂性会呈现非线性增加效应。例如,CPU 中集成了数十亿个晶体管,设计和测试变得非常复杂。

(3)概念和形式模型。**概念和模型是指对问题进行形式化和可视化**。如计算理论中的图灵机模型,如传输控制协议/网际协议(transmission control protocol/internet protocol,TCP/IP)网络协议体系结构模型、程序设计中的数学模型等。

(4)一致性和完备性。一致性和完备性用于计算理论和计算工程领域。一致性包括事实和理论的一致性、系统接口的一致性、数据类型的一致性等。在图论中,如果一个图是无向图,并且任意两个顶点之间都有一条边连接,则称这个图是完备的。

（5）效率。效率是时间、空间、财力等资源消耗的度量。效率始终是系统设计关注的问题。例如，为了提高多核 CPU 的利用率，在 CPU 中集成图形处理功能等。

（6）演化。演化是指系统结构、特征、行为等因素随时间推移而发生的变化。例如，系统更新时，要考虑已有软件的适应性，**向下兼容是一种最好的演化模式**。

（7）抽象层次。对系统进行不同层次的抽象描述，既可以降低系统的复杂程度，又能充分描述系统的特性。如计算机体系结构层次模型（参见 6.1.1 节系统层次模型）等。

（8）按空间排序。按空间排序可以理解为空间优先，它以牺牲速度来换取宝贵的空间。例如，智能手机等嵌入式设备中，往往以牺牲性能的方法，来减小空间的占用。

（9）按时间排序。按时间排序也可以理解为时间优先，它以空间冗余为代价，换取性能上的加速。例如，CPU 为了提高运算速度，采用了三级高速缓存（cache）技术。

（10）重用。出于成本和时间两方面的压力，计算系统经常采用重用技术。如程序设计中的函数库和模块重用；硬件中的设备重用（如计算机集群系统中的 PC 重用）等。

（11）安全性。硬件安全性技术有错误校验、冗余编码、不可屏蔽中断、发热保护电路、磁盘冗余阵列等。软件安全性技术有杀毒软件、防火墙、密码系统等。

（12）折中和结论。折中是对技术方案做出合理取舍。例如，算法设计中要考虑空间和时间的折中；对高可靠性和低成本这样相互矛盾的要求，设计人员要做出折中和结论等。

1.4.2　课程和培养目标

1. 计算科学专业设置

计算科学在不同国家的名称也不尽相同，英语国家一般称为"计算科学"，而欧洲一些国家则称为"信息科学"。中国教育部 2020 年发布的《普通高等学校专业目录》中，计算学科专业代码为 0809，主要包括计算机科学与技术、软件工程、网络工程、信息安全、物联网工程等17 个专业。

2. 计算科学专业核心课程

影响最大的计算科学教学文件是 ACM/IEEE-CS 发表的计算学科指导文件和计算专业课程指南。学科指导文件有 CC2020、CC2005、CC2001、CC1991 等，这些文件完善了计算学科的知识体系和指导思想。截至 2021 年，ACM/IEEE-CS 发表过计算学科中 7 个专业的课程指导文件，它们是：计算科学 CS2013、计算工程 CE2016、软件工程 SE2014、信息系统 IS2020、信息技术 IT2017、数据科学 CCDS2021、网络安全 CSEC2017。计算科学 CS2013 的核心课程如表 1-1 所示。

表 1-1　ACM/IEEE-CS CS2013 计算科学专业核心课程

核 心 课 程	核 心 课 程	核 心 课 程
AL 算法与复杂性	IAS 信息保障与安全	PD 并行和分布式计算
AR 计算机体系结构与组织	IM 信息管理	PL 程序设计语言
CN 计算科学	IS 智能系统	SDF 软件开发基础
DS 离散结构	NC 网络与通信	SE 软件工程
GV 图形与可视计算	OS 操作系统	SF 系统基础
HCI 人机交互	PBD 基于平台的开发	SP 社会问题和专业实践

3. 计算学科培养目标

1989年，ACM/IEEE提出了《计算作为一门学科》的报告，在ACM-IEEE《2020年计算课程：全球计算教育范例》（简称CC2020）的报告里再次重申：“采用‘计算’（computing）一词作为计算工程、计算科学等所有计算领域的统一术语。”计算学科的重点是研究算法、数据处理、程序设计等。CC2020报告还提出，采用“胜任力”一词代表所有计算教育项目的基本主导思想。胜任力模型的目标是从知识、技能和品行三方面进行培养，使学生胜任未来计算的相关工作内容。

（1）知识。在CC2020报告中，知识分为计算知识和基础专业知识。其中，计算知识元素有36个，分为6类，包括人与组织、系统建模、软件系统架构、软件开发、软件基础和硬件。基础专业知识元素分为13项，包括分析和批判性思维、协作与团队合作、伦理和跨文化的观点、数理统计、多任务优先级和管理、口头交流与演讲、问题求解与排除故障、项目和任务的组织、质量保证和控制、关系管理、研究和自我学习、时间管理、书面交流等。

（2）技能。技能是指应用知识主动完成任务的能力和策略。技能表达了知识的应用，技能又分为认知技能和专业技能，其中认知技能分为6个等级，即记忆、理解、应用、分析、评估和创造；专业技能包括沟通、团队精神、演示和解决问题。

（3）品行。品行是任务执行的必要特征或质量。品行包含社交情感技能、行为和态度，这些都表征了执行任务的倾向。CC2020报告描述了11种与元认知意识有关的品行元素，包括主动性、自我驱动、热情、目标导向、专业性、责任心、适应性、协同合作、响应方式、细致和创新性，还包括如何与他人合作以实现共同目标或解决方案。

1.4.3 计算科学的影响

1. 计算科学对社会的影响

（1）依赖。计算科学给社会带来了效率和便捷，人们离开计算机就很难融入现代生活。这意味着人类社会对计算机形成了一种依赖，一旦离开这种依赖，人们的生活就会变得困难起来。例如，大规模的计算机故障会导致人们无法从银行终端取款、医生无法诊治病人、交通系统瘫痪等一系列严重后果。

（2）控制。人们与计算机的长时间接触，导致的后果是计算机从人类那里获取了更多的信息。这些信息包括了人类生活的方方面面（如什么时间吃饭、吃了什么、有什么疾病、几点睡觉等）。2013年，美国发生了一起充满争议的刑事案例，一个因为偷窃罪被判刑的男人把威斯康星州法院告了。原因是他被判8年有期徒刑，判刑的依据不是因为他的罪行，也不是法官的错误判断，而是法院依据的COMPAS系统算法认为，他对社会具有“高度危险性”。计算数据和算法带来的问题，或许已经开始在控制人类的某些行为。

（3）分化。计算科学的发展将社会划分为使用计算机和不使用计算机的两类人群。前者通过计算技术获得更多的发展机会，而后者由于各种原因无法利用计算技术带来的公共服务，他们将会被排除在数字化社会之外，这是否会导致社会不公正和新的歧视？

（4）计算机犯罪。国内外对计算机犯罪的定义不尽相同。美国司法部将计算机犯罪定义为“在导致成功起诉的非法行为中计算机技术和知识起了基本作用的非法行为。”欧盟的定义是：在自动数据处理过程中，任何非法的、违反职业道德的、未经批准的行为都是计算机犯罪行为。计算机犯罪可以分为两大类：一是使用计算技术和网络技术的传统犯罪，如网络诈骗、侵犯知识产权、网络间谍、从事非法活动等；二是网络环境下的新型犯罪，如未经授权非法使用计算机、破坏信息系统、发布恶意程序等。

2. 计算科学对个人的影响

(1) 虚拟空间。互联网构建了巨大的虚拟空间，虚拟空间扩大了人类社会的交流空间，加快了信息流动速度，但是也对社会的价值观产生了极大冲击。例如，在网络游戏中杀人，一方面释放了人们的生活压力，另一方面也助长了一部分人的戾气。

(2) 沉迷。人们生活方式地改变，最初都是由行为慢慢转化为习惯，经过一段时间后，一些人的生活方式就会悄然发生变化。例如，智能手机的兴起，导致了"低头族"的产生。人们耗费了更多时间在网络上，而不是投入到真实社交中。例如，一部分人沉迷在微信群、网络游戏等虚拟空间里，大大减少了实际的社交活动。

(3) 碎片化。在地铁、火车、飞机上，大部分人都在看手机，很少有人认真地阅读杂志和书籍。但是人们的阅读总量并没有减少，反而有了明显的增加，这些曾经被浪费的碎片时间被利用了起来。人们阅读习惯的改变，也引起了从业人员对写作方式和写作内容的变革，对于长篇大论的文章，即便是内容再好，大多数人也会选择暂时性忽略掉。

(4) 隐私。**隐私权是私事不被擅自公开的权利**。在计算领域，隐私权可分为隐私不被窥视的权利、不被侵入的权利、不被干扰的权利、不被非法收集和利用的权利。但是在网络社会中，人们在享受居家购物、远程医疗等高科技提供的便利时，一切个人资料(如年龄、性别、学历、职业、收入、资产、家庭组成等)全都被记录在案，甚至个人的饮食习惯、生活习惯、身体特征、健康状况、个人嗜好、活动规律、活动地点等个人隐私也全部被记录，个人生活可能处于网络监视之下，或者夸张地说"**互联网时代无隐私**"。个人隐私泄露对道德和法律制度提出了极大的挑战。

1.4.4 知识产权保护

世界知识产权组织认为，**构思是一切知识产权的起点**，是一切创新和创造作品萌芽的种子，因此必须对创造性构思加以鼓励和奖赏。世界各国都有自己的知识产权保护法律。美国与知识产权关系密切的法律主要有《版权法》《专利法》《商标法》和《商业秘密法》；我国与知识产权保护密切相关的法律有《著作权法》《商标法》《专利法》《计算机软件保护条例》《电子出版物管理规定》等。

1. 软件的著作权保护

《欧洲共同体关于计算机程序的法律保护》中，对软件独创性条件作了较明确的规定，即**如果一个程序的作者以自身的智力创作完成了该程序，就意味着该程序具有独创性，可以受到著作权保护**。世界各国对此均持基本相同观点，我国亦然。我国《著作权法》和有关国际公约认为程序和相关文档、程序的源代码和目标代码都是受著作权保护的作品。任何未经授权地使用、复制都是非法的，按规定要受到法律的制裁。目前，《著作权法》是保护软件最普遍、最主要的一种法律形式。

著作权只保护软件的表达或表现形式，而不保护作品的思想、方法和功能。简单地说，著作权只保护正式出版的内容。这为其他软件开发者利用、借鉴已有的软件思想，去开发新软件提供了方便之门，有利于软件的创新、优化和发展，同时避免了对软件的过度保护。"表达与思想分离"的原则对软件发展中"保护"与"创新"的平衡起到了重要作用。根据《著作权法》的规定,如果仅以学习和研究软件中设计思想和原理为目的的使用软件,则属于"合理使用",不构成侵权。这也是《著作权法》中争议最大的条款。

2. 软件的《专利法》保护

当软件与硬件相结合,并使构思表现在"功能"上时,软件就可以成为《专利法》保护的对象。《专利法》要求将软件部分内容公开,这既可以促进软件发展,又可以减少"反编译"情况的发生。软件部分内容被公开后,"反编译"将作为一种侵权手段被禁止,有利于减少"反编译"行为的发生,以及由此引发的诉讼。软件获得专利保护必须经过申请或登记。

软件的专利保护存在以下问题:一是《专利法》要求获得专利权的发明必须具备"三性"(新颖性、创造性、实用性)条件,绝大多数软件难以通过专利的"三性"审查。二是并非所有软件都能获得《专利法》保护,**不与硬件结合的软件仍不受《专利法》保护**。单纯的程序常被视为数学方法或同数学算法相关联,因此被归于不能授予专利权的智力活动。三是《专利法》要求软件内容"公开"的程度以同一领域的普通技术人员能够实现为准,这非常容易导致程序的模仿与复制。四是《专利法》对权利也作了限制性的规定,即非生产经营目的(如教学)实施专利技术的行为不被视为侵权。

3. 软件的商业秘密保护

我国《刑法》和《反不正当竞争法》中,将商业秘密定义为不为公众所知悉、能为权利人带来经济利益,具有实用性,并经权利人采取保密措施的技术信息和经营信息。《商业秘密法》既可以保护创意、思想,又可以保护表达形式。软件获得《商业秘密法》的保护不必经法定形式的登记或申请。对于商业秘密,拥有者具有使用权和转让权,可以许可他人使用,也可以将之向社会公开或者去申请专利。

商业秘密有较大的风险性,**只要商业秘密不再是秘密,权利人就无法据此来主张权利**。如果权利人采取的保密措施不当,或者他人以自己之力实现了相同的秘密,或者第三人的善意取得,都可能导致"秘密性"的丧失。任何人都可以对他人的商业秘密进行独立的研究和开发,也可以采用反向工程方法(如反编译等),或者通过拥有者自己的泄密来掌握它,并且在掌握之后使用、转让、许可他人使用、公开这些秘密,或者对这些秘密申请专利。因此,商业秘密保有人必须花大力气保密,而效果不见得尽如人意。

如表 1-2 所示,虽然软件可以同时获得多方面的保护,但是没有一种保护方式是完美妥善的,各个法律即使综合起来保护软件,也会在某些方面存在漏洞。

表 1-2 软件保护形式的差异

比 较 项 目	《著作权法》	《专利法》	《商业秘密法》
申请登记	不需要	需要向不同国家/地区申请	不需要
保护方式	只保护表达,不保护思想	保护软硬结合的形式和思想	保护没有公开的秘密
内容公开	内容公开	内容部分公开	内容不公开
反向工程	无须	不允许	允许
保护期限	50 年	20 年	不限
典型案例	苹果诉微软 Windows 侵权	三星与苹果的专利纠纷	Windows 源代码保密

4. 采集网络数据的合法性

从互联网采集海量数据的需求,促进了网络爬虫技术的飞速发展。**一些网站为了保护自己宝贵的数据资源,运用了各种反网络爬虫技术**。与黑客攻击与防黑客攻击技术一样,网络爬虫技术与反网络爬虫技术也一直在相互较量中发展。

目前,大多数网站允许爬取的数据用于个人使用或者科学研究。但是将爬取的数据用于其他用途(如内容转载或者商业用途),将会引起相关法律纠纷。一般来说,以下三种类型的数据不能爬取,更不能用于商业用途。

(1) 个人隐私数据。如姓名、年龄、性别、学历、手机号码、血型、住址等,爬取这类数据将会触犯个人信息保护法。

(2) 法律禁止的数据。如用户账号、密码、交易数据、内部数据库等。

(3) 知识产权的数据。如网站中的音乐、电影、书籍、数据集等。

1.4.5 职业道德规范

1. 职业道德和伦理

道德是调整个人与社会之间行为规范的总和,伦理学是用哲学方法研究道德的学问。伦理学更理论化一些,道德则更实际一些,它们可以当同义词来使用。道德主要用于确定人们行为的对与错。**伦理学和美学一样,它们都属于价值判断的范畴。**

法律是一种强制行为规范,道德在大多数情况下并无强制性。道德由历史的习惯形成,不是一纸文件可以改变的。**道德准则应当用来约束自己,不要只用来要求他人。**

计算科学的职业道德指导性文件主要有 IEEE-CS《软件工程师道德与专业实践准则》,ACM《道德和职业行为准则》。计算科学是一个新的开放性领域,一方面是这个行业还没有足够的时间来形成简单易行的职业操守(如教育行业的"教书育人",医疗行业的"救死扶伤",商业领域的"公平竞争"等);另一方面是行业的一些活动超出了专业范畴(如网络舆情管理,使用盗版软件等)。但是,**计算科学专业人员应当始终遵循"无恶意行为"的基本道德准则。**

2. 机器人伦理学

再完善的设计也可能会出错,如果机器人犯错,应该由谁来负责? 这些问题困扰着哲学家与科学家。2004 年,第一届机器人伦理学国际研讨会在意大利圣雷莫召开,会议正式提出了"机器人伦理学"的术语。机器人伦理研究得到越来越多学者的关注。

【例 1-6】 在无人驾驶汽车国际研讨会上,专家讨论了在危急时刻无人驾驶汽车应当怎样做。例如,汽车为了保护自己的乘客而急刹车,但可能会造成后方车辆追尾;汽车为了躲避儿童需要急转,但可能会撞到附近的其他人等。如果遇到这些情况,应当如何设计一个可以"在两个坏主意之间做决定"的无人驾驶汽车?这个问题很难判断,因为它本质上就是思维实验"电车难题"的现实版。工程师们正在努力思考怎样给汽车编程,让它们既能遵守交通规则,又能适应道路交通中的突发情况。

【例 1-7】 预训练聊天语言生成器(chat generative pre-trained transformer,ChatGPT)是一款聊天机器人程序。它采用预训练的模型和统计规律,即时生成聊天回答,它甚至能完成撰写文案、翻译文字、编写代码、写作论文等任务。有专家指出,ChatGPT 越迭代训练(程序升级)就越像人。它继承了人类优点的同时,也充满了人类的缺点,如说假话、没有立场、逻辑不能自洽等。最要命的是它不分敌友,你投喂给它的隐私,它能毫无保留地吐出来展示给任何人,这引发了人们对人工智能伦理和安全的深深担忧。

1.4.6 职业卫生健康

计算机在给人们工作和生活带来方便的同时,也在改变人们的工作和生活习惯。如果不注意职业卫生和健康,将对人们的身体造成极大的伤害。

1. 计算科学行业职业疾病

计算科学行业人员为社会做出贡献的同时,也承担着超负荷的工作压力,使他们身体劳累,精神紧张,越来越多的计算科学从业人员在走向亚健康状态。**长期长时间使用计算机会带来三大健康危害:久坐引发的身体疾病;久看造成的眼睛伤害;久工作带来的精神压力。**因此,建议计算科学从业人员多活动,多看绿色景物,多听轻音乐。

计算机长期使用中,不正确的操作方式(见图1-45)会慢慢形成职业疾病。这些职业病暴发性不强,对身体危害不十分明显,容易被人们忽视。虽然它在短时间内不会造成生命危险,但是,它会引发身体其他方面的连锁疾病,影响人们的工作和生活质量,对人体潜在危害很大。因此,长期使用计算机的人员,做好防护工作最为重要。

图 1-45 不正确的计算机操作方式

2. 干眼症的表现症状

泪液以大约 10 微米的厚度覆盖整个眼球。如果眼睛一直睁开,10 秒后,泪膜上就会出现一个小洞,然后泪膜慢慢散开,这时暴露在空气中的眼球就会感觉到干涩。眨眼是一种保护性的神经反射作用,它可以使泪水再一次均匀地涂在眼球角膜和结膜表面,以保持眼球润湿而不干燥。**正常人大约 3 秒眨眼一次,以保证眼球得到泪膜的湿润。**干眼症患者有以下表现:一是使用计算机几小时后,看远处物体模糊不清;二是眼疲劳,感觉眼睛等部位疼痛;三是看物体有重影;四是眼睛发干或流泪。

3. 干眼症产生原因与预防

(1)人们在专注地玩游戏、看视频时,眨眼的次数会自动减少,从而减少了泪液的分泌。因此,**要有意识地多眨眼,或者短暂时间地闭眼休息,减轻眼球的干涩。**

(2)屏幕图像很明亮时(对比度高),瞳孔会自动收缩,使眼睛产生视觉疲劳。

(3)很多验光师建议,**尽可能不要总戴着眼镜**,你会发现不戴眼镜也能看清楚。

(4)工作一个小时休息 5 分钟左右,看看绿色植物,这能有效缓解眼睛疲劳。

(5)大多数程序员走的路不够多,**站起来到处走走**,让你的血液流动起来。

4. 颈椎病的预防

不少人在计算机前坐的时间越来越长,长时间不正确的姿势极易导致颈椎病变(见

计算工具和计算科学

图 1-46)。卫生调查表明,每天使用计算机超过 4h,81.6％的人会出现不同程度的颈椎病。
一些公共环境中(如机房),座椅、机桌与操作者身高往往不匹配。长时间操作时,容易产生
颈椎酸痛,肩部和上臂呈现间歇性麻木感的职业病。

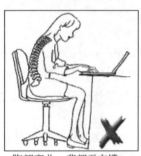

胸部弯曲,背部无支撑　　　　　颈椎弯曲过度,腰部劳累　　　　　正确姿势

图 1-46　不正确的操作姿势容易造成颈椎病

从事计算科学工作的读者们应当谨记:工作固然重要,身体更是本钱。

习　题　1

1-1　计算工具的发展经历了哪些历史阶段？具有哪些典型机器？

1-2　简述各种类型计算机的主要特点。

1-3　计算技术有哪些最基本的特征？

1-4　计算机系统遵循"向下兼容"的设计思想有哪些优点和缺点？

1-5　购买计算机硬件设备时,需要关注哪些主要技术指标？

1-6　简要说明 CC2020 计算学科培养目标。

1-7　开放题:ACM/IEEE 为什么定义为"计算学科",而不是"计算机科学"？

1-8　开放题:算盘为什么没有从一种计算工具演变为自动计算机器？

1-9　开放题:计算学科专业学生在学习中为什么需要遵循"广度优先"原则？

1-10　实验题:仔细观察图 1-45(b),列举 3 项以上的不正确操作姿势。

第2章 程序语言和软件开发

语言是思维和交流的工具,自然语言是人与人之间的交流工具,程序语言是人与机器之间的交流工具。**程序是一连串说明如何进行计算的指令,指令是计算机能够理解和执行的操作。**代码是人和计算机都能识别的程序语言,程序设计就是编写解决特定问题的代码。程序设计过程包括问题分析、程序编写、程序调试、获取预期输出等步骤。

2.1 程序语言特征

2.1.1 程序语言的演化

程序语言的演化经过了以下历程:中国汉代提花机的花本编程(花本是存储织锦纹样的部件)→法国雅卡尔(Jacquard)发明用穿孔卡片对提花机编程(1801年)→爱达分析机程序(1842年)→弗雷格数理逻辑语言→哥德尔符号编码→图灵机程序(1936年)→IBM 穿孔卡片→ENIAC 电路编程→冯·诺依曼发明程序流程图(1947年)→穿孔纸带程序→莫克利提出"短代码",它是函数库起源(1949年)→威尔克斯出版第一本程序设计教程(1951年)→格蕾丝·霍普发明程序编译器 A-0(1951年)→巴科斯设计高级程序语言 FORTRAN(1957年)→ALGOL 60 程序语言(1960年)→目前流行的各种程序语言。

1. 早期程序设计语言的发展

(1) 爱达与最早的程序设计。爱达·洛芙莱斯(Ada Lovelace,英国诗人拜伦之女,以下简称爱达)是巴贝奇的朋友,1842年,费德里科·路易吉(Luigi Federico Menabrea,意大利数学博士,将军和首相)用法语发表了"查尔斯·巴贝奇的分析机概述"的论文。爱达花了9个月时间将路易吉的论文翻译为英文,并且在译文中附加了比原文长三倍的注释。她指出分析机可以像提花机那样进行编程,并详细说明了用机器进行伯努利数运算的过程(见图 2-1),这是世界上第一个计算机程序。

爱达被公认为是世界上第一位程序设计师。**她和巴贝奇一起提出了程序的基本要素,如符号、变量、常量、分支、循环、函数、输入、输出等概念。**巴贝奇对变量的描述为"它只是一个空空如也的篮子,直到你放入了一些东西"。爱达设计的程序具有递归特性,程序循环运行,一次迭代的结果将成为下一次迭代的输入。爱达编写了三角函数程序、级数相乘程序、伯努利函数程序等算法,还创造了巴贝奇也未曾提到的许多新构想,例如,爱达曾经预言:"这个机器未来可以用于排版、编曲或是各种更复杂的用途。"为了纪念爱达的贡献,英国计算机协会每年都会颁发以爱达为名的奖项。

(2) 弗雷格与程序设计。1879年,德国数学家弗雷格(F. L. Gottlob Frege)出版了著作

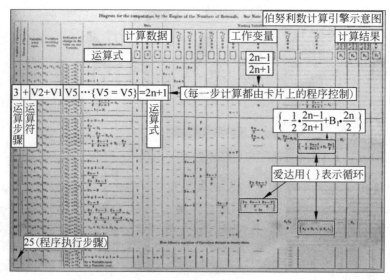

图 2-1 爱达编写的"伯努利数"计算程序(1842 年,世界上第一个计算机程序)

《概念文字》,他将"概念文字"发展成为一种人工语言。**弗雷格引入了一些特殊符号(如 $\forall x$、$\exists y$ 等)来表示逻辑关系,第一次用精确的语法和句法规则来构造形式语言,并对数理逻辑命题进行演算**(见图 2-2)。这一思想成为现代数理逻辑的基础,使得将逻辑推理转化为机械演算成为可能。这种"概念文字"是现代程序设计语言的萌芽。

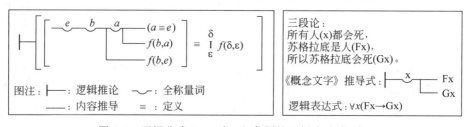

图 2-2 逻辑公式(1879 年)和命题的逻辑表达式(右)

【**例 2-1**】 命题"任何一个恋爱中的人都是快乐的",可以用逻辑符号表示如下:

$$(\forall x)((\exists y)L(x,y) \rightarrow H(x))$$

案例分析:$\forall x$ 表示所有;$\exists y$ 表示一个;$L(x,y)$ 表示 x 与 y 在恋爱中;$\rightarrow$ 表示"如果……则……";$H(x)$ 表示 x 是快乐的。**这种形式化的逻辑表达式是程序编译器的基础。**

(3)哥德尔与程序设计。1931 年,哥德尔(Kurt Friedrich Gödel)在对"不可判定"命题的证明论文中,提出可以将命题符号与自然数对应。这种对逻辑命题进行数字编码的思想,为程序设计和编译提供了很好的设计思想。如早期程序用数字 14 表示加法运算。

【**例 2-2**】 对逻辑表达式"$(\forall x)((\exists y)L(x,y) \rightarrow H(x))$"用自然数(十进制正整数)进行编码,假设逻辑表达式中符号的编码规则如图 2-3 所示。

逻辑符号	(	$\forall$	x	)	$\exists$	y	L	,	$\rightarrow$	H
自然数	0	1	2	3	4	5	6	7	8	9

图 2-3 假设的逻辑表达式符号编码规则

根据图 2-3 的规则,例 2-2 可编码为:[0,1,2,3,0,0,4,5,3,6,0,2,7,5,3,8,9,0,2,3,3]。

（4）图灵机与程序设计。1936 年,图灵在"论可计算数及其在判定问题中的应用"论文中提出了图灵机模型。图灵指出:"对应于每种行为还要有一个指令表,它应当执行什么指令,以及完成这些指令后,机器应处于哪种状态。"图灵认为,只需要一些最简单的指令,就可以将复杂的工作分解成简单操作而进行计算(见图 2-4)。

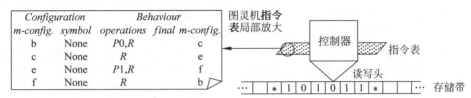

图 2-4　图灵机指令表(图灵程序)示意图(1936 年)

2. 现代程序设计语言的发展

（1）打孔纸带程序。20 世纪 40 年代的计算机采用二进制数编程,冯·诺依曼在 101 报告中设计了二进制程序指令的基本形式。早期程序的载体是纸带上有规律的小孔(见图 2-5),程序员先将计算指令或数据换算成二进制数字编码,然后按编码用打孔机在专用纸带上打出小孔,每一行孔代表一个字符编码(见图 2-6),几十行小孔形成一条指令或数据,读带机将纸孔转换为电信号。纸带程序经常会发生漏打某些孔洞的错误,这也是程序"漏洞"一词的来源;如果程序打孔出现错误,就需要将打孔纸带剪断,将修改后的程序纸带粘贴进去,这段程序称为"补丁程序"。后来程序又逐渐采用了卡片存储形式(见图 2-7)。

图 2-5　打孔纸带

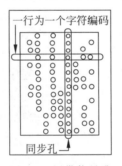

图 2-6　纸带信号孔

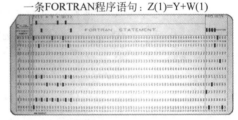

图 2-7　FORTRAN 程序语句卡片

（2）汇编程序语言。在计算机中使用标准子程序库的想法最早由巴贝奇提出。20 世纪 40 年代,程序员经常使用一些特殊标识符说明子程序,汇编一词起源于它可以汇总子程序序列。1951 年,英国莫里斯·文森特·威尔克斯(Maurice V. Wilkes)出版了第一本程序设计教程《电子数字计算机程序控制》,并且发明了"微指令"的设计。

（3）程序编译器。1950—1951 年,出现了许多二进制机器语言。格蕾丝·霍普(Grace Murray Hopper,女性计算科学专家)提出程序编译器的构想时,当时所有人都告诉她计算机只能处理数字,是不懂英文的。当时人们认为计算机只是一个大号的数值计算工具而已,大部分人都没有意识到它是处理信息的工具。格蕾丝提出:"应该用数学符号写数学程序,应该用英语语句写数据处理程序。"1951 年,格蕾丝发明了世界上第一个程序编译器 A-0,之后又开发了 A-1、A-2。它们可以处理英文字符,格蕾丝还特意开发了处理法文、德文的编译器版本,这标志着计算机字符处理的开始。

（4）第一个高级程序设计语言。1954 年,IBM 公司的约翰·巴科斯(John Backus)发明了 FORTRAN,这是世界上第一个高级程序设计语言。高性能的 FORTRAN 语言编译器直到 1957 年才写好。FORTRAN 语言的最大特点是形式上接近数学公式,而且语法严谨,学习容易,运算效率很高,FORTRAN 语言直到现在仍然在计算领域中广泛应用。

（5）程序设计语言的演化。高级程序语言的出现使得程序不再过度依赖特定的计算机设备,高级程序语言在不同硬件平台上可以编译成不同的机器语言。据维基百科估计,发明的程序语言已超过上千种。程序语言的发展如图 2-8 所示。

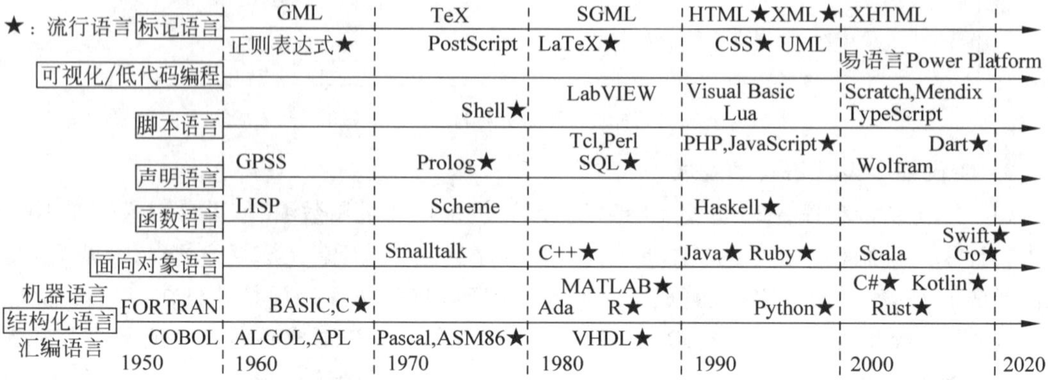

★:流行语言	标记语言	GML		TeX		SGML		HTML★	XML★	XHTML	
		正则表达式★		PostScript	LaTeX★			CSS★	UML		易语言 Power Platform
可视化/低代码编程						LabVIEW		Visual Basic		Scratch,Mendix	
				Shell★				Lua		TypeScript	
脚本语言						Tcl,Perl		PHP,JavaScript★			Dart★
声明语言		GPSS		Prolog★		SQL★				Wolfram	
函数语言		LISP		Scheme				Haskell★			
				Smalltalk		C++★		Java★ Ruby★		Scala	Swift★ Go★
面向对象语言						MATLAB★				C#★ Kotlin	
机器语言		FORTRAN	BASIC,C★			Ada R★			Python★	Rust★	
结构化语言		COBOL	ALGOL,APL	Pascal,ASM86★		VHDL★					
汇编语言		1950	1960	1970		1980		1990		2000	2020

图 2-8　常用程序设计语言的发展(1950—2020 年)

2.1.2　现代程序语言专家

1. 格蕾丝·霍普与程序设计

1934 年,格蕾丝·霍普获得数学博士学位;1944 年她成为全世界第一个专职程序员。1983 年,格蕾丝·霍普被任命为美国海军准将。她在程序设计领域做出了以下贡献。

（1）1951 年,格蕾丝·霍普发明了世界上第一个汇编语言的程序编译器 A-0。她自行开发编译器时,并没有得到高层的许可,她说:"**请求原谅,总是比得到许可更容易。**"

（2）早期计算机指令采用二进制表示,而二进制数不利于程序设计和记忆,格蕾丝·霍普第一次用英语字母表示计算机指令,使得程序更容易阅读和理解。

（3）格蕾丝·霍普创造了一个著名的计算机术语"bug"(虫子,指程序错误),找出程序错误则称为"debug"(de 语义为除去),这是程序错误和程序调试名称的起源。

（4）格蕾丝·霍普第一个在源程序中写注释,这个习惯是现代编程的规定动作。

（5）格蕾丝·霍普实现了回滚机制,即让问题程序返回到出问题之前的状态。

（6）1960 年,格蕾丝·霍普领导团队设计了商业领域的高级编程语言 COBOL。

2. 艾伦·佩利与 Algol 60 程序设计语言

艾伦·佩利(Alan Perlis,首位图灵奖获得者)主持设计了 Algol 60 程序设计语言。**Algol 60 是对计算科学影响最大的程序设计语言**,目前流行的 C、Java、Python 等都由它发展而来。1952 年,佩利在普渡大学创建了大学的第一个计算中心,以后,他又在美国多所大学建立了计算中心和计算机科学系,他培养的学生中人才济济,**佩利被称为"使计算科学成为独立学科的奠基人"**。1962 年,佩利当选为美国计算机学会(ACM)主席。1982 年,佩利在 ACM 期刊上发表了著名的论文"编程箴言"。佩利幽默地写道:"如果你给别人讲解程序时,看到对方点头了,那你就拍他一下,他肯定是睡觉了。"

3. 迪杰斯特拉与结构化程序设计

艾兹格·W.迪杰斯特拉(Edsger Wybe Dijkstra,图灵奖获得者)1960年主持了Algol 60编译器的开发。他提出了goto语句有害论;解决了哲学家就餐问题;发明了最短路径算法(Dijkstra算法);他是银行家算法的创造者;他提出了信号量和PV(阻塞/唤醒)原语。迪杰斯特拉一生致力于将程序设计发展成一门科学。迪杰斯特拉关于程序设计的名言,今天仍有重要的现实意义,如**"简单是可靠的先决条件"**。

4. 高德纳与数据结构

高德纳(Donald Ervin Knuth,获图灵奖)是计算科学的先驱人物,**他创建了算法分析、数据结构等领域**。高德纳《计算机程序设计艺术》一书是计算科学领域最权威的参考书,书中开创了数据结构的基本体系,奠定了程序设计基础。高德纳开发的TeX是科技论文的标准排版程序。高德纳和他的学生提出了字符串查找算法(KMP),该算法使计算机在文章中搜索一串字符的过程更加迅速和方便。高德纳提出过文学化编程的概念。对于程序设计的复杂性,高德纳曾经指出:"事实上并非每件事情都存在捷径,都是简单易懂的。然而我发现,如果我们有再三思考的机会,几乎没有一件事情不能被简化。"

5. 为中国计算科学发展做出贡献的专家

中国最早的程序设计专家是董铁宝。1947—1950年,董铁宝在美国伊利诺伊大学(UI)力学系攻读博士学位,学习期间他参与了学校早期"伊利亚克"计算机的设计、编程和使用。1956年,董铁宝毅然回国,在北京大学数学力学系任教。

1952年,华罗庚在普林斯顿大学做研究,他和冯·诺依曼有过密切交往。回国后,华罗庚组织成立了中国第一个计算机科研小组,小组成员包括闵乃大、夏培肃、王传英。

夏培肃(女)1951年在英国爱丁堡大学博士后毕业后回国,1952年加入计算机科研小组。1953年,夏培肃所在的计算机小组提出研制中国第一台电子计算机的设想。1960年,夏培肃主持设计和试制成功了中国第一台107电子计算机。1956年,夏培肃主编了中国第一本大学计算科学教材《计算机原理》。

1955年,周寿宪博士从美国回国。1956年,钟士模教授和周寿宪副教授等主持创建了清华大学计算机专业,1956年招收了全国第一届计算机专业学生。

张绮霞是我国最早的女程序员,1958年她进入中国科学院计算所程序设计室。我国第一颗人造卫星的地面跟踪程序就出自她的手笔。1963年,她与朱淑霞、曹东启共同编写了《实用程序设计》一书。据说张绮霞编写的程序一次就能通过,从无bug。

2.1.3 程序语言的学习

1. 程序设计与文学写作

程序设计和文学写作都是一种思维创作过程,它们的作品是固化的思维。程序设计与文学创作有以下很多共同点。

(1) 程序设计和文学写作两者都需要人为创作。

(2) 小说家和程序员都需要创造性,他们对同一个题材有不同的表达方式。

(3) 他们对问题的解决方案都具有多样性。

(4) **文学专业的学生和程序员都需要从事阅读和写作两项专业训练。**

(5) 文学作品的写作比阅读难多了,哈佛大学语言学家斯蒂芬·平克(Steven Pinker)

指出:"写作之难,在于把网状的思考,用树状结构,体现在线性展开的语句里。"程序设计存在同样的问题,经常有人抱怨:"我能读懂别人的程序,但是我不会自己写程序。"其实无须抱怨,因为阅读是理解他人的作品,而编程是思考和实现解决问题的方案。

程序设计与文学创作的区别在于文学创作是一门艺术,它追求个性化,作品完成后,其他人并不会对作品进行修改;**而程序设计是一项技术,它追求规范化**,编写程序的人与后续维护和改进程序的人可能并不相同。因此,程序的易读性非常重要。

学习程序设计要多阅读优秀的源程序,多练习编写程序,多思考如何解决问题。

2. 阅读和分析程序的建议

(1) 了解程序字面语义。程序语言比自然语言更简洁,逻辑性更强。自然语言充满了歧义和隐喻,而程序语言没有歧义和隐喻,**可以按程序语句的字面来理解语义**。

(2) 划分程序结构。复杂的程序可以划分成不同的语句块来分析。对复杂的语句,需要将它们划分成几个子句,然后分析子句的符号和结构,理解语句的功能和语义。

(3) 程序组合结构。**程序语言最有用的特色是具有组合小型基础元素的能力**。例如,程序语句 print(a+b)中,程序编译器会自动寻找变量 a、b 的值,然后将两个数相加,最后在屏幕上打印计算结果。但是一个语句有过多的组合元素也会导致语句复杂化。

(4) 注意程序细节。自然语言发生字母错误、标点错误时,并不影响我们对语义的理解。但是程序语言中,这些小错误可能会导致不同的运算结果,或者造成程序异常。

2.1.4 程序语言的类型

1. 程序语言的分类

程序语言有多种分类方法,按程序语言与硬件的关系可分为低级语言和高级语言;按程序设计风格可分为结构化语言、面向对象语言、事件驱动语言、函数式语言等;按程序执行方式可分为解释型语言(如 Python 等)、编译型语言(如 C 等)等。

2. 机器语言

机器语言是二进制指令代码的集合,是计算机唯一能识别和执行的语言。机器语言的优点是占用内存少、执行速度快,缺点是编程难、阅读难、修改难、移植难。

3. 汇编语言

汇编语言是将机器语言的二进制指令,用简单符号(助记符)表示的一种语言。因此**汇编语言与机器语言一一对应**,它可以直接对计算机硬件设备进行操作。汇编语言与硬件设备(主要是 CPU)相关,不同系列 CPU(如 ARM 与 Intel 的 CPU)的机器指令不同,因此它们的汇编语言也不同。所有高级程序语言最终都需要转换为汇编语言,最基本的汇编语言指令有 MOV(传送)、ADD(加法)、CMP(比较)、JMP(跳转)等。

【例 2-3】 编程计算 SUM=6+2。汇编语言与机器语言代码片段如表 2-1 所示。

表 2-1 x86 汇编语言与机器语言指令案例

汇 编 语 言	机 器 语 言	机器操作说明
MOV AL,6	00000110 10110000	将数据 6 送到 AL 寄存器
ADD AL,2	00000010 00000100	将 2 和 AL 中的数相加,存在 AL
MOV SUM,AL	00000000 01010000 10100010	将 AL 中的数送到 SUM 内存单元
HLT	11111000	停机(程序停止运行)

4. 高级程序语言

高级语言将计算机内部的许多相关机器操作指令,组合成一条高级程序指令,并且屏蔽了具体操作细节(如内存分配、寄存器使用等),这样大大简化了程序指令。高级程序语言便于人们阅读、修改和调试,而且高级程序语言与机器硬件无关,通用性好。

2.1.5 程序语言的文法

1. 程序语言的基本特征

程序语言可以定义计算机指令的执行流程,程序语言的基本特征如下。

(1)基本元素。**程序语句由标记符号(token)和语句结构(structure)组成**。标记符号是程序语言的基本元素,它们有保留字、变量名、运算符等。如 Python 语言中,if、print、+、−、*、/、( )等是正确的标记符号;而++、a^2、3x 等不是 Python 规定的符号。

(2)词法规则。词法规则规定了程序语言字符的基本形式,如保留字、变量名、数据中,不允许字符或数值之间有空格、连词符等。如 x2 不能写为 x-2 或者 x 2。**对符号进行分析称为词法分析**。

(3)句法规则。句法规则规定了程序语句的组合方式,如 Python 语言采用强制缩进的句法格式;算术表达式采用行书写句法;$a=x^2$ 应当写为 $a=x**2$ 等。**程序语句中符号的排列方式称为结构**,对语句结构进行分析称为句法分析。

(4)语义。语义必须明确地表达语句要完成的任务,如赋值语句的具体操作等。

(5)数据类型。数据类型规定程序语言对数据的表示方法和数据的范围。不同数据类型计算机地处理方法不同。如整数和字符串由算术逻辑运算单元(arithmetic logic unit,ALU)处理,浮点数由浮点处理单元(floating point unit,FPU)处理。

(6)作用域。作用域规定了数据的作用范围(如整型的值域),通过对数据作用域的限制,降低了程序处理数据的复杂度。

2. 巴科斯范式概述

20 世纪 50 年代中后期,乔姆斯基(Avram Noam Chomsky)提出了自然语言的文法描述方式,同时期的巴科斯(John Backus,FORTRAN 语言发明人)也独立提出程序语言的文法描述方式。乔姆斯基提出了上下文无关文法;而巴科斯和诺尔(Peter Naur)则提出了巴科斯-诺尔范式(Backus-Naur form,BNF)。BNF 用于描述程序语言的文法规则,BNF 与上下文无关文法互为同义词。尽管 BNF 很简单,但是它非常强大。**BNF 主要用于描述和规范一门编程语言**,如 C 语言的语法规则用 BNF 描述时,只需要 200 多个 BNF 语句就可以将C 语言描述得非常精确,而且不会产生自然语言中那种模棱两可的表达。

3. BNF 的书写规则

BNF 定义的语言是一个字符串集合,它从一个符号开始,然后给出替换前面符号的规则。BNF 中的表达式称为产生式,它的特点是将程序语句不断向下分解,形成一个语法树,编译器中每个子树对应一个解析函数。BNF 的书写规则如下。

1	<非终止符> ::= <产生式>

以上规则的含义是左边的<非终止符>可以由右边的<产生式>进行定义。注意,产生式中的"式"是公式、规则、表达式的意思,不是"形式"的意思。

【例 2-4】 用 BNF 描述 C 语言的声明语句。

<声明语句> ::= <类型><标识符>; | <类型><标识符>[<数字>];

其中,<声明语句>为非终止符;符号 ::= 为定义;符号 | 为或者;符号;[ ]为终止符。

4. BNF 定义的符号

(1)符号 ::= 表示"定义为"。例:<函数调用语句> ::= <标识符>(<形参表>)。

(2)符号" "双引号内的字符表示字符本身,双引号外的字符表示语法。

(3)符号 double_quote 表示双引号。例:字符串 ::= double_quote...double_quote。

(4)符号 | 表示可以相互替换,类似 or。例:<数字> ::= 0 | 1 | 2 | 3 | 4 | 5 | 6 | 7 | 8 | 9。

(5)符号...表示列举或省略的内容。例:a...z 表示从 a 到 z 的字符。

(6)符号<>表示必选项。例:<加法> ::= <数字>+<数字>。

(7)符号[ ]表示可选项,可有可无。例:<变量名> ::= <字母>[<数字>]。

(8)符号{ }表示重复 0 次或任意次。例:<表达式> ::= <项>{<运算符><项>},表示<表达式>可以由一个必选的"<项>",和多个"<运算符><项>"组成。

(9)符号( )表示分组,用来控制表达式的优先级。例:AX ::= "a" ("m" | "n"),表示 AX 由一个 a 后面跟上 m 或 n 组成。

5. BNF 案例

【例 2-5】 Python 官方文档中,if 语句的 BNF 文法如下。

1	if_stmt ::= "if" expression ":" suite
2	("elif" expression ":" suite) *
3	["else" ":" suite]

第 1 行,if_stmt 表示 if 语句;" ::= "读作"定义为";if 表示语句必须以保留字 if 开头;expression 为表达式;:为冒号;suite 表示可以添加新语句。

第 2 行,圆括号表示这是一个语句段(分组);elif 表示语句的保留字为 elif;" * "表示允许 0 个或多个 elif 子句;其他符号的定义与第 1 行相同。

第 3 行,方括号中的语句为可选内容;符号 else 表示保留字为 else。

6. 上下文无关文法和有限状态自动机

除当前语句外,这个语句前后的语句都可以称为上下文。简单地说,**上下文无关是指本语句在语法上不受上下语句的影响。但是在整个程序中,语句之间存在逻辑上的相关性**(参见 2.3.6 节并行程序基本特征中的数据相关、资源相关、控制相关)。

程序语言的文法与有限状态自动机理论密切相关。简单地说,有限状态自动机用来对输入的有限个字符串(程序语句)进行识别,区分出程序语句中的保留字、变量、操作数、运算符等元素,然后构建一个程序语句的抽象语法树。

2.1.6 程序语言的解释

程序编译器或解释器的功能是将源程序翻译为计算机能够执行的二进制机器码。或者说,设计一门程序语言就是设计一个编译器或者解释器。

1. 源程序的翻译

程序语言编写的计算机指令序列称为源程序,计算机不能直接执行源程序,源程序必须通过翻译程序转换成机器指令,计算机才能识别和执行。源程序有两种翻译方式:解释和编译。静态语言的翻译程序称为编译器,动态语言的翻译程序称为解释器。动态语言将编译和运行两个阶段的任务混合在一起了。

2. 程序的解释执行方式

(1) 程序执行过程。以 Python 语言为例,其程序执行过程如图 2-9 所示,Python 解释器将源程序加载到内存;解释器对程序中全部代码进行基本语法检查,如果程序有语法错误,则输出提示信息;如果没有语法错误,解释器从源程序顺序读取一条语句,并将源程序语句翻译成 Python 字节码;**字节码是一种类似于汇编语言的代码**,Python 虚拟机可以很容易地将字节码转换为可执行的机器码,再交由 CPU 执行;然后输出程序运行结果(如数据输入、程序输出等 I/O 操作);接着解释器检查程序是否结束,如果程序没有结束,解释器继续读取下一条程序语句,重复以上过程,直到程序语句全部执行完毕。

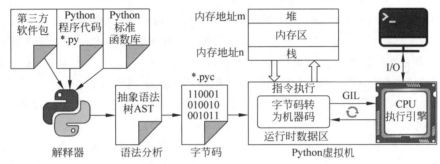

图 2-9 解释性程序执行过程(以 Python 语言为例)

(2) 解释性程序语言的优点。**解释性程序语言最大的优点是跨平台性好**,程序跨平台时,只需要更换语言解释器就行。动态程序语言一般都采用解释执行方式。

(3) 解释性程序语言的缺点。一是解释性语言需要部署一个解释+运行模块,这需要消耗一定的硬件和软件资源;二是大部分解释器是基于堆栈的虚拟机(如 Python),指令采用递归方式运行,而递归涉及指令和状态的保存与恢复,这种栈操作消耗资源较多,运行效率低;三是程序独立性不强,不能在操作系统下直接运行。

2.1.7 程序语言的编译

1. 程序的编译过程

高级程序语言都需要由编译器将源程序翻译成计算机可执行的机器码(这个过程称为编译)。程序编译正确后,就会生成可以反复执行的机器码文件(如 EXE 文件)。程序编译是一个复杂的过程,编译步骤如下:**符号管理→预处理→词法分析→句法分析→语义分析→生成中间代码→代码优化→生成目标程序→程序链接→生成可执行程序**。以 C 语言为例,其程序编译过程如图 2-10 所示。实践中,某些步骤可能组合在一起进行。

(1) 符号管理。在编译过程中,源程序中的各种符号保存在不同表格里,编译工作的各个阶段都涉及构造、查找或更新表格中的内容。如果编译过程中发现源程序有错误,编译器会报告错误的性质和发生错误的代码行,这些工作称为出错管理。符号表是由一组符号地址和符号信息构成的表格。在语法分析中,符号表登记的内容将用于语法分析检查;在语义分析中,符号表所登记的内容将用于语义检查和产生中间代码;在目标代码生成阶段,当对符号名进行地址分配时,符号表是地址分配的依据。

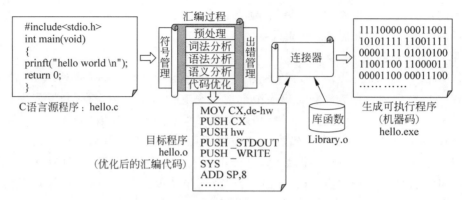

图 2-10　源程序编译过程(以 C 语言为例)

(2) 预处理。预处理主要进行以下操作:一是删除源程序中的注释信息;二是 C 语言中,允许用一个标识符(宏名)表示一个字符串,预处理时对源程序中所有的宏名都用宏定义中的字符串去替换;删除所有的♯define(预处理命令);三是插入所有♯include 文件的内容到源文件中的对应位置,这时原本几行的源程序可能会扩展至几百行。

(3) 词法分析。编译器的功能之一是用有限状态自动机原理解释程序文本的语义,不幸的是计算机很难理解文本。文本对计算机来说就是字节序列,为了理解文本的含义,就需要借助词法分析程序。词法分析是将源程序的字符序列转换为标记(Token)序列的过程。在词法分析过程中,可以利用有限状态自动机将源程序代码转化为一个符号流(单词流),然后交给后面的语法分析器进行语法分析。

单词(符号)是程序语言的基本语法单位,一般有四类单词:一是语言定义的保留字(如 if、for 等);二是标识符(如 x、i、list 等);三是常量(如 0、3.141 59 等);四是运算符和分界符(如＋、－、*、/、＝、;等)。如何进行"分词"是词法分析的重要工作。

【例 2-6】　对赋值语句"X1＝(2.0＋0.8) * C1"进行词法分析。

案例分析:如图 2-11 所示,编译器分析和识别(分词)出 9 个符号。

图 2-11　赋值语句 X1＝(2.0＋0.8) * C1 的词法分析

(4) 句法分析。**句法分析是用有限状态自动机理论将词法分析产生的符号,根据程序语言的语法规则,生成抽象语法树(AST)**,语法树是语句的树状结构,编译器利用语法树进行句法分析。语法树的每一个节点代表程序代码中一个句法结构,如包、类型、标识符、表达式、运算符、返回值等。后续的工作是对抽象语法树进行分析。

【例 2-7】　对赋值语句"X1＝(2.0＋0.8) * C1"进行句法分析(见图 2-12)。

案例分析:如图 2-12 所示,将词法分析得出的符号流构成一棵抽象语法树,并对语法树进行分析。这是一个赋值语句,"X1"是变量名,"＝"是赋值符,"(2.0＋0.8) * C1"是表达式,它们都符合程序语言的句法规则(句法分析过程不详述),没有发现语法错误。语法分析器与符号表之间关系如图 2-13 所示。

(5) 语义分析。语义分析是对源程序的上下文进行检查,检查有无语义错误。语义分析主要任务有静态语义检查、上下文相关性检查、类型匹配检查、数据类型转换、表达式常量

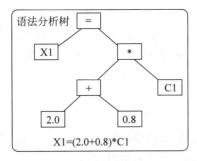

图 2-12　抽象语法树（AST）

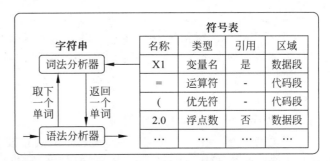

图 2-13　符号表和语法分析器之间的关系

折叠等。源程序中有些语句虽然符合句法规则，但是它可能不符合语义规则，如使用了没有声明的变量、调用函数时参数类型不匹配、参加运算的两个变量数据类型不匹配等。当源程序不符合语义规范时，编译器会报告出错信息。

（6）生成中间代码。语义分析正确后，编译器会生成相应的中间代码。中间代码是一种介于源程序和目标代码之间的中间语言形式，目的是便于后面做优化处理。中间代码常见形式有四元式、三元式、逆波兰表达式等。由中间代码很容易生成目标代码。

【例 2-8】　对赋值语句"X1＝(2.0+0.8) * C1"生成中间代码。

案例分析：根据赋值语句的语义，生成中间代码，即用一种形式语言来代替另一种形式语言。例如，采用四元式（3 地址指令）生成的中间代码如表 2-2 所示。

表 2-2　编译器采用四元式方法生成的中间代码

运　算　符	左运算对象	右运算对象	中　间　结　果	四元式语义
+	2.0	0.8	T1	T1←2.0+0.8
*	T1	C1	T2	T2←T1 * C1
=	X1	T2		X1←T2

说明：表中 T1 和 T2 为编译器引入的临时变量单元。

表 2-3 生成的四元式中间代码与原赋值语句在形式上不同，但语义上是等价的。

（7）代码优化。代码优化的目的是得到高质量的目标程序。

【例 2-9】　表 2-3 中第 2 行是常量表达式，可以在编译时计算出该值，并存放在临时单元（T1）中，不必生成目标指令。编译优化后的四元式中间代码如表 2-3 所示。

表 2-3　编译器优化后的中间代码

运　算　符	左运算对象	右运算对象	中　间　结　果	语　义　说　明
*	T1	C1	T2	T2←T1 * C1
=	X1	T2		X1←T2

（8）生成目标程序。生成目标程序不仅与编译技术有关，而且与机器硬件结构关系密切。例如，充分利用机器的硬件资源，减少对内存的访问次数；根据机器硬件特点（如多核CPU）调整目标代码，提高执行效率。生成目标程序的过程实际上是把中间代码翻译成汇编指令的过程。

（9）程序链接。目标程序还不能直接执行，因为程序中可能还有许多没有解决的问题。例如，源程序可能调用了某个库函数等。链接程序的主要工作就是将目标文件和函数库彼

程序语言和软件开发

此连接,生成一个能够让操作系统执行的机器码文件(软件)。

(10)生成可执行程序(机器码)。机器码生成是编译过程的最后阶段。机器码生成不仅仅需要将前面各个步骤所生成的信息(语法树、符号表、目标程序等)转换成机器码写入到磁盘中,编译器还会进行少量的代码添加和转换工作。经过上述过程后,源程序最终转换成可执行文件。

2. 程序编译失败的主要原因

完美的程序不会一次就编译成功,都需要经过反复修改、调试和编译。Google 和香港科技大学的研究人员分析了 2600 万次编译,总结了如下编译失败的常见原因。

(1)编译失败率与编译次数、程序开发者经验无关。

(2)大约 **65%的 Java** 编译错误与依赖有关,例如,无法找到某个符号,或者包文件不存在。C++编译中,**53%**的编译错误是因为使用了没有声明的标识符和不存在的变量。

2.2 Python 编程基础

Python 是一种解释性动态程序语言,它支持面向对象,函数式编程等功能。**Python 语言最大的特点是语法简洁和资源丰富。**Python 在数据采集、数据分析、科学计算、人工智能、Web 开发、系统运维、量子编程等领域有广泛应用。

2.2.1 程序组成

1. Python 程序模块和软件包

Python 中库、包、模块、函数之间的关系如图 2-14 所示。

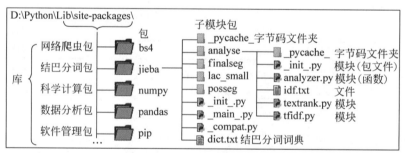

图 2-14　Python 中库、包、模块、函数之间的关系

(1)函数(function)。Python 程序主要由函数构成,函数是可重复使用的代码块。面向对象编程时,函数又称方法。

(2)模块(module)。Python 中,一个程序就是一个模块,程序名也是模块名。每个模块可由一个或多个函数组成。Python 源文件(模块)扩展名为.py。

(3)包(package)。**包是一个分层次的目录。**包的调用采用"点命名"形式,如调用数学模块中的开方函数时,写为 math.sqrt(),它表示调用 math 模块中的 sqrt()函数。

(4)库(library)。多个软件包就形成了一个程序库。**包和库都是一种目录结构,它们没有本质区别,**因此包和库的名称经常混用。

2. Python 程序基本结构

【例 2-10】 程序代码如 E0210 所示,Python 程序基本结构如图 2-15 所示。

1	# E0210【猜数字】	# 注释(程序开始)	
2	import random	# 导入标准模块	
3			
4	def judge(n, m):	# 自定义函数开始	
5	if n < m:	# 选择开始	
6	print('你猜的数太小了')	# 输出	
7	return False	# 选择结束,函数返回	
8	elif n > m:	# 条件选择	
9	print('你猜的数太大了')	# 输出	
10	return False	# 选择结束,函数返回	
11	else:	# 条件选择	
12	print('恭喜你,猜对了!')	# 输出	
13	return True	# 选择结束,函数返回	
14			
15	m = random.randint(1, 100)	# 赋值(随机数)	
16	flg = False	# 赋值(逻辑值)	
17	count = 0	# 赋值(计数器)	
18	while flg == False:	# 循环开始	
19	n = int(input('请输入1~100的整数:'))	# 输入	
20	flg = judge(n, m)	# 赋值(函数调用)	
21	count += 1	# 赋值(循环结束)	
22	print(f'总共猜了{count}次')	# 输出(程序结束)	
>>>	请输入1~100的整数:		

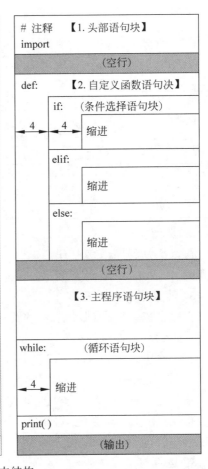

图 2-15　Python 程序基本结构

一个 Python 程序由三部分组成:头部语句块、自定义函数语句块、主程序语句块。一个语句块就是一个程序的逻辑结构,程序由不同的逻辑块组成。

(1)头部语句块。程序头部语句块主要有注释语句和模块或软件包导入语句,简单程序可能没有头部语句块。注释语句有程序编码注释(Python 3.7 以上版本可以省略编码注释),程序名称、作者、日期、版本,程序功能说明,程序版权说明等。模块或软件包导入语句主要是标准模块导入、第三方软件包导入等。

(2)自定义函数语句块。函数是程序的主要组成部分,以"def 函数名(参数):"语句开始,以"return 返回值"语句结束,语句块内的程序行必须遵循 Python 缩进规则。

(3)主程序语句块。主程序语句块大部分时候在函数语句后面(函数先定义后调用),它由初始化、赋值、函数调用、条件判断、循环控制、输入输出等语句组成。

2.2.2　基本元素

1. 程序中的基本元素

程序的最基本元素是符号和结构。符号包括保留字、变量名、运算符等。结构是语句的书写方法,例如,表达式的书写、语句的缩进等。例 2-10 程序的基本元素如表 2-4 所示。

表 2-4　程序基本组成元素说明

程 序 组 成	程序组成元素说明
保留字	import,def,if,elif,else,return,while
变量名	n:用户输入值;m:计算机生成的随机数;flg:标识;count:计数器;judge:判断
运算类型	关系运算:<,>,==;算术运算:+=(自加运算,与 count=count+1 等效)
表达式	n<m(n 小于 m);n>m(n 大于 m);flg == False(flg 等于 False 时)
标准函数	print():打印;random.randint():随机数;int():取整数;input():输入
自定义函数	函数定义:def judge(n,m);函数返回:return False;函数调用:judge(n,m)
语句缩进	def,if,elif,else,while(行尾为冒号的语句,下行需要缩进)
语句类型	注释、导入、赋值、输入、输出、选择、循环、函数定义—返回—调用
程序结构	顺序(15~17 行)、选择(5~13 行)、循环(18~21 行)、函数(4~13 行)

2. 保留字

保留字是程序语言中有特殊含义的单词。简单地说,程序中的保留字就是程序指令。Python 3.12 有 35 个保留字,如 import、if、for、def、try、and 等。

3. 转义字符

程序中以"\字符"形式表示的符号称为转义字符。例如,\t、\r、\n 等都是转义字符,转义字符表示反斜杠后的第 1 个字符转换为其他含义,如转义字符"\n"不表示字符"n",而表示"换行"输出;转义字符"\\"表示路径分隔字符"\";等等。

4. 路径分隔符

路径分隔符有"/"(正斜杠)和"\"(反斜杠)的区别。在 Windows 系统中,用反斜杠(\)表示路径;在 Linux 系统中,用正斜杠(/)表示路径。Python 支持这两种不同的路径分隔符表示方法,但是两种路径分隔符也造成了程序的混乱。

5. 运算符

Python 运算类型比较丰富,有四则运算(+,-,*,/)、整除运算(//)、指数运算(**)、模运算(%)、关系运算(==,!=,>,<,<=,>=)、赋值运算(=,:=,+=,-=,*=,/=)、逻辑运算(and,or,not,^)、位运算(≪,≫)、成员运算(in,in not)等。

6. 程序代码缩进规则

Python 语言强制采用缩进方式表示语句块开始和结束,代码如果不按规定缩进,就会出现语法错误,甚至导致程序的逻辑错误。

(1) 语句行尾有冒号(:)时,下一行语句必须缩进书写。

(2) 缩进推荐用 4 个空格,用 Tab 键缩进会引发混乱,最好弃用。

(3) 同一代码块的语句必须严格左对齐;不同语句块则需要继续缩进。

(4) 减少缩进空格表示语句块退出或结束。**不同缩进深度代表了不同语句块**。

7. 注释

(1) 单行注释符号为"#";多行注释采用三个单引号。

(2) **好注释提供代码没有的额外信息**,如语句意图、参数意义、警告信息等。

2.2.3　变量

1. 变量的功能

程序需要在内存中保存一些中间计算值,这些变化的中间值称为"变量"。**变量是程序**

中变化的数据,数据可以是整数、小数、字符串、逻辑值等,而变量名就是这些变化数据的名称。**变量名出现在程序语句中时,语句执行前会以实际数据取代变量名,使变量名成为一个具体值**。例如,a=5 语句中,a 是变量名,5 是具体值(字面量)。

2. 变量名与内存地址

程序每定义一个变量名,计算机就会分配一块内存区域存储这个变量中的值。**变量名与内存地址存在一一对应的关系**(见图 2-16)。假设变量 a=2,变量 b=3,则语句 c=a+b 的语义是将 a、b 内存单元中数据的值取出来,将它们的值相加后,保存到内存单元 c。用变量名代表内存地址的好处:一是内存地址不容易记忆,变量名容易记忆;二是内存地址会随时变化,而变量名不会变化。程序执行时,程序解释器会将变量名转换为内存地址。

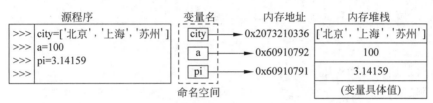

图 2-16　Python 语言中变量名与内存地址的关系

3. 标识符命名规则

标识符包括变量名、函数名、类名、方法名、文件名等。**好的标识符不需要注释即可明白其含义**。标识符的命名历来是一个无法达成共识的话题,但是无论哪种命名风格,对标识符的命名要尽可能统一。流行的标识符命名方法如下。

(1)下画线命名法。Python 标准 PEP8 建议变量名、函数名等采用“全小写+下画线”命名。如 my_list、new_text、read_csv()等。它的缺点是变量名太长。

(2)驼峰命名法。第一个单词首字母小写,后面单词的首字母大写。如 myList、outTextInfo、outPrint()等,这种命名方法在 C、Java 等语言中应用普遍。

(3)帕斯卡命名法。单词首字母大写,如 MyList、UserName、Info()等。

(4)匈牙利命名法。小写字母开头标识变量的类型等,后面的单词指明变量用途,首字母大写。如 strName 表示字符串变量名、arru8NumberList 表示变量是一个 8 位无符号数组。匈牙利命名法广泛用于 Windows 系统编程中。

(5)全大写命名法。常量采用“全大写+下画线”命名,如 PI、KEY_UP 等。

4. 变量名缩写规则

变量命名目前倾向用完整的英语单词,尽量少用缩写单词和中文拼音。但是在程序设计领域中,已经存在以下约定俗成的单词缩写方法。

(1)取单词前 3 个或 4 个字母。如 arr(array,数组),col(column,列),conn(connect,连接),def(define,定义),err(erroneous,错误),fun(function,函数),int(integer,整数),lib(library,库),obj(object,对象),temp(temporary,临时)等。

(2)元音字母剔除法。除首字母外,去掉元音字母,保留辅音的头一个字母。如 args(arguments,参数),avg(average,平均),db(database,数据库),flg(flag,标志),img(image,图像),kw(keyword,关键字),pwd(password,口令),txt(text,文本)等。

2.2.4 表达式

1. 表达式组成

表达式由操作数和运算符组成,它用来计算求值。操作数可以是值(如数值、字符串、逻辑值),也可以是变量(如 x);运算符有算术运算符(如＋、－、＊、/)、逻辑运算符(如 and、or)、关系运算符(如()、＜＝、＜)等。表达式是程序的基本组成元素。

【例 2-11】 变量和表达式之间关系如图 2-17 所示。

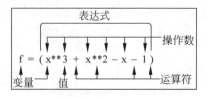 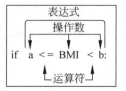

图 2-17　程序语句中的变量和表达式

2. 算术表达式书写规则

程序语言只能识别按行书写的表达式,数学运算式的转换方法如表 2-5 所示。

表 2-5　数学运算式与程序表达式的转换方法

数学运算式	程序表达式	程序表达式说明
$a+b=c$	c＝a＋b	程序语言不允许 a＋b＝c 这种赋值方法
$2\times3,4ab$	2 ＊ 3,4 ＊ a ＊ b	乘号用 ＊ 表示,不能省略
$5\div8$	5/8	除号用斜杠/表示,分子在/前,分母在/后
$S=\pi R^2$	s＝ pi ＊ r ＊＊ 2	符号 π 用 pi 表示,指数运算用 ＊＊ 表示
$\log_2(d+1),A_0$	log2(d＋1),A0	程序不支持下标,下标可标为数字符号
$\pi\approx3.14$	3.14＜pi＜3.15	所有程序语言都不支持约等于
$\dfrac{(12+8)\times3^2}{25\times6+6}$	((12＋8) ＊ 3 ＊＊ 2)/(25 ＊ 6＋6)	分式可以用除法加括号表示,圆括号可以嵌套使用,不能使用方括号或花括号
$x=\sqrt{a+b}$	x＝math. sqrt(a＋b)	高级数学运算需要专用函数和规定格式

3. 表达式的运算顺序

(1) **表达式中,圆括号的优先级最高**;多层圆括号遵循由里向外的原则。

(2) 多种运算的优先顺序为:算术运算→字符连接运算→关系运算→逻辑运算。

(3) 运算符优先级相同时,**计算类表达式遵循从左到右的原则**。如表达式 $x-y+z$ 中,先执行 $x-y$ 运算,然后执行 $+z$ 的运算。但是乘方运算除外。

(4) 运算符优先级相同时,**赋值类表达式遵循从右到左的原则**。如表达式 x＝y＝0 中,先执行 y＝0 运算,再执行 x＝y 运算。

4. 赋值运算

赋值运算是程序设计初学者感到困惑的一种运算,Python 的赋值使用了大家熟悉的等于符号(＝),但是语义完全不同。如图 2-18 所示,赋值符号(＝)不是左边等于右边的意思,它表示把右边的值用左边的变量名表示。如 a＝500 表示将 500 这个值赋给变量 a。表示相等的符号是"＝＝",如"a＝＝500"的语义是"判断 a 是否等于 500"(见图 2-19)。赋值与等于的操作方式不同,**赋值运算是在内存单元写入某个值;等于运算是对 ALU 的标志寄存器进行比较和置位操作**(参见例 6-4 的条件判断)。

如图 2-20 所示，语句 a＝a＋20 不是数学运算式，它是一个赋值语句。它表示将 a 存储单元里的内容(500)取出来送到 ALU，这个值在运算单元加上 20 以后，再将运算单元的结果写回到 a 存储单元中，这时 a 存储单元的内容会更新为 520。

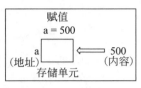

图 2-18　赋值语句

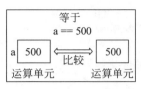

图 2-19　比较语句

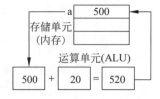

图 2-20　a＝a＋20 赋值运算过程

为了避免使用 a＝a＋1 这样令人困惑的语句，Python 推荐将自加赋值语句写为"a＋＝1"(注意等号在右，是＋＝，不是＝＋)，Python 还支持－＝、* ＝、/＝、%＝等运算。

2.2.5　数据类型

早期计算机的主要功能是处理数值计算问题。运算对象是整数、实数(浮点数)或布尔类型的逻辑值，因此专家们的主要精力集中在程序设计技巧上，无须重视数据结构问题。随着计算机应用领域的扩大，非数值计算问题越来越广泛。非数值计算涉及的数据类型更为复杂，数据之间的相互关系很难用数学方程式加以描述。因此，解决非数值计算需要设计出合适的数据结构，才能有效地解决问题。

程序必须能够处理各种不同类型的数据。Python 中，变量赋值即变量声明和定义，Python 用等号(＝)给变量赋值。值可以是 0 或者空(如 s＝[ ])。如果变量没有赋值，则 Python 认为该变量不存在。Python 主要数据类型如表 2-6 所示。

表 2-6　Python 主要数据类型

数据类型	名　称	说　明	案　例
int	整数	精度无限制，整数有效位可达数万位	0、50、1234、－56 789 等
float	浮点数	精度无限制，初步定义最大有效位为 308 位	3.141 592 7、5.0 等
str	字符	由字符串组成的不可修改元素，无长度限制	'hello'、'操作完成' 等
list	列表	多种类型的可修改元素，最大 5.3 亿个元素	[4.0,'名称',True]
tuple	元组	多种类型的不可修改元素，大小无限制	(4.0,'名称',True)
dict	字典	由"键值对"(用:分隔)组成的无序元素	{'姓名':'张飞','身高':175}
set	集合	无序且不重复的元素集合	{4.0,'名称',True}
bool	布尔值	逻辑运算的结果为 True(真)或 False(假)	a＞b and b＞c
bytes	字节码	由二进制字节组成的不可修改元素	b'\xe5\xa5\xbd'
complex	复数	复数	3＋2.7j

2.2.6　控制语句

程序控制语句用来实现程序流程的选择、循环、调用和返回等进行控制。简单地说，控制结构就是程序的执行逻辑。1966 年，计算科学专家 C. Bohm 和 G. Jacopini 在数学上证明，**任何程序都可以采用顺序、选择、循环三种基本控制结构实现**。

1. 顺序结构

如图 2-21 所示，顺序结构是程序中最简单的一种基本结构，即在执行完语句 1 指定的操作后,接着执行语句2,直到所有语句执行完成。

【例2-12】 根据勾股定理$a^2+b^2=c^2$,计算直角三角形边长,Python程序如下。

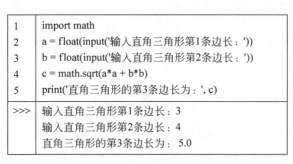
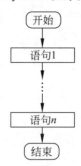

```
1    import math
2    a = float(input('输入直角三角形第1条边长：'))
3    b = float(input('输入直角三角形第2条边长：'))
4    c = math.sqrt(a*a + b*b)
5    print('直角三角形的第3条边长为：', c)
>>>  输入直角三角形第1条边长：3
     输入直角三角形第2条边长：4
     直角三角形的第3条边长为：5.0
```

图2-21 程序顺序结构示例

2. 选择结构

选择结构是判断某个条件是否成立,然后选择执行程序中的某些语句块。与顺序结构比较,选择结构使程序的执行不再完全按照语句的顺序执行,而是根据某种条件是否成立来决定程序执行的走向,它体现了程序具有逻辑判断功能。选择结构有单分支结构(见图2-22)、双分支结构(见图2-23)、多分支结构(见图2-24)。

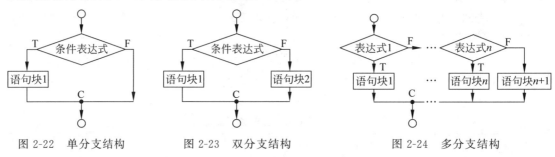

图2-22 单分支结构　　　图2-23 双分支结构　　　图2-24 多分支结构

(1) 无论条件表达式的值为真(T)或者为假(F),**选择结构一次只能执行一个分支方向的语句块**,即不能同时执行两个方向的语句块。

(2) 无论执行哪个方向的语句块,执行完后都必须经过C点退出选择结构。

【例2-13】 利用不同的分支结构,判断学生成绩等级。Python程序如下。

```
1    #【选择－单分支结构】
2    s = int(input('输入成绩'))
3    if 0 <= s <= 100:
4        print('成绩有效')
```

```
1    #【选择－双分支结构】
2    s = int(input('输入成绩'))
3    if s < 60:
4        print('不及格')
5    else:
6        print('及格')
```

```
1    #【选择－多分支结构】
2    s = int(input('输入成绩'))
3    if s < 0 or s > 100:
4        print('输入错误')
5    elif s < 60:
6        print('不及格')
7    elif 60 <= s < 70:
8        print('及格')
9    elif 70 <= s < 80:
10       print('中')
11   else:
12       print('优')
```

3. 循环结构

循环结构是重复执行一部分语句(循环语句块),直到满足某个条件时结束循环。

Python 循环结构有计数循环 for(见图 2-25)、条件判断循环 while(见图 2-26)、永真循环 while True(见图 2-27),它在循环体内部判断结束循环的条件。

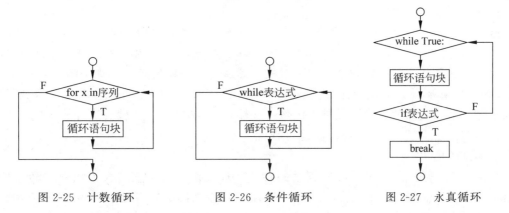

图 2-25　计数循环　　　　图 2-26　条件循环　　　　图 2-27　永真循环

（1）计数循环语法格式如下。

| 1 | for 迭代变量 in 序列: | # 将序列中每个元素逐个代入迭代变量 |
| 2 | 循环语句块 | # 迭代时变量在这里起到临时变量的作用 |

每次循环时,"迭代变量"都会接收"序列"中的一个元素,序列中所有元素逐个取完后,结束循环。迭代变量命名比较自由,一般为 i、x 等。

【例 2-14】　利用百家姓来生成人物的"姓",利用诗词或常用名词生成人物的"名"。姓和名可以利用随机函数进行选择,以生成随机不重复的姓名。Python 程序如下。

1	import random as rd	# 导入标准模块
2	x1 = '赵钱孙李周吴郑王冯陈褚卫蒋沈韩杨朱秦尤许何吕施张孔曹严华'	# 定义百家姓 1
3	m2 = '银烛秋光冷画屏轻罗小扇扑流萤天阶夜色凉如水卧看牵牛织女星'	# 定义唐诗名 2
4	m3 = '故人西辞黄鹤楼烟花三月下扬州孤帆远影碧空尽唯见长江天际流'	# 定义唐诗名 3
5	for i in range(10):	# 循环 10 次
6	name = rd.choice(x1) + rd.choice(m2) + rd.choice(m3)	# 拼接形成姓名
7	print(name)	# 打印输出
>>>	吴流花　周如远　王银帆　许如空　张扑碧……	# 程序输出(略)

程序第 6 行,函数 rd.choice(序列)表示在序列中随机选取一个值。

（2）条件循环语法格式如下。

| 1 | while 条件表达式: | # 如果条件表达式 = true,则执行循环语句块 |
| 2 | 循环语句块 | # 如果条件表达式 = false,则结束循环语句块 |

条件循环在运行前先判断条件表达式,如果条件表达式为 true,则执行循环语句块；如果条件表达式为 false,则结束循环。

【例 2-15】　编程计算 1～100 的累加和。Python 程序如下。

1	i = 0	# 循环次数初始化
2	sum = 0	# 累加和初始化
3	while i <= 100:	# 条件表达式 i <= 100 为假时,结束循环
4	sum += i	# 计算累加值
5	i += 1	# 计数器累加
6	print('1～100 累加和为:', sum)	# 打印输出累加和
>>>	1～100 累加和为: 5050	# 程序输出

2.2.7 函数设计

1. 数学函数与程序函数

函数（function）一词由莱布尼茨发明。函数用于描述变化的事务，函数通常用数学解析式表示，但是也有部分函数关系无法用解析式表示，它们可以用图形、表格或其他形式表示。**程序中的函数是具有特定功能和可以被程序调用的一段代码。**

如图 2-28 所示，Python 的函数类型有内置标准函数、导入标准函数、自定义函数、第三方软件包函数。函数的工作过程是给函数一些输入值（参数），函数就会执行某些特定代码，函数执行完成后会返回一个输出值（返回值）。

2. 函数的 API

如图 2-29 所示，**人与程序的交互之处称为 UI（人机界面）**，它包含了用户的所有输入（如键盘输入等）和操作（如鼠标单击等）。**程序与程序之间的交互之处称为 API（应用程序接口）**，这里交互的语义是传递数据，触发功能。

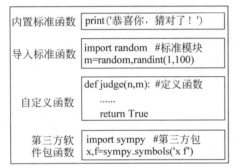

图 2-28　不同的函数类型

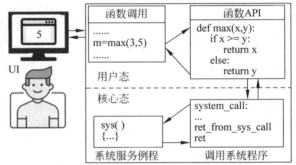

图 2-29　函数 API 和系统服务调用

许多系统与函数库都提供 API，如 Windows API、GUI 函数库、数据库、网络 Socket、Web 服务、游戏等。Windows 系统中有大量动态链接库（dynamic link library，DLL）文件，这些 DLL 文件中包含了大量函数，它们可以提供系统服务功能。编程人员可以在自己的程序中通过 Windows API，调用 DLL 文件提供的系统服务功能而不需要了解这些函数的源代码和它们的工作原理，这大大降低了编程的难度。

如图 2-30 所示，**函数的 API 包括函数调用格式（函数名、参数）、函数返回值、函数功能和函数使用说明。**有些函数的 API 非常简单（如内置标准函数），有些函数的 API 非常复杂（如图形界面函数）。对编程人员来说，并不需要了解函数内部的程序代码，只要知道函数的API 就可以调用这个函数（见图 2-31）。

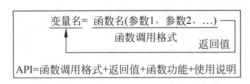

图 2-30　Python 函数 API

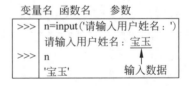

图 2-31　键盘输入函数调用

3. Python 的函数类型

Python 有 4 种函数类型：内置标准函数、导入标准函数、第三方软件包函数、自定义函数。Python 标准函数库提供了 33 大类 1000 多个程序模块,数千个标准函数。

（1）Python 有 75 个内置标准函数,Python 启动后就可以调用,不需要导入。

（2）导入标准函数由 Python 自带,需要用 import 语句导入相关模块才能调用。

（3）第三方软件包中的函数,需要用 pip 工具从网络下载和安装软件包,Python 运行后也不会自行启动,需要用 import 语句导入,然后才能在程序中调用这些函数。

（4）自定义函数由程序员在程序中编写,并且在本程序中调用这个函数。

4. 函数的定义

函数定义语法格式如下。

1	def 函数名(形参):	# def 为定义函数;形参为接收数据的变量名;行尾为冒号:
2	函数体	# 函数执行主体,比 def 缩进 4 个空格
3	return 返回值	# 函数结束,返回值传递给调用语句,比 def 缩进 4 个空格

函数名最好能见名知义,并且是合法的,不要与已有函数名重复。

函数中形参(形式参数)的功能是接收调用语句传递过来的实参(实际参数)。多个形参之间用逗号分隔。形参不用说明数据类型,函数会根据传递来的实参判断形参的数据类型。对于位置形参,其与实参的位置和数量必须从左到右一一对应。

函数体是能够完成一定功能的语句块,它是函数的主要组成部分。

保留字 return 表示函数结束并带回返回值。函数只能返回一个值,当返回值中有多个元素时,它们会被整合为一个元组。没有 return 语句时,默认返回 None(空)。

5. 函数的调用

函数的调用方法即应用程序接口(API),它包括调用函数的名称、参数、参数数据类型、返回值等。Python 是解释性程序语言,**函数必须先定义后调用**。**函数调用名必须与定义的函数名一致**,并按函数要求传输参数。函数调用方法(API)如下。

1	函数名(实参)	# 实参可以有 0 到多个,有多个实参时,参数之间用逗号分隔

实参(实际参数)是调用语句传递给函数中形参的值。实参可以是常量,也可以是已赋值的变量,但是**实参不能是没有赋值的变量**。

【例 2-16】 计算圆柱体体积的程序如下,函数的参数传递过程如图 2-32 所示。

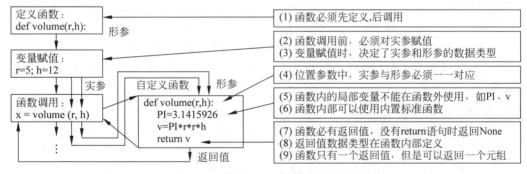

图 2-32　例 2-16 中参数的传递过程

1	def volume(r, h):	# 自定义函数,函数名为 volume(),r,h 为形参
2	PI = 3.1415926	# 函数体,常数赋值

3	v = PI * r * r * h	# 函数体,计算圆柱体体积
4	return v	# 函数结束,返回 v 值
5	r = float(input('请输入圆柱体半径:'))	# 接收键盘输入(为实参 r 赋值)
6	h = float(input('请输入圆柱体高度:'))	# 接收键盘输入(为实参 h 赋值)
7	x = volume(r, h)	# 调用函数,r、h 为实参,x 为接收返回值
8	print('圆柱的体积为:', x)	# 打印计算结果
>>>	请输入圆柱体半径:**5** 请输入圆柱体高度:**12** 圆柱的体积为: 942.47778	# 程序输出

程序第 1~4 行为自定义函数。r、h 为形参,它接收第 7 行传送来的实参 r、h。

程序第 5~8 行为主程序块。

程序第 7 行为调用自定义函数 volume(),并且传递实参 r、h。**实参与形参的名称最好相同(避免混乱),也可以不同。**返回值是局部变量,它只在函数内部才有效。因此需要将返回值 v 赋值给变量 x,后面的程序语句才可以通过变量 x 使用返回值。

2.3 程序语言介绍

2.3.1 经典程序设计语言 C

C 语言由丹尼斯·里奇(Dennis Ritchie)发明。C 语言标准有 K&R C、C89、C99、C11、C17 等。C 语言程序书写形式自由,它既有高级程序语言的特点,又兼具汇编语言的特点。**C 语言主要用于靠近系统底层的编程,性能永远是 C 语言编程的主要问题。**C 语言具有很好的灵活性,用 C 语言做系统开发时,几乎能够控制一切系统功能。但是程序员如果稍微不注意,就会出现悬垂指针、资源未释放、越界访问等系统安全问题。

1. C 语言程序案例

【例 2-17】 向屏幕输出"hello,world"信息。C 语言程序如下。

头文件		注释
	#include < stdio. h >	// 头文件,库函数
	int main(void)	// 主函数
执行部分 (函数体)	{	// 函数体开始
	printf("hello, world\n");	// 输出语句,\n 为"换行"转义字符
	return 0;	// 主函数返回值为 0
	}	// 函数体结束

由上例可见,C 语言程序(以下简称 C 程序)的主体是函数。C 程序由头文件、执行部分(函数体)和注释三部分组成。

2. C 程序头文件

C 程序中以 # 开始的是预处理语句,它告诉编译器从函数库中读取有关子程序(它类似于 Python 中的导入语句)。这些库函数是预先编写好的一系列子程序,这些子程序因为规定写在程序头部而称为头文件。C 程序的头文件必须至少包含一条 #include 语句。

C 语言没有输入输出语句,输入和输出由 scanf() 和 printf() 等 I/O 函数完成。如果程序需要从键盘输入数据或向屏幕输出数据,就需要调用标准 I/O 库函数,需要在程序头部增加语句 #include < stdio. h >;如果程序需要进行数学开方运算,就需要调用数学库函数,需要程序头部增加语句 #include < math. h >。

程序开发人员也可以定义自己的头文件,这些头文件一般与 C 源程序放在同一目录下,此时在♯include 中用双引号(" ")标注,如♯include "mystuff.h"。

3. C 程序执行部分

(1) 主函数(主程序)。每个 C 程序必须包含且只能包含一个主函数 main()。主函数可位于程序的任何位置,**程序总是从主函数 main()开始执行**(一个入口),用 return 0 语句说明程序结束(一个出口),返回值 0 用于判断函数是否执行成功。主函数的开始一般是变量声明,它主要定义程序中用到变量的类型,如整型、浮点型、字符型等。变量声明的目的是为变量分配内存空间,并且在程序内使用它。

(2) C 语言函数(子程序)。C 语言源程序由一个或多个源文件组成,每个源文件可由一个或多个函数组成,这些独立的程序模块可以用来构成大程序。C 语言中函数不能嵌套定义,但是函数可以嵌套调用。

(3) **C 程序语句书写格式比较自由**,可以在一行内写几个语句,也可以将一个语句写成多行。每个语句都以分号(;)结束。语句组的开始和结束用{ }标志,不可省略。{ }可有一至多组,位置比较自由。

(4) C 语言 C99 标准推荐用"//"做行注释符,用"/ * … * /"做多行注释符。程序编译时会忽略注释部分,源程序中的注释部分不会执行。

(5) C 语言除了标准函数库外,缺乏类似于 C++语言中的 STL、Boost 等第三方基础组件函数库,这导致了 C 语言开发效率的骤降。微软公司每推出一个 Windows 版本,都会同时推出一个软件开发工具包(software development kit,SDK)。SDK 包含了开发 Windows 所需的函数、API 文档和示例。SDK 一般使用 C 语言说明,但不包括编译器。

4. C 语言与 Python 语言对比

Python 语言与 C 语言在语法上的主要区别如表 2-7 所示。

表 2-7　C 语言与 Python 语言的对比

比 较 项 目	C 语言	Python 语言
变量数据类型	先定义,后使用	无须预先定义,变量赋值即定义
变量精度和长度	先定义数据长度,不允许超长	无须定义数据长度,语言动态分配
指针数据类型	支持	不支持,自动回收内存垃圾
语言扩展功能	不支持面向对象,不带 GUI 库	支持面向对象,带 GUI 库,带绘图库
程序结构区分	用{ }区分程序块,格式自由	用缩进区分程序块,格式严谨
主函数 main()	必须有,且一个程序只能一个	可有可无,不是必须的
默认字符编码	ANSI	UTF-8
程序执行顺序	从程序主函数 main()开始执行	从程序第一条语句开始执行
程序执行方式	编译执行,代码保密	解释执行,代码开源
程序执行速度	很快	比 C 语言慢两个数量级
应用领域	操作系统内核,硬件驱动程序	数据处理,文本分析,人工智能

2.3.2　面向对象程序语言 Java

面向对象程序设计是一种编程方法。简单地说,面向对象编程＝对象＋类＋继承＋多态＋消息。Java、C++、Python、JavaScript 等程序语言都支持面向对象编程。

1. Java 语言概述

Java 是 Sun 公司(2009 年被甲骨文公司收购)推出的程序设计语言。Java 由四部分组成:Java 程序语言、Java 文件格式、Java 虚拟机(JVM)、Java 应用程序接口(Java API)。Java 程序语言具有面向对象编程、虚拟机执行、跨平台应用、多线程编程等特点。

注意:JavaScript 语言与 Java 语言没有关系,它是一个独立的程序语言。

2. Java 跨平台工作原理

Java 语言不是将源程序(.java)直接编译成机器语言,而是将 Java 源程序编译为字节码文件(.class,一种中间编码),由虚拟机将字节码解释成具体平台上的机器指令,然后执行这些机器指令(见图 2-33),从而实现了"一次编写,到处执行"的跨平台特性。同一个字节码文件(.class),在不同的虚拟机中会得到不同的机器指令(例如,Windows 与 Linux 的机器指令不同)和不同的执行效率,但是程序执行的结果相同。

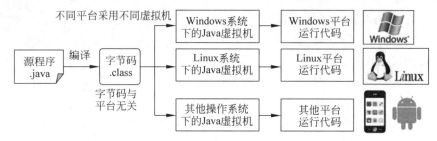

图 2-33　Java 语言跨平台工作原理

虚拟机是一种由软件实现的运行环境。它的优点是安全性和跨平台性,程序在虚拟机环境中运行时,虚拟机可以对程序的危险行为(如缓冲区溢出、数据访问越界等)进行控制。跨平台是指只要平台安装了支持这一字节码标准的虚拟机,程序就可以在这个平台上不加修改地运行。虚拟机的缺点是占用资源多,不适用于高性能计算。

3. 面向对象程序设计的概念

(1)对象(Object)。对象是程序中事物的描述,世间万事万物都是对象,如学生、苹果、变量等。简单地说,对象=属性+方法,属性描述对象的状态(如姓名、专业等);方法是一段程序代码(与函数类似),用来描述对象的行为(如学习、跑步等)。

(2)类(Class)。类是具有共同属性和共同行为的一组对象,任何对象都隶属于某个类,例如,苹果、梨、橘子等对象都属于水果类。使用类生成对象的过程称为实例化。

(3)属性。属性是描述对象静态特征的一组数据。例如,汽车的属性有颜色、型号、生产厂家等;学生的属性有姓名、年龄、性别等(见图 2-34)。

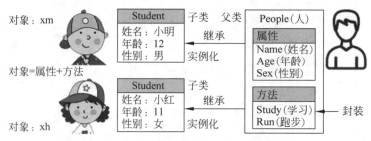

图 2-34　面向对象的案例

（4）方法。方法是对象动态特征的描述。如学生的学习、跑步等动作，可分别用 Study()，Run() 等方法描述。**方法在功能上与函数相同**（见图 2-34）。

4. Java 程序的结构

Java 程序设计从类开始，类的程序结构由类说明和类体两部分组成。类说明部分由关键字 class 与类名组成；类体是类声明中花括号所包括的全部内容，它由属性和方法组成。属性描述对象的特征；方法描述对象的行为，每一个方法确定一个功能或操作。

【**例 2-18**】 向屏幕输出"hello，world"信息。Java 程序如下。

```
1    // helloworld.java                        // Java 程序注释,helloworld 为文件名
2    Package mypack;                           // Package 是关键字,mypack 是包名
3    public class helloworld                   // 类声明,public class 是关键字
4    {                                         // 类体开始
5        public static void main(String args[])  // 方法声明
6        {                                     // 方法开始
7        System.out.println("hello, world");   // 方法(输出字符串)
8        }                                     // 方法结束
9    }                                         // 类体结束
```

第 2 行，在 Java 中，类多了就用"包"（Package）来管理，包与存放目录一一对应。自定义包是 mypack。例如，Swing 是 Java 程序图形用户界面的开发工具包。

第 3 行，关键字 public 声明该类为公有类。关键字 class 声明一个类，标识符 helloworld 是主类名，用来标志这个类的引用。在 Java 程序中，主类名必须与文件名一致。

第 5 行，关键字 public 声明该方法为公有类。关键字 static 声明这个方法是静态的。关键字 void 说明 main() 方法没有返回值。标识符 main() 是主方法名，每个 Java 程序必须有且只能有一个主方法，而且名字必须是 main()，它是程序执行的入口，它的功能与 C 语言的主函数 main() 相同。关键字 String args[] 表示这个方法接收的参数是数组（[] 表示数组）。String 是一个类名，其对象是字符串。参数 args 是数值名。

第 7 行，关键字 System 是类名，out 是输出对象，print 是方法。这个语句的含义是：利用 System 类下的.out 对象的.println() 方法，在屏幕输出字符串"hello，world！"。

【**例 2-19**】 计算从 $1+2+\cdots+100$ 的累加和，Java 程序如下。

```
1    // Sum.java                               // Java 程序注释
2    public class Sum {                        // 类声明;类体开始
3    public static void main(String[] args) {  // main()方法声明
4        int s = 0, i = 0; {                   // 对象 s、i 初始化为 0(对象属性)
5        for( i <= 100; i++)                   // for 循环,对象 i 进行递增
6           s+ = i; }                          // 对象 s 进行累加
7        System.out.println("累加和为:" + s);   // 调用方法,输出提示信息和累加值
8    } }                                       // 方法结束;类体结束
```

5. 面向对象程序设计的特征

面向对象有三大技术特征：封装（隐藏内部实现过程），继承（复用现有的程序代码），多态（改写对象的行为）。

（1）封装。封装是把对象的属性和行为包装起来，对象只能通过已定义好的接口进行访问。简单地说，封装就是尽可能隐藏代码的实现细节。

【例 2-20】 人封装形式伪代码。

1	类 人 {
2	姓名(属性 1)
3	年龄(属性 2)
4	性别(属性 3)
5	做事(行为 1)
6	说话(行为 2)
7	}

【例 2-21】 教师封装形式伪代码。

1	类 教师 {
2	姓名(属性 1)
3	年龄(属性 2)
4	性别(属性 3)
5	做事(行为 1)
6	说话(行为 2)
7	授课(行为 3)
8	}

封装可以使程序代码模块化。例如,当一段程序代码有 3 个程序都要用到它时,就可以对该段代码进行封装,其他 3 个程序只需要调用封装好的代码段即可,如果不进行封装,就需要在 3 个程序里重复写出这段代码,这样增加了程序的复杂性。例如,例 2-20 与例 2-21 的伪代码基本相同,因此对象教师可以用例 2-22 的形式进行封装。

(2)继承。继承是一个对象从另一个对象中获得属性和方法的过程。例如,子类从父类继承方法,使得子类具有与父类相同的行为。继承实现了程序代码的重用。

【例 2-22】 比较例 2-20 与例 2-21 可以发现,"教师"与"人"的封装差不多,只多了一个特征行为"授课"。如果采用继承方式,教师也可以采用以下继承的伪代码。

1	子类 教师 父类 人 {
2	授课(行为 3)
3	}

上例中,教师继承了"人"的一切属性和行为,同时还拥有自己的特征行为"授课"。由此可见,**继承要求父类更通用,子类更具体**。

(3)多态。多态以封装和继承为基础。多态是一个接口,多种响应。通俗地说,**多态允许不同对象继承类方法(一个接口),并做出不同的响应(重写方法)**。

【例 2-23】 如图 2-35 所示,如果定义了一个"动物类",它有不同的动物(对象),这些动物都有一些相同的行为(类方法),但是这些相同行为会产生不同的响应。

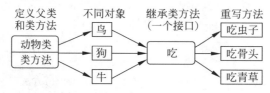

图 2-35 动物类的多态案例

2.3.3 逻辑推理程序语言 Prolog

Prolog 是以一阶逻辑的霍恩(Alfred Horn)子句为语法,以消解原理为工具,加上深度优先控制策略的逻辑程序语言。Prolog 语法非常简单,但描述能力很强(一阶逻辑参见 5.4.4 节谓词逻辑演算)。

1. Prolog 程序语言的特点

(1) Prolog 程序没有特定的运行顺序,程序运行步骤不由程序员控制,由 Prolog 语言自动寻找问题的答案。在 Prolog 语言中,递归功能得到了充分的体现。

（2）**Prolog 程序中，数据就是程序，程序就是数据**。Prolog 程序是由一系列事实和规则组成的数据库，事实就是数据库中的记录。Prolog 程序非常类似于结构化查询语言（structure query language，SQL）语言。

（3）**Prolog 程序没有 if、case、for 等程序流程控制语句**。不过 Prolog 也提供了一些控制流程的方法，这些方法和其他语言有很大的区别。

【例 2-24】 Python 语言 if 语句。　　　　**【例 2-25】** Prolog 语言 if 语句。

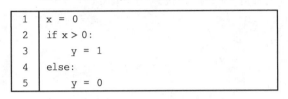

1	x = 0
2	if x > 0:
3	y = 1
4	else:
5	y = 0

1	Br : - x = 0.　　/＊ 符号:-表示 if ＊/
2	Br : - x > 0, y = 1.
3	Br : - y = 0.

2. Prolog 程序基本概念

（1）编译器。Prolog 语言编译器有 Visual Prolog、Turbo Prolog、GNU Prolog、SWI Prolog 等。Prolog 程序可以在解释器下执行，也可以将程序编译为可执行文件。

（2）常量与变量。Prolog 中常量称为原子，以小写英文字母表示（如 desk、apple 等）；变量以大写英文字母或下画线开头（如 X、Y 等），**变量没有数据类型之分**。

（3）谓词。谓词是 Prolog 语言的基本组成元素，它可以是一段程序、一个数据或者一种关系。它由谓词名和参数组成，参数有整数、原子、变量等。

（4）内置谓词。内置谓词是 Prolog 提供的一些基本函数。Prolog 解释器遇到内部谓词时，它直接调用事先定义好的子程序。比较谓词有＞、＜、＞＝、＜＝、＝、\＝（不等于）；赋值谓词有 is（相当于＝）；运算谓词有＋、－、＊、/、mod（模运算）；其他谓词有 write（输出到屏幕）、length（获取列表长度）、append（合并两个列表）等。

（5）语句符号。Prolog 程序每一行代表一个子句（clause），每个语句以"."表示语句的结尾。带有"：－"（if）符号的子句称为规则，不带"：－"符号的子句称为事实。语句中"，"表示逻辑关系 and，"；"表示逻辑关系 or。在程序运行中输入问题（查询）时，提示符以"？-"开头。用户输入查询后，Prolog 通过验证规则来回答 yes（true）或 no（false）。

3. Prolog 程序语言的基本语句

Prolog 程序主要有事实、规则、问题（目标）三种基本语句。事实是人们对事物的观察结果；规则是逻辑推论；问题是我们求解的目标。Prolog 程序中，目标子句、事实、规则合起来称为霍恩（Horn）子句，Prolog 是在霍恩子句上构造的程序语言。

（1）事实。事实用来说明一个问题中已知的对象和它们之间的关系。事实由谓词名和对象（项表）组成。事实的形式是一个原子谓词逻辑公式，它和数据库中的记录非常相似，可以把事实作为数据库记录来搜索。谓词和对象可由用户定义，事实的语法如下。

| 1 | 谓词名(项表 1, 项表 2, ..., 项表 N). |

谓词名是字母、数字、下画线等组成的字符串；项表是以逗号分隔开的序列；项表内容包括常量、变量、对象、函数、结构和表等。

【例 2-26】 likes(libai,book).　　/＊ 喜欢（李白，书）＊/

案例分析：以上语句表示一个谓词名为 like 的事实，它表示对象 libai（李白）和 book（书）之间有喜欢的关系。以上语句也可以用 ai(lb,shu). 来表示，只要我们清楚 ai 表示爱，

lb 表示李白，shu 表示书就可以了。Prolog 语言不支持用汉字表示谓词和事实。

（2）规则。规则用来描述事实之间的依赖关系，用来表示对象之间的因果关系、蕴含关系或对应关系，规则实际上是一个逻辑蕴涵式。规则的语法如下。

1	谓词名(项表):- 谓词名(项表){, 谓词名(项表)}.

符号"：-"表示"如果"（if），用来定义规则；"：-"左边的谓词是规则的结论，右边的谓词是规则的前提（条件）；符号"{ }"表示零或多次重复；符号"，"表示而且（and）。

【例 2-27】 bird(X) : - animal(X),has(X,feather). /* 鸟(X):-动物(X),有(X,羽毛). */

案例分析：以上语句表示：如果 X 是动物，并且 X 有羽毛，那么 X 是鸟。

【例 2-28】 求解阶乘问题。Prolog 程序如下。

1	fac(0, 1).	/* 事实:0 的阶乘是 1 */
2	fac(1, 1).	/* 事实:1 的阶乘是 1 */
3	fac(N,F) : - N>1,N1 is N-1,fac(N1,F1),F is N*F1.	/* 规则:N 的阶乘表达式 */
	? - fac(10, X).	/* 问题:询问 10 的阶乘值 */
	X = 3628800.	/* 结论:给出 10 的阶乘值 */

程序第 3 行，is 是一个内置谓词，它相当于赋值符"＝"。语句定义了阶乘规则：如果 N 和 F 满足 fac 条件，则 N1 和 F1 同样满足 fac 条件，其中 N1 is N-1，F1 is N*F1。

（3）问题（目标）。问题就是程序运行的目标。目标可以是一个简单的谓词，也可以是多个谓词的组合。问题可以写在程序内部，也可以在程序运行时给出。在询问时，一般用大写字母表示未知事物，让 Prolog 解释器找到答案。问题的语法如下。

1	? - 谓词名(项表){, 谓词名(项表)}.

询问语句以"."结束时，解释器仅寻找这个问题的答案；如果询问语句以";"结束，解释器找到一个答案后，将这个答案输出，并等待用户进一步询问。

【例 2-29】 判断李白(libai)的朋友是谁。Prolog 程序如下。

1	Predicates	/* 谓词段,说明谓词名和参数 */
2	喜欢(symbol, symbol).	/* 定义喜欢(likes)为符号 */
3	朋友(symbol, symbol).	/* 定义朋友(friend)为符号 */
4	Clauses	/* 子句段,存放事实和规则 */
5	喜欢(杜甫, 酒).	/* 事实:杜甫喜欢酒 */
6	喜欢(杨贵妃, 音乐).	/* 事实:杨贵妃喜欢音乐 */
7	喜欢(杨贵妃, 舞蹈).	/* 事实:杨贵妃喜欢舞蹈 */
8	喜欢(高力士, 唐明皇).	/* 事实:高力士喜欢唐明皇 */
9	朋友(李白, X) : - 喜欢(X, 舞蹈), 喜欢(X, 音乐).	/* 规则:李白的朋友喜欢舞蹈和音乐 */
	? - 朋友(李白, X).	/* 问题:李白的朋友是谁? */
	X = 杨贵妃	/* 结果:李白的朋友是杨贵妃 */
	1 Solution	/* 提示:得到一个结果 */

说明：Prolog 语言不支持中文，以上程序是为了便于读者理解，将英文单词改写成了中文。在实际程序中，应当将中文替换成英文单词或者符号。例如，"喜欢"用英语单词 likes 表示等。

4. Prolog 语言运行机制

Prolog 的数据处理机制是匹配与回归。具体实现方法是语句自上而下，子目标从左向右进行匹配，归结后产生的新目标总是插入到被消去的目标处（即目标队列的左部）。

Prolog 通过以下方法来尝试着证明或回答程序的查询。

(1) 匹配。Prolog 从它的知识数据库里面找出最符合查询的规则或者事实。

(2) Prolog 用深度优先算法寻找问题答案。当一个规则或者是事实不匹配时,Prolog 会通过回归的方式回到之前的状态;然后尝试匹配其他规则或者事实,直到查询被证明为止。如果所有可能性都搜索过了,查询仍然不能证实,那么返回"false"。

5. Prolog 语言的缺陷

(1) Prolog 使用深度优先搜索决策树,对大数据集必须在一个可控的范围内。

(2) 谓词只能使用英文单词,这在处理中文问题时遇到了极大的困难。

(3) 程序需要收集大量事实,这会使程序变得非常庞大和臃肿。

2.3.4　函数式程序语言 Haskell

最古老的函数式程序语言是 LISP(1958 年),现代函数式程序语言有 Haskell,Clean,Scala,Scheme 等。目前越来越多的程序语言支持函数式编程风格,如 F♯,Go,Java,Python,C♯,JavaScript,Swift 等。Haskell 是一个通用的纯函数程序语言,有非限定性语义和强静态类型。Haskell 语言以 λ(Lambda)演算理论为基础发展而来。

1. 函数式编程的特点

(1) 函数是第一等公民。这句话的含义是函数什么都可以做:函数可以是对象,可以有属性;函数可以作为参数传输,也可以作为结果返回,更可以由一个函数演化成另一个函数;函数可以为变量赋值,还可以作为其他对象的属性。

(2) 函数嵌套调用。**函数式编程的设计思想是把程序运算过程尽量写成一系列嵌套函数的调用**。函数式编程接受函数作为输入(参数)和输出(返回值)的函数。函数式语言中的"函数"是指数学意义上的函数,不是带有返回值的子程序。函数式编程与结构化编程的区别在于:**函数式编程关心数据的映射,结构化编程关心解决问题的步骤**。

(3) 用表达式不用语句。表达式是一个单纯的运算过程,它总是有返回值;而语句是执行某种操作,它不一定有返回值。函数式编程要求使用表达式,不使用语句。或者说,函数式程序的语句更像是数学公式,而不像是传统的程序语句。

(4) 变量不可改变。函数式程序语言中,变量是数学中的变量,即一个值的名称。函数式程序语言中变量值是不可变的,也就是说不允许多次给同一个变量赋值。例如,在函数式程序语言中,不认可"i++,i=i+1"这种违背函数值不变性原则的语句。函数式编程中,**对值的操作并不是修改原来的值,而是修改新产生的值,原来的值保持不变**。

(5) 用递归代替循环。由于变量不可变,纯函数程序语言无法实现循环。因为 for 循环使用变量作为计数器,而 While 循环需要可变的状态作为跳出循环的条件。因此,在**函数式语言中只能使用递归来解决迭代问题**,这使得函数式编程严重依赖递归。

(6) 闭包。程序闭包形式上是嵌套的函数。哈罗德·阿贝尔森(Harold Abelson)在《计算机程序的构造和解释》一书中指出:"术语'闭包'来自抽象代数,在抽象代数里,一个集合的元素称为在某个运算(操作)之下封闭,如果将该运算作用于这一集合的元素,产生出的仍然是该集合里的元素。然而 LISP 社团(很不幸)还用术语'闭包'描述另一个与此毫不相干的概念。**闭包是一种带有自由变量的过程而用于实现的技术**。"

2. 函数式程序语言案例

（1）编译器。Haskell 语言的编译器是 GHC,它可以将 Haskell 代码编译成二进制可执行文件。GHCI 是解释器,可以直接解释执行 Haskell 代码。

（2）表达式。表达式格式为:let［绑定］in［表达式］。let 也可以定义局部函数,在一行中定义多个名字的值时,可用分号隔开。

（3）函数。Haskell 语言定义函数的一般形式为:函数名 参数＝表达式。

【例 2-30】 设计一元二次方程求根函数程序。Haskell 程序如下。

```
1  root (a,b,c) = (x1,x2) where          -- 定义函数(where 下面为函数语句块)
2      x1 = (-b+d)/(2*a)                  -- 根 x1 表达式
3      x2 = (-b-d)/(2*a)                  -- 根 x2 表达式
4      dd = b*b-4*a*c                     -- 二次方程判别式
5      d | dd >= 0 = sqrt dd              -- 判别式大于或等于 0 时,对判别式开方
6        | dd < 0 = error "没有实根"       -- 符号|为分隔符,在判别式小于 0 时提示
```

从理论上说,函数式程序语言通过 λ 演算运行,需要专用机器执行。但是在目前情况下,函数式语言程序被编译成冯·诺依曼计算机的机器指令执行。

2.3.5 网页脚本程序语言 JavaScript

脚本(Script)是一种简单的编程语言,脚本语言可以嵌入网页的超文本标记语言(hypertext markup language,HTML)语句之中,完成判断、计算、事件响应等工作,增强网页的交互功能。网页脚本程序语言 JavaScript 主要用于客户端脚本编程,而 PHP、Python 则主要用于服务器端脚本编程。

1. JavaScript 脚本语言概述

网站开发中,**HTML 语言用于定义网页内容；CSS 语言用于规定网页布局；JavaScript 语言用于对网页行为进行编程**。JavaScript 语言广泛用于 Web 开发,常用来为网页添加各种动态功能,为用户提供流畅美观的浏览效果。JavaScript 程序可以嵌入网页中,也可以单独存储为一个脚本文件(如 test.js),然后在网页 HTML 语言调用 JavaScript 程序(如 <type="text/java" src="test.js">)。**JavaScript 脚本程序由浏览器解释执行**,JavaScript 是一种网页的标准编程语言,所有浏览器都支持 JavaScript 脚本语言。

图 2-36　网页运行效果

2. 程序设计案例:在网页中嵌入 JavaScript 程序

网页中,JavaScript 代码可以放置在 HTML 页面的<body>或<head>标签中,也可以位于<script>和</script>标签之间。

【例 2-31】 网页如图 2-36 所示,单击"点击计算"按钮时,显示程序计算结果。将 JavaScript 脚本代码嵌入网页 HTML 中,JavaScript 脚本程序如下。

```
1  <html>                                              <!--HTML 开始,E0231.html-->
2  <body>                                              <!-- 页面内容开始-->
3  <p>假设 y=5,计算 x=y+2,并显示结果.</p>              <!-- 显示信息-->
4  <button onclick="myFunction()">单击计算</button>    <!-- 调用函数,显示按钮-->
5  <p id="demo"></p>                                   <!-- 段落标记-->
```

6	`< script >`	`<!-- JavaScript 脚本程序开始 -->`
7	`function myFunction(){`	`// 函数声明,函数名为 myFunction()`
8	`    var y = 5;`	`// 变量赋值`
9	`    var x = y + 2;`	`// 计算表达式,并赋值`
10	`    var demoP = document. getElementById("demo")`	`// 通过指定 id 获取某个元素`
11	`    demoP. innerHTML = "x = " + x;`	`// 输出提示信息和计算值`
12	`}`	`// 脚本块结束`
13	`</script >`	`<!-- JavaScript 脚本程序结束 -->`
14	`</body>`	`<!-- 页面内容结束 -->`
15	`</html >`	`<!-- HTML 文件结束 -->`

说明:标记"<!--   -->"为 HTML 语言注释符;标记"//"为 JavaScript 语言注释符。

2.3.6 并行程序基本特征

1. 并行编程类型

串行程序是线程之间顺序执行,并发与并行有细微的差别。并行是多个线程同时在一个或多个处理器中轮流执行(见图 2-37)。并发是在多核 CPU 中多个线程在同一给定时间内进行操作,从多核 CPU 中的单核来看,并发实际上是线程的串行执行。由于并行和并发有很强的相关性,以下对并行和并发不做区分,统称为并行。**目前没有一个普遍认同的并行程序语言**,大部分并行程序语言都是附加在传统程序语言之上,例如,OpenMP 附加在 C/C++、FORTRAN 语言之上;消息传递接口(message passing interface,MPI)附加在 Python、Java 等语言之上;一些并行程序语言是传统语言的并行改进版,如 Go 语言。

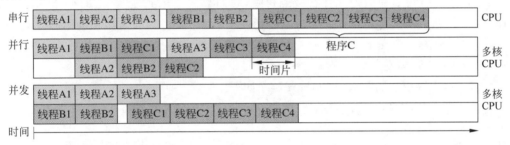

图 2-37 程序的串行、并行和并发执行过程

软件并行计算技术主要有三大类:一是通用并行计算函数库,如 MPI;二是计算机集群并行计算软件,如 Hadoop;三是互联网大规模网格计算平台,如 BOINC。**所有分布式计算都面临网络传输的瓶颈,这是分布式计算难以广泛应用的原因。**

【例 2-32】 简单的 MPI 并行运算程序 test. py。Python 程序如下。

| 1 | `from mpi4py import MPI` | `# 导入第三方包 - 并行计算 MPI` |
| 2 | `print('线程号 rank 是:% d' % MPI. rank)` | `# 输出线程 rank 序号(即 ID)` |

在 Windows 命令提示符窗口下,执行以下命令。

1	`D:\> mpirun - np 4 python test. py`	`# 执行并行运算程序 test. py`
	`线程号 rank 是:0`	`# 参数 - np 4 表示启动 4 个 MPI 线程`
	`线程号 rank 是:3`	`# 符号 rank 是任务处理的线程号`
	`线程号 rank 是:1`	`# 并行计算时,输出顺序是随机的`
	`线程号 rank 是:2`	

程序语言和软件开发

2. 程序并行计算中的相关性

相关性是指指令之间存在某种逻辑关系。并行编程会受到相关性的影响,**程序中的相关性包括数据相关、资源相关和控制相关**。消除相关性是并行编程的重要工作。

(1)数据相关。如果一条指令产生的结果,可能在后面的指令中使用,这种情况称为数据相关。

【例 2-33】 指令数据相关。Python 程序片段如下。

```
1    a = 100                                       # 变量 a 赋值
2    b = 200                                       # 变量 b 赋值
3    c = a + b                                     # 变量 c 赋值
```

案例说明:语句 1 和语句 2 之间没有相关性,它们可以并行执行。但是这 2 条语句与语句 3 之间存在数据相关性,也就是说,语句 3 要等待语句 1、语句 2 执行完成后,才能执行。在某些情况下,一条指令可以决定下一条指令的执行(如判断、调用等)。

(2)资源相关。一条指令可能需要另一条指令正在使用的资源,这种情况称为资源相关。例如,两条指令使用相同的寄存器或内存单元时,它们之间就会存在资源相关。

【例 2-34】 指令资源相关。Python 程序如下。

```
1    gz = 1000                                     # 工资赋值
2    if gz <= 3000:                                # 判断,如果 gz≤3000
3        jj = gz * 0.3                             # 奖金为工资的 30%
4        sf = gz + jj                              # 实发 = 工资 + 奖金
```

案例说明:语句 2 和语句 3 存在资源相关,它们都需要用到变量 gz 的存储单元;语句 3 和语句 4 中的 jj 存在同样问题。如果这些语句并行执行,将会导致错误的结果。

(3)控制相关。分支指令会引起指令的控制相关性。如果一条指令是否执行依赖于另外一条分支指令,则称它与该分支指令存在控制相关。

【例 2-35】 指令控制相关。Python 程序如下。

```
1    my_list = [22, '偶数', 33, '奇数', 3.14, '常数']    # 列表赋值,数值与字符串兼有
2    my_sum = 0                                      # 变量初始化
3    for x in my_list:                              # 循环取出列表 my_list 中的元素
4        if isinstance(x, int) or isinstance(x, float):  # 判断该元素是整数或浮点数
5            my_sum += x                            # 数值型元素累加
6    print('元素累加和 = ', my_sum)                 # 输出数值型元素累加和
```

案例说明:从程序可见,语句 4(条件)与语句 5(累加)存在控制相关。

3. Amdahl 加速比定律

(1)加速比定律。计算机系统设计专家阿姆达尔(Amdahl)指出:系统中某一部件采用某种更快的执行方式后,整个系统的性能提高,与这种执行方式的使用频率或占总执行时间的比例有关。阿姆达尔的设计思想是:**加快经常性事件的处理速度能明显地提高整个系统的性能**。Amdahl 加速比定律认为,系统改进后整个系统的加速比 S_n 为

$$S_n = \frac{T_o}{T_n} = \frac{1}{(1 - F_e) + \dfrac{F_e}{S_e}} \tag{2-1}$$

式中,T_n 为系统改进后任务执行时间;T_o 为改进前的任务执行时间;F_e 为改进的比例,

$(1-F_e)$ 表示不可改进部分；S_e 为提高的效率。当 $F_e=0$（即没有改进时），加速比 $S_n=1$。Amdahl 定律阐述了一个回报递减规律：**如果仅改进一部分计算的性能，则随着改进的增多，系统获得的加速比增量会逐渐减小**。令人欣慰的是经常性事件的处理方法往往比罕见事件的处理方法更为简单，因此更加容易提升系统性能。

【例 2-36】 假设对 Web 服务器进行优化设计后，新 Web 服务器运行速度是原来的 2 倍；同时假定这台服务器有 30% 的时间用于计算，另外 70% 的时间用于 I/O 操作或等待，那么这台 Web 服务器性能增强后的加速比是多少呢？

案例分析：$F_e=0.3$，$S_e=2$，根据 Amdahl 定律计算系统加速比。Python 程序如下。

$$S_n = \frac{1}{(1-0.3) + \dfrac{0.3}{2}} = 1/[(1-0.3) + (0.3/2)] = 1.176\,470\,588\,235\,294\,2$$

```
>>>    print(1/((1 - 0.3) + (0.3/2)))            # 根据 Amdahl 定律计算系统加速比
       1.1764705882352942
```

（2）Amdahl 定律在多核处理器系统中的应用。并行计算必须将一个大问题分割成许多能同时求解的小问题。哪些问题需要并行编程处理呢？字处理不需要，但是语音识别用并行处理会比串行处理更有效。解决并行编程的困难并不在于并行程序语言或程序开发平台，最难处理的是已有的串行程序。

【例 2-37】 有些任务可以并行处理，例如，有 100 亩庄稼已经成熟，等待收割，越多的人参与收割庄稼，就能越快地完成收割任务。而另外一些任务只能串行处理，增加更多资源也无法提高处理速度。例如，有 100 亩庄稼，它们的成熟日期不一，增加更多人来收割，也无法很快完成收割任务。为了充分发挥多核处理器的能力，计算机使用了多线程技术，但是多线程技术要求对问题进行恰当的并行化分解，并且程序必须具备有效使用这种并行计算的能力。大多数并行程序都与收割庄稼有相似之处，它们都是由一系列并行和串行化的片段组成。由此可以看出，**问题中的并行加速比受到问题中串行部分的限制**。尽管精确估算出程序执行中串行部分所占的比例非常困难，但是 Amdahl 定律还是可以对计算性能提高做一个大致的评估。

4. 程序并行执行的基本层次

程序的并行执行可分为三个层次：应用程序的并行、操作系统的并行和硬件设备的并行。目前的 CPU 和主流操作系统均已具备并行执行功能，一般来说，硬件（主要是 CPU）和操作系统都会支持应用程序级的并行。简单地说，即使应用程序没有采用并行编程，硬件和操作系统还是可以对应用程序进行并行执行。下面仅讨论应用程序级的并行。

并行编程技术是将程序分配到单个或多个 CPU 内核或者图形处理器（graphic processing unit，GPU）内核中运行；而分布式编程技术是将程序分配给多台计算机运行。一般而言，应用程序级的并行编程可分为以下几个层次。

（1）指令级并行。它是一条指令中的多个部分被同时并行执行。

【例 2-38】 一个简单的指令级并行执行程序片段如图 2-38 所示。

案例分析：如代码中的(a+b)和(c-d)部分，它们之间没有相关性，能够同时执行。这种并行处理通常在程序编译时，由编译器来完成，并不需要程序员进行直接控制。

（2）函数级并行。如果程序中的某一段语句组，可以分解成若干个没有相关性的函数，

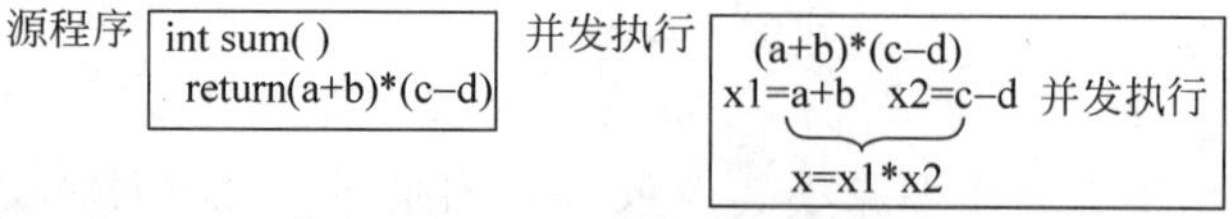

源程序 | int sum( ) / return(a+b)*(c-d)   并发执行 | (a+b)*(c-d) / x1=a+b x2=c-d 并发执行 / x=x1*x2

图 2-38 C 语言并行执行程序片段

那么就可以将这些函数分配给不同的进程并行执行。这种并行执行对象以函数为单位,并行粒度次于指令级并行。在并行程序设计中,这种级别的并行最为常见。

(3) 对象级并行。这种并行编程的划分粒度较大,通常以对象为单位。当这些对象满足一定的条件,不违背程序流程执行的先后顺序时,就可以把每个对象分配给不同的进程或线程进行处理。例如,在 3D 游戏程序中,不同游戏人物的图形渲染计算量巨大,在并行编程中,可以对游戏人物进行并行渲染处理,实现对象级的并行计算。

(4) 应用程序级并行。操作系统能同时并行运行数个应用程序。例如,我们可以同时打开几个网页进行浏览,还可以同时欣赏美妙的音乐。这种程序级的并行性,在游戏程序设计中屡见不鲜,它提高了多个应用程序并行运行的效率。

5. 并行程序设计的难点

并行程序设计中,程序执行的顺序和在内存中的位置通常不可预知。例如,有 3 个任务(A、B、C)在 4 核 CPU 中执行时,不知道哪个任务首先完成,任务按照什么次序来完成,以及由哪个 CPU 内核执行哪个任务。除了多个任务能够并行执行外,单个任务也可能存在并行执行的部分。这就需要对并行执行的进程加以协调,让这些进程之间彼此通信,这些进程之间的通信和等待增加了系统资源的开销。

2.3.7 事件驱动程序设计

1. 事件驱动程序概述

现在大部分程序都是事件驱动程序,如 Windows 操作系统、Linux 操作系统、图形用户界面(GUI)程序、游戏程序、网络程序、多线程程序等。简单地说,事件驱动程序是由用户的动作(如鼠标动作等)运行的图形用户界面程序。

早期程序没有太多的人机交互性,因此结构化程序设计专家认为"程序=数据结构+算法",这种设计思想在当时无疑是正确的。现在的图形用户界面主要采用事件驱动程序设计,对图形界面程序来说,"程序=图形界面+事件监听+事件处理"更为合适。

2. 事件驱动程序的特征

(1) **事件驱动程序的执行过程由事件决定。**事件驱动程序的特点是人机交互性好。简单地说,用户点什么按钮(产生事件),程序就执行什么操作(调用回调函数)。

(2) **事件驱动是一种编程方法,不是一种编程语言。**事件驱动程序可以用大部分程序语言编程,当然,有些编程语言设计事件驱动程序更加简单方便。

(3) 程序设计的基本方法是设计一个事件循环程序段(死循环),循环程序段不断地检查需要处理的事件消息,根据事件消息调用相关函数(如回调函数)进行处理。

(4) 事件驱动程序拥有一个事件队列,它用于存储未能及时处理的事件。

(5) 事件驱动程序使用协作式处理任务,而不是多线程 CPU 抢占式,CPU 一般只有很短的生命周期。没有事件发生时,进程会释放占用的 CPU 资源。

3. 事件驱动程序设计模型

事件驱动程序模型如图 2-39 所示。

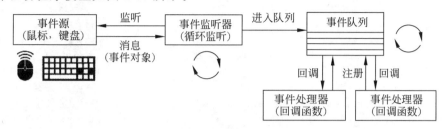

图 2-39　事件驱动程序模型

（1）事件源。事件源指产生事件的对象。事件源主要是感知外部事件，并且将事件数据打包成消息，然后发送给事件监听器。消息包含了事件的上下文和相关数据，每个事件都有唯一的标识。事件源有生成事件和派发事件两个功能，在单用户程序场景下，派发事件的功能通常比较简单，因此一般将事件派发功能也交由事件源负责处理。

（2）消息。事件携带的具体数据称为消息，消息的功能是传达意图。消息分为外部消息和内部消息。外部消息是用户操作产生的，如用户单击鼠标、按键盘等；内部消息是操作系统内部事件产生的，如定时器消息、系统通知、网络事件等。GUI 程序中，鼠标消息包含了鼠标按键的动作类型（如单击或双击）、鼠标的坐标信息等。消息起着传递事件数据的作用，它负责把事件的消息传递给事件监听器。

（3）事件监听器。事件监听器可以监听各种事件，如鼠标单击、键盘输入、窗口关闭、文件读写事件、网络事件、视频数据读出、数据库事件等。事件监听器接收到事件的消息后，将消息发送到事件队列，排队等待处理。

（4）事件队列。事件队列用于存储待处理的事件，并注册已经暂时处理完成的事件。有些事件是循环进行的，例如，键盘或鼠标循环检测，游戏画面的循环刷新等。

（5）事件处理器。事件处理器是一段程序代码（如回调函数或钩子函数），事件队列将等待处理的消息发送到事件处理器，事件处理完成后返回注册消息到事件队列。

4. 事件驱动应用程序案例

【例 2-39】　图形界面的事件驱动程序如图 2-40 所示，单击窗口中的"标准答案"按钮时，就会触发消息框事件。Python 程序如下。

```
1   import tkinter as tk                                      #【1. 导入标准模块】
2   import tkinter.messagebox                                 # 导入标准模块
3
4   root = tk.Tk()                                            #【2. 创建主窗口】
5   root.title('选择题')                                      # 窗口标题命名
6   root.geometry('300x300')                                  # 定义窗口大小
7   mytext = ['A:大象没有腿;', 'B:大象有 1 条腿;',             #【3. 数据初始化】
8           'C:大象有 2 条腿;', 'D:大象有 3 条腿;',
9           'E:大象有 5 条腿;', 'F:以上都是瞎说!']
10  v = tk.IntVar()                                           # 单选框变量初始化
11  v.set(1)                                                  # 定义单选框初值
12  h = 40                                                    # 标签其实高度初始化
13  lab1 = tk.Label(root, text = '思科公司面试题', font = ('黑体', 14))  #【4. 题目信息显示】
```

```
14    lab1. place(x = 80, y = 10)                                    # 题目标签坐标布局
15    lab1 = tk. Label(root, text = '你的选择是?', font = ('黑体', 14))    # 提示信息标签
16    lab1. place(x = 80, y = 190)                                   # 提示标签坐标布局
17
18    for i in mytext:                                               #【5. 循环显示标签】
19        lab3 = tk. Label(root, text = i, font = ('楷体', 14), justify = 'left')
                                                                     # 显示标签内容
20        lab3. place(x = 80, y = h)                                 # 标签坐标布局
21        rad = tk. Radiobutton(root, variable = v, value = i)       # 定义单选框
22        rad. place(x = 50, y = h)                                  # 单选框坐标布局
23        h = h + 25                                                 # 每行标签的高度
24
25    def click_me():                                                #【6. 定义回调函数】
26        tkinter. messagebox. showinfo(title = '提示',               # 创建消息框窗口
27            message = '答案:D\n 大象有 3 条腿!')                     # 显示消息框内容
28    btn = tk. Button(root, text = '标准答案', bg = 'Pink',           #【7. 定义按钮】
29        font = ('楷体', 20), command = click_me)                   # 按钮绑定回调函数
30    btn. place(x = 80, y = 230, width = 150, height = 40)          # 指定按钮显示位置
31    root. mainloop()                                               #【8. 事件消息循环】
>>>                                                                  # 程序运行见图 2 - 40
```

图 2-40   事件驱动程序案例

案例说明:这是某公司招聘网络工程师时的一道面试题目。在工程项目中,达到理想状态很难(例如,大象有 4 条腿),往往只能退而求其次。而数字 3 和 5 都接近理想状态,但是资源总是稀缺的,而 3 条腿需要的资源更少,因此标准答案是 D。

2.4   软件开发方法

2.4.1   程序设计原则

软件本质上具有复杂性,这注定了它不可能完美无缺。**程序设计最基本的原则是简单、高效、安全。**

1. 简单

(1) 保持简单。简单的代码易于理解和调试。故障常常集中在程序的某一个区域,这些区域的共同特点就是复杂。程序应当避免复杂的判断条件语句,避免多重嵌套的循环结

构,表达式中多使用括号以提高运算次序的清晰度等。但是,**简单并不容易,程序达到简单通常需要做很多的工作**。

(2) 保持清晰。不清晰的代码容易产生 bug,并且在测试中产生很多问题。**大多数情况下,清晰的代码和聪明的代码不可兼得**。计算科学专家爱德华·基尼斯(Edward Guniness)指出:"你的代码是写给小孩看的,还是写给专家看的? 答案是:写给你的观众看。程序员的观众是后续的维护人员,如果不知道具体是谁,那代码就要写得尽量清晰。"

(3) 不要过度设计。不要一开始就把系统设计得非常复杂,避免在代码中添加不必要的功能。不要为当前不需要,或者未来可能需要的功能编写代码。

2. 高效

(1) 模块化设计。将一个较大的程序划分为若干个子程序,每个子程序是一个独立模块,每个模块又可继续划分为更小的子模块或函数。程序员习惯从功能上划分模块,**保持"功能独立"是模块化设计的基本原则**。

(2) 程序复用。**程序员很少从零开始写代码,通常需要在现有程序模块中添加功能**。全球大约有 1000 多亿行代码,某些同一功能的程序被重写了成千上万次,这是极大的思维浪费。程序设计专家的口头禅是:**"请不要再发明相同的车轮子了。"**程序设计应当使用成熟的组件(如函数库),这样既能减少开发工作量,又能降低软件成本。

(3) 避免过早优化。代码优化是一项非常耗时的工作,很多时候不值得我们花费那么多的时间和成本。程序员应当关注代码的正确性,而不是让代码运行速度更快。

3. 安全

程序安全性设计有两种原则:中断运行和带错运行。

(1) 程序中断运行原则。程序一旦发生异常,应当立即显示出错信息,然后中断程序运行,并且在日志中记录出错信息。以医疗管理软件为例,一旦程序发生错误,应当立即通知错误,并且中断程序运行,这样可以防止重大事故的发生。

(2) 程序带错运行原则。带错运行有以下方法:一是在处理一连串数据的情况下,返回下一个有效数据,例如,从数据库读取记录,如果读取的记录无效,则读取下一行,直到发现有效记录。二是返回和前面数据一样的值,例如,1s 内读取 100 次温度数据时,如果有一次读取失败,则可以返回读取失败前最后一次读取的值。三是调用错误处理函数进行处理,例如,文字处理软件中,如果软件出错后突然中断关闭,这会导致用户输入的大量数据丢失,这时带错继续运行造成的损失更小。

(3) 数据输入。**数据输入时最容易出现问题**。从键盘、文件、网络等接口获取数据时,应当考虑以下问题:一是要求用户输入数据时,程序应当有提示信息(参见例 2-12),最好提供数据输入样例;二是确认输入数据是否在合法范围内,如检查数据是否有效(如字符串的长度要求);三是数据输入有格式要求时,应当提供输入数据的格式样例;四是一次性输入多个数据时,应当说明数据分隔符号(如逗号或空格)和结束标志。

(4) 参数值和返回值。检查从其他函数传来的参数值,如果检测出无效参数,就意味着代码存在 bug,应当尽早处理非法数据,防止错误蔓延。

4. 结构化程序设计原则:Python 之禅

蒂姆·彼得斯(Tim Peters)编写的"Python 之禅"是 Python 官方推荐的程序设计原则(PEP20),贯穿整个 Python 之禅的核心思想是**"代码的可读性很重要"**。

(1) 优美胜于丑陋。缩进格式的代码很优美,Python 以编写优美代码为目标。

(2) 明了胜于晦涩。程序应当简单明了,风格一致,遵循行业惯例。

(3) 简洁胜于复杂。程序应当简洁,不要有复杂的结构和实现方法。

(4) 复杂胜于凌乱。如果复杂不可避免,代码就要整齐规范,接口明确。

(5) 扁平胜于嵌套。程序不要有太多的循环嵌套、条件嵌套、函数嵌套等。

(6) 间隔胜于紧凑。程序块之间要留有空行,不要指望一行代码解决问题。

(7) 可读性很重要。代码阅读比编写更加频繁,要努力提升代码的可读性。

(8) 特例不足以违反规则。再怎么特殊,也不能无视上述规则。

(9) 实践胜于理论。实践是编程最好的秘诀,尽信书,则不如无书。

(10) 错误永远不会悄然逝去。你永远不知道黑客会如何利用你程序中的错误。

(11) 除非必要,否则不要无故忽视异常。越早暴露问题,错误修复成本越低。

(12) 面对歧义,拒绝猜测的诱惑。脚踏实地做程序测试比猜测程序含义好。

(13) 最好只用一种方法来实现程序功能。如果算法不确定,就用穷举法。

(14) 不要给出多种解决方案,因为你没有 Python 之父那么牛。

(15) 现在胜于一切。尽量避免不重要的程序优化,程序不要做过度设计。

(16) 做也许好过不做。拖延和过度详细计划的结果是什么都做不了。

(17) 如果你无法向别人描述你的方案,那肯定不是一个好方案。

(18) 如果实现方案容易解释,它可能是个好方案。好方案应当条理清晰。

(19) 命名空间是一种绝妙的理念。多人开发软件时,它可以避免变量重名。

2.4.2 程序异常原因

1. 错误和异常

人们往往把操作失败和程序失误都称为"错误",其实它们并不相同。操作失败是所有程序都会遇到的情况,例如,文件找不到会导致操作失败,但是这并不意味程序出错了,有可能是文件内容错误,或文件被删除,或文件路径错误等。程序中的错误有一个专用名词,称为 bug(虫子),程序员排除程序错误的过程称为"捉虫"。

Python 中,错误可以由程序预设,错误也可以被程序捕获和处理。如果一个错误被抛出来,它就变成了一个异常,或者说:**异常是一个没有被程序处理的错误**。

2. 程序异常的原因

如表 2-8 所示,程序异常的原因主要有操作错误、运行时错误和程序错误。

表 2-8　程序异常的原因

错误类型	错误原因	处理方法
操作错误	输入错误:如要求输入整数时,输入的是小数; 按键错误:如按[Ctrl+C]键中断了程序运行; 内容错误:如数据格式错误或数据文件损坏	校验用户输入数据; 提示正确操作方法; 改正或提示错误
运行时错误	通信错误:如网络故障,无法连接到服务器; 资源错误:如内存不足;如程序递归太深; 兼容性错误:如在 32 位系统下调用 64 位程序; 环境错误:如导入软件包的路径错误	记录操作到日志; 程序异常处理; 程序中断处理; 修改错误路径等

错误类型	错误原因	处理方法
程序错误	语法错误：如缩行错误、大小写混淆； 语义错误：如先执行后赋值、赋值错误； 逻辑错误：如对用户输入数据没有做错误校验	程序语法检查； 黑盒测试，白盒测试； 等价类测试等

3. 程序错误类型

(1) 语法错误。语法错误是程序设计初学者出现最多的错误。例如,冒号":"是一些条件语句(如 if)结尾标志,如果忘记了写英文冒号":",或者采用了中文冒号"：",都会引发语法错误。常见的语法错误有采用中文符号、括号不匹配、变量没有定义、缺少 xxx 之类的错误。程序发生语法错误时会中断执行过程,并且给出相应提示信息,可以根据提示信息修改程序。

(2) 语义错误。语义错误是指语句中存在不符合语义规则的错误,即一条语句试图执行一条不可能执行的操作而产生错误。语义错误只有在程序运行时才能检测出来。常见的语义错误有变量声明错误、变量作用域错误、数据存储区的溢出等错误。程序语义错误很容易导致错误株连,错误株连是指当源程序出现一个错误时,这个错误将导致发生其他错误,而后者可能并不是一个真正的错误。

(3) 逻辑错误。逻辑错误是程序可以正常运行,但得不到期望的结果,也就是说程序并没有按照程序员的思路运行。例如,某个程序块要求循环 100 次,应当写成：for i in range(0,100);如果程序写成了：for i in range(1,100),程序实际只做了 99 次循环,这就是逻辑错误。发生逻辑错误时,Python 解释器不能发现这些错误。逻辑错误较难发现,这类错误需要通过分析结果,将结果与程序代码进行对比来发现。

4. 程序异常处理风格

程序异常处理有两种编程风格。第一种是**求原谅比求许可更容易**(easier to ask for forgiveness than permission,EAFP)编程风格,Python 等语言采用 EAFP 编程风格,编程时假定所需数据属性都是存在的,并假定程序错误都能够被 try-except 等语句块捕获,这种编程风格的特点是简洁快速；第二种是**三思而后行**(look before you leap,LBYL)编程风格,C、Java 等许多语言采用这种编程风格,即程序先排除错误,再执行代码,因此程序编译时会进行严格的程序错误检测。

例如,Java 语言在编译时,对所有变量和表达式都要进行严格的类型检查,这样来消除程序运行时的类型错误。但是,Python 语言很少进行这种严格的类型检查,例如,两个整数相除时,如果商有小数,Python 解释器会自动将商转换为浮点数；如果是字符串加上一个数字(如'1314'+520),Python 运行时就会直接抛出异常。

2.4.3　软件工程特征

1. 软件工程的定义

软件工程一直缺乏统一的定义,不同组织和专家对软件工程的不同定义如下。

(1) 国标《信息技术　软件工程术语》(GB/T 11457—2006)对软件工程的定义为"应用计算机科学是应用计算机科学理论和技术以及工程管理原则和方法,按预算和进度,实现满足用户需求的软件产品的定义、开发、发布和维护的工程或进行研究的学科。"

（2）IEEE 的定义为"软件工程是将系统化的、严格约束的、可量化的方法应用于软件的开发、运行和维护。"

（3）软件工程专家巴利·玻姆（Barry Boehm）的定义为"运用现代科学技术知识来设计并构造计算机程序及为开发、运行和维护这些程序所必需的相关文件资料。"

软件工程可以简单地理解为"**软件工程是采用规范化、模块化、软件复用等技术，提高软件开发效率，降低软件开发成本，保证软件质量的方法。**"

2. 软件工程的基本原理

软件工程领域的主要研究热点是软件复用和软件构件技术，它们是软件工业化生产的必由之路。软件工程专家巴利·玻姆于 1983 年提出了软件工程的 7 条基本原理，玻姆认为这 7 条原理是确保软件产品质量和开发效率的最小集合。

（1）严格的管理计划。统计表明，50%以上的失败项目是由计划不周造成的。应该将软件开发分成若干个阶段，并制订出切实可行的计划，然后严格按计划进行管理。

（2）坚持阶段评审。统计表明，大约 63%的错误是编码之前造成的，**错误发现得越晚，改正它付出的代价就越大**。软件应进行严格的阶段评审，以便尽早发现错误。

（3）产品需求变动控制。软件开发人员最痛恨的事情就是改动需求。但是实践告诉我们，需求改动往往不可避免。开发人员应当采用产品控制技术来顺应这种要求。

（4）采用先进的技术。人们充分认识到**方法大于气力**。采用先进的设计技术既可以提高软件开发的效率，又可以减少软件维护的成本。

（5）目标应能审查。**软件开发工作情况可见性差，难于评价和管理**。为了完成软件开发目标，应当明确规定开发小组的责任和产品标准，从而使目标能清楚地审查。

（6）开发人员应少而精。开发人员的素质和数量是影响软件质量和开发效率的重要因素，人员应该少而精。随着开发人数的增加，人们沟通之间的开销将急剧增大。

（7）不断改进软件。不仅要积极采纳新的软件开发技术，还要注意不断总结经验，收集进度和消耗等数据，进行出错类型和问题报告统计。

3. 软件质量衡量指标

ISO 8042 标准对软件质量的定义为"反映软件满足明确和隐含需求的特性总和。"国家标准《系统与软件工程 系统与软件质量要求和评价（SQuaRE）第 1 部分：SQuaRE 指南》（GB/T 25000.1—2021）规定了软件产品的质量特性和测试模型，但是标准系列共有 62 个子标准，而且过于强调原则性，方法繁杂，可操作性不强。以下是衡量软件质量的简单可操作性指标。

（1）源代码行数。**代码行数是最简单的衡量指标**，它主要体现了软件的规模。可以用工具软件来统计逻辑代码行（不包含空行、注释行等）。代码行数不能用来评估程序员的工作效率，否则会产生重复或不专业的程序代码。

（2）代码 bug 数。可通过工具软件统计每个代码段、模块或时间段内的程序 bug 数，这样可以尽早发现程序错误。代码 bug 数可以作为评估开发者效率的指标之一，但如果过分强调这种评估方法，程序员与测试员之间的关系就会非常敌对。

（3）代码测试覆盖率。代码覆盖率是程序中源代码被测试的比例和程度。代码覆盖率常用来考核测试任务的完成情况。代码覆盖率并不能代表单元测试的整体质量，但可以提供一些相关的信息。

（4）设计约束。软件开发有很多设计约束和原则，例如，类或方法的代码行数，一个类中方法或属性的个数，方法或函数中参数的个数，注释行占程序代码行的比例等。

（5）圈复杂度。圈复杂度是衡量代码复杂程度的指标。这里的"圈"是指由判定节点（if、for 等）构成的代码块环路，如图 2-41（b）中，语句"1""2,3"等都是判定节点，语句块"[1]-[2,3]-[4,5]-[10]-[1]"构成了"圈 1"（或称路径 1）。圈复杂度＝判定节点数＋1，圈复杂度也等于程序测试的独立路径条数。代码中不包含控制语句（if、for 等）时，代码的圈复杂度为 1，因为代码只有一条测试路径；如果一段代码仅包含一个 if 语句，而且 if 语句仅有一个条件，则代码的圈复杂度为 2；包含两个嵌套的 if 语句，或者是一个 if 语句有两个条件（如if-else、if A or B 等）的代码块，它的圈复杂度为 3。圈复杂度低于 10 的程序结构清晰，维护成本低；圈复杂度高于 10 时，程序结构复杂，难以维护。圈复杂度可以用软件统计，也可以手工统计。用流程图转换为圈图的方法如图 2-41 所示。

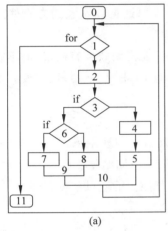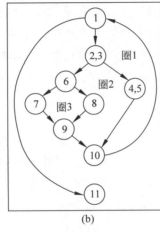

流程图转换为圈图步骤：
1. 先画出程序流程图
2. 将流程图转换为圈图
   圈图不区分语句含义
   所有节点用圆圈表示
   忽略数据声明（如图(a)）
   忽略注释语句
   压缩串行语句（如图(b)4,5）
   压缩循环次数（如图(b)1）
3. 圈复杂度=判定节点数+1
   判定节点[1]、[2,3]、[6]
   圈复杂度=3+1=4

图 2-41　流程图转换为圈图

4. 软件工程存在的问题

（1）方法学不成熟。软件工程的方法学与建筑领域相比，建筑学的方法比较稳定，而软件工程显得非常动态化和不成熟。例如，建筑工程对人们的工作成果有一套行之有效的评估方法，但是对程序员的工作成果进行定量评估时，似乎都会以失败告终。

（2）缺少通用构件。软件工程缺少通用构件，以往设计的程序构件（模块、函数库等）往往用于特定程序语言和软件，将它们移植到其他程序语言会受到极大的限制。

（3）缺少度量技术。**软件工程缺少度量技术**。软件开发的复杂度目前只能依赖人工判断，不能进行精确度量。例如，建筑结构的可靠性可以用结构力学的方法来测量；机械元件的可靠性可以材料力学的方法来测量；电子器件的可靠性可以用统计学方法测量（例如，无故障工作时间等），而这些方法并不适用于软件工程。在软件工程中，必须使用严格的度量术语来指定对软件质量和性能的要求，**软件质量要求必须是可测试的指标**。例如，"系统必须是可靠的"就是一句正确的废话，应当使用可测试的文字加以描述，如"平均错误时间必须小于 10 个 CPU 时间片"（一个时间片大约 20ms）、"β 测试阶段少于 20 个 bug""每个模块的代码不超过 200 行""单元测试必须覆盖 90％以上的用例"等。

（4）软件设计的困境。程序员都有一个经验，可以在很短时间内实现用户 80％的需求，而剩下的 20% 需求中,有 10% 的需求程序员通过努力才能实现,另外 10% 的用户需求则完全不可能实现。导致以上困境有以下原因,一是用户的需求会呈现出无限放大的状态;二是目前没有一个能让软件开发效率出现飞跃性提升的工具。IBM System 360 总设计师布鲁克斯在"没有银弹"(银弹比喻极端有效的解决方法)中指出,没有任何一项技术或方法可以使软件工程的生产力在 10 年内提高 10 倍。

2.4.4 软件测试方法

1. 软件测试的计算思维

软件测试的目的是消除软件故障,保证软件的可靠运行。软件测试应当与项目开发同时进行,测试活动应分布于需求、分析、设计、编码、测试和验收等各个阶段。

在软件设计中,即使软件完全实现了预期要求,仍可能出现因用户不按规定要求使用而导致程序崩溃的现象。对于制造工具的人来说,**总是会有人以违背你本意的方式使用你的工具**。许多黑客会用你做梦也想不到的方式来攻击你的程序。

计算科学专家迪杰斯特拉对软件测试有句名言"**测试只能说明软件有错误,而不能说明软件没有错误**"。这是因为软件测试只能测试某些特定的例子(不完备性),**现在没有发现问题并不等于问题不存在**。

2. 软件测试用例

测试用例是软件测试需要的数据,测试用例={测试数据+预期结果}(其中{ }表示重复进行)。每一个测试用例都会产生一个测试结果,如果它与预期结果不符,说明程序中存在错误,需要进行程序修改。选择测试用例的原则是用尽可能少的测试数据,达到尽可能大的程序覆盖面,发现尽可能多的程序错误和问题。

软件测试方法有静态分析(程序不执行)、代码评审(人工检查)、黑盒测试(测试程序功能)、白盒测试(测试程序结构)、自动测试等。

3. 软件白盒测试技术

白盒测试将软件看作一个打开的盒子,对软件内部结构进行测试,但不需要测试软件的功能。白盒测试深入代码一级进行测试,因此发现问题最早,效果很好。

白盒测试对测试人员的要求非常高,需要其有很丰富的编程经验。例如,做.Net 程序的白盒测试要能看懂.Net 代码,做 Java 程序的白盒测试要能看懂 Java 代码。

白盒测试方法有基本路径测试、逻辑覆盖、代码检查、静态结构分析、符号测试、程序变异等。其中应用最广泛的是基本路径测试和逻辑覆盖测试。

基本路径测试要保证被测程序(见图 2-42)中所有可能的独立路径至少执行一次(见图 2-43)。一条路径是一个从程序入口到出口的分支序列(见图 2-44)。路径测试通常能彻底地进行,但是它有一个缺陷:测试路径的数量与分支语句数成比例增长。

【例 2-40】 程序中的 if 语句需要测试 2 次(true 或 false),一个程序模块有 4 个 if 语句时,需要 $2^4 = 16$ 个路径测试;而加一条 if 语句后,则有 32 个路径需要测试。

软件测试的致命缺陷是测试的不完备性。白盒测试是一种穷举测试方法,而程序的独立路径可能是一个天文数字。即使每条路径都测试了,程序仍然可能存在问题,例如,将需要升序输出写成了降序输出;程序需要读写的文件出现错误等。

01	#穷举法求素数
02	#基本路径测试
03	lower = int(input("输入素数起始值:"))
04	upper = int(input("输入素数终止值:"))
05	for num in range(lower, upper+ 1):
06	if num > 1:
07	for i in range(2, num):
08	if (num % i) == 0:
09	break
10	else:
11	print(num)
12	(程序结束)

图 2-42　测试程序

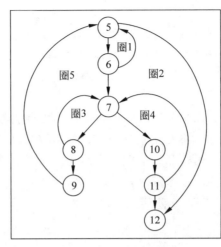

图 2-43　程序圈复杂度

圈复杂度：5+1=6
测试路径如下：
路径1：5-12
路径2：5-6-5-12
路径3：5-6-7-10-11-12
路径4：5-6-7-8-9-5-12
路径5：5-6-7-10-11-7-8-9-5-12
路径6：5-6-7-8-7-10-11-7-8-9-5-12

图 2-44　测试路径

4. 软件黑盒测试技术

黑盒测试又称功能测试,它测试软件的每个功能是否能正常使用。黑盒测试把程序看作一个不能打开的黑盒子,完全不考虑程序的内部结构。测试者在程序接口进行测试,它只检查程序功能是否能够按照需求规格说明书的规定正常使用。

(1)黑盒测试方法。测试用例是为特定目的设计的一组测试输入、执行条件和预期结果。黑盒测试用例包括边界值分析法、等价类划分法、错误推测法、因果图法、判定表驱动法、正交试验设计法、功能图法等。黑盒测试试图发现下列错误:功能不正确或遗漏、界面错误、数据库访问错误、初始化错误、运行中止错误等。

(2)边界值黑盒测试方法。边界值分析法是对输入或输出的边界值进行测试的一种方法。经验表明,大量程序错误发生在输入或输出范围的边界上,而不是发生在输入输出范围的内部。因此针对各种边界情况设计测试用例,可以查出更多的错误。

常见的边界值有学生成绩的 0 和 100;屏幕光标的最左上和最右下位置;报表的第一行和最后一行;数组元素的第一个和最后一个;循环的第 0 次、第 1 次和倒数第 2 次、最后一次等。通常情况下,软件测试包含的边界值有以下类型:数字的最大/最小、字符的首位/末位、位置的最上/最下、重量的最大/最小、速度的最快/最慢、方位的最高/最低、尺寸的最长/最短、空间的最满/最空等。

【例 2-41】 软件规格中规定:"质量在 10～50kg 的邮件,其邮费计算公式为……"。质量测试值应取 10、50、9.99、10.01、49.99、50.01 等边界值。

5. 自动化测试

自动化测试不需要人工干预,在用户界面测试、性能测试、功能测试中应用较多。自动化测试通过录制测试脚本,然后执行测试脚本来实现测试过程的自动化。大部分软件项目采用手工测试和自动化测试相结合,因为很多复杂的业务逻辑暂时很难自动化。手工测试的缺点是单调乏味。**手工测试强在测试业务逻辑,自动化测试强在测试程序结构。**

2.4.5　软件开发模型

大型软件开发模型有质量体系认证标准(ISO9000)、软件能力成熟度模型(capability

程序语言和软件开发

maturity model,CMM)、统一软件开发过程(rational unified process,RUP)等；轻量级软件开发模型有瀑布模型、敏捷开发、极限编程、Scrum(迭代式增量)等。**软件开发中,质量、速度、廉价,你只能选择其中两个。** 例如,商业软件选择的是"质量＋速度",开源软件选择的是"速度＋廉价",函数库选择的是"质量＋廉价"。

1. 瀑布模型

瀑布模型的核心思想如下：采用系统化的方法将复杂的软件开发问题化简,将软件功能的实现与设计分开。将开发划分为一些基本活动,如制订计划、需求分析、软件设计、程序编写、程序测试、软件运行和维护等基本活动。如图 2-45 所示,瀑布模型的软件开发过程自上而下,相互衔接,如同瀑布流水,逐级下落。

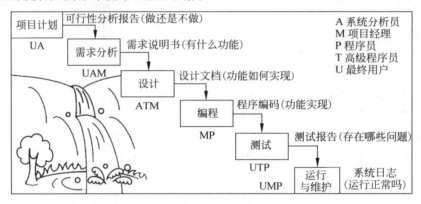

图 2-45　软件开发的瀑布模型

瀑布模型存在以下缺陷。

(1) 用户前期无法看到软件的最终效果,这增加了软件开发的风险。

(2) 软件前期没有发现的错误,可能会导致错误扩散,造成项目开发失败。

(3) 在软件需求分析阶段,完全确定用户的所有需求是难以达到的目标。

互联网创业权威保罗·格雷厄姆(Paul Graham)指出：有些创业者希望软件第一版就能推出功能齐全的产品,满足所有的用户需求,这种想法存在致命的错误。美国硅谷创业者最忌讳的就是"完美"。因为,一方面用户需求是多样的,不同人群有不同的需求；另一方面,**开发者想象的需求往往和真实的用户需求有偏差。**

2. 敏捷开发方法

2001 年,在一次聚会中,美国 17 名软件开发人员共同发布了《敏捷软件开发宣言》(http://agilemanifesto.org/),后来他们又发布了《敏捷软件的十二条原则》。敏捷软件开发宣言内容如下：**个体和互动高于流程和工具；工作的软件高于详尽的文档；客户合作高于合同谈判；响应变化高于遵循计划。**

众多敏捷开发方法中,有的专注于实践,如极限编程；有的专注于工作流程,如 Scrum(增量和迭代开发)等。"敏捷"是快速适应变化的意思,只要在价值观和原则上能让开发团队拥有应对需求快速变化的能力,这种软件开发方法就可以称为敏捷开发。

3. 极限编程原则

极限编程(extreme)是一种轻量级的敏捷软件开发方法,这里"极限"的语义是指将 12 条软件开发原则运用到极致。软件开发方法学的泰斗、敏捷开发方法的开创者之一、极限编程的创始人肯特·贝克(Kent Beck)提出了极限编程的 12 个最佳实践原则。

(1)客户故事。**客户需求以故事的形式表达**,客户故事由客户编写,由开发人员实现,它是软件设计的依据。**客户故事包括三个要素:角色(谁使用这个功能);活动(需要完成什么功能);商业价值(这个功能有什么价值)。**

(2)小型发布。先发布一个简单的小版本软件,客户可以针对性地提出反馈,然后在短周期内继续发布改进版本,这个过程不断迭代进行。过程相当于摸着石头过河。

(3)明确隐喻。开发人员并不熟悉客户业务术语,而客户也不理解软件开发术语。例如,"软件在周末自动进行数据备份",这里隐含了周末为计算机中的时间,而且计算机和软件都处于运行状态;"药物在饭后服用",这里隐含了饭后时间不超过 30min 等。因此,开发人员和客户都要明确双方使用术语中包含的隐喻,避免理解歧义。

(4)简单设计。只处理当前的需求,使设计尽可能简单,消除不必要的复杂性。

(5)测试先行。测试程序优先设计,这样可以展示客户需求的实现过程,它也是客户对软件的理解过程。极限编程是以客户需求驱动的软件开发过程。

(6)软件重构。在不影响软件外部特性(功能和接口)的前提下,优化软件内部结构。先对软件简单模拟,让其编译通过,再对软件进行具体优化。

(7)结对编程。两人共用一台计算机编程,一人编程,一人检查,两人的角色经常互换,以保持工作热情。这是极限编程中最有争议的实践,实际效果也参差不齐。

(8)代码共享。极限编程没有严格的文档管理,代码为开发团队共有,这样有利于开发人员的流动管理,因为所有人都熟悉所有的代码。

(9)持续集成。**持续集成就是采用小版本方式不断提交软件**。持续集成是与客户沟通的依据,也可以让客户及时提出反馈意见。持续集成是完成阶段性任务的标志。

(10)40h 工作制。一周工作不超过 40h,不轻易加班,今日事今日毕。

(11)现场客户。极限编程要求客户参与软件开发工作,客户需求就是由客户负责编写,所以要求客户在开发现场一起工作。**并且客户将参与到各类软件测试活动中。**

(12)规范编码。极限编程没有详细的软件文档,因此代码的可读性非常重要。开发人员都必须遵守统一的编程规范和编程风格,极限编程强调通过代码进行沟通。

4. 主程序员制和模块化开发方法

软件公司对大型软件开发有两种方法,分别是主程序员制和模块化开发。

(1)**IBM 公司对大型软件开发采用主程序员制**,软件核心部分由几个主程序员主持开发,其他部分则由普通程序员开发。它的优点是开发速度快,软件体积小;缺点是如果主程序员跳槽,会立刻克隆出一个功能相似的软件。

(2)**微软公司对大型软件采用模块化开发**。技术负责人设计总体结构和接口,各个功能模块由项目组成员开发。这种方法的优点是不怕程序员跳槽,因为每个程序员只了解软件系统中的一小部分;缺点是功能相同的模块或函数无法共享,软件庞大臃肿。

2.4.6 开源软件开发

1. 开源软件的特征

1983 年,麻省理工学院(MIT)的理查德·斯托曼(Richard Stallman)发布了"自由软件联盟(GNU's Not UNIX,GNU)宣言",他编写了通用公共许可证(GNU GPL),此后 GPL

逐渐成为自由软件最主要的版权许可方式。Free 这个词含有自由和免费双重语义,这容易使商业投资者不悦,于是人们创造了开源(Open Source)这个词来代替 Free。1998 年,理查德·斯托曼发起和成立了开放源代码促进会(open source initiative,OSI)组织,因此开源软件和自由软件都可以用来指称符合 GNU 规范的软件。

开源软件的三大要素是许可证(License)、社区支持、商业模式。许可证规定了开源软件的基本原则,开发者和使用者都必须遵守许可证协议;社区支持说明了开源软件是否成熟,用户参与度高不高;商业模式是指如何通过开源软件盈利,没有收益的开源软件很难维持。**开源的本质是开放和共享,前提是用户必须遵循开源许可证协议。**开源软件的作者来源于开源社区、个人、大学、商业公司等。常用开源软件如表 2-9 所示。

表 2-9　常用许可证协议和开源软件

许可证协议	常用开源软件和说明
GNU GPL	Linux、MySQL、GCC、OpenOffice、Python、OpenJDK(Java 开发)等
GNU LGPL	GNU C 函数库、GTK(GUI 库)、JBoss(Java 库)、Qt(GUI 库)等
Apache	Apache(Web 服务器)、Android(非内核部分)、OpenCV(计算视觉)等
BSD	FreeBSD、PostgreSQL、谷歌 Chromium、RISC-V、BIND、WU-FTPD 等
MIT	X-Window、SSH(安全 HTTP)、Scratch(图形编程)、ICU 函数库等

大多数开源项目都托管在 GitHub 网站(https://github.com/,2018 年被微软收购),Git 是版本控制软件,Hub 是代码仓库。开源作者可以在 GitHub 网站上创建软件仓库、创建分支项目、合并分支等;GitHub 还可以 fork(复制其他项目)和 pull request(拉请求,即请求他人合并自己的代码)开源项目,每个人都可以为开源项目贡献自己的代码。

2. 开源软件的定义

开源软件与商业软件对比,它们有以下区别。开源软件开放程序源代码,商业软件不开放源代码;开源软件提倡非营利项目免费使用,商业软件需要先付费再使用;任何人都可以修改开源软件中的 bug,升级软件功能,商业软件由开发企业负责程序修改和软件升级;所有开源软件都不加密,商业软件大部分进行了加密。

为了规范开源软件,OSI 提出了开源软件十大规范(https://opensource.org/osd)。

(1)自由再分发。获得源代码的用户,可以自由将源代码重新分发。如果分发软件由不同来源的程序组成,不得从销售中索取开源软件的任何费用。

(2)源代码。程序重新分发时,必须包括完整的源代码,或是让人方便取得源代码。开源软件允许以编译后的形式分发,但是不允许故意将源代码修改为晦涩难懂。

(3)衍生作品。允许用户修改开源软件,开发衍生软件,允许重新分发。

(4)源代码的完整性。修改后的作品可以采用不同名称或不同版本号,以保证原始代码的完整性。软件原始作者、使用者、维护者都有权知道谁修改了软件。

(5)不得歧视任何个人或团体。不能只对某些团体(如合作者)开放源代码。

(6)商业应用。不能歧视任何应用领域。例如,不得规定程序不能用于商业领域,开源需要商业用户的参与。本条款还可以预防其他许可证陷阱。

(7)分发许可证。与程序有关的权利必须适用于任何使用者,并且使用者不需要为了使用该程序而获得其他许可。本条款禁止通过非直接手段使软件无法公开。

(8)许可证不能针对一个产品。程序的权利不能由软件的一部分决定。如果多个程序组合成一套软件,当某一程序单独分发时,这个程序也具有开源代码的权利。

(9) 许可证不能影响其他软件。当开源软件与非开源软件一起分发时(例如,压缩打包成一个文件),许可证不能要求分发的其他程序都是开源软件。

(10) 许可证保持技术中立。例如,许可证的电子格式有效,其纸本条款同样有效。

3. 开源软件常用许可证协议

开源不等于没有版权,使用任何不是自己创作的内容都需要得到许可。软件许可证协议(电子或纸质文档)是一种具有法律意义的格式合同(标准合同),它规定了用户使用软件的权利,以及作者的应尽义务。电子许可证有以下形式:软件安装时的许可协议;软件附带的 License 等文件;软件在 About 菜单中的说明;源程序头部的作者说明等。常用开源协议如表 2-10 所示(https://opensource.org/licenses/alphabetical)。

表 2-10　常用开源协议许可证简单对比

许可证主要条款	GNU GPL	GNU LGPL	BSD	MIT	Apache
允许个人免费使用	是	是	是	是	是
允许企业商业使用	是	是	是	是	是
允许修改源代码	是	是	是	是	是
二次分发包含源代码	必须	必须	允许闭源	允许闭源	允许闭源
代码修改后闭源分发	不允许	不允许	允许	允许	允许
软件中的专利已授权	是	是	否	否	是
是否允许函数库连接	不允许	允许	不允许	不允许	不允许
开源软件无担保责任	是	是	是	是	是

乌克兰程序员 Paul Bagwell 画了一张如何选择开源协议的分析图(见图 2-46),国内专家阮一峰对其做了汉化,它有利于读者理解不同开源协议之间的差异。

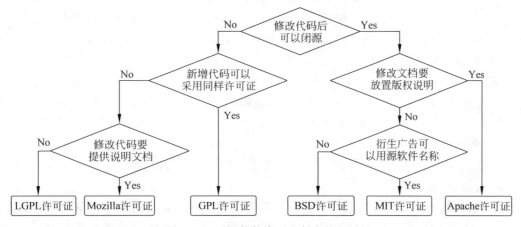

图 2-46　开源软件许可证制度的差异

4. 函数库开源协议 LGPL

程序开发经常要使用各种函数库,以降低程序开发难度,加快程序开发进程。函数库有静态库和动态库两种形式,**大部分动态函数库都开源,大部分静态函数库都闭源**。

静态函数库的扩展名一般为 libxxx.a 或 xxx.lib。静态函数库在程序编译时会直接整合到目标程序中,所以用静态函数库编译成的执行文件比较大。它的优点是:执行文件可以独立运行,程序运行时不再需要该静态库;程序没有依赖,兼容性好。

动态函数库的扩展名一般为 xxx.dll 或 libxxx.so。动态库函数库在程序编译时并不会被连接到目标代码中,而是在程序运行时函数库才被载入。也就是说没有 xxx.dll 函数库时,可执行文件将无法独立运行(即程序有依赖)。

【例 2-42】 Qt(GUI 函数库)应用广泛,它遵循 LGPL 协议。用 Qt 开发闭源商业软件时,使用动态函数库不用付费,也不用开放源代码,仅需要在软件 About 中说明本软件使用了 Qt。但是,如果在软件编译中使用了 Qt 静态函数库时,那么 Qt 需要商业付费。

5. 开源软件的商业模式

(1) 免费开源版软件＋付费企业版软件模式。典型案例是 RedHat 公司推出的三款 Linux 发行版:Fedora,RedHat 和 CentOS。Fedora 开源社区提供的最新免费桌面版本,它具有最新开发的 Linux 功能;RedHat Linux 是强调稳定性与特殊需求的付费企业服务器版;CentOS 则是由社区维护的免费 Linux 服务器版,它没有技术支持。

(2) 软件免费＋服务付费模式。例如,企业可以免费使用 MySQL 数据库,但是数据库管理和优化是困扰企业的难题,于是咨询、培训、有偿服务之类的公司应运而生。

(3) 二次开发模式。通过对开源项目进行二次开发,给用户提供特色服务。例如,OpenStack 云计算管理系统,它的核心组件有 13 项之多。这样一个庞然大物,它的开发、部署、维护难度可想而知,因此业界涌现了一大批 OpenStack 定制化开发商。

(4) 广告＋赞助模式。大多数开源项目依赖企业或个人的经济资助,开源软件可以免费使用,但作为回馈,需要为开源软件免费做附带广告。

(5) 开源软件＋闭源二次开发模式。软件公司采用开源项目构建通用组件,然后开发一些独具特色的闭源功能。这极大节省了企业的资金与资源消耗,作为回馈,这些公司通常会以赞助商、免费广告等方式,资助相关的开源项目或开源社区。

(6) 项目捐赠。企业通过捐赠项目给开源社区,达到占领市场份额的目的。例如,Yahoo 公司通过捐赠 Hadoop 项目,达到在分布式领域对抗 Google 的目的。

(7) 广告。在开源软件中植入广告,赚取广告投放费用,如 FireFox 浏览器。

(8) 软件＋硬件模式。例如,IBM 公司通过研发 Linux,促进 IBM 服务器的销售。

开源模式下,如果所有服务都免费,这就意味着开源软件的开发人员需要不知疲倦地修复软件中出现的安全问题。例如,2014 年发现 OpenSSL(网站安全访问开源软件包)的安全漏洞,它涉及大量的软件修复工作。不少企业利用开源项目获利颇丰,但是不愿意对开源社区做出相应的回馈,这些行为使得企业与开源作者的矛盾日益激化。

6. 开源软件的风险

(1) 软件漏洞风险。开源软件许可证中都有一条免责条款:**使用该代码如果造成了任何损失,这与源代码原作者没有关系**。软件都会存在 bug,存在安全性或功能性漏洞。在金融、电信、能源、交通、医疗等关键领域,更需要专业运维团队的技术支持。一旦开源软件漏洞引发问题,就会出现不可估量的损失。

(2) 软件供应链风险。开源软件可能会受到地缘政治的影响,例如,俄乌冲突中,GitHub 就限制俄罗斯软件开发人员使用开源软件。GitHub 会确保全球开发者的正常访问,但同时也会遵守当地政府的出口管制和贸易法规,这就会存在供应链风险。

7. 开源软件的知识产权问题

(1) 版权侵权风险，不遵守开源许可协议导致版权侵权。

(2) 专利侵权风险，开源软件中包含诸多软件专利，使用开源软件没有得到专利权人的许可，从而导致专利侵权。

(3) 商标侵权风险，未经许可使用了开源软件的商标。

(4) 多个许可证之间的相互冲突。

版权侵权与商标侵权风险较易规避，而专利侵权风险与许可证冲突则较难规避。

【例 2-43】 谷歌公司在 Android 开发接口中使用了 Java API 中 37 个代码段，共计 1.15 万行代码(Android 核心代码共计 2000 万行左右)。甲骨文公司认为谷歌侵犯了自己的著作权，索要 88 亿美元的侵权赔偿；而谷歌公司认为这些代码具有通用性，谷歌属于合理使用。美国最高法院最终裁定：Android 操作系统没有侵犯甲骨文公司的版权。这场长达十年(2010—2021 年)的代码侵权案终于尘埃落定。

本案明确了几个软件版权要点：什么是合理使用；如何判定越过合理使用的边界；边界代码与核心代码的"距离"如何计算；版权仅保护表达形式，不保护思想、功能和方法，而代码几乎总具有功能性；"合理使用"究竟是法律问题还是事实问题；在满足特定条件时，作品在未经作者许可下使用，是否构成侵权。

【例 2-44】 在企业内部使用 MySQL 数据库没有知识产权问题，但是一些企业将 MySQL 打包成自己软件中的一部分进行销售。按照 MySQL 的许可证协议，如果企业没有购买甲骨文公司的许可证，就不能把 MySQL 打包成商业软件的一部分进行销售。

习　题　2

2-1　简要说明程序中变量命名的原则和方法。

2-2　简要说明 Java、C++、Python、Prolog 编程语言的特点和应用领域。

2-3　简要说明在程序中如何实现参数传递。

2-4　简要说明程序的三种基本控制结构。

2-5　简要说明 Python 有哪些函数类型。

2-6　简要说明程序异常的主要原因。

2-7　开放题：程序中的变量名可以用汉字或拼音命名吗？

2-8　开放题：将一个 Python 程序打包成 EXE 文件，存在哪些知识产权问题？

2-9　开放题：使用开源软件或开源函数库开发商业软件时，怎样避免知识产权问题？

2-10　实验题：参考程序案例，编写触发消息框事件程序。

第3章　计算思维和学科基础

计算科学专家迪杰斯特拉说过："**我们使用的工具影响着我们的思维方式和思维习惯，从而也将深刻地影响我们的思维能力。**"计算科学的发展也影响着人类的思维方式，从最早的结绳记数到目前的电子计算机，人类思维方式发生了相应的改变，如计算生物学改变了生物学家的思维方式，计算博弈论改变了经济学家的思维方式，计算社会科学改变了社会学家的思维方式，量子计算改变了物理学家的思维方式，等等。计算思维已成为利用计算机求解问题的一个基本思维方法。

3.1　计算思维

3.1.1　计算思维的特征

1. 计算思维的定义

计算思维是美国哥伦比亚大学周以真(Jeannette M. Wing)教授提出的一种理论。周以真教授认为：**计算思维运用计算科学的基础概念去求解问题、设计系统和理解人类行为，它涵盖了计算科学的一系列思维活动。**

2. 计算思维的特征

周以真教授在"计算思维"论文中，提出了以下计算思维的基本特征。

计算思维是人的思维方式，不是计算机的。计算思维是人类求解问题的思维方法，而不是使人类像计算机那样思考。

计算思维是数学思维和工程思维的相互融合。计算科学本质上来源于数学思维，但是受计算设备的限制，迫使计算科学专家必须进行工程思考，不能只是数学思考。

计算思维建立在计算过程的能力和限制之上。需要考虑哪些事情人类比计算机做得好，哪些事情计算机比人类做得好，最根本的问题是什么是可计算的。

为了有效地求解一个问题，我们可能要进一步问，一个近似解是否就够了？是否允许漏报和误报？计算思维就是通过简化、转换和仿真等方法，把一个看起来困难的问题重新阐释成一个我们知道怎样解决的问题。

计算思维采用抽象和分解的方法，将一个庞杂的任务分解成一个适合计算机处理的问题。计算思维是选择合适的方式对问题进行建模，使它易于处理。在我们不必理解系统每一个细节的情况下，就能够安全地使用或调整一个大型的复杂系统。

根据以上周以真教授的分析可以看到，计算思维以设计和构造为特征。计算思维是运用计算科学的基本概念，进行问题求解、系统设计的一系列思维活动。

3.1.2 数学思维的概念

如图 3-1 所示,计算思维包含的基本概念很多。周以真教授认为,**计算思维可以分为数学思维和工程思维两部分**。数学思维的基本概念包括复杂性、抽象、可计算性、数学模型、算法、数据结构、一致性和完备性、不确定性等。

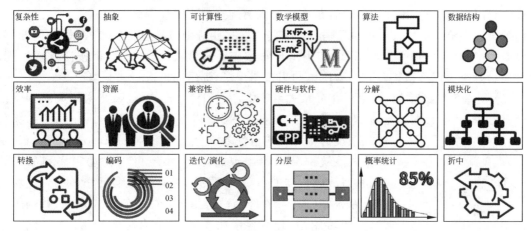

图 3-1 计算思维的基本概念

1. 复杂性

复杂问题的不确定包括二义性(如语义理解等)、不确定性(如哲学家就餐问题、混沌问题等)、关联(如操作系统死锁问题、教师排课问题等)、指数组合爆炸(如汉诺塔问题、旅行商问题等)、悖论(如罗素理发师悖论、图灵停机问题等)等概念。计算科学专家迪杰斯特拉曾经指出,**编程的艺术就是处理复杂性的艺术**。

(1) 程序的复杂性。德国科学家克拉默(Friedrich Cramer)在《混沌与秩序——生物系统的复杂结构》一书中给出了几个简单例子,用于分析程序的复杂性。

【例 3-1】 序列 $A = \{aaaaaaa\cdots\}$

案例分析:这是一个简单系统,相应程序为,在每一个 a 后续写 a。这个短程序使得这个序列得以随意复制,不管多长都可以编程。

【例 3-2】 序列 $B = \{aabaabaabaab\cdots\}$

案例分析:与上例相比,该例要复杂一些,这是一个准复杂系统,但仍可以很容易地写出程序,在两个 a 后续写 b 并重复这一操作。

【例 3-3】 序列 $C = \{aabaababbaabaababb\cdots\}$

案例分析:在两个 a 后续写 b 并重复,每当第 3 次重写 b 时,将第 2 个 a 替换为 b。这样的序列具有可定义的结构,可用相应的程序表示。

【例 3-4】 序列 $D = \{aababbabababbbabaaababbab\cdots\}$

案例分析:字符排列毫无规律,如果希望编程解决,就必须将字符串全部列出。因此,**一旦程序大小与试图描述的系统大小相当,编程就变得没有意义**。当系统结构不能描述,或者说描述它的最小算法与系统本身具有相同的信息比特数时,称该系统为根本复杂系统。在达到根本复杂系统之前,人们可以编写出解决问题的程序。

(2) 语义理解的二义性。人们视为智力挑战的问题,计算机做起来未必困难;反而是一些人类觉得简单平常的脑力活动,机器实现起来可能非常困难。例如,速算曾经是人类智力超群的象征,而计算机无论在速度还是准确率上都毫无争议地超过了人类。但是,"做一个西红柿炒鸡蛋"这样简单的问题,计算机理解起来就非常困难,因为这个问题存在太多的二义性。自然语言的同一语句在不同语境下会有不同的理解(二义性),例如,"女朋友很重要吗?",可以理解为"女朋友/很重要吗?",也可以理解为"女朋友很重/要吗?"。程序语言不允许语句出现二义性,因此程序语言都有一套人为规定的语法规则。

解决程序语句的二义性有以下方法:一是设置一些规则,规定在出现二义性的情况下,指出哪一个是正确的,例如,程序语句中出现整数与浮点数混合运算时,都按浮点数处理;二是强制修改为正确格式,例如,程序语句出现错误时,提示用户进行强制修改。

(3)复杂系统的 CAP 理论。在分布式系统中,一致性(consistency)指数据复制到系统 N 台机器后,如果数据有更新,则 N 台机器的数据需要一起更新。可用性(availability)指分布式系统有很好的响应性能。分区容错性(partition tolerance)指分布式系统部分机器出现故障时,系统可以自动隔离到故障分区,并将故障机器的负载分配到正常分区继续工作(容错)。埃瑞克·布鲁尔(Eric Brewer)教授指出:对于分布式系统,数据一致性、系统可用性、分区容错性三个目标(合称 CAP)不可能同时满足,最多只能满足其中两个(见图 3-2、表 3-1)。CAP 理论给人们以下启示:**事物的多个方面往往是相互制衡的**,在复杂系统中,冲突不可避免。CAP 理论是 NoSQL 数据库的理论基础。

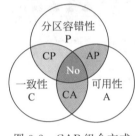

图 3-2 CAP 组合方式

表 3-1 CAP 组合方式的不同特征

CAP 组合	满足特性	业务场景
AP	放弃一致性 C,保证分区容忍性和可用性,即在短时间内不能保证数据的一致性	例如,管理商品订单时,今日退款成功,明日退款到账,只要用户可以接受在一定时间内到账即可,这是很多分布式系统设计时的选择
CP	放弃可用性 A,保证数据的一致性和数据分区的容错性	例如,跨银行转账,转账事务要等待双方系统都完成,整个事务才算完成,追求数据一致性,放弃可用性
CA	放弃分区容错性 P,即不进行数据的分区容错性管理	例如,不考虑网络不通、服务节点宕机等问题,最常用的关系型数据库就满足了 CA 特征

在系统设计中,常常需要在各方面达成某种妥协与平衡,因为凡事都有代价。例如,分层会对性能有所损害,不分层又会带来系统过于复杂的问题。很多时候结构就是平衡的艺术,明白这一点,就不会为无法找到完美的解决方案而苦恼。复杂性由需求所决定,既要求容量大,又要求效率高,这种需求本身就不简单,因此很难用简单的算法解决。

(4)大问题的不确定性。大型网站往往有成千上万台机器,在这些系统上部署软件和管理服务是一项非常具有挑战性的任务。大规模用户服务往往会涉及众多的程序模块,很多操作步骤。简单性原则就是要求每个阶段、每个步骤、每个子任务都尽量采用最简单的解决方案。这是由于**大规模系统存在的不确定性会导致系统复杂性的增加**。即使做到了每个环节最简单,但是由于不确定性的存在,整个系统还是会出现不可控的风险。

【例 3-5】 维数灾难是指随着多项式变量维数的增加,会使解题计算量呈指数增加。

例如,天气预报的数学模型是一组复杂的非线性方程组,在 10 个变量组成的 10 阶多项式中,计算式的个数超过了 100 万个。例如,图像识别中,一张分辨率为 32×32×3(像素×像素×色彩)的图片,它的维数是 3072,也就是说每张图片有 3072 个自由度。如此高维的函数,用多项式拟合的复杂性不可想象。幸好神经网络提供了很好的高维解决方案,神经网络是一类特殊的函数,它对高维函数提供了一种有效的逼近方法。

程序的复杂性来自大量的不确定性,如需求不确定、功能不确定、输入不确定、运行环境不确定等,这些不确定性无法避免。著名计算科学家布莱恩·W.克尼汉(Brian W. Kernighan,UNIX 和 C 语言开发者之一,"hello,world"程序作者)在 *Software Tools* 一书中总结了软件开发的性质,他说:"**控制复杂性是软件开发的根本。**"

(5)简单性原则。**计算技术的发展遵循了简单性原则**,一些复杂的技术往往被简单技术取代,例如,复杂的 Ada 语言被简单的 C 语言取代;复杂的 IBM OS/360 操作系统被 UNIX 取代,而更加简单和开放的 Linux 又取代了 UNIX 系统;复杂的大规模并行处理 (massively parallel processing,MPP)计算机结构被简单的计算机集群结构取代;复杂的异步传输模式(asynchronous transfer mode,ATM)网络传输技术被简单的以太网技术取代;等等。系统设计应当遵循保持简单原则(KISS),**应当推崇简单就是美,任何没有必要的复杂都需要避免**(奥卡姆剃刀原则)。

2. 抽象

(1)艺术的抽象。在美术范畴内,抽象的表现最简单省力,也最复杂费力。有才华的画家视抽象艺术为最美但又最难画,其中包含的艺术内涵太丰富。

【例 3-6】 如图 3-3 所示,毕加索终生喜欢画牛,他年轻时画的牛体形庞大,有血有肉,威武雄壮。但随着年龄的增长,他画的牛越来越突显筋骨。到他八十多岁时,他画的牛只有寥寥数笔,乍看上去就像一副牛的骨架。而牛外在的皮毛、血肉全部没有了,只剩一副具有牛神韵的骨架。

图 3-3 毕加索画牛的抽象过程

(2)计算思维的抽象。计算的根本问题是什么能被有效地自动进行。计算自动化要求对事物进行某种程度的抽象,抽象的目标是最终能够用机器进行自动计算。抽象是对实际事物进行人为处理,抽取共同的、本质的特征,并对这些特征进行描述,从而适合计算机的处理方式。例如,词语"三个苹果、三本书、三辆车"三个短语中,人们先将名词(苹果、书、车)抽去,再将量词抽去(个、本、辆),这样就抽象出了数字"三"。计算思维的抽象方法有简化、分解、替代、分层、编码、公式化、图表化等。

【例 3-7】 数据的抽象有以下方法:对数值、字符、图形、音频、视频等信息,抽象为二进制数字;数据之间的关系有顺序、层次、树状、连通图等类型,数据结构就是对这些关系的抽象。程序设计中的抽象方法有:将数据存储单元地址抽象为变量名;将复杂的函数程序抽象为简单的应用程序接口(API);对运行的程序抽象为进程;等等。

【例 3-8】 计算机硬件中的抽象方法有:将集成电路的设计抽象为布尔逻辑运算;将不同的硬件设备抽象为硬件抽象层(hardware abstraction layer,HAL);对 I/O 设备的操作抽象为文件操作;将不同体系结构的计算机抽象为虚拟机;等等。

【例 3-9】 数学建模过程就是将实际问题抽象成数学形式的过程。为了实现程序的自动化计算,可以将问题抽象为一个数学模型。例如,将不可计算问题抽象为停机问题;欧拉将哥尼斯堡七桥问题抽象为图论问题;将解决问题的步骤抽象为算法;将计算机体系结构抽象成不同的层次结构;将语言翻译抽象为统计语言模型;等等。

3. 分解

笛卡儿在《谈谈方法》一书中指出:"**如果一个问题过于复杂以至于一下子难以解决,那么就将原问题分解成足够小的问题,然后分别解决。**"

(1) 用等价关系进行系统简化。复杂系统可以看成一个集合,降低集合复杂性的最好办法是使它有序,也就是按等价关系对系统进行分解。通俗地说,就是将一个大系统划分为若干个子系统,使人们易于理解和交流。这样,子系统不仅具有某种共同的属性,而且可以完全恢复到原来的状态,从而大大降低系统的复杂性。

(2) 用分治法进行分解。分而治之是指把一个复杂问题分解成若干个简单的问题,逐个解决,这种朴素的思想来源于人们生活与工作的经验。编程人员采用分治法时,应考虑复杂问题分解后,每个子问题能否用程序实现;所有程序最终能否集成为一个软件系统;软件系统能否解决这个复杂的问题。

3.1.3 工程思维的概念

工程思维的基本概念有效率、兼容性、硬件与软件、编码(转换)、时间和空间、模块化、资源、复用、安全、折中与结论等。

1. 效率

效率始终是计算领域重点关注的问题。例如,为了提高程序执行效率,采用并行处理技术;为了提高网络传输效率,采用信道复用技术;为了提高 CPU 利用率,采用流水线技术;为了提高 CPU 处理速度,采用高速缓存技术;等等。

【例 3-10】 计算领域优先技术有系统进程优先、中断优先、重复执行指令优先等,它们体现了效率优先原则;而队列、网络数据包转发等,体现了平等优先原则。效率与平等的选择需要根据实际问题进行权衡分析。例如,绝大部分算法都采用效率优先原则,但是也有例外。例如,对树的广度搜索和深度搜索中,采用了平等优先原则,即保证树中每个节点都能够被搜索到,因而搜索效率很低;而启发式搜索则采用效率优先原则,它会对树进行"剪枝"处理,因此不能保证树中每个节点都会被搜索到。在实际应用中,搜索引擎同样不能保证因特网中每个网页都会被搜索到;棋类博弈程序也是这样。

但是,效率是一个双刃剑,经济学家奥肯(Arthur M. Okun)在《平等与效率——重大的抉择》一书中断言："为了效率就要牺牲某些平等,并且为了平等就要牺牲某些效率。"奥肯的论述同样适用于计算领域。

2. 兼容性

计算机硬件和软件产品遵循向下兼容的设计原则。在计算机产品中,新一代产品总是在老一代产品的基础上进行改进。新设计的计算机软件和硬件,应当尽量兼容过去设计的软件系统,兼容过去的体系结构,兼容过去的组成部件,兼容过去的生产工艺,这就是向下兼容。计算机产品无法做到向上兼容(或向前兼容),因为老一代产品无法兼容未来的系统,只能是新一代产品来兼容老产品。

【例 3-11】 老式阴极射线管(CRT)采用电子束逐行扫描方式显示图像,而新型液晶显示器(LCD)没有电子束,原理上也不需要逐行扫描,一次就能够显示整屏图像。但是为了保持与显卡、图像显示程序的兼容性,LCD 也沿用了老式的逐行扫描技术。

兼容性降低了产品成本,提高了产品可用性,同时也阻碍了技术发展。各种老式的、正在使用的硬件设备和软件技术(如 PCI 总线、复杂指令系统、串行编程方法等),它们是计算领域发展的沉重负担。如果不考虑向下兼容问题,设计一个全新的计算机时,完全可以采用现代的、艺术的、高性能的结构和产品,例如,苹果 iPad 就是典型案例。

3. 硬件与软件

早期计算机中,硬件与软件之间的界限十分清晰。随着技术发展,软件与硬件之间的界限变得模糊不清了。Tanenbaum 教授指出:"**硬件和软件在逻辑上是等同的。**""**任何由软件实现的操作都可以直接由硬件来完成,……任何由硬件实现的指令都可以由软件来模拟。**"某些功能既可以用硬件技术实现,也可以用软件技术实现。

【例 3-12】 硬件软件化。硬件软件化是将硬件的功能由软件来实现,它屏蔽了复杂的硬件设计过程,大幅降低了产品成本。例如,在 x86 系列 CPU 内部,用微指令来代替硬件逻辑电路设计。微指令技术增加了指令设计的灵活性,同时也降低了逻辑电路的复杂性。另外,冯·诺依曼计算机结构中的控制器部件,目前已经由操作系统取代。目前流行的虚拟机、虚拟仪表、软件定义网络等,都是硬件设备软件化的典型案例。

【例 3-13】 软件硬件化。软件硬件化是将软件实现的功能设计成逻辑电路,然后将这些电路制造到集成电路芯片中,由硬件实现其功能。硬件电路的运行速率要远高于软件,因而,软件硬件化能够大幅提升系统的运行速率。例如,实现两个符号的异或运算时,软件实现的方法是比较两个符号的值,再经过 if 控制语句输出运算结果;硬件实现的方法是直接利用逻辑门电路实现异或运算。视频数据压缩与解压缩、3D 图形的几何建模和渲染、数据奇偶检验、网络数据打包与解包、神经网络计算等,目前都采用专用芯片处理,这是软件硬件化的典型案例。**可见硬件和软件的界限可以人为划定,并且经常变化。**

【例 3-14】 软件与硬件的融合。在 TCP/IP 网络中,信号比特流通过物理层硬件设备高速传输。而网络层、传输层和应用层的功能是控制比特传输,实现传输的高效性和可靠性等。实际中,应用层的功能主要由软件实现,而传输层和网络层则是软件和硬件融合。例如,传输层的设备是交换机,网络层的设备是路由器,在这两台硬件设备上,都需要加载软件(如数据成帧、地址查表、路由算法等),以实现对传输的控制。只用硬件设备,会使设备复杂化,而且不一定能很好地实现控制功能;只使用软件,会使程序变得很复杂,某些接口功能实现困难,而且程序运行效率较低,这对有实时要求的应用(如数据中心)是致命缺陷。交换机和路由器是软件和硬件相互融合的经典案例。

一般来说,**硬件实现某个功能时,具有速度快、占用内存少等优点,但是可修改性差、成本高;而软件实现某个功能时,具有可修改性好、成本低等优点,但是速度低、占用内存多**。具体采用哪种设计方案实现功能,需要对软件和硬件进行折中考虑。

4. 折中与结论

在计算领域产品设计中,经常会遇到性能与成本、易用性与安全性、纠错与效率、编程技巧与可维护性、可靠性与成本、新技术与兼容性、软件实现与硬件实现、开放与保护等相互矛盾的设计要求。单方面看,每一项指标都很重要,**在鱼与熊掌不可兼得的情况下,计算科学专业人员必须做出折中和结论**。

【例 3-15】 计算机工作过程中,由于电磁干扰、时序失常等,可能会出现数据传输和处理错误。如果每个步骤都进行数据错误校验,则计算机设计会变得复杂无比。因此,是否进行数据错误校验,数据校验的使用频度如何,需要进行性能与复杂性方面的折中考虑。例如,在个人微机中,性能比安全性更加重要,因此内存条一般不采用奇偶校验和错误检查和纠正(ECC)校验,以提高内存的工作效率;但是在服务器中,一旦系统崩溃将造成重大损失(如股票交易服务器的崩溃),因此服务器内存条的安全性要求大于工作效率,奇偶校验和ECC校验是服务器内存必不可少的设计要求。

3.1.4 问题求解的方法

计算工程解决问题一般需要经过以下步骤:一是理解问题,寻找解决问题的条件;二是对一些具有连续性质的现实问题,进行离散化处理;三是从问题中抽象出一个适当的数学模型,然后设计或选择一个解决这个数学模型的算法;四是按照算法编写程序,并且对程序进行调试,直至得到最终解答。

1. 寻找解决问题的条件

(1)界定问题。解决问题首先要对问题进行界定,弄清楚问题到底是什么,不要被问题的表象迷惑。只有正确地界定问题,才能找准应该解决的目标,后面的步骤才能正确地执行。如果找不准目标,就可能劳而无获,甚至南辕北辙。

(2)解题条件。在**简化问题、变难为易**的原则下,尽力寻找解决问题的必要条件,以缩小问题求解范围。当遇到一道难题时,可以尝试从最简单的特殊情况入手,找出有助于简化问题、变难为易的条件,逐渐深入,最终分析归纳出解题的步骤。

例如,在一些需要进行搜索求解的问题中,一般可以采用深度优先搜索和广度优先搜索。如果问题的搜索范围太大(如棋类博弈),减少搜索量最有效的手段就是"剪枝"(删除一些对结果没有影响的分支问题),即建立一些限制条件,缩小搜索的范围。

2. 对象的离散化

计算机处理的对象一部分本身就是离散化的,如数字、字母、符号等;但是在很多实际问题中,信息都是连续的,如图像、声音、时间、电压等自然现象和社会现象。凡是可计算的问题,处理对象都是离散型的,因为计算机建立在离散数字计算的基础上。所有连续型问题必须转化为离散型问题后(数字化),才能被计算机处理。

【例 3-16】 在计算机屏幕上显示一幅图像时,计算机必须将图像在水平和垂直方向分解成一定分辨率的像素点(离散化);然后将每个像素点分解成红绿蓝(red green blue,

RGB)三种基本颜色；再将每种颜色的亮度分解为0～255(1字节)个等级；这样计算机就会得到一大批有特定规律的离散化数字，也就能够任意处理这张图像了，如图像的放大、缩小、旋转、变形、变换颜色等操作。

3. 数学模型和算法

数学模型是解决实际问题的数学形式（如数学方程、二维表格、逻辑关系、抽象图形等），**算法是实现数学模型的计算方法和计算步骤**。数学模型和算法密切相关。

（1）构建数学模型。首先对需要解决的问题用数学形式描述它，通过这种描述来寻找问题的性质，看看这种描述是不是合适，如果不合适，则换一种方式。通过反复地尝试、不断地修正来达到一个满意的结果。数学模型应当满足三个方面的要求：一是能较好地模拟现实问题；二是应当容易理解；三是要便于程序实现。

（2）选择合适的算法。算法的描述形式有自然语言、伪代码、程序流程图等，所有算法都可以转换为程序代码。一个问题有多种解决方法，因此解决同一问题也有不同的算法（参见例 4-4 赝品金币问题）。每一种算法都有适宜解决问题的类型，例如，穷举法适用于查找没有顺序关系的对象，而二分查找法则适用于查找按序排列的对象。

4. 程序设计

程序设计的本质就是将解决问题的思想（算法）翻译成计算机能够执行的指令（程序）。图灵在"计算机器与智能"论文中指出："如果一个人想让机器模仿计算员执行复杂的操作，他必须告诉计算机要做什么，并把结果翻译成某种形式的指令表。这种构造指令表的行为称为编程。"算法对问题求解过程的描述比程序简单，用程序语言对算法经过细化编程后，可以得到计算机程序，而执行程序就是执行用程序语言表述的算法。

3.2 数 学 建 模

3.2.1 数学模型的构建方法

1. 数学模型的基本概念

数学模型是指用数学语言描述一个问题，使它便于程序处理。数学模型大部分情况下用数学方程表达（如例 3-18 商品提价模型、例 4-22 蒙特卡洛算法模型），但是，数学方程仅仅是数学模型的主要表达形式之一，数学模型也可以用表格（如例 3-19 囚徒困境模型）、抽象图形（如二叉树、联通图、例 3-36 细胞自动机模型、图 3-21 哥尼斯堡七桥示意图）、符号（如例 3-35 布尔检索模型）、逻辑关系（参见 5.4.5 节数理逻辑应用中加法器电路的真值表）等形式进行描述。

所有数学模型均可转换为算法和程序。数值型问题相对容易建立数学模型，而非数值型问题的数学建模则相对复杂。一些无法直接建立数学模型的系统，如抽象思维、社会活动、人类行为等，需要将这些问题抽象化，然后建立它们的数学模型。

【例 3-17】 观众对一部电影的评论五花八门，可以通过"情感计算"将这些评价进行分类统计。即评论中有好、推荐、顶呱呱、精彩等词语时，归类于很好，用字母 A 表示（符号化）；评论中有还行、一般、有点意思等词语时，归类于一般，用字母 B 表示；评论中如果充满了垃圾、弱智、浪费时间等词语时，归类于差，用字母 C 表示。然后对评论关键词按 ABC

分类进行统计，就可以得出观众对影片观感的量化指标。由以上分析可见，对社会活动进行数学建模并不是一件很困难的事情。

2. 数学建模的一般方法

笛卡儿设计了一种希望能够解决各种问题的万能方法，它的大致模式是：**第一，把所有问题转化为数学问题；第二，把所有数学问题转化为一个代数问题；第三，把所有代数问题归结到解一个方程式**。这也是现代数学建模思想的来源。

数学建模方法有以下两大类：一是采用原理分析方法建模，选择常用算法有针对性的对模型进行综合；二是采用统计分析方法建模，通过随机化等方法得到问题的近似数学模型（如语音识别），数学模型出错概率会随计算次数的增加而显著减少。

3. 数学建模案例

如果将问题抽象为数学模型，问题就可以用计算方法求解。例如，将讨价还价行为看作一场博弈，则可以将问题抽象成数学模型，然后用程序求解。

【例 3-18】 商品提价问题的数学模型。商场经营者既要考虑商品的销售额、销售量，同时也要考虑如何在短期内获得最大利润。这个问题与商品定价有直接关系，定价低时，销售量大但利润低；定价高时，利润高但销售量减少。假设某商场销售的某种商品单价 25 元，每年可销售 3 万件；设该商品每件提价 1 元，则销售量减少 0.1 万件。如果要使年度总销售收入不少于 75 万元，求该商品的最高提价。

数学建模步骤如下。

（1）已知条件：单价 25 元×销售 3 万件＝年度销售收入 75 万元。

（2）约束条件 1：每件商品提价 1 元，则销售量减少 0.1 万件。

（3）约束条件 2：保持年度总销售收入不低于 75 万元。

（4）设最高提价为 x 元，提价后的商品单价：$(25+x)$ 元。

（5）提价后的销售量：$(30\,000-1000x)$ 件。

（6）组合以上条件：$(25+x)\times(30\,000-1000x)\geqslant 750\,000$。

（7）简化后的数学模型：$(25+x)\times(30-x)\geqslant 750$。

4. 编程求解

求解例 3-18 问题的 Python 程序如下。

```
>>>    from sympy import symbols, solve        # 导入第三方包
>>>    x = symbols('x')                        # 设置 x 为符号
>>>    f = solve((25 + x) * (30 - x) >= 750)    # 计算不等式取值范围
>>>    print('x 的取值范围是:', f)               # 打印结果
       x 的取值范围是: (0 <= x) & (x <= 5)       # x 大于或等于 0,而且小于或等于 5
```

对以上问题编程求解后：$x\leqslant 5$，即提价最高不能超过 5 元。

3.2.2 囚徒困境：博弈策略建模

1. 冯·诺依曼与博弈论

博弈是双方通过不同策略相互竞争的游戏，棋类活动是最经典的博弈行为。1944 年，冯·诺依曼和奥斯卡·摩根斯特恩（Oskar Morgenstern）发表了著作《博弈论和经济行为》，首次从讨论经济行为出发，说明了建立博弈论的重要性。囚徒困境说明了为什么合作对双

方有利时,保持合作也非常困难。囚徒困境也反映了个人最佳选择并非团体最佳选择。虽然囚徒困境只是一个数学模型,但现实中的商业竞争、社会谈判、国际合作等,都会频繁出现类似的情况。

2. 囚徒困境问题描述

【例3-19】 警方逮捕了 A、B 两名嫌疑犯,但没有足够证据指控二人有罪。于是警方分开囚禁嫌疑犯,并且向囚徒提出:如果囚徒双方都认罪,则双方都获 3 年刑期;如果囚徒双方都不认罪,则双方都获 1 年刑期;如果囚徒 A 不认罪,而囚徒 B 认罪,则囚徒 A 不获刑,但是囚徒 B 会获刑 5 年,反之也是如此。

案例分析:根据题意,囚徒双方的选择如表 3-2 所示。

表 3-2 囚徒困境中双方的选择

策　略	A 认罪	A 不认罪
B 认罪	A=3,B=3	A=0,B=5
B 不认罪	A=5,B=0	A=1,B=1

3. 囚徒的策略选择困境

困境中,两名囚徒可能会做出如下选择。

(1) 若对方沉默,背叛会让我获释,所以我会选择背叛。

(2) 若对方背叛我,我也要指控对方才能得到较低刑期,所以也选择背叛。

两个囚徒的理性思考都会得出相同的结论:选择背叛。结果二人都要服刑。

在囚徒困境博弈中,如果两个囚徒选择合作,双方都保持沉默,总体利益会更高。而两个囚徒只追求个人利益,都选择背叛时,总体利益反而较低,这就是困境所在。

4. 囚徒困境的数学建模

以下是囚徒困境建模的一般形式。

策略符号化。如表 3-3 所示,我们对囚徒困境中的各种行为以符号表示。

表 3-3 囚徒困境的符号表

符　号	分　数	英　文	中　文	说　明
T	5	Temptation	背叛收益	单独背叛成功所得
R	3	Reward	合作报酬	共同合作所得
P	1	Punishment	背叛惩罚	共同背叛所得
S	0	Suckers	受骗支付	单独背叛所获

从表 3-3 可见:5>3>1>0,从而得出不等式:T>R>P>S。一个经典的囚徒困境问题必须满足这个不等式,不满足这个条件的问题就不是囚徒困境。

根据表 3-2,假设囚徒认罪时选择为 1;囚徒不认罪时选择为 2(用数字 1、2 表示选择是为了简化下面的程序设计)。囚徒困境数学模型的表格形式如表 3-4 所示。

表 3-4 囚徒困境问题的数学模型

博 弈 方 案	囚徒双方的博弈策略	囚徒选择的逻辑表达式	囚徒 A、B 的刑期
1	A 认罪;B 认罪	a=1　and　b=1	A 三年,B 三年
2	A 不认罪;B 认罪	a=2　and　b=1	A 零年,B 五年
3	A 认罪;B 不认罪	a=1　and　b=2	A 五年,B 零年
4	A 不认罪;B 不认罪	a=2　and　b=2	A 一年,B 一年

5. 囚徒困境的程序实现

根据表 3-4 所示的数学模型,我们可以用多条件选择结构来设计程序。

【例 3-20】 用程序实现囚徒困境的博弈。Python 程序如下。

```
1    while True:                                          # 建立循环判断
2        a = input('囚徒 A 选择【1 = 认罪;2 = 不认;0 = 退出】:')    # 输入 A 的博弈策略
3        b = input('囚徒 B 选择【1 = 认罪;2 = 不认;0 = 退出】:')    # 输入 B 的博弈策略
4        if a == '1' and b == '1':                        # A、B 都认罪
5            print('A 判三年,唉;A 判三年,唉')                    # 打印博弈结果
6        elif a == '2' and b == '1':                      # A 不认罪,B 认罪
7            print('A 判零年,哈哈;B 判五年,呜呜')                 # 打印博弈结果
8        elif a == '1' and b == '2':                      # A 认罪,B 不认罪
9            print('A 判五年,呜呜;B 判零年,哈哈')                 # 打印博弈结果
10       elif a == '2' and b == '2':                      # A、B 都不认罪
11           print('A 判一年,@|@;B 判一年@|@')                  # 打印正确选择
12       else:                                            # 否则
13           break                                        # 退出循环,结束程序
>>>  囚徒 A 选择【1 = 认罪;2 = 不认;0 = 退出】:…                     # 程序输出(略)
```

6. 囚徒困境模型的最佳策略

在人类社会或大自然都可以找到类似囚徒困境的例子。经济学、政治学、动物行为学、进化生物学等学科,都可以用囚徒困境模型进行研究和分析。

单次和多次囚徒困境博弈的结果会有所不同。对一次性囚徒困境博弈来说,最佳策略是背叛。重复多次的囚徒困境博弈中,最佳博弈策略是"以牙还牙",这是阿纳托尔·拉波波特(Anatol Rapoport)发明的方法。策略如下:在博弈最开始选择合作,然后每次采用对手前一回合的策略。即如果对手上一次为合作,则你选择合作;如果对手上一次为背叛,则你选择背叛(即以牙还牙)。

3.2.3 机器翻译:统计语言建模

长期以来,人们一直梦想能让机器代替人类翻译语言、识别语音、理解文字。计算科学专家自 1950 年开始,一直致力于研究如何让机器对语言做更好的理解和处理。

1. 基于词典互译的机器翻译

早期人们认为只要用一部双向词典和一些语法知识就可以实现两种语言文字间的机器互译,结果遇到了挫折。

2. 基于语法分析的机器翻译

1956 年,乔姆斯基(Avram Noam Chomsky)提出了形式语言理论。形式语言是用数学方法研究自然语言(如英语)和人工语言(如程序语言等)的理论,乔姆斯基提出了形式语言的表达形式和递归生成方法。

【例 3-21】 用形式语言表示短语"那个穿红衣服的女孩是我的女朋友"。

案例分析:S=短语,线条=改写,V=动词,VP=动词词组,N=名词,NP=名词词组,D=限定词,A=形容词,P=介词,PP=介词短语。用形式语言表示如图 3-4 所示。

【例 3-22】 用形式语言表示程序的条件语句:if x==2 then {x=a+b}。

案例分析:用形式语言(抽象语法树)表示的程序语句如图 3-5 所示。

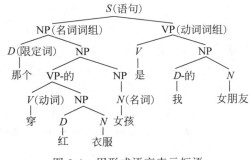

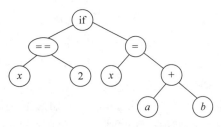

图 3-4 用形式语言表示短语   图 3-5 用形式语言表示程序语句

乔姆斯基提出形式语言理论后，人们想到了让机器学习语法、分析语句等。遗憾的是，机器翻译的某些语句在语法上很正确，但是语义上无法理解或存在矛盾。

3．贝叶斯定理

（1）正向概率。假设一个口袋里有 P 个红球、Q 个白球，它们除了颜色外，其他属性完全一样。当人们伸手进去摸一个球时，摸到红球的概率可以计算出来。

（2）逆向概率。如果人们并不知道口袋里红球和白球的比例，从口袋里摸出一些球，然后根据手中红球和白球的比例，对口袋里红球和白球的比例进行推测，这就是逆向概率问题。也就是说，当人们不能准确知道某个事物的本质时，可以依靠经验去判断事务的本质和属性。

（3）贝叶斯公式。数学家托马斯·贝叶斯（Thomas Bayes）于 1763 年发表了解决"逆向概率"的论文。贝叶斯公式建立在主观判断的基础上，首先估计一个值，然后根据事实不断修正这个值。贝叶斯定理为：如果 k 个独立事件 A1，A2，$\cdots$，Ak 发生的概率为 P（A1）$+$ P（A2）$+\cdots+P$（Ak）$=1$，在已知事件 B 的概率时，朴素贝叶斯定理如下

$$P(A \mid B) = (P(B \mid A) \times P(A))/P(B) \tag{3-1}$$

式中，P（A|B）是 B 情况下 A 事件发生的概率（后验概率）；P（B|A）为 A 事件下得到数据 B 的概率（似然度）；P（A）是 A 事件发生的概率（先验概率）；P（B）是 B 事件发生的概率（标准化常量）。简单地说，贝叶斯公式为：后验概率＝先验概率×似然度。

【例 3-23】 1788 年，亚历山大·汉密尔顿（Alexander Hamilton）、约翰·杰伊（John Jay）、詹姆斯·麦迪逊（James Madison）共同发表了《联邦党人文集》。该论文集是匿名发表的，在 85 篇文章中，有 73 篇文章的作者较为明确，其余 12 篇存在争议。1955 年，哈佛大学统计学教授莫斯特（Fredrick Mosteller）等用统计学的方法，对《联邦党人文集》的作者进行鉴定。他们采用以贝叶斯公式为核心的分类算法，经过 10 多年的研究，推断出了 12 篇文章的真实作者，他们的研究方法在统计学界引发了轰动。

4．基于概率统计的机器翻译

贝叶斯定理名扬天下，主要得益于人工智能领域的应用，特别是自然语言识别领域。用两种不同语言交谈的人们，怎样根据信息推测说话者的意思呢？当检测到的语音信号为（o1,o2,o3）时，根据这组信号推测发送的短语是（s1,s2,s3）。显然，这是在所有可能的短语中，找到可能性最大的一个短语。用数学语言描述就是：在已知（o1,o2,o3,$\cdots$）的情况下，求概率 P（o1,o2,o3,$\cdots$|s1,s2,s3,$\cdots$）达到最大值的短语（s1,s2,s3,$\cdots$），即

$$P(o1,o2,o3,\cdots \mid s1,s2,s3,\cdots) \times P(s1,s2,s3,\cdots) \tag{3-2}$$

式中,$P(o1,\cdots|s1,\cdots)$是条件概率,它表示在 s1 发生的条件下,o1 发生的概率,其中 o1 和 s1 具有相关性,读作"在 s1 条件下 o1 的概率"。$P(s1,s2,s3,\cdots)$是联合概率,表示 s1、s2、s3 等事件同时发生的概率,其中 s1、s2、s3 是相互独立的事件。因此,在式(3-2)中,$P(o1,o2,o3,\cdots|s1,s2,s3,\cdots)$表示某个短语$(s1,s2,s3,\cdots)$被读成$(o1,o2,o3,\cdots)$的可能性(概率值)。而 $P(s1,s2,s3,\cdots)$表示字串 s1,s2,s3,$\cdots$成为合理短语的可能性(概率值)。

如果我们把$(s1,s2,s3,\cdots)$当成中文,把$(o1,o2,o3,\cdots)$当成对应的英文,那么就能利用这个模型解决机器翻译问题;如果把$(o1,o2,o3,\cdots)$当成手写文字得到的图像特征,就能利用这个模型解决手写体文字的识别问题。

5. N 元统计语言模型的数学建模

1972 年,计算科学专家贾里尼克(Fred Jelinek)用两个隐马尔可夫模型(Hidden Markov Model,一种隐含未知参数的统计模型)建立了统计语音识别数学模型:

$$P(S) = \mathrm{argmax}_y P(x \mid y) \times P(y) \tag{3-3}$$

式中,$P(S)$是翻译语句的概率值;argmax_y是求变量 y 最大值;$P(x|y)$是翻译模型,用于分析单词和短语如何翻译,它从数据统计中学习规律;$P(y)$是语言模型,用于描述一个短语合理性的概率,它从英语语料库中学习(训练)知识。马尔可夫模型假定,下一个词出现的概率只与前一个词有关,这大幅减少了计算量。利用马尔可夫模型时,需要先对一个海量语料库进行统计分析,这个过程称为"训练",它需要把任意两个词语之间关联的概率计算出来。在实际操作中,还会涉及很多其他复杂的细节。

统计语言模型依赖单词的上下文(本词与上个词和下个词的关系)概率分布。例如,当一个短语为"他正在认真……"时,下一个词可以是"学习、工作、思考"等,而不可能是"美丽、我、中国"等。学者们发现,许多词对后面出现的词有很强的预测能力,英语这类有严格语序的语言更是如此。汉语语序较英语灵活,但是这种约束关系依然存在。

【例 3-24】 对短语"南京市长江大桥"进行分词时,可以切分为"南京市/长江/大桥"和"南京/市长/江大桥",我们会认为前者的切分更合理,因为"长江大桥"与"江大桥"两个分词中,后者在语料库中出现的概率很小。所以,**同一个短语中出现若干个不同的切分方法时,我们希望找到概率最大的那个分词。**

假设任意一个词 w_i 的出现概率只与它前面的词 w_{i-1} 有关(马尔可夫假设),于是问题得到了简化。这时短语 S 出现的概率为

$$P(S) = P(w_1) \times P(w_2 \mid w_1) \times P(w_3 \mid w_1 w_2) \times \cdots \times P(w_n \mid w_1 w_2 \cdots w_{n-1}) \tag{3-4}$$

简单地说,统计语言模型的计算思维就是:短语 S 翻译成短语 F 的概率是短语 S 中每一个单词翻译成 F 中对应单词概率的乘积。根据式(3-4),可以推导出常见的 n 元模型(假设只有 4 个单词的情况)如下。

(1) 一元模型为:$P(w_1 w_2 w_3 w_4) = P(w_1) \times P(w_2) \times P(w_3) \times P(w_4)$。

(2) 二元模型为:$P(w_1 w_2 w_3 w_4) = P(w_1) \times P(w_2|w_1) \times P(w_3|w_2) \times P(w_4|w_3)$。

(3) 三元模型为:$P(w_1 w_2 w_3 w_4) = P(w_1) \times P(w_2|w_1) \times P(w_3|w_1 w_2) \times P(w_4|w_2 w_3)$。

【例 3-25】 中文分词。对语句"已结婚的和尚未结婚的青年"进行分词时:P(已/结婚/的/和/尚未/结婚/的/青年)$>P$(已/结婚/的/和尚/未/结婚/的/青年)。

【例 3-26】 机器翻译。对语句"The box is in the pen."进行翻译时：P（盒子在围栏里）≫ P（盒子在钢笔里），符号"≫"为远大于。

【例 3-27】 拼写纠错。P（about fifteen **minutes** from）> P（about fifteen **minuets** from）。

【例 3-28】 语音识别。P(I saw a van)≫ P(eyes awe of an)。

【例 3-29】 音字转换。将输入的拼音"gong ji yi zhi gong ji"转换为汉字时：P（共计一只公鸡>P（攻击一致公鸡）。

统计语言模型的机器翻译过程如图 3-6 所示。

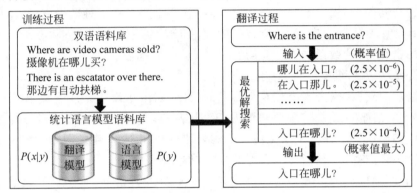

图 3-6 统计语言模型的机器翻译过程

说明：在线简单语句翻译的案例，参见本书配套教学资源程序 F3_1. py。

3.2.4 平均收入：安全计算建模

1. 什么是安全多方计算

为了说明什么是安全多方计算，我们先介绍以下实际生活中的例子。

【例 3-30】 很多证券公司的金融研究组用各种方法，试图统计基金的平均仓位，但得出的结果差异较大。为什么不直接发送调查问卷呢？因为基金经理都不愿意公开自己的真实仓位。那么如何在不泄露每个基金真实数据的前提下，统计出平均仓位的精确值呢？

例 3-30 具有以下共有特点：一是两方或多方参与基于他们各自私密输入数据的计算；二是他们都不想其他方知道自己输入的数据。问题是在保护输入数据私密性的前提下如何实现计算。这类问题是安全多方计算中的"比特承诺"问题。

2. 简单安全多方计算的数学建模

【例 3-31】 假设一个班级的大学同学毕业 10 年后聚会，大家对毕业后同学们的平均收入水平很感兴趣。但基于各种原因，每个人都不想让别人知道自己的真实收入数据。是否有一个方法，在每个人都不会泄露自己收入的情况下，大家一块算出平均收入呢？

案例分析：同学们围坐在一桌，先随便挑出一个人，他在心里生成一个随机数 X，加上自己的收入 N1 后（S←X＋N1）传递给邻座，旁边这个人在接到这个数（S）后，再加上自己的收入 N2 后（S←S＋N2），再传给下一个人，依次下去，最后一个人将收到的数加上自己的收入后传给第一个人。第一个人从收到的数里减去最开始的随机数，就能获得所有人的收入之和。该和除以参与人数就是大家的平均收入。以上方法的数学模型为

$$\text{SR} = (S - X)/n \tag{3-5}$$

式中,SR 为平均收入;S 为全体同学收入累计和;X 为初始随机数;n 为参与人数。

例 3-31 是美国数学教授大卫·盖尔(David Gale)提出的案例和数学模型。

3. 合谋问题

在例 3-31 中,存在以下几个问题。

(1) 模型假设所有参与者都是诚实的,如果有参与者不诚实,则会出现计算错误。

(2) 第 1 个人可能谎报结果,因为他是"名义上"的数据集成者。

(3) 如果第 1 个人和第 3 个人串通,第 1 个人把自己告诉第 2 个人的数据同时告诉第 3 个人,那么第 2 个人的收入就被泄露了。

问题(1)和问题(2)属于游戏策略问题。问题(3)是否存在一种数学模型,使得对每个人而言,除非其他所有人一起串通,否则自己的收入不会被泄露呢?我们将在 7.3.6 节安全计算的"同态加密"中讨论数据加密计算问题。

4. 姚氏百万富翁问题

"百万富翁问题"是安全多方计算中著名的问题,它由华裔计算科学家、图灵奖获得者姚期智教授提出:两个百万富翁想要知道他们谁更富有,但他们都不想让对方知道自己财富的任何信息,如何设计这样一个安全协议?姚期智教授在 1982 年的国际会议上提出了解决方案,但是这个算法的复杂度较高,它涉及"非对称加密"算法。

百万富翁问题推广为多方参与的情况是:有 n 个百万富翁,每个百万富翁 Pi 拥有 Mi 百万(其中 $1 \leqslant Mi \leqslant N$)的财富,在不透露富翁财富的情况下,如何进行财富排名。

【例 3-32】 姚氏百万富翁问题的商业应用。假设书生向酒家的店小二买一壶酒,书生愿意支付的最高金额为 x 元;店小二希望的最低卖出价为 y 元。书生和店小二都希望知道 x 与 y 哪个大。如果 $x > y$,他们就可以开始讨价还价;如果 $x < y$,他们就不用浪费口舌了。但他们都不想告诉对方自己的出价,以免自己在讨价还价中处于不利地位。

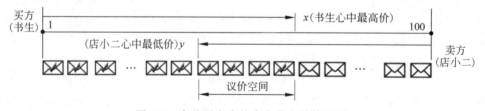

图 3-7 商品买卖中的多方安全计算问题

案例分析:假设书生和店小二设想的价格都低于 100 元,而且双方都不会撒谎(避免囚徒困境)。如图 3-7 所示,准备 100 个编号信封顺序放好,店小二回避,书生在小于和等于 x(最高买价)的所有信封内部做一个记号(如打√),并且顺序放好;然后书生回避,店小二把顺序放好的第 y(最低卖价)个信封取出,并将其余信封收起来。书生和店小二共同打开这个信封,如果信封内部有书生做的记号,说明 $x \geqslant y$,此时商品有议价空间;如果信封内没有记号,说明 $x < y$,此时商品没有议价空间。

说明:姚氏百万富翁问题的案例,参见本书配套教学资源程序 F3_2.py。

3.2.5 网页搜索:布尔检索建模

1. 信息检索与布尔运算

当用户在搜索引擎中输入查询语句后,搜索引擎要判断后台数据库中,每篇文献是否含有这个关键词。如果一篇文献含有这个关键词，计算机相应地给这篇文献赋值为逻辑值真（T）；否则赋值逻辑值假（F）。

【例 3-33】 利用搜索引擎查找有关"原子能应用"的文献。在搜索引擎的搜索栏中输入查询关键词"原子能 AND 应用"，这表示需要搜索的文献必须满足两个条件：一是包含"原子能"关键字，二是包含"应用"关键字。

2. 布尔检索的基本工作原理

网页信息搜索不可能将每篇文档都扫描一遍，检查它是否满足查询条件，因此需要建立一个索引文件。最简单的索引文件是用一个很长的二进制数，表示一个关键词是否出现在每篇文献中。有多少篇文献就需要多少位二进制数（例如，100 篇文献要 100b），每位二进制数对应一篇文献，1 表示文献有这个关键词，0 表示没有这个关键词。

例如，关键词"原子能"对应的二进制数是 01001000 01100001 时，表示第 2、第 5、第 10、第 11、第 16（左起计数）号文献包含了这个关键词。同样，假设"应用"对应的二进制数是 00101001 10000001 时，那么要找到同时包含"原子能"和"应用"的文献时，只要将这两个二进制数进行逻辑与运算（AND），即：

```
        0100 1 000 0110000 1     ＃ 1 为 1～16 号文献中包含关键词"原子能"的文献
AND     0010 1 001 1000000 1     ＃ 1 为 1～16 号文献中包含关键词"应用"的文献
        ─────────────────────
        0000 1 000 0000000 1     ＃ 1 为 1～16 号文献中包含关键词"原子能＋应用"的文献
```

根据以上布尔运算结果，表示第 5、第 16（左起计数）号文献满足查询要求。

计算机做布尔运算的速度非常快。最便宜的微型计算机都可以一次进行 32 位布尔运算，每秒进行 20 亿次以上运算。当然，由于这些二进制数中绝大部分位数都是零，我们只需要记录那些等于 1 的位数即可。

3. 布尔查询的数学模型

（1）建立"词—文档"关联矩阵数学模型。

【例 3-34】 假设网页语料库中的记录内容如下。

D1	据报道，感冒病毒近日猖獗…
D2	小王是医生，他对研究电脑病毒也很感兴趣，最近发现了一种…
D3	计算机程序发现了艾滋病病毒的传播途径…
D4	最近我的电脑中病毒了…
D5	病毒是处于生命与非生命物体交叉区域的存在物…
D6	生物学家尝试利用计算机病毒来研究生物病毒…

为了根据关键词检索网页，首先建立文献数据库索引文件。表 3-5 就是文献与关键词的关联矩阵数学模型，其中 1 表示文档中有这个关键词，0 表示没有这个关键词。

表 3-5 "词—文档"关联矩阵数学模型

文　档	T1＝病毒	T2＝电脑	T3＝计算机	T4＝感冒	T5＝医生	T6＝生物
D1	1	0	0	1	0	0
D2	1	1	0	0	1	0
D3	1	0	1	0	0	0
D4	1	1	0	0	0	0

文　　档	T1＝病毒	T2＝电脑	T3＝计算机	T4＝感冒	T5＝医生	T6＝生物
D5	1	0	0	0	0	0
D6	1	0	1	0	0	1
……						

（2）建立倒排索引文件。为了通过关键词快速检索网页,搜索引擎往往建立了关键词倒排索引表。表每行一个关键词,后面是关键词的文献 ID 号等,如表 3-6 所示。

表 3-6　关键词倒排索引表

关键词	文档 ID	文档 ID	文档 ID	文档 ID	文档 ID	文档 ID	附加信息
病毒	D1	D2	D3	D4	D5	D6	出现频率等
电脑		D2		D4			
计算机			D3			D6	
感冒	D1						
医生		D2					
生物						D6	
……							

4. 网页搜索过程

（1）建立布尔查询表达式。早期的文献查询系统大多基于数据库,严格要求查询语句符合布尔运算。目前的搜索引擎相比之下要聪明得多,它会自动把用户的查询语句转换成布尔运算的关系表达式。

【例 3-35】　假设用户在浏览器中输入的查询语句为"查找计算器病毒的资料"。搜索引擎工作过程如图 3-8 所示,搜索引擎首先对用户输入的关键词进行检索分析。如进行中文分词(将语句切分为"查找/计算器/病毒/的/资料")、过滤停止词(清除"查找、的、资料"等)、纠正用户拼写错误(如将"计算器"改为"计算机")等操作。

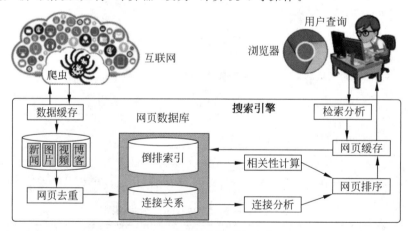

图 3-8　搜索引擎工作过程

然后将关键词转换为布尔表达式：Q＝病毒 AND(计算机 OR 电脑)AND((NOT 感冒)OR(NOT 医生)OR(NOT 生物)),也就是需要搜索包含"计算机""病毒",不包含"感冒""医生""生物"词语的文档。

（2）进行布尔位运算。对表 3-6 进行布尔位运算，符合查询要求的网页为 D2、D3、D4、D6，这个排序显然不太合理，网页还需要经过相关性计算后再排序显示。

（3）网页排序显示。搜索引擎对查询语句进行关联矩阵运算后，就可以找出含有所有关键词的文档。但是搜索的文档经常会有几十万甚至上千万份，通常搜索引擎只计算前 1000 个网页的相关性就能满足要求。所有网页排序确定后，搜索引擎将原始页面的标题、说明标签、快照日期等数据发送到用户浏览器。

布尔运算最大的好处是容易实现、速度快，这对于海量信息查找至关重要。它的不足是只能给出是与否的判断，而不能给出量化的度量。因此，所有搜索引擎在内部检索完毕后，都要对符合要求的网页根据相关性排序，然后才返回给用户。

说明：简单搜索引擎的案例，参见本书配套教学资源程序 F3_3.py。

3.2.6　生命游戏：细胞自动机建模

1. 细胞自动机的研究

什么是生命？**生命的本质就是可以自我复制、有应激性并且能够进行新陈代谢的机器。**每一个细胞都是一台自我复制的机器，应激性是对外界刺激的反应，新陈代谢是和外界的物质能量进行交换。冯·诺依曼是最早提出机器自我复制概念的科学家之一。

1948 年，冯·诺依曼在论文"自动机的通用逻辑理论"中提出了"细胞自动机"（也译为元胞自动机）理论，细胞自动机是冯·诺依曼为计算机考虑的一种新的体系结构。冯·诺依曼对人造自动机和天然自动机进行了比较，提出了自动机的一般理论和它们的共同规律，并提出了细胞自动机的自繁殖和自修复等理论。1970 年，剑桥大学何顿·康威（John Horton Conway）教授设计了一个叫作生命游戏的程序，美国趣味数学大师马丁·加德纳（Martin Gardner）通过《科学美国人》杂志，将康威的生命游戏介绍给学术界之外的广大读者，生命游戏大大简化了冯·诺依曼的思想，吸引了大批科学家的注意。

2. 生命游戏概述

生命游戏没有游戏玩家各方之间的竞争，也谈不上输赢，可以把它归类为仿真游戏。在游戏进行中，杂乱无序的细胞会逐渐演化出各种精致、有形的结构，这些结构往往有很好的对称性，而且每一代都在变化形状。一些形状一经锁定，就不会逐代变化。有时，一些已经成形的结构会因为一些无序细胞的"入侵"而被破坏。但是形状和秩序经常能从杂乱中产生出来。在 MATLIB 软件下，输入"life"命令就可以运行"生命游戏"程序。

【例 3-36】　如图 3-9 所示，生命游戏是一个二维网格游戏，这个网格中每个方格都居住着一个活着或死了的细胞。一个细胞在下一个时刻的生死，取决于相邻 8 个方格中活着或死了的细胞的数量（见图 3-10）。如果相邻方格活细胞数量过多，这个细胞会因为资源匮乏而在下一个时刻死去；相反，如果周围活细胞过少，这个细胞会因为孤单而死去。

案例分析：如图 3-10 所示，每个方格中都可放置一个生命细胞，每个生命细胞只有两种状态："生"或"死"。在图 3-9 的方格网中，我们用黑色圆点表示该细胞为"生"，空格（白色）表示该细胞为"死"。或者说方格网中黑色圆点表示某个时候某种"生命"的分布图。生命游戏想要模拟的是随着时间的流逝，这个分布图将如何一代一代地变化。

3. 生命游戏的生存定律

游戏开始时，每个细胞随机地设定为"生"或"死"之一的某个状态。然后，根据某种规则,计算出下一代每个细胞的状态,画出下一代细胞的生死分布图。

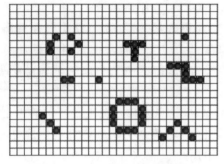

图 3-9　生命游戏(初始状态)

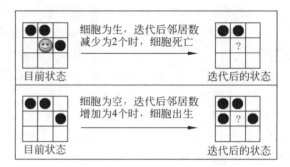

图 3-10　细胞的生死取决于邻居细胞的状态

应该规定什么样的迭代规则呢?我们需要一个简单而且能够反映生命之间既协同,又竞争的生存定律。为简单起见,最基本的考虑是假设每一个细胞都遵循完全一样的生存定律;再进一步,我们把细胞之间的相互影响只限制在最靠近该细胞的 8 个邻居中(见图 3-10)。也就是说,每个细胞迭代后的状态由该细胞及周围 8 个细胞目前的状态所决定。作了这些限制后,仍然还有很多方法,来规定"生存定律"的具体细节。例如,在康威的生命游戏中,规定了如下生存定律。

(1) 当前细胞为死亡状态时,当周围有 3 个存活细胞时,则迭代后该细胞变成存活状态(模拟繁殖);若原先为生,则保持不变。

(2) 当前细胞为存活状态时,当周围的邻居细胞低于 2 个(不包含 2 个)存活时,该细胞变成死亡状态(模拟生命数量稀少)。

(3) 当前细胞为存活状态时,当周围有 2 个或 3 个存活细胞时,该细胞保持原样。

(4) 当前细胞为存活状态时,当周围有 3 个以上的存活细胞时,该细胞变成死亡状态(模拟生命数量过多)。

可以把最初的细胞结构定义为种子,当所有种子细胞按以上规则处理后,可以得到第 1 代细胞图。按规则继续处理当前的细胞图,可以得到下一代的细胞图,周而复始。

上面的生存定律当然可以任意改动,发明出不同的"生命游戏"。

4. 生命游戏的迭代演化过程

设定了生存定律之后,根据网格中细胞的初始分布图,就可以决定每个格子下一代的状态。然后,同时更新所有的状态,得到第 2 代细胞的分布图。这样一代一代地迭代下去,直至无穷。如图 3-11 所示,从第 1 代开始,画出了 4 代细胞分布的变化情况。第 1 代时,图中有 4 个活细胞(黑色格子,笑脸为最后一步的连接细胞),根据上述生存定律,可以得到第 2、第 3、第 4 代的情况。

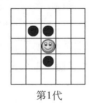

第1代

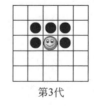

第2代

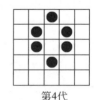

第3代

第4代

图 3-11　生命游戏中 4 代细胞的演化过程

生命游戏中,某些图案经过若干代演化后,会成为静止、振动、运动中的一种,或者是它们的混合物。尽管生命游戏中每一个细胞所遵循的生存规律都相同,但它们演化形成的图案却各不相同。这说明了一个计算思维的方法:"**复杂的事物(如生命)也可以用几条简单的规则表示**。"生命游戏提供了一个用简单方法处理复杂问题的经典案例。

5. 二维细胞自动机数学模型

细胞自动机不是严格定义的数学方程或函数,细胞自动机的构建没有固定的数学方程,而是由一系列规则构成。凡是满足这些规则的模型都可以称为细胞自动机模型。细胞自动机在时间、空间、状态上,都采用离散变量,每个变量只取有限个状态,而且只在时间和空间的局部进行状态改变。

(1)通用细胞自动机数学模型。通用细胞自动机(A)由细胞、细胞状态、邻域和状态更新规则构成,数学模型为

$$A = (L_d, S, N, f) \tag{3-6}$$

式中,L 为细胞空间;d 为细胞空间的维数;S 是细胞有限的、离散的状态集合;N 为某个邻域内所有细胞的集合;f 为局部映射或局部规则。

一个细胞在一个时刻只取一个有限集合的一种状态,如$\{0,1\}$。细胞状态可以代表个体的态度、特征、行为等。空间上与细胞相邻的细胞称为邻元,所有邻元组成邻域。

(2)二维细胞自动机数学模型。生命游戏是一个二维细胞自动机。二维细胞自动机的基本空间是二维直角坐标系,坐标为整数的所有网格的集合,每个细胞都在某一网格中,可以用坐标(a,b)表示 1 个细胞。每个细胞只有 0 或 1 两种状态,其邻居是由$(a\pm1,b)$、$(a,b\pm1)$、$(a\pm1,b\pm1)$和(a,b)共 9 个细胞组成的集合。状态函数 f 用图示法表示时如图 3-12 所示。

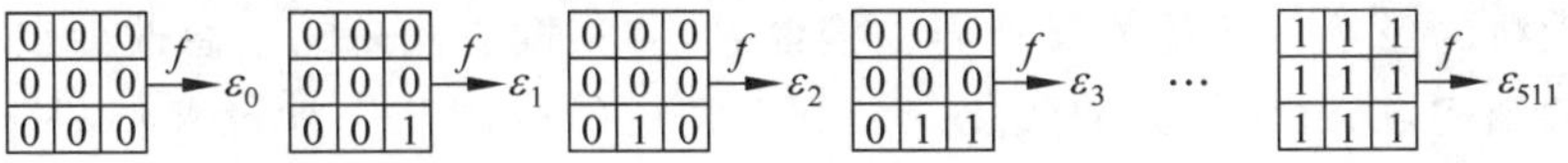

图 3-12 二维细胞自动机的局部规则

从左上角先水平后竖直,到右下角给 9 个位置排序,状态函数 f 可以用 $f(000000000)=\varepsilon_0$,$f(000000001)=\varepsilon_1$,$f(000000010)=\varepsilon_2$,$\cdots$,$f(111111111)=\varepsilon_{511}$ 表示。

注意:每一个等式对应图 3-12 中的一个框图,如 $f(111111111)=\varepsilon_{511}$ 对应图 3-12 最后的框图,$f(111111111)$的函数值为 ε_{511},其中 ε_{511} 或者为 1 或者为 0。

设 $t=0$ 时刻的初始配置是 C_0,对任一细胞 X_0,假设邻域内细胞的状态如图 3-13 所示。

X_1	X_2	X_3
X_4	X_0	X_5
X_6	X_7	X_8

图 3-13 细胞 X_0 的邻居细胞

那么,这个细胞在 $t=1$ 时的状态就是 $f(X_0,X_1,X_2,X_3,X_4,X_5,X_6,X_7,X_8)$。所有细胞在 $t=1$ 时的状态都可以用这种方法得到,合在一起就是 $t=1$ 时刻的配置 C_1。并依次可得到 $t=2,t=3,\cdots$时的配置 $C_2,C_3,\cdots$。

从数学模型的角度看,可以将生命游戏模型划分成网格棋盘,每个网格代表一个细胞。网格内的细胞状态,0=死亡,1=生存;细胞的邻居半径为 $r=1$;邻居类型=Moore(摩尔)型,则二维生命游戏的数学模型为

$$\text{如果} \quad S_t = 1, \text{则} \quad S_{t+1} = \begin{cases} 1, & S=2,3 \\ 0, & S \neq 2,3 \end{cases} \tag{3-7}$$

计算思维和学科基础

$$如果\quad S_t = 0,则\ S_{t+1} = \begin{cases} 1, & S = 3 \\ 0, & S \neq 3 \end{cases} \tag{3-8}$$

式中，S_t 表示 t 时刻细胞的状态；S_{t+1} 表示 $t+1$ 时刻细胞的状态；S 为邻居活细胞数。

以上公式化的数学模型看上去比较抽象，简单来说，假设活细胞（cell）为 1，死细胞（cell）为 0，则邻居细胞的累加和（sum）决定了本细胞下一轮的生存状态，我们可以根据这些逻辑关系，建立如表 3-7 所示的表格型数学模型。

表 3-7　生命游戏中本细胞状态与邻居细胞状态的数学模型

生 命 属 性	本细胞现在状态 S_t	邻居细胞总数 sum	本细胞下一轮状态 S_{t+1}
繁殖	死，cell=0	如果 sum=3	则 cell=1
稀少	活，cell=1	如果 sum≤2	则 cell=0
过多	活，cell=1	如果 sum>3	则 cell=0
正常	活，cell=1	如果 sum=2 或 3	则 cell=1

6. 康威"生命游戏"算法步骤

（1）对本细胞周围 8 个近邻的细胞状态求和。

（2）如果邻居细胞总和为 2，则本细胞下一时刻的状态不改变。

（3）如果邻居细胞总和为 3，则本细胞下一时刻的状态为 1，否则状态=0。

假设细胞为 ci，它在 t 时刻的状态为 (si,t)，它两个邻居的状态为 $(si-1,t)$，$(si+1,t)$，则细胞 ci 在下一时刻的状态为 $(si,t+1)$，可以用函数表示为

$$(si,t+1) = f((si-1,t),(si,t),(si+1,t))$$

其中，$(si,t) \in \{0,1\}$。

7. 细胞自动机的应用

细胞自动机的重要特征是能与外界交换信息，并根据交换来的信息改变自己的动作，甚至改变自己的结构，以适应外界的变化。 细胞自动机的应用几乎涉及自然科学和社会科学的各个领域。在生物学领域，细胞自动机可以用来研究生命体的新陈代谢和遗传变异，以及研究进化和自然选择的过程。在数学领域，细胞自动机可以定义可计算函数，研究各种算法，如遗传算法等。2019 年澳大利亚森林大火时，有专家用细胞自动机模型来预测大火蔓延趋势；2022 年有专家用它来预测新冠病毒的流行趋势等。

说明：细胞自动机的案例，参见本书配套教学资源程序 F3_4.py。

3.3　计算科学基础：可计算性

计算科学的基础理论包括计算理论（可计算性理论、复杂性理论、算法设计与分析、计算模型等）、离散数学（集合论、图论与树、数论、离散概率、抽象代数、布尔代数）、程序语言理论（形式语言理论、自动机理论、形式语义学、计算语言学等）、人工智能（机器学习、模式识别、知识工程、机器人等）、逻辑基础（数理逻辑、多值逻辑、组合逻辑等）、数据库理论（关系理论、关系数据库、NoSQL 数据库等）、计算数学（符号计算、数学定理证明、计算几何等）、并行计算（分布式计算、网格计算等）等。

3.3.1　图灵机计算模型

1. 图灵机的基本结构

1936 年，年仅 24 岁的图灵发表了论文"论可计算数及其在判定问题中的应用"。在论

文中,图灵构造了一台想象中的计算机,科学家称它为图灵机。图灵机与巴贝奇的分析机一样,也可以用来计算,只是图灵根本没有打算去建造这台机器。图灵机是一种结构十分简单但计算能力很强的计算模型,它用来计算所有有效可计算函数。

如图 3-14 所示,图灵机由控制器(P)、指令表(I)、读写头(R/W)、存储带(M)组成。其中,存储带是一个无限长的带子,可以左右移动,带子上划分了许多单元格,每个单元格中包含一个来自有限字母表的符号。控制器中包含了一套指令表(控制规则)和一个状态寄存器,指令表就是图灵机程序,状态寄存器则记录了机器当前所处的状态,以及下一个新状态。读写头则指向存储带上的格子,负责读出和写入存储带上的符号,读写头有写 1、写 0、左移、右移、改写、保持、停机 7 种行为状态(有限状态机)。

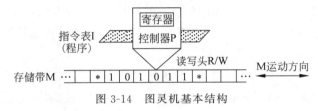

图 3-14　图灵机基本结构

图灵机的工作原理是:存储带每移动一格,读写头就读出存储带上的符号,然后传送给控制器。控制器根据读出的符号以及寄存器中机器当前的状态(条件),查询应当执行程序的哪一条指令,然后根据指令要求,将新符号写入存储带(动作),以及在寄存器中写入新状态。读写头根据程序指令改写存储带上的符号,最终计算结果就在存储带上。

2. 图灵机的特点

在上面案例中,图灵机使用了"0、1、*"等符号,可见图灵机由有限符号构成。如果图灵机的符号集有 11 个符号,如{0,1,2,3,4,5,6,7,8,9,*},那么图灵机就可以用十进制来表示整数值。但这时的程序要长得多,确定当前指令要花更多的时间。符号表中的符号越多,用机器表示的困难就越大。

图灵机可以依据程序对符号表要求的任意符号序列进行计算。因此,同一个图灵机可以进行规则相同、对象不同的计算,具有数学上函数 $f(x)$ 的计算能力。

如果图灵机初始状态(读写头的位置、寄存器的状态)不同,那么计算的含义与计算的结果就可能不同。每条指令进行计算时,都要参照当前的机器状态,计算后也可能改变当前的机器状态,而状态是计算科学中非常重要的一个概念。

在图灵机中,虽然程序按顺序来表示指令序列,但是程序并非顺序执行。因为指令中关于下一状态的指定,说明了指令可以不按程序的顺序执行。这意味着,程序的三种基本结构——顺序、判断、循环在图灵机中得到了充分体现。

3. 通用图灵机

专用图灵机将计算对象、中间结果和最终结果都保存在存储带上,程序保存在控制器中(程序和数据分离)。由于控制器中的程序是固定的,那么专用图灵机只能完成规定的计算(输入可以多样化)。

是否存在一台图灵机,能够模拟所有其他图灵机?答案是肯定的,能够模拟其他所有图灵机的机器称为通用图灵机。通用图灵机可以把程序放在存储带上(程序和数据混合在一起),而控制器中的程序能够将存储带上的指令逐条读进来,再按照要求进行计算。

计算思维和学科基础

通用图灵机一旦能够把程序作为数据来读写,就会产生很多有趣的情况。首先,会有某种图灵机可以完成自我复制,例如,计算机病毒就是这样。其次,假设有一大群图灵机,让它们彼此之间随机相互碰撞。当碰到一块时,一个图灵机可以读入另一个图灵机的编码,并且修改这台图灵机的编码,那么在这个图灵机群中会产生什么情况呢?这与冯·诺依曼提出的细胞自动机理论有异曲同工之妙。美国圣塔菲研究所的实验得出了惊人的结论:在这样的系统中,会诞生自我繁殖的、自我维护的、类似生命的复杂组织,而且这些组织能进一步联合起来构成更复杂的组织。

4.图灵机的重大意义

图灵机是一种计算理论模型。图灵机完全忽略了计算机的硬件特征,考虑的核心是计算机的逻辑结构。图灵机的内存是无限的,而实际机器的内存是有限的,所以图灵机并不是实际机器的设计模型(图灵本人没有给出图灵机结构图)。图灵机虽然没有直接带来计算机的发明,但是图灵机具有以下重大意义。

(1)图灵机证明了通用计算理论,肯定了计算机实现的可能性。例如,计算机能做什么?不能做什么?这是很难直接回答的问题。如果将问题转换为哪些问题是图灵机可识别、可判定的,哪些问题图灵机不可判定?这样问题就变得容易解决了。一个问题能不能解决,在于能不能找到一个解决这个问题的算法,然后根据算法编程并在图灵机上运行,如果图灵机能在有限步骤内停机,则这个问题就能解决。如果找不到这样的算法,或者算法在图灵机上运行时不能停机(无穷循环),则这个问题无法用图灵机解决。图灵指出:"凡是能用算法解决的问题,也一定能用图灵机解决;凡是图灵机解决不了的问题,任何算法也解决不了。"可见计算机的极限能力就是图灵机的计算能力。

(2)图灵机引入了读/写、算法、程序等概念,极大地突破了过去计算机的设计理念。通用图灵机与现代计算机的相同之处是:程序可以和数据混合在一起。图灵机与现代计算机的不同之处在于:图灵机的内存无限大,并且没有考虑输入和输出设备,所有信息都保存在存储带上。

5.图灵完备的程序语言

图灵完备性用来衡量计算模型的计算能力,如果一个计算模型具有和图灵机同等的计算能力,它就可以称为是图灵完备的。简单的方法是看该程序语言能否模拟出图灵机,非图灵完备程序语言一般没有判断(if)、循环(for)、计算等指令,或者是这些指令功能很弱,因此无法模拟出图灵机。绝大部分程序语言都是图灵完备的,如 C/C++、Java、Python 等;也有少部分程序语言是非图灵完备的,如 HTML、正则表达式、SQL 等。具有图灵完备性的语言不一定都有用(如 Brainfuck 语言),而非图灵完备的程序语言也不一定没有用(如 HTML、SQL、正则表达式等)。程序语言并不需要与图灵机完全等价的计算能力,只要程序语言能够完成某种计算任务,它就是一种有用的程序语言。

3.3.2 停机问题:理论上不可计算的问题

1.什么是停机问题

停机问题是对于任意的图灵机和输入,是否存在一个算法,用于判定图灵机在接收初始输入后,可达到停机状态。若能找到这种算法,则停机问题可解;否则不可解。通俗地说,停机问题就是:能不能编写一个用于检查并判定另一个程序是否会运行结束的程序?图灵在 1936 年证明了：解决停机问题不存在通用算法。

【例 3-37】 用反证法证明停机问题超出了图灵机的计算能力，无算法解。

案例分析：如图 3-15 所示，设计一个停机程序 T，在 T 中可以输入外部程序，并对外部程序进行判断。如果输入程序是自终止的，则程序 T 中的 $x=1$；如果输入程序不能自终止，则程序 T 中的 $x=0$。如图 3-16 所示，修改停机程序为 P，程序 P＝停机程序 T＋循环结构。

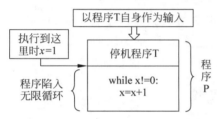

图 3-15　停机程序

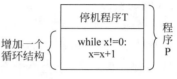

图 3-16　构造程序 P

如图 3-17 所示，在图灵机中运行程序 P，并将程序 T 自身作为输入；如果输入的外部程序为自终止程序，则 $x=1$，程序 P 陷入死循环。这导致悖论 A：自终止程序不能停机。

如图 3-18 所示，如果输入的外部程序为非自终止程序，则 $x=0$，这时程序 P 在循环条件判断后，结束循环进入停机状态。这导致悖论 B：不能自终止的程序可以停机。

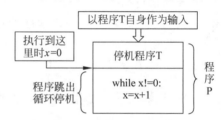

图 3-17　悖论 A：程序不能自停机　　　　图 3-18　悖论 B：程序能够自停机

以上结论显然自相矛盾，因此，可以认为停机程序是不可计算的。

【例 3-38】 以下用一个更加通俗易懂的案例来说明停机问题。假设 A 是一个万能的程序，那么 A 自然可以构造一个与 A 相反的程序 B。如果 A 预言程序会停机，则 B 就预言程序不会停机；如果 A 预言程序不会停机，则 B 就预言程序会停机。这样 A 能判断 B 会停机吗？这显然是不能的，这也就是说程序 A 和 B 都不存在。

停机程序悖论（逻辑矛盾）存在"指涉自身"的问题。简单地说，人们不能判断匹诺曹（《木偶奇遇记》中的主角）说"我在说谎"这句话时，他的鼻子会不会变长？

停机问题说明了计算机是一个逻辑上不完备的形式系统。计算机不能解一些问题并不是计算机的缺点，因为停机问题本质上不可解。

2. 莱斯定理与程序的不可判定性

莱斯定理（Rice's theorem）是可计算性理论中一条重要的定理。它可以简单表述为：**递归可枚举语言的所有非平凡性质都不可判定。**

莱斯定理比较抽象。通俗地说，"递归可枚举语言"可以理解为通常使用的 C、Java、Python 等程序语言；"非平凡性质"可以理解为程序具有的某些属性，例如，有些程序可能存在数组越界问题，有些程序则不存在这个问题；"不可判定"简单来说就是找不到一个完美的算法，来判定程序是否具有某个性质。莱斯定理可以通俗地理解为：一个程序是否具备某种非平凡性质,这个问题如同停机问题一样,是不可判定的。**不存在一个程序可以判定任意程序具有某种非平凡性质。**

【例 3-39】 老师布置了一个作业,要求学生编写一个程序:对任意给定的整数 x,输出 2x,一个学生程序写完后马上交给了老师。这门课程有 200 名学生选修,这时老师有了一个偷懒的想法:他能不能写一个程序,自动判断学生上交的程序是否满足要求呢?莱斯定理打破了这个幻想:不存在这种具有"非平凡性质"的程序。

3. 停机问题的实际意义

是否存在一个程序能够检查所有其他程序会不会出错?这是一个非常实际的问题。为了检查程序的错误,我们必须对这个程序进行人工检查。那么能不能发明一种聪明的程序,输进去任何一段其他程序,这个程序就会自动帮你检查输入的程序是否有错误?这个问题被莱斯定理证明与图灵停机问题实质上相同,不存在这样的聪明程序。

图灵停机问题与复杂系统的不可预测性有关。我们总希望能够预测出复杂系统的运行结果。那么能不能发明一种聪明程序,输入某些复杂系统的规则,输出这些规则运行的结果呢?从原理上讲,这种事情是不可能的,因为它与图灵停机问题等价。因此,要想弄清楚某个复杂系统运行的结果,唯一的办法就是让系统实际运行,没有任何一种算法能够事先给出这个复杂系统的运行结果。

以上强调的是**不存在一个通用程序能够预测所有复杂系统的运行结果**,但并没有说不存在一个特定程序能够预测某个或者某类特定复杂系统的结果。那怎么得到这种特定的程序呢?这就需要人工编程,也就是说存在某些机器做不了而人能做的事情。

3.3.3 汉诺塔:现实中难以计算的问题

法国数学家爱德华·卢卡斯(Édouard Anatole Lucas)曾编写过了一个神话传说:印度教天神汉诺(Hanoi)在创造地球时,建了一座神庙,神庙里竖有三根宝石柱子,柱子由一个铜座支撑。汉诺将 64 个直径大小不一的金盘子,按照从大到小的顺序依次套放在第一根柱子上,形成一座金塔(即汉诺塔)。天神让庙里的僧侣们将第一根柱子上的 64 个盘子借助第二根柱子,全部移到第三根柱子上,即将整个塔迁移,同时定下了三条规则:一是每次只能移动一个盘子;二是盘子只能在三根柱子上来回移动,不能放在他处;三是在移动过程中,三根柱子上的盘子必须始终保持大盘在下,小盘在上。汉诺塔问题全部可能的状态数为 3^n 个(n 为盘子数),最少搬动次数为 $2^n - 1$。

【例 3-40】 只有 3 个盘子的汉诺塔问题解决过程如图 3-19 所示。3 个盘子的最佳搬移次数为:$2^3 - 1 = 7$ 次。

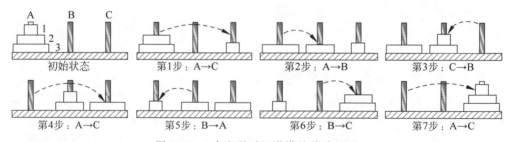

图 3-19 3 个盘子时汉诺塔的移动过程

汉诺塔 3 个圆柱为 A、B、C，n 为盘子数，递归求解的 Python 程序如下。

1	def hanoi(n, a, b, c):	# n 圆盘数，A 初始柱，B 过渡柱，C 目标柱
2	if n == 1:	# 如果只有一个盘子
3	print(f'盘号{n}:{a} -> {c}')	# 将盘子从 A 移到 C
4	else:	# 否则
5	hanoi(n−1, a, c, b)	# 递归，将 $n-1$ 个圆盘，从 A 经过 C 移到 B
6	print(f'盘号{n}:{a} -> {c}')	# 将第 n 个盘子(最底层盘子)从 A 移到 C
7	hanoi(n−1, b, a, c)	# 递归，将 $n-1$ 个圆盘，从 B 经过 A 移到 C
8	n = int(input('请输入盘子数:'))	# 接收用户输入数据，并转换为整数
9	hanoi(n, 'A', 'B', 'C')	# 调用 hanoi()递归函数，并传送实参
>>>	请输入盘子数:3	# 程序输出，计算时间随盘子数呈指数增长
	盘号 1:A -> C…	#(略)

递归程序虽然简单，但是程序理解困难，需要反复琢磨。汉诺塔有 64 个盘子时，盘子移动次数为：$2^{64}-1=18\ 446\ 744\ 073\ 709\ 551\ 615$。汉诺塔递归程序是一种串行计算，第 n 步运算依赖于第 $n-1$ 步运算，因此在理论上不存在并行计算的可能性。汉诺塔问题虽然在理论上是可计算的，但是计算时间、递归深度和内存容量，都大大超出了当前计算机的能力。**可见即使是理论上可计算的问题，也要考虑计算量是否超出了目前计算机的能力。**

3.3.4　不完备性与可计算性

计算理论研究的三个核心领域为自动机、可计算性和复杂性。通过计算机的基本能力和局限性是什么？这一问题将这三个领域联系在一起。

1. 哥德尔不完备性定理

完备的中文语义是完整的意思，简单地说就是该有的都有了。例如，整数集合中，加减乘运算是完备的，因为它们的运算结果仍然是整数；但是除法在整数集中是不完备的，因为两个整数相除的结果不一定是整数。数学公理体系的完备性是该体系中有足够个数的公理，以此为依据可推导(或判定)出该体系的全部结论或命题。

20 世纪以前，大多数数学家认为所有数学问题都有算法(完备性)，只是有些问题的算法目前还没有找到。1928 年国际数学大会上，数学家希尔伯特(David Hilbert)提出了数学的三个精辟问题：**数学是完备的吗？数学是一致的吗？数学是可判定的吗？**

哥德尔首先回答了希尔伯特的前两个问题。1931 年，奥地利数学家哥德尔发表了不完备性定理。哥德尔第一定理认为：**任何逻辑自洽的算术公理系统，必定是不完备的；**其中一定有真命题，但是在体系中不能被证明(即体系是不完备的)。

哥德尔第二定理认为：任何逻辑自洽的算术公理系统，不能用于证明本身的自洽性(即不能自己证明自己)。

哥德尔不完备性定理说明，**任何一个形式化的系统，它的一致性和完备性不可兼得。**公理不完备可能是公理个数太少，导致有些正确的命题不能被公理推出；公理的不一致可能是公理个数太多，导致公理之间互相矛盾。这样一致性和完备性互为悖论。

数学可判定性问题是能否找到一种方法，仅仅通过机械的计算就能判定某个数学陈述是对是错？图灵回答了希尔伯特的第三个问题，图灵证明了一个不可计算的数，实际上就是一个不可判定的问题，数学的不可判定性来源于有些数是不可计算的。

计算思维和学科基础

2. 哪些数是可计算数

图灵提出了一个在他之前几乎没有人考虑过的问题：所有数都是可计算的吗？图灵在一篇论文中指出："当一个实数所有的位数，包括小数点后的所有位，都可以在有限步骤内用某种算法计算出来，它就是可计算数。**如果一个实数不是可计算数，那它就是不可计算数。**"例如，圆周率 π 可以在有限时间内，计算到小数点后的任何位置，所以 π 是可计算数。1995 年，贝利、波尔温、普劳夫（David Bailey、Peter Borwein、Simon Plouffe，BBP）共同发明了 BBP 公式，它可以计算圆周率中的某一位，BBP 公式如下

$$\pi = \sum_{k=0}^{\infty} \left[\frac{1}{16^k} \left(\frac{4}{8k+1} - \frac{2}{8k+4} - \frac{1}{8k+5} - \frac{1}{8k+6} \right) \right] \tag{3-9}$$

式中，k 是 π 需要计算的小数位。BBP 公式的特点是求 π 的第 n 位小数时，不需要计算出它的前 $n-1$ 位；而且，BBP 公式是线性收敛的，这使得它非常适合多线程并行计算。因此，BBP 公式在计算圆周率时具有较高的效率和实用性。

【例 3-41】 用 BBP 公式计算 π 值到小数点后第 100 位。Python 程序如下。

1	`from decimal import Decimal, getcontext`	# 导入标准模块 - 精确计算函数
2	`getcontext().prec = 102`	# 设计算精度为 102 位(很重要)
3	`N = int(input('请输入需要计算到小数点后第 n 位:'))`	# 输入计算位数
4	`pi = Decimal(0)`	# 初始化 pi 值为精确浮点数
5	`for n in range(N):`	# 循环计算 pi 精确值
6	`    k = Decimal(n)`	# 迭代变量为精确浮点数(很重要)
7	`    pi += Decimal(1/pow(16,k) * (4/(8*k+1) - 2/(8*k+4) - 1/(8*k+5) - 1/(8*k+6)))`	
		# BBP 公式
8	`print(f'小数点后第{N}位的 pi 值为:', pi)`	# 打印 pi 值
>>>	请输入需要精确到小数点后第 n 位:100	# 程序输出
	小数点后第 100 位的 pi 值为:3.1415926535　8979323846　2643383279　5028841971	
	6939937510　5820974944　5923078164　0628620899　8628034825　3421170679　8	

3. 不可计算的蔡廷常数

圆周率 π、毕达哥拉斯数 $\sqrt{2}$、黄金比例 ϕ 等都是可计算数，尽管它们是无理数。可计算数可以定义为：可以通过有限终止算法计算到任何所需精度的实数。

1975 年，计算科学专家格里高里·蔡廷（Gregory Chaitin）提出了一个问题：选择任意一种程序语言，随机输入一段程序，这段程序能成功运行并且会在有限时间里终止(不会无限运行下去)的概率是多大？他把这个概率值命名为"蔡廷常数"。

理论上，任何一段程序的运行结果只有终止和永不终止两种情况。可终止程序的数量一定占有全体程序总数的一个固定比例，所以这个停机概率一定存在，它的上限为 1，下限为 0。蔡廷常数是一个明确定义的数，目前已在理论上证明了蔡廷常数就是不可计算数，它永远也无法计算出来。

图灵在论文"论可计算数及其在判定问题中的应用"中证明，对于所有可能的程序输入，解决停机问题的一般算法是不存在的，即停机的概率无法计算。因为停机问题是不可判定的，所以蔡廷常数无法计算。

4. 什么是可计算性

物理学家阿基米德曾经宣称："给我足够长的杠杆和一个支点，我就能撬动地球。"在数学上也存在同样类似的问题：是不是只要给数学家足够长的时间，通过有限次简单而机械

的演算步骤,就能够得到数学问题的最终答案呢?这就是可计算性问题。

什么是可计算的?什么又是不可计算的呢?要回答这一问题,关键是要给出可计算性的精确定义。1930年前后,一些著名数学家和逻辑学家从不同角度分别给出了可计算性概念的确切定义,为计算科学的发展奠定了重要基础。

可计算问题都可以通过编码的方法,用函数的形式表示。因此可以通过定义在自然数集上的有效可计算函数来理解可计算性的概念。凡是从某些初始符号串开始,在有限步骤内得到计算结果的函数都是有效可计算函数。

1935年,丘奇(Alonzo Church)为了定义可计算性,提出了λ演算理论。丘奇认为,λ演算可定义的函数与有效可计算函数相同。

1936年,哥德尔、丘奇等定义了递归函数。丘奇指出:有效可计算函数都是递归函数。简单地说,计算就是符号串的变换。凡是可以从某些初始符号串开始,在有限步骤内可以计算结果的函数都是递归函数。可以从简单的、直观上可计算的一般函数出发,构造出复杂的可计算函数。1936年,图灵也提出:图灵机可计算函数与可计算函数相同。

一个显而易见的事实是:数学精确定义的可计算函数都是可计算的。问题是可计算函数是否恰好就是这些精确定义的可计算函数呢?对此丘奇认为:凡可计算函数都是λ可定义的;图灵证明了图灵可计算函数与λ可定义函数是等价的,著名的"丘奇—图灵论题"(丘奇是图灵的老师)认为:**任何能有效计算的问题都能被图灵机计算。如果证明了某个问题使用图灵机不可计算,那么这个问题就是不可计算的。**

由于有效可计算函数不是一个精确的数学概念,因此丘奇—图灵论题不能加以证明,也因此称其为"丘奇—图灵猜想",该论题被普遍假定为真。

5. 不可计算问题的类型

不可计算的问题有以下类型:**第一类是理论上不可计算的问题,**由丘奇—图灵论题确定的所有非递归函数都是不可计算的。具体问题有停机问题、蔡廷常数、蒂博尔·拉多(Tibor Radó)提出的忙碌海狸函数$BB(n)$、不定方程的整数解(希尔伯特第10个问题,又称丢番图方程)等,这些问题都是计算能力的理论限制。**第二类是现实中不可计算的问题,**计算机的速度和存储空间都有限制,例如,某个问题在理论上可计算,但是计算时间如果长达几百年,那么这个问题实际上还是无法计算。如汉诺塔问题、长密码破解问题、旅行商问题、大数因式分解问题等。**第三类是定义模糊难以计算的问题,**例如,"做一个西红柿炒鸡蛋"这样一个概念模糊的命题也是不可计算的。

3.3.5 计算科学难题:P=NP?

1. P问题

有些问题是确定性的,例如,加减乘除计算,只要按照公式推导,就可以得到确定的结果,这类问题是**多项式(polynomially,P)问题。P问题是指算法能在多项式时间内找到答案的问题,**这意味着计算机可以在有限的时间内完成计算。

对一个规模为n的输入,最坏情况下(穷举法),P问题求解的时间复杂度为$O(n^k)$。其中k是某个确定的常数,我们将这类问题定义为P问题,直观上,P问题是在确定性计算模型下的易解问题。P问题有计算最大公约数、排序问题、图搜索问题(在连通图中找到某个对象)、单源最短路径问题(两个节点之间的最短路径)、最小生成树问题(连通图中所有边权重之和最小的生成树）等，这些问题都能在多项式时间内解决。

2. NP 问题

非确定性多项式（nondeterministic polynomially，NP）问题中的 N 指非确定的算法。有些问题是非确定性问题，例如，寻找大素数问题，目前没有一个现成的推算素数的公式，需要用穷举法进行搜索，这类问题就是 NP 问题。**NP 问题不能确定是否能够在多项式时间内找到答案，但是可以确定在多项式时间内验证答案是否正确。**

【例 3-42】 验证某个连通图中的一条路径是不是哈密顿回路（Hamilton）很容易；而问某个连通图中是否不存在哈密顿回路则非常困难，除非穷举所有可能的哈密顿路径，否则无法验证这个问题的答案，因此这是一个 NP 问题。

3. NPC 问题

如果任何一个 NP 问题能通过一个多项式时间算法转换为某个其他 NP 问题，那么这个 NP 问题就称为 NP 完全（NP-complete，NPC）问题。NPC 是比 NP 更难的问题。

【例 3-43】 对任意的布尔可满足性问题（SAT），总能写成以下形式

$$(x_1 \vee x_2 \vee x_3) \wedge (x_4 \vee \bar{x}_5 \vee x_n) \cdots$$

式中，$\vee$ 表示逻辑或运算；$\wedge$ 表示逻辑与运算；—表示逻辑取反运算；表达式中 x 的值只能取 0 或者 1。那么当 x 取什么值的时候，这个表达式为真？或者根本不存在一个取值使表达式为真？这就是 SAT 问题，任意 SAT 是一个典型的 NPC 问题。

一个简单的 SAT 问题如：$(x_1 \vee \bar{x}_2 \vee x_3) \wedge (\bar{x}_1 \vee x_2) \wedge (\bar{x}_2 \vee x_3)$，当 $x_1=0$，$x_2=0$，$x_3=$ 任意值（0 或 1）时，表达式的值为真。一个简单的 SAT 问题处理起来尚且如此麻烦，可见对任意 SAT 问题的求解非常困难。SAT 的典型应用有数独游戏、扫雷游戏等。

NPC 问题目前没有多项式算法，只能用穷举法一个一个地检验，最终得到答案。但是穷举算法的复杂性为指数关系，计算时间随问题的复杂程度呈指数级增长，很快问题就会变得不可计算了。目前已知的 NPC 问题有 3000 多个，如布尔可满足性问题、国际象棋 n 皇后问题、密码学中大素数分解问题、多核 CPU 流水线调度问题、哈密顿回路问题、旅行商问题、最大团问题、最大独立集合问题、背包问题等。

4. NP-hard 问题

除 NPC 问题外，还有一些问题连验证解都不能在多项式时间内解决，这类问题被称为 NP 难（NP-hard）问题。NP-hard 太难了，例如，围棋或象棋的博弈问题、怎样找到一个完美的女朋友等，都是 NP-hard。计算科学中难解问题之间的关系如图 3-20 所示。

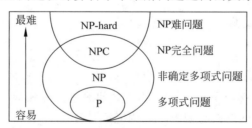

图 3-20　计算科学中的难解问题

【例 3-44】 棋类博弈问题。考察棋局所有可能的博弈状态时，国际跳棋有 10^{31} 种博弈状态，香农在 1950 年估计出国际象棋的博弈状态大概有 10^{120} 种；中国象棋估计有 10^{150} 种博弈状态；围棋达到了惊人的 10^{360} 种博弈状态。事实上大部分棋类的计算复杂度都呈指

数级上升。作为比较，目前可观测到宇宙中的原子总数估计有 $10^{78} \sim 10^{82}$ 个。

5. P＝NP？ 问题

直观上看计算复杂性时：P＜NP＜NPC＜NP-hard，问题的难度不断递增。1971 年，斯蒂文考克(Stephen Cook)提出了 P＝NP？ 猜想。究竟 P＝NP？ 还是 P≠NP？ 迄今为止这个问题没有找到一个有效的证明。P＝NP？ 是一个既没有证实，也没有证伪的命题。

计算科学专家认为：**找一个问题的解很困难，但验证一个解很容易（证比解易）**，用数学公式表示就是 P≠NP。问题难于求解，易于验证，这与人们的日常经验相符。因此，人们倾向于接受 P≠NP 这一猜想。

6. 不可计算问题的解决方法

无论是理论上不可计算的问题还是现实中难以计算的问题，都是指无法得到公式解、解析解、精确解或最优解；但是这并不意味着不能得到近似解、概率解、局部解或弱解。计算科学专家对待理论上或现实中不可解的问题时，通常采取两个策略：一是不去解决一个过于普遍性的问题，而是通过弱化有关条件，将问题限制得特殊一些，再解决这个普遍性问题的一些特例或范围窄小的问题；二是寻求问题的近似算法、概率算法等。就是说，对于不可计算或不可判定的问题，人们并不是束手无策，而是可以从计算的角度有所作为。

3.4 学科经典问题：计算复杂性

数学家希尔伯特指出：“任何一门学科，只要它能提供丰富的问题，它就是有生命力的；相反地，如果问题贫乏，那就预示着这一学科的独立发展已经趋向消亡和终止。”计算科学的发展中，科学家们提出过许多具有深远意义的问题和经典案例，对这些问题的深入研究为计算学科的发展起到了十分重要的推动作用。

3.4.1 哥尼斯堡七桥问题：图论

18 世纪初，普鲁士的哥尼斯堡(今俄罗斯加里宁格勒)有一条河穿过，河上有两个小岛，有七座桥把两个岛与河岸联系起来(见图 3-21)。有哥尼斯堡市民提出了一个问题：一个步行者怎样才能不重复、不遗漏地一次走完七座桥，最后回到出发点。问题提出后，很多哥尼斯堡市民对此很感兴趣，纷纷进行试验，但在相当长的时间里都始终未能解决。从数学知识来看，七座桥所有的走法一共有 7!＝5040 种，这么多种走法要一一尝试，将会是一个很大的工作量。

1735 年，有几名大学生写信给瑞士数学家欧拉(Leonhard Euler)，请他帮忙解决这一问题。欧拉把哥尼斯堡七桥问题抽象成几何图形(见图 3-22)，他圆满地解决了这个难题，同时开创了“图论”的数学分支。欧拉把一个实际问题抽象成合适的数学模型，这并不需要深奥的理论，但想到这一点却是解决难题的关键。

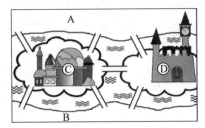

图 3-21　哥尼斯堡七桥问题

如果图中存在一条路径，经过图中每条边一次且仅一次，则该路径称为欧拉回路，具有欧拉回路的图称为欧拉图。欧拉回路的边不能重复经过，但是顶点可以重复经过。欧拉回路可以用一笔画来说明，要使图形一笔画出，就必须满足以下条件。

（1）全部由偶点组成的连通图，选任一偶点为起点，可以一笔画成此图。

（2）只有 2 个奇点的连通图，以奇点为起点可以一笔画成此图（见图 3-23）。

（3）其他情况的图不能一笔画出，奇点数除以 2 可以算出此图需几笔画成。

说明：如图 3-23 所示，某个顶点的边是奇数个称为奇点；反之称为偶点。

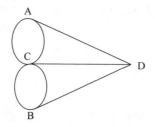

图 3-22　抽象后的七桥路径

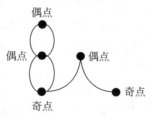

图 3-23　图的奇点和偶点

由以上分析可见，哥尼斯堡七桥的路径抽象图中（见图 3-22），4 个点全是奇点，因此图形不能一笔画出（最少需要 2 笔画）。**欧拉回路是从起点一笔画到终点的路径集合**，由此可见哥尼斯堡七桥不存在欧拉回路，或者说它不是欧拉图。

图论中的图由若干点和边构成，一系列由边连接起来的点称为路径。图论常用来研究事物之间的联系，一般用点代表事物，用边表示两个事物之间的联系。如互联网中的节点与线路、社交网络中明星与粉丝之间的关系、电路中的节点与电流、旅行商问题中的城市与道路等，都可以用图论进行分析和研究。在计算科学领域，有各种各样的图论算法，如深度优先搜索（depth first search，DFS）、广度优先搜索（breath first search，BFS）、图最短路径、图最小生成树、网络最大流等。

说明：哥尼斯堡程序案例，参见本书配套教学资源程序 F3_6.py。

3.4.2　哈密顿回路：计算复杂性

计算科学中，很多问题都涉及复杂系统的求解。例如，天气预测、癌细胞基因突变等问题，都与复杂系统有关。由于复杂系统求解时容易引入不确定性，这会导致需要极大的计算资源。1857 年，数学家威廉·罗恩·哈密顿（William Rowan Hamilton）设计了一个名为"周游世界"的木制玩具（见图 3-24），玩具是一个正 12 面体，有 20 个顶点和 30 条边。如果将周游世界的玩具抽象为一个二维平面图（见图 3-25），图中每个顶点看作一个城市，正 12 面体的 30 条边看成连接这些城市的路径。假设从某个城市出发，经过每个城市（顶点）恰好一次，最后又回到出发点，这就形成了一条哈密顿回路（见图 3-26）。

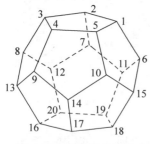

图 3-24　周游世界玩具

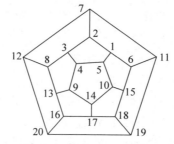

图 3-25　抽象后的平面图

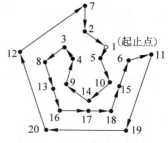

图 3-26　一条哈密顿回路

哈密顿回路与欧拉回路看似相同,本质上是完全不同的问题。哈密顿回路是访问每个顶点一次,欧拉回路是访问每条边一次;哈密顿回路的边和顶点都不能重复通过,但是有些边可以不经过;欧拉回路的边不能重复通过,顶点可以重复通过。如图 3-22 所示不存在欧拉回路,但是存在多个哈密顿回路(如 A→C→B→D→A)。

如果经过图中的每个顶点恰好一次后能够回到出发点,这样的图称为哈密顿图。所经过的闭合路径就形成了一个圈,它称为哈密顿回路或者哈密顿圈(见图 3-27、图 3-28)。图中一个顶点的度数是指这个顶点所连接的边数,如图 3-27 所示,顶点 B 的度为 4。哈密顿图有很多充分条件,例如,图的最小度不小于顶点数的一半时,则此图是哈密顿图;若图中每一对不相邻顶点的度数之和不小于顶点数,则为哈密顿图。也有一些图中不存在哈密顿回路(见图 3-29)。

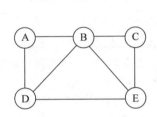

图 3-27　有哈密顿回路示例 1

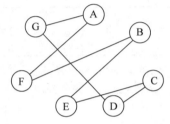

图 3-28　有哈密顿回路示例 2

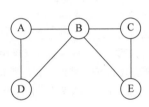

图 3-29　没有哈密顿回路

目前还没有找到判断一个图是不是哈密顿图的充分和必要条件。寻找一个图的哈密顿回路是 NP 难题。通常用穷举搜索的方法来判定一个图中是否含有哈密顿回路。目前还没有找到哈密顿回路的多项式算法。

欧拉回路和哈密顿回路在任务排队、内存碎片回收、并行计算等领域均有应用。

说明:哈密顿回路案例,参见本书配套教学资源程序 F3_7.py。

3.4.3　旅行商问题:计算组合爆炸

旅行商问题(traveling salesman problem,TSP)由哈密顿和英国数学家柯克曼(T. P. Kirkman)共同提出,它是指有若干个城市,任意两个城市之间的距离可能不同或相同;如果一个旅行商从某一个城市出发,依次访问每个城市一次,最后回到出发地,问旅行商应当如何行走经过的路程总长才会最短。

旅行商问题的边和顶点都不能重复通过,但是有些边可以不经过,因此旅行商问题与哈密顿回路有相似性,不同的是旅行商问题增加了边长的权值。

解决旅行商问题的基本方法是:对给定的城市路径进行排列组合,列出所有路径,然后计算出每条路径的总里程,最后选择一条最短的路径。如图 3-30 所示,从城市 A 出发,再回到城市 A 的路径有 6 条,最短路径为:A→D→C→B→A。

求解旅行商问题比求哈密顿回路更困难。当城市数不多时,找到最短路径并不难。但是随着城市数的增加,路径组合数会呈现指数级增长,计算时间的增长率也呈指数增长,一直达到无法计算的地步,这种情况称为计算的"组合爆炸"问题,或称为"维数灾难"(随着多项式中变量维数地增加,计算量呈指数倍增长)。

如图 3-30 所示,旅行商从 A 起,访问全部城市后再回到 A 点时,路径数为(4−1)!=6

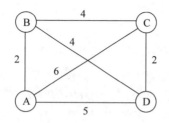

序号	路　　　径	路径长度	最短路径
1	A→B→C→D→A	13	是
2	A→C→B→D→A	19	否
3	A→D→C→B→A	13	是
4	A→B→D→C→A	14	否
5	A→C→D→B→A	16	否
6	A→D→B→C→A	19	否

图 3-30　4 个城市的旅行商问题示意图

条。旅行商问题目前还没有找到搜索最短路径的优秀算法，只能采用穷举法一个一个城市去搜索尝试。因此，n 个城市旅行商的全部路径有 $(n-1)!$ 条。

【例 3-45】　城市数为 26 时，求所有城市的全部路径数。Python 程序如下。

```
>>>    import math                  # 导入标准模块
>>>    math.factorial(25)           # 路径数为(26 - 1)的阶乘值
       15511210043330985984000000  # 所有路径数 = 1.5×10²⁵，计算量发生了组合爆炸
```

说明：很多旅行商求解程序都简化了问题，这些程序只考虑一个城市与周边 2～3 个城市有连接线，而不是考虑每个城市与其他所有城市都有连接路线。求解程序见配套教学资源程序 F3_8.py。

2010 年，英国伦敦大学奈杰尔·雷恩（Nigel Raine）博士在《美国博物学家》发表论文指出，蜜蜂每天都要在蜂巢和花朵之间飞来飞去，在不同花朵之间飞行是一件很耗精力的事情，因此蜜蜂每天都在解决"旅行商问题"。雷恩博士利用人工控制的假花进行实验，结果显示，不管怎样改变假花的位置，蜜蜂稍加探索后，很快就可以找到在不同花朵之间飞行的最短路径。如果能理解蜜蜂怎样做到这一点，对解决旅行商问题将有很大帮助。

旅行商问题有以下应用，例如，车载全球定位系统（global positioning system，GPS）中，经常需要规划行车路线，怎样做到行车路线距离最短，就需要对 TSP 问题求解；在印制电路板（printed circuit board，PCB）设计中，怎样安排众多的导线使线路距离最短，也需要对 TSP 问题求解。旅行商问题在其他领域也有普遍的应用，如物流运输规划、网络路由节点设置、遗传学领域、航天航空领域等。

计算科学中图论经典问题之间的区别如表 3-8 所示。

表 3-8　计算科学图论经典问题的区别

问 题 要 求	哥尼斯堡七桥问题	哈密顿回路问题	旅行商问题（TSP）
点遍历	全部遍历，允许重复	全部遍历，不允许重复	全部遍历，不允许重复
边遍历	全部遍历，不允许重复	部分遍历，不允许重复	部分遍历，不允许重复
边权值遍历	边长无关，权值=1	边长无关，权值=1	边长不一，权值不同
求解问题	求是否存在遍历路径	求节点遍历最短回路	求节点遍历最短距离

3.4.4　单向函数：公钥密码的基础

1. 单向函数的概念

现实世界中，单向函数的例子非常普遍。例如，把盘子打碎成数百块碎片是很容易的事情，然而要把所有碎片再拼成一个完整的盘子，却是非常困难的事情。例如，将挤出的牙膏塞回牙膏管子，要比把牙膏挤出来困难得多。类似的，将两个大素数相乘要比将它们的乘积因式分解容易得多。

【例 3-46】 如图 3-31 所示，已知 x 计算 $f(x)$ 容易；但是已知 $f(x)$，求 x 很难。

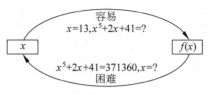

图 3-31　单向函数求解

2. 单向函数的假设

单向函数听起来很好，但事实上严格地按数学定义，我们不能从理论上证明单向函数的存在性。因为单向函数的存在性证明将意味着计算科学中最具挑战性的猜想 P＝NP，而目前的 NP 完全性理论不足以证明存在单向函数。即便是这样，还是有很多函数看起来像单向函数，我们能够有效地计算它们，而且至今还不知道有什么办法能容易地求出它们的逆，因此我们假定存在单向函数。

最简单的单向函数就是整数相乘。不管两个多大的整数，我们很容易计算出它们的乘积；但是对两个 100 位的素数之积，很难在合理的时间内分解出两个素数因子。

3. 单向陷门函数

单向陷门函数是一类特殊的单向函数，它在一个方向上易于计算而反方向难于计算。但是，如果你知道某个秘密，就能很容易在另一个方向计算这个函数。也就是说，已知 x，易于计算 $f(x)$；而已知 $f(x)$，却难于计算 x。然而，如果有一些秘密信息 y，一旦给出 $f(x)$ 和 y，就很容易计算出 x。例如，钟表拆卸和安装就像一个单向陷门函数，把钟表拆成数百个小零件很容易，而把这些小零件组装成能够工作的钟表非常困难，然而，通过某些秘密信息（如钟表装配手册），就能把钟表安装还原。

【例 3-47】 表达式 $88^7 \bmod 187 = 11$ 中，假设明文 M 为 88，密文 C 为 11，公钥 KU（陷门）为（7，187），私钥 KR（陷门）为（23，187）。

（1）表达式 $88^{(a)} \bmod (b) = 11$ 中，已知陷门 $a=7$，$b=187$ 时，求密文 $C=11$ 很容易。

（2）表达式 $11^{(a)} \bmod (b) = 88$ 中，已知密文为 $C=11^{(a)}$，明文为 $M=88$，但是不知道陷门（私钥）a，b 时，利用表达式求陷门 a、b 非常困难。

（3）表达式 $11^{(a)} \bmod 187 = (M)$ 中，已知密文 $C=11^{(a)}$，公钥 KU＝187，但是不知道陷门（私钥 KR）a 时，利用表达式求明文 M 也非常困难。

4. 单向陷门函数在密码中的应用

单向函数不能直接用作密码体制，因为用单向函数对明文进行加密，即使是合法的接收者也不能还原出明文，因为单向函数的逆运算非常困难。**所有公钥加密算法的关键在于它们有各自独特的单向陷门函数。**注意，单向陷门函数不是单向函数，它只是对那些不知道陷门的人表现出单向函数的特性。**著名的 RSA**（Ron Rivest、Adi Shamir、Leonard Adleman 三人的姓氏）**密码算法就是根据单向陷门函数设计的。**

3.4.5　哲学家就餐问题：死锁控制

1. 哲学家就餐问题

1965 年，迪杰斯特拉在解决操作系统的死锁问题时，提出了哲学家就餐问题，他将问题描述为：有五个哲学家，他们的生活方式是交替地进行思考和进餐。哲学家共用一张圆桌，分别坐在周围的五张椅子上，圆桌上有五个碗和五支餐叉（见图 3-32）。平时哲学家进行思考，饥饿时哲学家试图取左、右最靠近他的餐叉，只有在他拿到两支餐叉时才能进餐；进餐完毕，放下餐叉又继续思考。

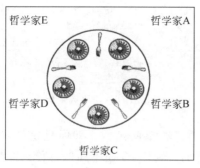

图 3-32　哲学家就餐问题

在哲学家就餐问题中,有如下约束条件:一是哲学家只有拿到两只餐叉时才能吃饭;二是如果餐叉已被别人拿走,哲学家必须等别人吃完之后才能拿到餐叉;三是哲学家在自己未拿到两只餐叉前,不会放下手中已经拿到的餐叉。

哲学家就餐问题用来说明在并行计算中(如多线程程序设计),多线程同步时产生的问题;它还用来解释计算机死锁和资源耗尽问题。

哲学家就餐问题形象地描述了多进程以互斥方式访问有限资源的问题。 计算机系统有时不能提供足够多的资源(CPU、内存等),但是又希望同时满足多个进程的使用要求。如果只允许一个进程使用计算机资源,系统效率将非常低下。研究人员采用一些有效的算法,尽量满足多进程对有限资源的需求,同时尽量减少死锁和进程饥饿现象的发生。

当五个哲学家都左手拿着餐叉不放,同时去取他右边的餐叉时,就会无限等待下去,导致死锁现象发生。

2. 哲学家就餐问题的解决方法

(1) 资源加锁。资源加锁可以使资源只被一个进程访问,当一个进程想要使用的资源被另一个进程锁定时,它必须等待资源解锁。当多个进程涉及加锁资源时,在某些情况下仍然有可能会发生死锁;而且,这个算法的资源利用率较低。

(2) 服务生法。引入一个餐厅服务生(监督进程),哲学家必须通过他的允许才能拿起餐叉(分配资源),因为服务生知道哪只餐叉正在使用,他能作出判断,避免死锁。这个算法实现简单,但效率不高,当多个哲学家同时需要餐叉时,服务员只好随机分配。

(3) 资源分级法。为餐叉(资源)分配一个优先级,约定优先级最高的餐叉优先分配,这样就不会有两个资源同时被同一个进程获取。这种方法能避免死锁,但并不实用,特别是事先并不知道进程所需资源的情况下,难以实现资源分配。

由以上分析可知,系统死锁没有完美的解决方案。**解决系统死锁需要频繁地进行死锁检测,这会严重降低系统运行效率,以至于得不偿失。** 由于死锁并不经常发生,大部分操作系统采用了鸵鸟算法:即尽量避免发生死锁,一旦真发生了死锁,就假装什么都没有看见,重新启动死锁的程序或系统。可见鸵鸟算法只是一种折中策略。

3.4.6　两军通信:信号不可靠传输

网络通信能不能做到理论上可靠? Tanenbaum 教授在《计算机网络》一书中提出了一个经典的两军通信问题。

如图 3-33 所示,A 军在山谷里扎营,在两边山坡上驻扎着 B 军。A 军比两支 B 军中的任意一支都要强大,但是两支 B 军加在一起就比 A 军强大。如果一支 B 军单独与 A 军作战,它就会被 A 军击败;如果两支 B 军协同作战,他们能够把 A 军击败。两支 B 军要协商一同发起进攻,他们唯一的通信方法是派通信员步行穿过山谷,通过山谷的通信员可能躲过 A 军监视,将发起进攻的信息传送到对方 B 军;但是通信员也可能被山谷中的 A 军俘虏,从而将信息丢失(信道不可靠)。问题:是否存在一个方法(协议)能实现 B 军之间的可靠通信,使两军协同作战而取胜？这就是两军通信问题。

图 3-33　两军通信问题：B 军之间如何实现安全可靠的通信

特南鲍姆教授指出,不存在一个通信协议使山头两侧的 B 军达成共识。**在信道不可靠的情况下,永远无法确定最后一次通信是否送达了对方。**如果更深入一步讨论,当 B 军通信兵被 A 军截获,并且通信内容被 A 军修改后(黑客攻击),情况将会变得更加复杂。可见,**网络通信是在不可靠的环境中实现尽可能可靠的数据传输。**

两军通信问题本质上是一致性确认问题,也就是说通信双方都要确保信息的一致性。**通信信道不可靠时,没有确定型算法能实现进程之间的协同。**所以,TCP 协议采用"三次握手"进行通信确认,这是一个通信安全和通信效率兼顾的参数。我们说"TCP 是可靠通信协议",仅仅是说它成功的概率较高而已。

两军通信问题在计算机通信领域应用广泛,例如,数据的发送方如何确保数据被对方正确接收;在计算机集群系统中,如果在指定时间内(如 1～10s)没有收到计算节点的心跳信号时,怎样确定对方是宕机了,还是通信网络出现了问题;在密码学中,最困难的工作是如何将密钥传送给接收方(密钥分发),如果在理论或实际中有一个安全可靠的方法将密钥传送给接收方,则加密和解密系统就显得多此一举。

习 题 3

3-1　简要说明什么是计算思维。

3-2　简要说明计算领域解决问题的主要步骤。

3-3　为什么圆周率 π 是可计算数?

3-4　不可计算的问题有哪些类型?

3-5　简要说明不可计算问题的解决方法。

3-6　简要说明计算复杂性理论的研究内容。

3-7　开放题:例 3-40 中,用计算机模拟搬运汉诺塔中的盘子,如果计算机 1ms 可以计算搬运一次盘子,搬运一个有 64 个盘子的汉诺塔,一共需要计算多长时间?

3-8　开放题:写出"石头—剪子—布"游戏的博弈策略矩阵。

3-9　开放题:"现代计算机与图灵机在计算性能上是等价的"这句话正确吗?

3-10　实验题:参考本书程序案例,实现囚徒困境的博弈。

计算思维和学科基础

第4章 常用算法和数据结构

算法是解决问题的一系列步骤,也是计算科学的核心领域。计算科学的基本工作就是探讨解决问题的新算法,讨论迭代、递归、排序、查找等经典算法的思想和实现方法,以及用抽象的方法,建立数值和非数值信息的表达、存储和处理方法。

4.1 算法的特征

4.1.1 算法的定义

1. 算法的基本定义

算法(Algorithm)公认为是计算科学的灵魂。最早的算法可追溯到公元前 2000 年,古巴比伦留下的陶片显示,古巴比伦的数学家提出了一元二次方程及其解法。

计算科学专家科尔曼(Thomas H. Cormen)在《算法导论 第 3 版》中指出:"**算法就是任何定义明确的计算步骤**,它接收一些值或集合作为输入,并产生一些值或集合作为输出。这样,算法就是将输入转换为输出的一系列计算过程。"

算法不是数学模型,它是人为构造的解决问题的步骤。算法都可以用程序语言实现,但程序不一定都是算法,因为程序不一定满足有穷性。例如,操作系统是一个大型程序,只要整个系统不遭到破坏,它可以不停地运行;即使没有作业需要处理,它仍处于动态等待中。另外,程序指令必须是机器的可执行操作,而算法中的指令则无此限制。**算法是对问题的求解方法,而程序是算法在计算机中的实现**。

问题与程序的关系为"**实际问题→数学模型→算法设计→程序设计→运行结果**"。

2. 算法的基本特征

(1)有穷性。一个算法必须在有穷步之后结束,即算法必须在有限时间内完成。这种有穷性使得算法不能保证一定有解,结果有以下几种情形:有解;无解;有理论解,但算法的运行没有得到;不知有无解,在算法的有穷执行步骤中没有得到解。

(2)确定性。算法中每一条指令必须有确切含义,无二义性,不会产生理解偏差。算法可以有多条执行路径,但是对某个确定条件,只能选择其中的一条路径执行。

(3)可行性。算法是可行的,描述的操作都可以通过有限次运算实现。

(4)输入。一个算法有零个或多个数据输入。有些数据在算法执行过程中输入,有些数据不需要外部输入,数据输入被嵌入算法之中。

(5)输出。一个算法有一个或多个输出,输出与输入之间存在某些特定的关系。不同的输入可以产生不同或相同输出,但是相同的输入必须产生相同的输出。

4.1.2 算法的表示

算法可以用自然语言、伪代码、流程图、N-S 图、PAD 图、UML 等进行描述。

1. 用自然语言表示算法

自然语言描述算法的优点是简单,便于人们对算法的阅读。但是自然语言表示算法时文字冗长,容易出现歧义;而且,用自然语言描述分支和循环结构时不直观。

【例 4-1】 用自然语言描述 $z = x \div y$ 的算法流程,自然语言描述如下。

(1) 输入变量 x,y。

(2) 判断 y 是否为 0。

(3) 如果 $y = 0$,则输出出错提示信息。

(4) 否则计算 $z = x \div y$。

(5) 输出 z。

2. 用伪代码表示算法

用程序语言描述算法过于烦琐,常常需要借助注释才能使人明白。为了解决算法理解与执行两者之间的矛盾,人们常常采用伪代码进行算法思想描述。伪代码忽略了程序语言中严格的语法规则和细节描述,使算法容易被人理解。**伪代码没有规定的语法规范**,只要把算法思想表达清楚,并且书写格式清晰易读即可。

【例 4-2】 从键盘输入 2 个数,输出其中较大的数,算法伪代码如下。

1	Begin	# 伪代码开始
2	input A, B	# 输入变量 A、B
3	if A > B	# 如果 A 大于 B
4	then Max←A	# 则将 A 赋值给变量 Max
5	else Max←B	# 否则将 B 赋值给变量 Max
6	endif	# 结束条件判断
7	output Max	# 输出较大数 Max
8	End	# 伪代码结束

3. 用流程图表示算法

冯·诺依曼 1947 年发表的论文中指出,可以用流程图说明计算机整体架构或程序指令,早期流程图是程序设计的一个重要方法。流程图由一些特定图框、流程线、简要文字说明构成(见图 4-1)。流程图中,一般用圆边框表示算法开始或结束;矩形框表示各种处理功能;平行四边形框表示数据输入或输出;菱形框表示条件判断;圆圈表示连接点;箭头线表示算法流程;习惯上用 T 表示条件为真(true),F 表示条件为假(false),或者用 Y(yes)表示条件为真,N(no)表示条件为假。

【例 4-3】 用流程图描述 $z = x \div y$,并输出 z,算法流程图如图 4-2 所示。

4.1.3 算法的评估

1. 算法的评价标准

衡量算法优劣的标准有正确性、可读性、健壮性、效率与复杂度。

(1) 正确性。在给定有效输入后,算法经过有限时间计算并产生正确的答案,就称算法是正确的。算法正确包含以下四个层次:一是不含语法错误;二是对多组输入数据能够得

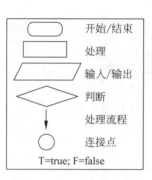

图 4-1　流程图基本符号

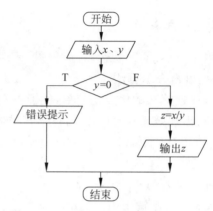

图 4-2　计算 $z=x/y$ 的算法流程图

出满足要求的结果;三是对精心选择的、典型的、苛刻的多组输入数据,能够得出满足要求的结果;四是对一切合法的输入都可以得到符合要求的解。

(2)可读性。**算法主要用于人们的阅读与交流,其次才是用于程序设计**,因此算法应当易于理解;另外,晦涩难读的算法难以编程,并且程序调试时容易导致较多错误。算法简单,则程序结构也会简单,这样容易验证算法的正确性,便于程序调试。

(3)健壮性。算法应具有容错处理。当输入非法数据时,算法应当恰当地做出反应或进行相应处理,而不是产生莫名其妙的输出结果。算法应具有以下健壮性(鲁棒性):一是对输入的非法数据或错误操作给出提示,而不是中断程序的执行;二是返回表示错误性质的特征值,以便程序在更高层次上进行出错处理。

(4)效率。**一个问题可能有多个算法**,每个算法的计算量都会不同(见例 4-4)。要在保证运算正确的前提下,力求得到简单的算法。

(5)复杂度。算法复杂度是指算法运行时需要的资源,它们包括时间资源和内存资源,因此算法复杂度有"时间复杂度"和"空间复杂度"。

【例 4-4】　外观完全相同的 9 个金币,其中有一个是假币(假币重量较轻)。请问,如果用天平鉴别金币的真假,在排除重复称量的情况下,最好的情况是第一次称量就可以辨别出假币,最差情况下需要称几次才能辨别出假币? 各种算法思想如下。

算法 1:天平左边固定一个金币,不断变换右边的金币,最多称 7 次可鉴别出假币。

算法 2:天平两边各一个金币,每次变换两边的金币,最多称 4 次可鉴别出假币。

算法 3:天平两边各两个金币,每次变换两边的金币,最多称 3 次可鉴别出假币。

算法 4:天平左边 3 个,右边 3 个,留下 3 个,最多称 2 次可以鉴别出假币。

由以上分析可以看出,同一个问题可用多种算法求解,每种算法的运算效率会不同。

2. 评估算法性能的困难

对算法的性能进行评估很困难,存在以下影响因素。

(1)硬件速度。如 CPU 频率、内核数、内存容量等都会影响算法运行时间。

(2)问题规模。例如,搜索 1000 与 1000 万以内的素数时,运行时间会非线性增长。

(3)公正性。测试环境和测试数据的选择,很难做到对各个算法都公正。

在以上各种因素都不确定的情况下,很难客观地评估各种算法之间的优劣。目前国际上对复杂问题和高效算法,主要采用基准测试(benchmark)的方法对某个实例进行性能测试,例如,世界 500 强计算机采用的 Linpack 基准测试。因为能够分析清楚的算法,要么是简单算法,要么是低效算法,难题和高效算法有时很难分析清楚。

4.1.4 算法复杂度

计算科学专家高德纳指出:**计算复杂性理论研究计算模型在各种资源(时间、空间等)限制下的计算能力**。算法的复杂度包括时间复杂度和空间复杂度。算法复杂度有最好、最坏、平均几种情况,最常使用的是最坏情况下算法时间复杂度。

1. 算法时间复杂度的表示

算法时间指算法从开始运行到算法运行结束所需要的时间。当问题规模 n 逐渐增大时,算法运行时间的极限情形称为算法的"渐近时间复杂度"(简称为时间复杂度)。

常用大 O(读[big-oh]或[大圈])表示一个算法复杂度的上界,这里 O 表示量级(Order);如果某个算法的复杂度达到了这个问题复杂度的下界,就称这个算法是最佳算法。例如,算法复杂度为 $O(n)$ 时,表示当 n 增大时,运行时间最多将以正比于 $O(n)$ 的速度增长。

2. 算法时间复杂度计算案例

【例 4-5】 计算直角三角形边长程序的时间复杂度 $T(n)=O(1)$。Python 程序如下。

```
1  import math                              # 导入标准模块,计算频度 = 1 次
2  a = int(input('输入直角三角形第 1 条边长:'));  # 输入取整,计算频度 = 1 次
3  b = int(input('输入直角三角形第 2 条边长:'));  # 输入取整,计算频度 = 1 次
4  c = math.sqrt(a * a + b * b)             # 计算边长,计算频度 = 1 次
5  print('直角三角形第 3 条边长为:', c)      # 输出计算值,计算频度 = 1 次
```

案例分析:以上语句执行时间是与问题规模 n 无关的常数,算法时间复杂度为常数时,记作 $T(n)=O(1)$。如果算法执行时间不随问题规模 n 的增加而增长,即使算法有几百条语句,执行时间也不过是一个较大的常数,这类算法的时间复杂度均为 $O(1)$。

【例 4-6】 计算 1~100 累加和程序的时间复杂度 $T(n)=O(n)$。Python 程序如下。

```
1  sum = 0                                  # 变量赋值,计算频度 = 1 次
2  for i in range(1, 101):                  # 循环 1 到 101,计算频度 = n 次
3      sum = sum + i                        # 计算累加值,计算频度 = n 次
4  print('1 + 2 + 3 + ... + 100 = ', sum)   # 输出累加值,计算频度 = 1 次
```

案例分析:以上算法的时间复杂度为 $T(n)=1+n+n+1=2+2n=O(n)$。

【例 4-7】 求 64 整除 2 程序的时间复杂度 $T(n)=O(\log n)$。Python 程序如下。

```
1  n = 64                                   # 变量赋值,计算频度 = 1 次
2  while n > 1:                             # 循环,终止条件为 n > 1,计算频度 = n/2 次
3      print(n)                             # 输出计算值,计算频度 = n/2 次
4      n = n // 2                           # 变量 n 整除 2,计算频度 = n/2 次
```

案例分析:以上程序中,每循环一次减少了一半计算量,循环运行了 6 次($2^6=64$, $\log_2 64=6$),循环次数呈指数减少时,时间复杂度为 $O(\log_2 n)$,简写为 $O(\log n)$。

【例 4-8】 打印乘法口诀表程序的时间复杂度 $T(n)=O(n^2)$。Python 程序如下。

```
1  for i in range(1, 10):                   # 外循环,i 为被乘数循环次数,计算频度 = n 次
2      for j in range(1, i + 1):            # 内循环,j 为乘数循环次数,计算频度 = n² 次
3          print(i, ' * ', j, ' = ', i * j) # 输出 i * j 值,计算频度 = n² 次
```

常用算法和数据结构

案例分析：以上算法的时间复杂度为 $T(n)=n+n^2+n^2=O(n^2)$。

3. 算法的空间复杂度

算法空间复杂度是指程序运行从开始到结束所需的存储空间。它包括以下两部分。

（1）固定部分。这部分存储空间与所处理数据的大小和数量无关，或者称与问题的实例无关。主要包括程序代码、常量、简单变量、定长成分的结构变量所占的空间。

（2）可变部分。这部分与处理数据的大小和规模有关。例如，100 个数据的排序与 100 万个数据的排序所需存储空间呈现指数级增长，因为存储中间结果的开销增长很快。

空间复杂度与时间复杂度的概念类同，计算方法相似，而且空间复杂度分析相对简单些，所以一般主要讨论时间复杂度。

4. 常见算法的时间复杂度

算法复杂度为指数阶和阶乘阶的情况很少见，因为设计算法时，要避免指数级递增这种复杂度的出现。常见算法的时间复杂度级别如表 4-1 所示。

表 4-1　常见算法的时间复杂度级别

复　杂　度	说　　明	循　　环	案　　例
$O(1)$	常数阶	无循环	顺序执行的算法，如没有循环结构的程序
$O(\log n)$	对数阶	1 层	循环次数呈指数减少的算法，如二分查找法
$O(n)$	线性阶	1 层	单循环算法，例如，在无序数据表中，顺序查找确定位置
$O(n\log n)$	线性对数阶	2 层	双循环中，内循环次数呈指数减少的算法，如快速排序
$O(n^2)$	平方阶	2 层	双循环算法，例如，4×4 矩阵要计算 16 次
$O(n^3)$	立方阶	3 层	三循环算法，例如，$4\times4\times4$ 矩阵要计算 64 次
$O(2^n)$	指数阶	—	如汉诺塔问题、密码暴力破解问题等
$O(N!)$	阶乘阶	—	如旅行商问题、哈密顿回路问题等

说明：通常对数必须指明基数，如 $x=\log_b n$，该等式等价于 $b^x=n$。$\log_b n$ 的值随基数 b 的改变而乘以相应的常数倍，所以写成 $f(n)=O(\log n)$ 时不再指明基数，因为最终要忽略常数因子。

4.2　常用算法

最核心的算法思想有枚举法、分治法、贪心法、动态规划、递归算法、蒙特卡洛法等，其他算法都是这些最基本算法的扩展版或混合版。

4.2.1　迭代法

1. 迭代的概念

迭代是利用变量原值推算出变量的新值。**如果递归是自己调用自己，迭代则是 A 不停地调用 B**。迭代利用计算机运算速度快、适合做重复性操作的特点，让计算机对一组指令重复执行（循环），在每次执行这组指令时，都从变量原值推出它的一个新值。如图 4-3、图 4-4、图 4-5 所示，迭代现象广泛存在于工作和生活中。

2. 迭代的基本策略

在程序设计中，往往利用循环来实现迭代。迭代要做好以下三方面的工作。

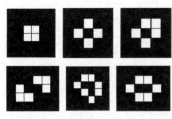

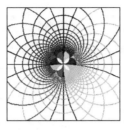

| 图 4-3 生命游戏迭代过程 | 图 4-4 图形迭代过程 | 图 4-5 项目迭代过程 |

（1）确定迭代模型。用迭代解决问题时，至少存在一个直接或间接由旧值递推出新值的变量，这个变量就是迭代变量。例如，for i in 'Python'语句中，i 就是迭代变量。

（2）建立迭代关系式。迭代关系式是指从变量前一个值推出下一个值的基本公式（如E0409.py 程序第 4 行）。建立迭代关系式是解决迭代问题的关键。

（3）迭代过程的控制。不能让迭代过程无休止地重复执行（死循环）。迭代过程的控制分为两种情况：一是迭代次数是确定值时，可以构建一个固定次数的循环来实现对迭代过程的控制；二是迭代次数无法确定时，需要在程序循环体内判断迭代结束的条件。

3. 程序设计案例：迭代算法解细菌繁殖问题

【例 4-9】 阿米巴细菌以简单分裂的方式繁殖，它分裂一次需要 3min。将若干个阿米巴细菌放在一个盛满营养液的容器内，45min 后容器内就充满了阿米巴细菌。已知容器最多可以装 2^{20} 个阿米巴细菌。请问，开始的时候往容器内放了多少个阿米巴细菌？

案例分析：根据题意，阿米巴细菌每 3min 分裂一次，那么从开始将阿米巴细菌放入容器里面，到 45min 后充满容器，需要分裂 45/3＝15 次。而"容器最多可以装阿米巴细菌 2^{20} 个"，即阿米巴细菌分裂 15 次以后得到的个数是 2^{20}。不妨用倒推的方法，从第 15 次分裂后的 2^{20} 个，倒推出第 14 次分裂后的个数，再进一步倒推出第 13 次分裂后，第 12 次分裂后，……，第 1 次分裂之前的个数。

设第 1 次分裂之前的阿米巴细菌个数为 x_0 个，第 1 次分裂之后的个数为 x_1 个，第 2 次分裂之后的个数为 x_2 个，……，第 15 次分裂之后的个数为 x_{15} 个，则有

$$x_{14}=x_{15}/2, x_{13}=x_{14}/2, \cdots, x_{n-1}=x_n/2 \quad (n \geq 1) \tag{4-1}$$

因为第 15 次分裂之后的细菌个数 x_{15} 已知，如果定义迭代变量为 x，则可以将上面的倒推公式转换成如下的迭代基本公式（数学模型）

$$x=x/2 \quad (x \text{ 的初值为 } 2^{20}) \tag{4-2}$$

让迭代基本公式重复执行 15 次，就可以倒推出第 1 次分裂之前的阿米巴细菌个数。可以使用固定次数循环来实现对迭代过程的控制。Python 程序如下。

1	x = 2 ** 20	# 最终阿米巴细菌数量赋值给 x(迭代初始条件)
2	for i in range(0, 15):	# 设置循环起止条件(迭代 15 次)
3	x = x / 2	# 利用基本公式进行迭代计算
4	print('初始阿米巴细菌数量为：', x)	# 输出初始阿米巴细菌数
>>>	初始阿米巴细菌数量为：32.0	# 程序输出

【例 4-10】 用迭代算法编写函数，求正整数 $n=5$ 的阶乘值。Python 程序如下。

1	def fact(n):	# 定义迭代函数 fact(n)，n 为形参
2	result = 1	# 设置阶乘初始值
3	for k in range(2, n+1):	# 循环计算(迭代)，从 k＝2 开始，到 k＝n+1 终止

4	result = result * k	# 计算阶乘值
5	return result	# 将阶乘值返回给调用函数
6	fact(5)	# 调用函数 fact(n),并传入实参5(阶乘值)
>>>	120	# 程序输出

4.2.2 递归法

1. 递归的概念

在计算科学中,**递归是指函数自己调用自己**,递归函数能实现的功能与循环等价。**递归具有自我描述**(见图4-6)、**自我繁殖**(见图4-7)、自我复制的特点。递归一词也常用于描述以自相似重复事物的过程(见图4-8)。

图4-6　图形的自我描述　　　　图4-7　图形的自我繁殖　　　　图4-8　图形的自我重复

2. 程序设计案例:用递归程序讲故事

【**例4-11**】　语言中也存在递归现象,童年时,小孩央求大人讲故事,大人有时会讲这样的故事:"从前有座山,山上有个庙,庙里有个老和尚和小和尚,老和尚给小和尚讲故事,讲的是:从前有座山,山上有个庙,……"。这是一个永远也讲不完的故事,因为故事调用了故事自身,无休止地循环,讲故事人利用了语言的递归性。Python程序如下。

1	import time	# 导入标准模块
2		
3	def story(a):	# 定义故事递归函数
4	print(a)	# 打印输出故事
5	time.sleep(1)	# 暂停1s(调用休眠函数)
6	return story(a)	# 递归调用(自己调用自己)
7	myList = ['从前有座山,山上有个庙,庙里有个老和尚	# 故事赋值
8	和小和尚,老和尚给小和尚讲故事,讲的是:']	
9	story(myList)	# 调用故事递归函数
>>>	'从前有座山,山上有个庙,…	# 按[Ctrl + C]或关闭窗口强制中止

案例分析:以上程序没有对递归深度进行控制,这会导致程序无限循环执行,这也充分反映了递归自我繁殖的特点。由于每次递归都需要占用一定的存储空间,程序运行到一定次数后(Python默认递归深度为1000次),就会因为内存不足,导致内存溢出而死机。**计算机病毒程序和蠕虫程序正是利用了递归函数自我繁殖的特点。**

图灵机和递归函数论是计算科学的两大理论支柱。那么可以自我描述和自我繁殖的递归程序是否符合算法规范?会不会导致图灵停机问题?科学家们已经证明:满足一定规范的自调用或自描述程序,从数学本质上看是正确的,不会产生悖论。

3. 递归的定义与方法

在一个函数的定义中出现了对自己本身的调用,称为直接递归;或者一个函数 p 的定

义中包含了对函数 q 的调用,而 q 的实现过程又调用了 p,即函数形成了环状调用链,这种方式称为间接递归。递归的基本思想是:将一个大型复杂的问题,分解成为规模更小的、与原问题有相同解法的子问题来求解。递归只需要少量的程序,就可以描述解题过程需要的多次重复计算。设计递归程序的困难在于如何编写可以自我调用的递归函数。

递归的执行分为**递推和回归两个阶段**。在递推阶段,将较复杂问题(规模为 n)的求解,递推到比原问题更简单一些的子问题(规模小于 n)求解。递归必须有终止递推的边界条件(即退出递推进入回归的条件),否则递归将陷入无限递推之中。回归阶段利用递归基本公式进行计算,然后逐级回归,最终得到复杂问题的解。

4. 阶乘的递归过程分析

【**例 4-12**】 以 3! 的计算为例,说明递归的执行过程。

案例分析:对 $n>1$ 的整数,阶乘边界条件是 $0!=1$;基本公式如下:

$$n!=n\times(n-1)! \tag{4-3}$$

(1)递推过程。如图 4-9 所示,利用递归方法计算 3! 时,可以先计算 2!,将 2! 的计算值回代就可以求出 3! 的值($3!=3\times2!$);但是程序并不知道 2! 的值是多少,因此需要先计算 1! 的值,将 1! 的值回代就可以求出 2! 的值($2!=2\times1!$)(以上过程中,变量中间值逐步压入堆栈,见图 4-10);而计算 1! 的值时,必须先计算 0!(变量中间值逐步弹出堆栈,见图 4-10),将 0! 的值回代就可以求出 1! 的值($1!=1\times0!$)。这时 $0!=1$ 是阶乘的边界条件,递归满足这个边界条件时,也就达到了子问题的基本点,这时递推过程结束。

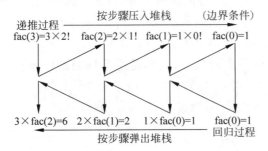
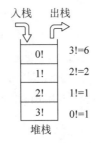

图 4-9　阶乘递归函数的递推和回归过程　　　图 4-10　变量入栈和出栈

(2)回归过程。递归满足边界条件后,或者说达到了问题的基本点后,递归开始进行回归,即($0!=1$)→($1!=1\times1$)→($2!=2\times1$)→($3!=3\times2$),最终得出 $3!=6$。

从例 4-12 可以看出,递归需要花费很多的内存单元(堆栈)来保存中间计算结果(空间开销大);另外运算需要递推和回归两个过程,这样会花费更长的计算时间(时间开销大)。

5. 程序设计案例:递归算法求阶乘

【**例 4-13**】 利用递归函数求正整数 $n=5$ 的阶乘值。Python 程序如下。

1	def fac(n):	# 定义递归函数 fac(n)
2	if n == 0:	# 判断边界条件,如果 n = 0
3	return 1	# 返回值为 1
4	return n * fac(n-1)	# 函数递归调用(自己调用自己),返回阶乘值
5	print('5 的阶乘 = ', fac(5))	# 调用 fac(n)递归函数,并传入实参 5
>>>	5 的阶乘 = 120	# 程序输出

【**例 4-14**】 用递归算法将十进制数转换为二进制数。Python 程序如下。

1	def T2B(n):	# 定义 T2B 递归函数(T2B 为十进制转二进制)
2	if n == 0:	# 如果传入的参数 = 0
3	return	# 函数返回
4	T2B(int(n/2))	# 函数递归调用(自己调用自己)
5	print(n % 2, end = '')	# 输出二进制数,end = '' 为不换行输出
6	print('转换后的二进制数为:')	
7	T2B(200)	# 调用 T2B() 递归函数,并传入实参 200
>>>	转换后的二进制数为: 11001000	# 程序输出

6. 递归的特征

(1) 递归适用的问题。一是计算数据可以按递归定义(如阶乘、斐波那契函数);二是问题可以按递归算法求解(如汉诺塔问题);三是数据结构可以按递归定义(如树遍历)。递归在函数式程序语言中得到了普遍应用。

(2) 递归的基本条件。不是所有问题都能用递归解决,递归解决问题必须满足两个条件:一是通过递归调用可以缩小问题的规模,而且子问题与原问题有相同的形式,即存在递归基本公式;二是存在边界条件,递归达到边界条件时退出递归。

(3) 递归的缺点。递归算法在时间和空间上的开销都很大。一是递归算法比迭代算法运行效率低;二是递归函数每进行一次调用,都将创建一批新变量,系统必须为每一层的返回点、局部变量等开辟内存存储单元(见图 4-10),递归深度过大(Python 默认为 1000 次),将会造成内存单元不够而产生数据溢出;三是递归理解困难,例如,递归函数如何定义?递归如何进行控制?怎样实现自己调用自己?如何得到期望值?这些问题都需要反复琢磨。彼得·德奇(L. Peter Deutsch)风趣地说:"人理解迭代,神理解递归。"

(4) 递归与迭代的区别。**递归是自己调用自己,迭代是用循环处理问题**;递归需要回归,迭代无须回归;递归多用于树搜索(见图 4-11),迭代多用于重复性处理(见图 4-12);递归占用内存多,迭代占用内存少;迭代程序容易理解,递归程序理解困难。

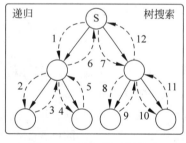

图 4-11 递归用于树搜索

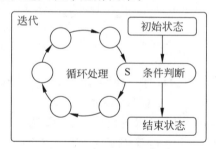

图 4-12 迭代用于重复性处理

4.2.3 枚举法

1. 枚举法基本算法思想

枚举法又称穷举法,它的算法思想是:先确定枚举对象、枚举的范围和判定条件,然后依据问题的条件确定答案的大致范围,并对所有可能的情况逐一枚举验证。如果某个情况使验证符合问题的条件(真正解或最优解),则为本问题的一个答案;如果全部情况验证完后均不符合问题的条件,则问题无解。

枚举法通常会涉及求极值(如最大、最小等)问题。在树状数据结构问题的广度优先搜索和深度优先搜索中,也广泛使用枚举法。对有范围要求的案例,可以通过循环范围限定控制枚举区间,并且在循环体中根据求解条件,进行判别与筛选,求得要求的解。

枚举法最大的缺点是运算量比较大,解题效率不高,如果枚举范围太大,在时间上就难以承受。但是枚举法思路简单,程序编写和调试容易,如果问题规模不是很大(例如,运算次数小于 1000 万),采用枚举法不失为一个很好的选择。

2. 程序设计案例:枚举法解鸡兔同笼问题

【例 4-15】 鸡兔同笼问题最早记载于《孙子算经》(魏晋时期作品,作者不详)。原文如下:"今有雉兔同笼,上有三十五头,下有九十四足,问雉兔各几何?"这个问题的大致意思是:在一个笼子里关着若干只鸡和若干只兔子,从笼子上面数共有 35 个头,从笼子下面数共有 94 只脚,请问笼中鸡和兔的数量各是多少?

解题算法思想如下。

(1)假设笼中鸡有 x 只,兔子有 y 只,根据题目列出以下方程式。

$$\begin{cases} x + y = 35(鸡和兔子一共 35 个头) \\ 2x + 4y = 94(鸡 2 个脚,兔子 4 个脚,一共 94 个脚) \end{cases}$$

(2)外循环开始时,取鸡有 1 只;内循环判断兔子在 1~34 只时是否满足求解方程式,结果不满足。第 2 次外循环时,取鸡有 2 只,内循环判断兔子在 1~33 只时是否满足条件表达式,结果还是不满足。以此类推,直到满足条件表达式,得到一个结果,这就是穷举法。用穷举法求解非常简单,但是计算量大时,时间花费很大。Python 程序如下。

1	for x in range(35):	# 外循环,统计鸡的数量
2	for y in range(35):	# 内循环,统计兔子的数量
3	if 2 * x + 4 * y == 94 and x + y == 35:	# 判断是否满足条件表达式
4	print(f"鸡有{x}只,兔子有{y}只")	# 输出计算结果
>>>	鸡有 23 只,兔子有 12 只	# 程序输出

3. 程序设计案例:枚举法解水仙花数问题

【例 4-16】 水仙花数是指一个 3 位数,各位数字的立方和等于该数本身。如 153 是一个水仙花数,因为 $153 = 1^3 + 5^3 + 3^3$。编程打印 1000 之间的所有水仙花数。

解题算法思想如下。

(1)水仙花数是一个 3 位数,因此循环判断从 100 开始,到 1000 结束。

(2)在循环体内,可以用整除(//)计算百位数;用整除(//)和求余(%)计算十位数;用求余(%)计算个位数。

(3)将百位、十位、个位数分别做乘方运算,然后相加,获得一个值 n。

(4)将 n 与 k 比较,如果两个数值相等,则 k 是水仙花数。Python 程序如下。

1	for k in range(100, 1000):	# 循环范围 100~1000
2	a = k // 100	# 求百位数(整除)
3	b = (k//10) % 10	# 求十位数(整除,求余)
4	c = k % 10	# 求个位数(求余)
5	n = a ** 3 + b ** 3 + c ** 3	# 计算水仙花数
6	if n == k:	# 如果 n 与 k 相等,则 k 为水仙花数
7	print('水仙花数为:', k)	# 打印水仙花数

常用算法和数据结构

>>> 水仙花数为：153	# 程序输出；$153 = 1^3 + 5^3 + 3^3$
水仙花数为：370	# $370 = 3^3 + 7^3 + 0^3$
水仙花数为：371	# $371 = 3^3 + 7^3 + 1^3$
水仙花数为：407	# $407 = 4^3 + 0^3 + 7^3$

4.2.4 分治法

1. 问题的规模与分解

用计算机求解问题时，需要的**计算时间与问题规模 N 有关**。问题规模越小，解题所需的计算时间越少。例如，对 n 个元素进行排序；当 $n=1$ 时，不需任何计算；$n=2$ 时，只要作 1 次比较即可排好序；$n=3$ 时，要作 2 次比较；……而当 $n=1000$ 万时，问题就不那么容易处理了。要想解决一个大规模的问题，有时相当困难。问题规模缩小到一定程度后，就可以很容易地解决。随着问题规模的扩大，问题的复杂性也会随之增加。

分治法就是将一个难以直接解决的大问题，分割成一些规模较小的相同问题，以便各个击破，分而治之。这个技巧是很多高效算法的基础，如排序算法等。

2. 分治法基本算法思想

分治法的算法思想是将大问题分解为相互独立的子问题求解，然后将子问题的解合并为大问题的解。这一特征涉及分治法的效率，如果各子问题不独立，则分治法要做许多不必要的工作，重复地解公共的子问题，此时虽然可用分治法解决，但是效率不高，一般用动态规划法较好。分治法的算法步骤如下。

（1）分解。将问题分解为若干个规模较小的子问题，然后对子问题求解。

（2）合并。将各个子问题的解合并为原问题的解。合并是分治法的关键步骤，有些问题的合并方法比较明显，有些问题合并方法比较复杂，或者有多种合并方案，或者是合并方案不明显。究竟应该怎样合并，没有统一的模式，需要具体问题具体分析。

分治与递归像一对孪生兄弟，经常同时应用在算法设计之中，并由此产生了许多高效算法。分治法与软件设计的模块化方法也非常相似。利用分治法求解的一些经典问题有归并排序、二分搜索、快速排序、线性时间选择、循环赛日程表等。

3. 程序设计案例：用分治法进行归并排序

【**例 4-17**】 利用分治法进行归并排序。假设数据序列为 $[49,38,65,97,76,13,27]$。采用分治法进行归并排序的过程如图 4-13 所示。

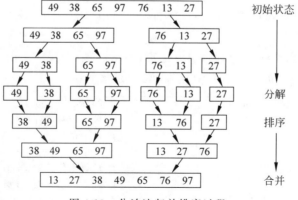

图 4-13 分治法归并排序过程

案例分析：归并排序（又称二路归并排序）是将一个数列一分为二，对每一个子数列递归排序，最后将排好的子数列组合为一个有序数列。归并排序是"分治法"应用的完美实现。如图 4-13 所示，归并排序需要以下两个步骤。

（1）分解：将数列分为 n 个子数列，每个子数列长度为 1。

（2）合并：合并时一个一个地对比两个数，谁小（或者大）就先将放进列表中，然后将两个相邻的有序数列合并成一个有序数列。Python 程序如下。

```
1   def merge(L, R):                            #【合并】将两个排过序的列表合并，并排序
2       i, j = 0, 0                             # 用于限定 L、R 数据减少情况
3       res = [ ]                               # 用于存放 L 与 R 的合并内容
4       while i < len(L) and j < len(R):        # 每次循环只处理一个列表的内容
5           if L[i] <= R[j]:                    # 如果右边的数大于左边的数
6               res.append(L[i])                # 将右边的数先添加到 res 中，再继续比较
7               i += 1
8           else:                               # 如果左边的数大于右边的数
9               res.append(R[j])                # 将左边的数先添加到 res 中，再继续比较
10              j += 1
11      res += R[j:] if i == len(L) else L[i:]  # 对未处理完的列表，直接加入 res 列表中
12      return res                              # 返回排序列表
13
14  def merge_sort(nums):                       # 归并排序函数
15      length = len(nums)                      #【分解】计算序列长度
16      if length <= 1:                         # 当整个序列只剩一个元素时
17          return nums                         # 返回这个元素
18      else:
19          mid = length//2                     # 确定序列分界的中点
20          left = merge_sort(nums[:mid])       # 对左边序列递归排序
21          right = merge_sort(nums[mid:])      # 对右边序列递归排序
22          return merge(left, right)           # 返回排序列表
23
24  nums = [49, 38, 65, 97, 76, 13, 27]         # 原始列表序列
25  print('原始序列:', nums)                     # 打印原始序列
26  print('归并排序:', merge_sort(nums))         # 调用排序函数，打印排序结果
>>> 原始序列: [49, 38, 65, 97, 76, 13, 27]       # 程序输出
    归并排序: [13, 27, 38, 49, 65, 76, 97]
```

程序第 4 行，每次循环只处理一个列表的内容，所以其中一个列表的内容先全部加入 res 列表中，另一个列表剩下的内容没有加进 res 列表中。

4.2.5 贪心法

1. 贪心法的特点

贪心法（又称贪婪算法）是指对问题求解时，总是做出在当前看来是最好的选择。贪心法是一种不追求最优解，只希望得到较为满意解（次优解）的方法。贪心算法不能总是获得整体最优解，通常可以获得较优解。

如图 4-14 所示，贪心法只将当前值与下一个值进行比较，因此不能保证解是全局最优的；不能求最大或最小解问题；只能求满足某些约束条件的可行解。

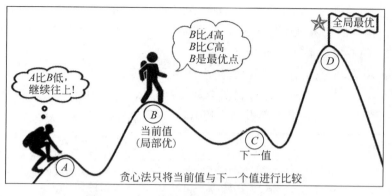

图 4-14　贪心法不能保证找到全局最优解

2. 贪心法基本算法思想

贪心法的算法思想如下。

(1)建立数学模型来描述问题。

(2)将求解的问题分成若干个子问题。

(3)对每一子问题求解,得到子问题的局部最优解。

(4)将子问题的局部最优解合成为原来问题的一个解。

3. 应用案例:用贪心法寻找最短路径

【例 4-18】　某城市道路连接如图 4-15 所示,求 A 到 G 之间的最短路径。

案例分析:A→B 路径长度为 28,A→F 路径长度为 10,按贪心算法,当前最优路径是
A→F。其余路径的选择也是如此,因此按贪心法选择的路径如图 4-16 所示。实际最短路
径如图 4-17 所示。可见贪心法可以得到次优解,不一定能得到全局最优解。

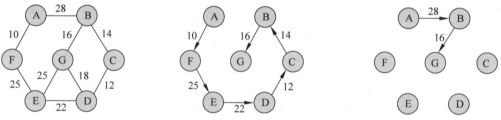

图 4-15　路径连通图　　　图 4-16　贪心法求 A—G 最短距离　　　图 4-17　A—G 全局最短距离

4. 程序设计案例:贪心法求解硬币找零问题

【例 4-19】　假设某国硬币有 1 分、5 分、10 分、25 分 4 种,1 元等于 100 分。输入一个小
于 1 元的金额,然后计算最少需要换成多少枚硬币。

案例分析:为了使找回的零钱数量最少,贪心算法不考虑找零钱的所有方案,而是从最
大面值的币种开始,按递减的顺序考虑下一个币种。按贪心算法思想,首先计算 25 分硬币
需要多少个,剩下的余额计算 10 分硬币需要多少个,以此类推,最后累加各种硬币的个数即
可。Python 程序如下。

```
1   y = float(input('请输入小于 1 元的金额:'))        # 用户输入数据(转换为浮点数)
2   if 1 <= y <= 0:                                    # 判断输入是否错误
3       print('错误:输入金额错误.')                    # 输出提示信息
```

4	else:	# 否则
5	y = y * 100	# 扩大 100 倍,便于下面的运算
6	a = y // 25	# 计算 25 分硬币数,//为整除运算符
7	b = (y − a * 25) // 10	# 计算 10 分硬币数
8	c = (y − a * 25 − b * 10) // 5	# 计算 5 分硬币数
9	d = y − a * 25 − b * 10 − c * 5	# 计算 1 分硬币数
10	s = a + b + c + d	# 计算总计需要硬币数
11	print('需要 25 分硬币数:', int(a))	# 输出需要硬币的数量
12	print('需要 10 分硬币数:', int(b))	
13	print('需要 5 分硬币数:', int(c))	
14	print('需要 1 分硬币数:', int(d))	
15	print('总计需要硬币个数:', int(s))	
>>>	请输入小于 1 元的金额:0.37	# 程序输出
	需要 25 分硬币数:1	
	需要 10 分硬币数:1	
	需要 5 分硬币数:0	
	需要 1 分硬币数:2	
	总计需要硬币个数:4	

5. 贪心法的应用

贪心法可以解决一些最优化问题,如求图中最小生成树、求哈夫曼编码等。对大部分问题,贪心法不能找出最佳解,因为贪心法没有测试所有可能的解。贪心法容易过早做决定,因而没法达到最佳解。贪心法的优点在于程序设计简单,而且很多时候能达到较优的近似解。

4.2.6 动态规划

动态规划是一种运筹学方法,"规划"一词的数学含义是优化的意思。动态规划是将一个复杂的问题转化为一系列子问题,然后在多轮决策过程中寻找最优解。

1. 动态规划的特征

动态规划是按照问题的时间或空间特征,将问题分解为若干个阶段或者若干个子问题,然后对所有子问题进行搜索解答。计算过程中,每个解答结果存入一个表格中,作为下面处理问题的基础。每个子问题的解依赖前面一系列子问题的解,最终获得最优解。

动态规划是一种解决问题的方法,不是一种特殊算法,它没有标准的数学表达式。由于问题的性质不同,确定最优解的条件也不相同,因此,**不存在一种万能的动态规划算法**,可以获得各类问题的最优解。

动态规划问题的目标是求解最优值。求解过程必然会用到穷举法,因为要求解最优值就必须把所有答案(子问题答案)都穷举出来,然后找到其中的最优解。

动态规划对重复出现的子问题,只在第一次遇到时求解,然后将子问题的计算结果存入一个表格(称为"DP 表"或"备忘录")里,在后续操作中,如果需要上一个子问题的解,再找出已经求得的答案,不必重新计算。简单地说,**动态规划在解题过程中,对每个子问题只计算一次**,这样避免了大量的重复计算,节省了计算时间。从计算思维的角度看,动态规划是利用空间来换取时间的算法。

动态规划与贪心法的区别在于贪心法对每个子问题的解不能回归,而动态规划会保存所有子问题的解,并且可以根据这些解判断当前的选择(回归功能)。

常用算法和数据结构

2. 动态规划三要素

动态规划的三要素是最优子结构、边界和状态转移方程。最优子结构是指每个阶段的最优状态,可以从之前某个阶段的某个状态得到(子问题最优解能决定这个问题的最优解);边界是指问题最小子集的解(初始范围);状态转移方程描述了两个相邻子问题之间的关系(递推式)。

动态规划解题的核心是找到状态转移方程,状态转移方程其实是数学上的递推方程。就是通过最基础的问题,一步步递推出最终目标结果。在定义状态转移方程时,有不同的定义方式,不同的定义方式会有不同的递推方程式。一种是通过定义递归方程求解动态规划问题,这是一种自顶向下的求解方式,这种方式通常会有很多重复计算的过程,因此一般通过建立备忘录来记录中间过程;二是通过定义 DP 数组求解动态规划问题,这是一种自底向上的求解方式。

3. 动态规划解题过程

求解动态规划问题一般采用以下方法(以下 k 表示多轮决策的第 k 轮决策)。

(1) 问题分解。按照问题的时间特征或空间特征,把问题分为若干个阶段。划分阶段时,注意划分后的阶段一定是有序或者是可排序的,否则问题就无法求解。

(2) 确定状态变量和决策变量。选择合适的状态变量 $S(k)$,它要能够将问题在各阶段的不同状态表示出来。确定决策变量 $u(k)$,即当前有哪些决策可以选择。

(3) 写出状态转移方程。状态转移就是根据上一阶段的状态和决策,导出本阶段的状态,即 $S(k+1)=u(k)\times S(k)$。在实际解题中,常常反过来做,即根据相邻两个阶段状态之间的关系,确定决策方法和状态转移方程。

(4) 寻找边界条件。给出状态转移方程的递推终止条件或边界条件。

(5) 确定目标。写出多轮决策的目标函数 $V(k,n)$,即最终需要达到的目标。

(6) 寻找目标的终止条件。

4. 动态规划的应用

动态规划可以用来解决计算科学中一些经典问题,如背包问题、硬币找零问题、最短路径问题等。动态规划也广泛应用于各种工程领域的决策过程,如货物装载、资源分配、证券投资组合、生产调度、网络流量优化、密钥生成等。

4.2.7 筛法求素数

1. 素数的相关知识

一个大于 1 的自然数,如果除了 1 和它本身外,不能被其他自然数整除(除 0 以外),这个数称为素数(或质数),否则称为合数。按规定,1 不算素数,最小的素数是 2,其后依次是 3、5、7、11 等。公元前约 300 年,古希腊数学家欧几里得在《几何原本》中证明了"素数无穷多"。因为素数在正整数中的分布时疏时密、极不规则,迄今为止,人们没有发现素数的分布规律,也没有公式计算出所有素数。

素数研究中最负盛名的哥德巴赫(C. Goldbach)猜想认为:每个大于 2 的偶数都可写成两个素数之和;大于 5 的所有奇数均是 3 个素数之和。哥德巴赫猜想又称 1+1 问题。我国数学家陈景润证明了 1+2,即所有大于 2 的偶数都是 1 个素数和只有 2 个素数因数的合数之和,国际上称为陈氏定理。素数研究是人类好奇心、求知欲的最好见证。

2. 判定一个数是否为素数的方法

方法 1：对 n 做 $(2, n)$ 范围内的余数判定（如模运算），如果至少有一个数用 n 取余后为 0，则表明 n 为合数；如果所有数都不能整除 n，则 n 为素数。

方法 2：公元前 250 年，古希腊数学家厄拉多赛（Eratosthenes）提出了一个算法，它可以构造出不超过 n 的素数，这个算法称为厄拉多赛筛法。它基于一个简单的性质：对正整数 n，如果用 2 到 $\sqrt{n}$ 之间的所有整数去除，均无法整除，则 n 为素数。用厄拉多赛筛法可以确定素数搜索的终止条件，缩小搜索范围。

方法 3：如果 n 是合数，那么它必然有一个小于或等于 $\sqrt{n}$ 的素数因子，只需要对 $\sqrt{n}$ 个数测试即可（即循环 $\sqrt{n}$ 次为止）。

3. 程序设计案例：穷举法求素数

【例 4-20】 用穷举法列出 1～100 范围内的素数。Python 程序如下。

```
1   import math                                    # 导入标准模块
2   for n in range(2, 100):                        # 外循环,n 在 2～100 范围内顺序取数
3       for j in range(2, round(math.sqrt(n)) + 1): # 内循环,循环范围:2 至 sqrt(n)+1
4           if n % j == 0:                         # 求余运算:如果 n%j = 0,n 就是合数
5               break                              # 退出内循环,返回到上级(外循环)
6           else:                                  # 否则
7               print(n)                           # 打印素数
>>> 2 3 5 7 11 13 …                                # 程序输出(略,输出为竖行)
```

程序第 3 行，语句 for j in range() 为内循环，主要功能是判断 n 是否素数。math.sqrt(n)+1 为内循环终止条件；函数 round() 返回浮点数的四舍五入值，主要功能是将开方值转换为整数；函数 range() 为顺序生成 2 到内循环结束的整数；j 为内循环临时变量，它的功能是与外循环变量 n 进行求余运算。

程序第 4 行，n 与 j 进行模运算（求余运算），结果为 0 说明 j 能被 n 整除，它不是素数；如果结果不为 0，则说明 j 是素数。

这是一个可怕的算法，但是并没有错误。当 $n = 1\,000\,000$ 或更大时，机器好长时间都没有计算结果，所以程序有很大的优化空间。

4. 程序设计案例：筛法求素数

筛法求素数采用了逐步求精的算法思想，它大幅降低了算法的时间复杂度。

【例 4-21】 如图 4-18 所示，用筛法计算 30 以内的素数。

解题算法步骤如下。

(1) 列出从 2 开始的所有自然数，构造一个数字序列 [2,3,4,5,6,…,30]。

(2) 取序列的第一个数 2，它一定是素数，然后用 2 把序列里 2 的倍数筛掉，剩余序列为 [2,3,5,7,9,11,13,15,17,19,…,29]（见图 4-19）。

(3) 取新序列的第一个数 3，它一定是素数，然后用 3 把序列里 3 的倍数筛掉，剩余序列为 [2,3,5,7,11,13,17,19,…,29]（见图 4-20）。

(4) 取新序列的第一个数 5（因为 4 已经在步骤 2 筛掉了），然后用 5 把序列里 5 的倍数筛掉，剩余序列为 [2,3,5,7,11,13,17,19,…,29]（见图 4-21）。

(5) 按以上步骤不断筛选，筛选到 $\sqrt{30}$ 停止。Python 程序如下。

常用算法和数据结构

	2	3	4	5	6
7	8	9	10	11	12
13	14	15	16	17	18
19	20	21	22	23	24
25	26	27	28	29	30

	2	3	4	5	6
7	8	9	10	11	12
13	14	15	16	17	18
19	20	21	22	23	24
25	26	27	28	29	30

	2	3		5	
7		9		11	
13		15		17	
19		21		23	
25		27		29	

	2	3		5	
7				11	
13				17	
19				23	
25				29	

图 4-18　原始数列　　　图 4-19　筛去 2 的倍数　　　图 4-20　筛去 3 的倍数　　　图 4-21　筛去 5 的倍数

```
1   #【筛法求素数】
2   ss = 10000                              # 素数计算范围
3   x1 = 0                                  # 计算次数计数器初始化
4   k = list(range(1, ss + 1))             # 生成计算范围列表
5   k[0] = 0                                # 列表索引号初始化
6   for i in range(2, ss + 1):             # 外循环范围为 2～10000 + 1
7       if k[i - 1] != 0:                  # 如果列表切片不为 0
8           for j in range(i * 2, ss + 1, i):   # 起始 i * 2,终止 ss + 1,步长 i
9               k[j - 1] = 0               # 列表清零
10              x1 = x1 + 1                # 计算次数累加
11  prime1 = [x for x in k if x != 0]      # 筛选素数(用列表推导式)
12  print(prime1, end = ' ')              # 打印素数
13  print('筛法求 1 万之内的素数计算次数为:', x1)   # 打印筛法计算次数
14  #【穷举法求素数】
15  ss = 10000                              # 素数计算范围
16  x2 = 0                                  # 计算次数计数器初始化
17  prime2 = []                            # 素数列表初始化
18  for x in range(2, ss + 1):             # 外循环范围为 2～10000 + 1
19      for y in range(2, x):              # 内循环筛选素数
20          x2 = x2 + 1                    # 计算次数累加
21          if x % y == 0:                 # 求余为零,不是素数
22              break                      # 强制退出内循环
23          else:                          # 否则
24              prime2.append(x)           # 将素数添加到素数列表
25  print(prime2, end = ' ')              # 打印所有素数
26  print('穷举法求 1 万之内的素数计算次数:', x2)   # 打印穷举法计算次数
>>> 筛法求 1 万之内的素数计算次数为: 23071          # 程序输出
    穷举法求 1 万之内的素数计算次数: 5775223        # 穷举法比筛法运算量高 2 个数量级
```

4.2.8　蒙特卡洛法

1. 随机数的特征

真正的随机数完全没有规律,数字序列也不可重复,它一般采用物理方法产生,如掷骰子、转轮盘、电子噪声等。一般在关键性应用中(如密码学)使用真正的随机数。

计算机中的随机数都是伪随机数。**伪随机数是由随机种子(如系统时钟)根据某个算法(如线性同余算法)计算出来的随机数。** Python、R、Ruby、Matlab、C++等程序语言都采用梅森旋转算法生成伪随机数。伪随机数并不是假随机数,这里"伪"是有规律的意思。如果程序采用相同算法和相同的种子值,那么将会得到相同的随机数序列。解决实际问题时,伪随机数可以很好地满足应用要求。

随机化算法的基本特征是对某个问题求解时,算法求解多次后,得到的结果可能会有一些差别。**解可能既不精确也不是最优**,但从统计学意义上说是充分的。

2. 蒙特卡洛算法思想

1946 年,科学家冯·诺依曼和乌拉姆(Stan Ulam)共同发明了蒙特卡洛算法,冯·诺依

曼用摩纳哥赌城蒙特卡洛(Monte Carlo)对算法命名。

蒙特卡洛算法的思想如下:在广场上画一个边长一米的正方形,在正方形内部用粉笔随意画一个不规则的封闭图形,怎样计算这个不规则图形的面积呢?蒙特卡洛算法是均匀地向该正方形内撒 N(N 是一个很大的自然数)个黄豆,随后数一数有多少个黄豆落在不规则图形的内部。例如,不规则图形内部有 K 个黄豆时,这个不规则图形的面积就近似于 N/K。N 越大,不规则图形面积的计算值越精确。

3. 构建计算 π 值的数学模型

【例 4-22】 用蒙特卡洛算法计算 π 的近似值。

如图 4-22 所示,正方形内有一个内切圆,圆半径为 R,正方形边长为 $2R$,圆面积与正方形面积之比如式(4-4)所示。

$$\frac{\text{圆面积}}{\text{正方形面积}} = \frac{\pi r^2}{(2r)^2} = \frac{\pi}{4} \tag{4-4}$$

如图 4-23 所示,假设在正方形内投放 n 个随机点,其中落在内切圆中的总点数为 k,则投点数 n 与 k 之间的关系如式(4-5)所示。

$$\frac{\text{圆内投点}}{\text{正方形内投点}} = \frac{k}{n} \approx \frac{\text{圆面积}}{\text{正方形面积}} \approx \frac{\pi}{4} \tag{4-5}$$

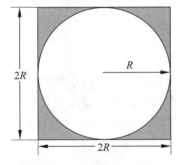

图 4-22 正方形和内切圆

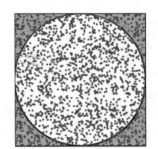

图 4-23 随机投点

由式(4-5)可以推导出式(4-6)(计算 π 近似值的数学模型):

$$\pi \approx 4k/n \tag{4-6}$$

4. 蒙特卡洛算法步骤

怎样统计内切圆中的投点总数 k 呢?算法步骤如下。

(1)程序每循环一次,就随机生成两个 0 到 1 的小数(投点的 x、y 坐标值)。

(2)计算投点与圆心之间的距离($d = \sqrt{x^2 + y^2}$)。

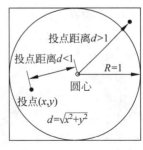

图 4-24 投点位置计算

(3)根据计算结果判断投点是否在圆内(见图 4-24),如果距离值 $d \leqslant R$,则投点在圆内;如果距离值 $d \geqslant R$,则投点在圆外。

(4)当内切圆半径为 1 时,距离判断式子为 $\sqrt{x^2 + y^2} \leqslant 1$。然后累计圆中的投点数,就能够统计出圆内总点数 k 值。

(5)随机函数生成的点越多,计算结果越接近于圆周率。例如,投点总数为 100 万个时,计算结果能够精确到圆周率的 2 位小数。

常用算法和数据结构

5. 蒙特卡洛算法程序设计

蒙特卡洛算法计算 π 值的程序如下。

```
1    import math                                    # 导入标准模块——数学
2    import random                                  # 导入标准模块——随机数
3
4    n = int(input('请输入一个大整数:'))            # 数越大,圆周率越精确
5    k = 0                                          # 圆内投点总数,初始值为零
6    for i in range(n):
7        x = random.random()                        # 随机生成投点 x 坐标
8        y = random.random()                        # 随机生成投点 y 坐标
9        if math.sqrt(x ** 2 + y ** 2) < 1:         # 判断投点是否落在圆内
10           k = k + 1                               # 对落在圆内的点进行累加
11   pi = 4 * k/n                                   # 用经验公式计算 pi 值
12   print(f'圆周率 π 的近似值:{pi}')              # 打印 pi 值
>>>  请输入一个大整数:1000000                       # 程序输出:输入总投点数
     圆周率 π 的近似值:3.143524                      # 输出 pi 近似值(每次会不同)
```

从以上实验结果可以得出以下结论。

(1) 随着投点次数的增加,圆周率 π 值的准确率也在增加。

(2) 做两次 100 万个投点时,由于算法本身的随机性,每次计算结果会不同。

4.2.9 遗传算法

1. 遗传算法概述

遗传算法是根据生物进化模型提出的一种优化算法。它常用于机器学习、优化、自适应等问题。**遗传算法由繁殖(选择)、交叉(重组)、变异(突变)三个基本操作组成**。遗传算法首先在问题解的空间中取一群点,作为遗传开始的第一代。每个点(基因)用二进制字符串表示,基因(字符串)的优劣程度用目标函数衡量。在向下一代遗传演变中,首先把前一代基因根据目标函数值的概率分配到配对池中。好基因(字符串)以高概率被复制下来,劣质基因被淘汰掉。然后将配对池中的基因(字符串)任意配对,并对每一个基因进行交叉操作,产生新基因(新字符串)。最后对新基因(新字符串)的某一位进行变异,这样就产生了新一代基因。按照以上方法经过数代遗传演变后,在最后一代中得到全局最优解或近似最优解。

2. 遗传算法简单案例

【例 4-23】 女性计算科学专家米歇尔(Melanie Mitchell)在《复杂》一书中设计了一个场景:有一个 10×10 的棋盘,每个格子代表一个房间,其中一半房间随机放置了一些易拉罐作为垃圾。假设由一个只能看到前后左右房间的机器人来收集这些易拉罐,给机器人编制一个算法,让它根据不同情况采取不同动作,在规定时间内捡到最多的易拉罐垃圾。米歇尔设计了一个策略,如果机器人所在房间内正好有一个易拉罐,则机器人把它捡起来;如果当前房间没有易拉罐,则机器人就往别的房间查找。遗传算法过程如下。

(1) 随机生成 200 个策略(即 200 个基因),这些策略可能非常愚蠢,也许机器人一动就会撞墙;但是先不管那么多,进化的要点是人完全不参与设计。

(2) 计算这 200 个基因的适应度。也就是说,用很多个有不同易拉罐布局的游戏去测试这些基因,看最后哪些"基因"的得分更高。

(3) 把适应度高的基因筛选出来,让它们两两随机配对。适应度越高的基因获得配对

的机会越多,生育的下一代基因都从父母处各获得一半基因,而且进行变异(即每个新基因随机改变几个参数),这样得到下一代 200 个新基因。

(4)对新一代的基因重复第 2 步。这样经过 1000 代之后,就会得到 200 个具有优秀策略的基因。其中最好的基因居然能让机器人自动从外围绕着圈往里走,从而在有限时间内遍历更多的房间。

遗传算法的惊人之处不在于哪个具体基因的高明,而在于这些基因之间的配合。甚至有些基因会做出反直觉的动作,例如,在当前房间有易拉罐时不捡,而这是为了配合其他基因给未来的行动路线做一个标记。让人们设计一个基因也许很容易,但是设计出不同基因的相互配合是非常困难的事情。

3. 遗传算法基本原理

选择是从群体中选择优胜的个体,淘汰劣质个体,即从第 t 代群体 $P(t)$ 中选择出一些优良的个体遗传到下一代群体 $P(t+1)$ 中。轮盘赌选择法是最简单也是最常用的方法。该方法中,个体的选择概率和它的适应度值成比例,需要进行多轮选择。

交叉是将群体 $P(t)$ 内的个体随机搭配成对,对每个个体,以某个概率 P_c(交叉概率)交换它们之间的部分染色体。最常用的方法为单点交叉,具体操作是:在个体串中随机设定一个交叉点,该点前或后的两个个体的部分结构进行互换,并生成两个新个体。

变异是对群体 $P(t)$ 中的每个个体,以设定的变异概率 P_m(一般为 **0.001~0.1**)改变某一些基因值。变异使遗传算法具有局部随机搜索能力,使遗传算法维持群体的多样性。

遗传算法的停止准则是当最优个体的适应度达到给定值;或者最优个体的适应度不再上升时;或者迭代次数达到预设参数时(一般为 100~500 代),算法终止。

4. 遗传算法的基本流程

遗传算法伪代码和流程图如图 4-25 所示。遗传算法中,交叉具有全局搜索能力,因此作为主要操作;变异具有局部搜索能力,因而作为辅助操作。遗传算法通过交叉和变异这对相互配合又相互竞争的操作,使其具备兼顾全局和局部的搜索能力。

1	Begin	# 伪代码开始
2	t = 0	# 迭代次数初始化
3	初始化种群P(t);	
4	计算P(t)的适应值	
5	while 迭代条件:	
6	t = t+1	
7	从P(t-1)中选择P(t)	# 选择
8	重组P(t)	# 交叉
9	计算P(t)的适应值	# 变异
10	判断迭代终止条件	
11	输出最优基因个体	
12	End	# 伪代码结束

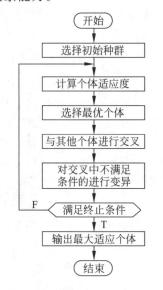

图 4-25 遗传算法伪代码和流程图

5. 遗传算法的不足

遗传算法还有大量的问题需要研究,目前还有各种不足。首先是变量多,当取值范围大或无给定范围时,收敛速度下降;其次是遗传算法可以找到最优近似解,但无法精确确定最优解的位置;最后是遗传算法的参数选择没有定量的方法。遗传算法还需要进一步研究它的数学基础理论,以及遗传算法的通用编程形式等。

说明:用遗传算法解旅行商问题,参见本书配套教学资源程序 F4_1.py。

4.3 排序与查找

将杂乱无章的数据,通过算法按关键字顺序排列的过程称为排序。常见的排序算法有冒泡排序、插入排序、快速排序、选择排序、堆排序、归并排序等。查找是利用计算机的高性能,有目的地查找一个问题解的部分或所有可能情况,从而获得问题的解决方案。排序通常是查找的前期操作。常用查找算法有顺序查找、二分查找、分组查找(索引查找)、广度优先搜索、深度优先搜索、启发式搜索等。

4.3.1 冒泡排序

1. 排序算法的基本操作

所有排序都有两个基本操作:一是关键字值大小的比较;二是改变元素的位置。排序元素的具体处理方式依赖元素的存储形式,对于顺序存储型元素,一般移动元素本身;而对于采用链表存储的元素。一般通过改变指向元素的指针实现重定位。

为了简化排序算法的描述,绝大部分算法只考虑对元素的一个关键字进行排序(例如,对职工工资数据进行排序时,只考虑应发工资,忽略其他关键字);其次,一般假设排序元素的存储结构为数组或列表;一般约定排序结果为关键字的值递增排列(升序)。

2. 程序设计案例:冒泡排序

【例4-24】 初始序列为[7,2,5,3,1],要求排序后按升序排列。

案例分析:冒泡排序过程如图4-26所示。冒泡排序是最简单的排序算法。采用冒泡排序时,最小的元素跑到顶部,最大的元素沉到底部。

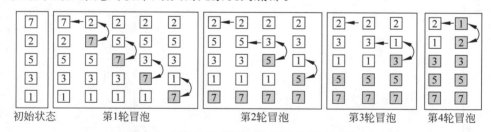

初始状态　　　　第1轮冒泡　　　　　　第2轮冒泡　　　　第3轮冒泡　　　第4轮冒泡

图4-26　冒泡排序算法(大数沉底,小数上升)

冒泡排序是将两个相邻的元素 A 和 B 进行比较,如果 A 比 B 大,则 A 与 B 交换位置;如果 A 比 B 小或者相等,则元素位置不变,指针下移一个元素,继续进行比较。依次由上往下进行比较,最终较小的元素会向上浮起,犹如冒泡一般。

冒泡算法 Python 程序如下所示。

```
1    def bubbleSort(nums):                              # 定义冒泡排序函数
2        for i in range(len(nums) − 1):                 # 外循环控制排序轮数
3            for j in range(len(nums) − i − 1):         # 内循环负责 2 个元素的比较
4                if nums[j] > nums[j + 1]:              # 判断 2 个元素大小
5                    nums[j], nums[j + 1] = nums[j + 1], nums[j]   # 交换 2 个元素的位置
6            print(f'第{i + 1}轮排序', nums)              # 输出每一轮冒泡排序的结果
7        return nums                                    # 函数返回
8
9    nums = [7, 2, 5, 3, 1]                             # 定义初始元素列表
10   print(bubbleSort(nums))                            # 调用冒泡排序函数
>>>  第 1 轮排序 [2, 5, 3, 1, 7]…                        # 程序输出(略)
```

3. 冒泡排序算法分析

冒泡排序是一种效率低下的排序方法,在元素规模很小时可以采用。元素规模较大时,最好用其他排序方法。

冒泡排序法不需要占用太多的内存空间,仅需要一个交换时进行元素暂存的临时变量存储空间,因此空间复杂度为 $O(1)$,不浪费内存空间。

在最好的情况下,元素列表本来就是有序的,则一趟扫描即可结束,共比较 $n-1$ 次,无须交换。在最坏的情况下,元素逆序排列,则一共需要做 $n-1$ 次扫描,每次扫描都必须比较 $n-i$ 次,因此一共需做 $n(n-1)/2$ 次比较和交换,时间复杂度为 $O(n^2)$。

4.3.2 插入排序

1. 扑克牌的排序方法

插入排序非常类似于玩扑克牌时的排序方法。开始摸牌时,左手是空的,牌面朝下放在桌上。接着,右手从桌上摸起一张牌,并将它插入左手牌中的正确位置(见图 4-27)。为了找到这张牌的正确位置,要将它与手中已有的牌从右到左进行比较。无论什么时候,左手中都是已经排好序的扑克牌。

例如,我们手中已经有 A、K、Q、10 四张牌,现在抓到一张 J,这时将 J 与手中的牌从左到右依次比较,发现 J 比 Q 小比 10 大,好,就插在它们之间。为什么比较了 Q 和 10 就可以确定 J 的位置了呢?这里有一个重要的前提:左手的牌已经排序好了。因此插入 J 之后,左手的牌仍然按序排列,下次抓到牌还可以用以上方法插入。插入排序算法也是同样道理,与扑克牌不同的是不能在两个相邻元素之间直接插入一个新元素,而是需要将插入点之后的元素依次往右移动一个存储单元,腾出 1 个存储单元来插入新元素。

图 4-27　扑克牌插入排序过程

2. 程序设计案例:插入排序

【例 4-25】　假设元素的初始序列为[7,2,5,3,1],要求按升序排列。

案例分析:直接插入排序过程如图 4-28 所示。

插入排序 Python 程序如下。

```
初始序列：[7, 2, 5, 3, 1]     key为待排序元素

第1轮排序：[7]   [2, 5, 3, 1]  key=7，key插入已排序元素的第1个位置

第2轮排序：[2, 7]   [5, 3, 1]  key=2，key<7，key插入已排序元素7的前面

第3轮排序：[2, 5, 7]   [3, 1]  key=5，2<key<7，key插入已排序元素7的前面

第4轮排序：[2, 3, 5, 7]   [1]  key=3，2<key>5，key插入已排序元素5的前面

第5轮排序：[1, 2, 3, 5, 7]  []  key=1,key<2，key插入已排序元素2的前面
```

图 4-28 插入排序算法

```
1    def insertSort(nums):                          # 定义排序函数
2        for i in range(len(nums)):                 # 外循环控制排序轮数
3            key = i                                # 插入元素指针 key 赋值
4            while key > 0:                         # 内循环负责 2 个元素的比较
5                if nums[key - 1] > nums[key]:      # 判断 2 个元素的大小
6                    nums[key - 1], nums[key] = nums[key],\
7                        nums[key - 1]              # 交换 2 个元素的位置
8                key -= 1                           # 移动指针 key 位置
9            print(f'第{i + 1}轮排序', nums)          # 输出每轮排序结果
10       return nums                                # 返回排序结果
11
12   nums = [7, 2, 5, 3, 1]                         # 定义初始元素列表
13   print(insertSort(nums))                        # 调用排序函数和打印结果
>>>  第 1 轮排序 [7, 2, 5, 3, 1]...                  # 程序输出(略)
```

3. 插入排序算法分析

插入排序的元素比较次数和元素移动次数与元素的初始排列有关。最好的情况下，列表元素已按关键字从小到大有序排列，每次只需要与前面有序元素的最后一个元素比较 1 次，移动 2 次元素，总的比较次数为 $n-1$，元素移动次数为 $2(n-1)$，算法复杂度为 $O(n)$；在平均情况下，元素的比较次数和移动次数约为 $n^2/4$，算法复杂度为 $O(n)$；最坏的情况是列表元素逆序排列，其时间复杂度是 $O(n^2)$。

插入排序是一种稳定的排序方法，它最大的优点是算法思想简单，在元素较少时，它是比较好的排序方法。

4.3.3 快速排序

1. 快速排序算法思想

快速排序采用分治法的思想，从序列中选取一个基准数，通过第一轮排序，将序列分割成两部分，其中一部分元素的值小于基准数，另一部分元素的值大于或等于基准数，然后分别对两个子序列进行递归或迭代排序，达到整个序列排序的目的。

(1) 选择基准数。从序列中选出一个元素作为基准数(又称关键字)。基准数的选择方法有：取序列第一个或最后一个元素作为基准数；或者取序列中间位置的元素(序列长度//2)作为基准数；或者取序列任意位置的元素作为基准数。

(2) 分割序列。用基准数把序列分成两个子序列。这时基准数左侧的元素小于或等于基准数，右侧的元素大于基准数(以上过程称为第 1 轮快速排序)。

（3）递归排序。对分割后的子序列按步骤 1 和步骤 2 再进行分割，直到所有子序列为空，或者只有一个元素，这时整个快速排序完成（类似于二分查找）。

2. 程序设计案例：快速排序

【例 4-26】 对序列[6,3,7,5,1,4,9,2,0,8]中的元素进行快速排序。

序列快速排序算法步骤如下。

（1）第 1 轮快速排序。选择序列长度整除 2 的商作为基准数的索引号，即 mid＝array[len(array)//2]＝arr[5]，即索引号为 5 的元素 4（见图 4-29）。接着创建左右两个子序列。**然后以基准数作为分界值，对原始序列从左到右进行循环扫描，将大于或等于基准数的元素放入右子序列；小于基准数的元素放入左子序列**。排序结果如图 4-29 所示。

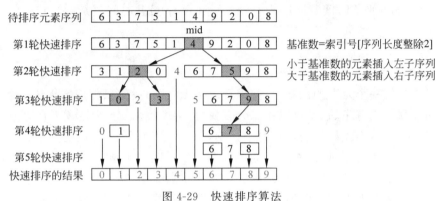

图 4-29 快速排序算法

（2）第 2 轮递归排序。第 2 轮排序采用递归函数，对左子序列（其中元素小于基准数）的元素按步骤（1）的方法进行递归排序。

（3）第 3 轮递归排序。第 3 轮排序采用递归函数，对右子序列（其中元素大于基准数）的元素按步骤（1）的方法进行递归排序。

由以上步骤可以看出，第 1 轮快速排序是将序列分为左右两部分；第 2 轮递归排序将左子序列排好序；第 3 轮递归排序将右子序列排序好。当左、右两个子序列的元素排序完成后，整个序列的排序也就完成了。Python 程序如下。

```
1   def quick_sort(array):              # 定义快速排序递归函数
2       if len(array) >= 2:             # 序列大于或等于 2 个元素时
3           mid = array[len(array)//2]  # 基准数＝索引号[序列长度//2]
4           right, left = [ ], [ ]      # 创建右、左子序列列表
5           array.remove(mid)           # 从原数组中删除基准数
6           for i in array:             # 对序列进行循环比较
7               if i < mid:             # 如果元素小于基准数
8                   left.append(i)      # 则元素插入左子序列
9               else:                   # 否则
10                  right.append(i)     # 元素插入右子序列
11          print('【中间数】:', mid)     # 打印中间数(中间过程)
12          print('【左序列】:', left)    # 打印左子序列(中间过程)
13          print('【右序列】:', right)   # 打印右子序列(中间过程)
14          return quick_sort(left) + [mid] + quick_sort(right)  # 返回左序列 + 基准数 + 右序列
15      else:                           # 否则
16          return array                # 小于 2 个元素时返回源序列
```

139

第 4 章

常用算法和数据结构

17		
18	array = [6, 3, 7, 5, 1, 4, 9, 2, 0, 8]	# 定义源序列
19	print('待排序源序列:', array)	# 打印源序列
20	print('快速排序结果:', quick_sort(array))	# 调用快速排序递归函数
>>>	待排序源序列: [6, 3, 7, 5, 1, 4, 9, 2, 0, 8]	# 程序输出
	…	# (略)
	快速排序结果: [0, 1, 2, 3, 4, 5, 6, 7, 8, 9]	

3. 快速排序算法分析

快速排序是跳跃式排序，速度比较快。快速排序的效率与原始数据排列有关，并且基准数的选取对排序性能影响很大，它是性能不稳定的排序算法。快速排序的最好时间复杂度为 $O(n \times \log(n))$；平均时间复杂度为 $O(n \times \log(n))$；最差时间复杂度为 $O(n^2)$。

4.3.4 二分查找

1. 二分查找算法

在列表中查找一个元素的位置时，如果列表是无序的，我们只能用穷举法一个一个顺序查找。但如果列表是有序的，就可以用二分查找（折半查找、二分搜索）算法。

二分查找算法是不断将列表进行对半分割，每次拿中间元素和查找元素比较。如果匹配成功则宣布查找成功，并指出查找元素的位置；如果匹配不成功，则继续进行二分查找；如果最后一个元素仍然没有匹配成功，则宣布查找元素不在列表中。

二分查找算法的平均复杂度为 $O(\log n)$，而顺序查找的平均复杂度为 $O(n/2)$，随着 n 的增大，二分查找算法的优势也就越来越明显。

二分查找算法的优点是比较次数少，查找速度快，平均性能好。缺点是要求待查列表为有序表。二分查找算法适用于不经常变动而查找频繁的有序列表。

2. 程序设计案例：二分查找

【例 4-27】 序列为 $[1, 15, 21, 33, 44, 52, 65, 78, 81, 99]$，按二分法查找元素"81"的位置（索引号）过程如图 4-30 所示。

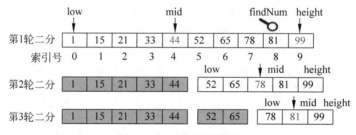

图 4-30 二分查找算法

序列二分查找过程 Python 程序如下。

1	array = [1, 15, 21, 33, 44, 52, 65, 78, 81, 99]	# 定义元素列表
2	print('元素列表为:', array)	# 打印元素列表
3	findNum = int(input('请输入要查找的元素:'))	# 输入要查找的元素
4	if (findNum > 99) or (findNum < 1): exit()	# 输入超出范围则退出
5	if findNum not in array: exit()	# 输入没有在列表中则退出
6	low = 0	# 首位元素索引号
7	height = len(array) − 1	# 末位元素索引号

8	while True:	# 循环查找
9	mid = int((low + height)/2)	# 计算序列中位数
10	#print('中位数 = ', array[mid])	# 打印中位数(中间过程)
11	if array[mid] < findNum:	# 中位数小于查找值,则在后半段
12	low = mid + 1	# 重置低位值
13	elif array[mid] > findNum:	# 中位数大于查找值,则在前半段
14	height = mid − 1	# 重置高位值
15	elif array[mid] == findNum:	# 如果中位数 = 查找元素值
16	print('查找数 = ', array[mid],'索引号 = ', mid)	# 打印找到元素和它的索引号
17	break	# 强制退出循环
>>>	元素列表为: [1, 15, 21, 33, 44, 52, 65, 78, 81, 99] 请输入要查找的元素:**81** 查找数 = 81 索引号 = 8	# 程序输出

【例 4-28】 用二分法查找序列[34,21,33,42,60,12,55,15,80,58]中的最大值。

案例分析:将序列分成两部分,寻找每部分最大数,然后比较。Python 程序如下。

1	def max_mum(lst, begin, end):	# 定义函数,lst 列表,begin 起始索引号
2	if begin == end:	# 判断是否为空列表,end 结束索引号
3	return lst[begin]	# 返回空列表
4	mid = (begin + end) // 2	# 中位数 = 列表长度//2
5	x = max_mum(lst, begin, mid)	# 递归查找序列左端元素最大值
6	y = max_mum(lst, mid + 1, end)	# 递归查找序列右端元素最大值
7	return x if x > y else y	# 判断序列最大值,返回最大值
8		
9	lst = [34, 21, 33, 42, 60, 12, 55, 15, 80, 58]	# 定义元素序列
10	print('最大元素是:', max_mum(lst, 0, 9))	# lst 序列,0 起始索引号,9 终止索引号
>>>	最大元素是: 80	# 程序输出

4.3.5 分组查找

分组查找又称索引查找(或分块查找),它是对顺序查找的一种改进算法。分组查找适用于记录数量非常大的情况,如大型数据库记录查找。

1. 分组查找时的存储结构

分组查找需要对数据列表建立一个主表和一个索引表。

主表结构。将主表 $R[1 \cdots n]$ 均分为 b 组,前 $b-1$ 组中节点数为 $s=[n/b]$,第 b 组的节点数小于或等于 s;每一组中的关键字不一定有序,但前一组中的最大关键字必须小于后一组中的最小关键字,即主表是"分组有序"的。

索引表结构。抽取各组中的关键字最大值和它的起始地址构成一个索引表 ID$[i \cdots b]$,即:ID$[i]$$(1 \leqslant i \leqslant b)$ 中存放第 i 组的关键字最大值和该组在表 R 中的起始地址。由于表 R 是分组有序的,所以索引表是一个递增有序表。

2. 分组查找案例

【例 4-29】 如图 4-31 所示,其中主表 R 有 18 个节点,被分成 3 组,每组 6 个节点。第 1 组中最大关键字 22 小于第 2 组中最小关键字 24,第 2 组中最大关键字 48 小于第 3 组中最小关键字 49。第 3 组中的最大关键字为 86。

3. 分组查找的基本算法思想

(1)首先查找索引表。由于索引表是有序表,可采用二分查找或顺序查找,以确定待查

常用算法和数据结构

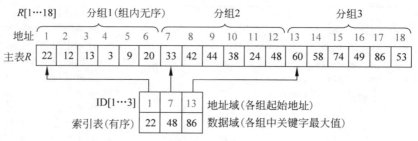

图 4-31　分组查找的数据存储结构

的节点在哪一组。

（2）然后在已确定的组中进行顺序查找。由于主表分组内为无序状态,因此只能进行顺序查找。

【例 4-30】　如图 4-31 所示,查找关键字 K＝24 的节点。

案例分析:首先将 K 依次与索引表中各个关键字进行比较。找到索引表第 1 个关键字的值小于 K 值,因此节点不在主表第 1 组中。由于 K＜48,所以关键字为 24 的节点如果存在的话,则必定在第 2 组中。然后,找到第 2 组的起始地址为 7,从该地址开始在主表 $R[7\cdots12]$ 中进行顺序查找,直到 $R[11]＝K$ 为止。

【例 4-31】　如图 4-31 所示,查找关键字 K＝30 的节点。

案例分析:先确定在主表第 2 组,然后在该组中查找。由于在该组中查找不成功,因此说明表中不存在关键字为 30 的节点,给出出错提示。

4. 分组查找的特点

在实际应用中,主表不一定要分成大小相等的若干组,可根据主表的特征进行分组。例如,一个学校的学生登记表,可按系号或班号分组。

分组查找算法的查找效率介于顺序查找和二分查找之间。

分组查找的优点是组内记录随意存放,插入或删除较容易,无须移动大量记录。

分组查找的代价是增加了一个辅助数组的存储空间,以及初始表的分组排序运算。

说明:分组查找程序案例,参见本书配套教学资源程序 F4_2.py。

4.4　数　据　结　构

将杂乱无章的数据交给计算机处理很不明智,因为计算机处理效率很低。于是专家们开始考虑如何更有效地描述、表示、存储数据,这是数据结构需要解决的问题。

4.4.1　基本概念

1. 数据结构的发展

1968 年,高德纳开创了数据结构的最初体系,他所著的《计算机程序设计艺术》第一卷《基本算法》是第一本系统阐述数据结构的著作。瑞士计算科学专家尼古拉斯·埃米尔·沃斯(Niklaus Emil Wirth,1984 年获图灵奖)在 1976 年出版的著作中指出:**算法＋数据结构＝程序**,可见数据结构在程序设计中的重要性。**数据结构是计算科学描述、表示、存储数据的方式**,Python 程序语言中,列表的数据结构如图 4-32 所示。

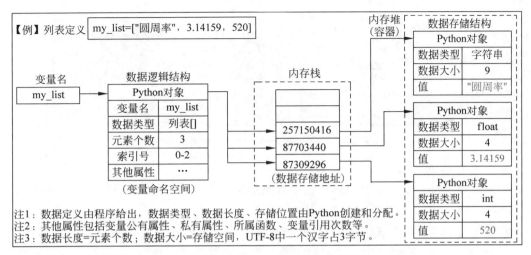

【例】列表定义 my_list=["圆周率", 3.14159, 520]

注1：数据定义由程序给出，数据类型、数据长度、存储位置由Python创建和分配。
注2：其他属性包括变量公有属性、私有属性、所属函数、变量引用次数等。
注3：数据长度=元素个数；数据大小=存储空间，UTF-8中一个汉字占3字节。

图 4-32　Python 语言中列表的数据结构

2. 实际工作中的数据结构问题

【例 4-32】　用二维表描述问题。如表 4-2 所示，学生基本情况表记录了学生的学号、姓名、专业、成绩等信息。表中每个学生的信息排在一行中，这一行称为记录。二维表是一个结构化数据，对整个表来说，每条记录就是一个节点。对于表中一条记录来说，学号、姓名、专业、成绩等元素，存在一一对应的线性关系。可以用一片连续的内存单元存放表中的记录（存储结构），利用这种数据结构，可以对表中数据进行查询、修改、删除等操作。

表 4-2　学生基本情况表

学　　号	姓　　名	专　业	成绩1	成绩2
G2024060102	韩屏西	公路1	85	88
G2024060103	郑秋月	公路1	88	75
T2024060107	孙小天	土木2	88	90
T2024060110	朱星长	土木2	82	78

【例 4-33】　用树状结构描述问题。文件系统中，根目录下有很多子目录和文件，每个子目录又包含多个下级子目录，但每个子目录只有一个父目录。这是一种典型的树状结构，数据之间为一对多的关系，这是一种非线性数据结构。例如，各种棋类活动中，存在不同的棋盘状态，这些状态很难用数学方程表达，而利用树结构描述棋盘状态非常方便。

【例 4-34】　用图结构描述问题。美国化学与生物工程师路易斯·阿马拉尔（Luis Amaral）发明了一种足球评分系统，在模型中，球员运动轨迹被看作网络，球员是其中的节点，模型重点分析球员之间的传球而不是个人表现。图 4-33 中的传球线路构成了一个网状图形结构，节点与节点之间形成多对多的关系，这是一种非线性结构。另外，交叉路口红绿灯的管理问题、哥尼斯堡七桥问题、逻辑电路设计问题、数据库管理系统等问题，它们用传统的数学模型无法描述，需要采用数据结构中的"图"进行描述。

由以上案例可见，描述非数值计算问题的数学模型不再是数学方程式，而是表、树、图之类的数据结构。

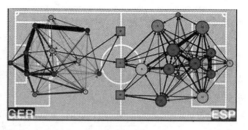

图 4-33　足球运动员传球和射门的网状模型

3. 数据结构的定义

数据是计算机处理符号的总称。由于数据的类型有整数、浮点数、复数、字符串、逻辑值等,在数据结构和程序中,往往将数据统称为元素。

数据之间的关系称为结构,数据结构是研究数据之间的逻辑关系和数据的物理存储方式。如图 4-34 所示,数据结构主要研究以下内容:数据的逻辑结构、数据的物理存储结构、对数据的操作。算法设计取决于数据的逻辑结构(如链表、树等),算法实现取决于数据的物理存储结构(如顺序存储,索引存储等)。

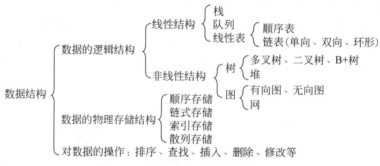

图 4-34　数据结构的主要研究内容

4. 数据结构的类型

任何问题中,数据之间都存在这样或那样的关系。根据数据之间关系的不同特性,数据逻辑结构有 4 种基本类型:集合结构(无序的松散关系)、线性结构(一一对应关系)、树状结构(一对多关系)和图形结构(多对多关系)。

(1)集合结构。集合结构中,数据之间的关系是属于同一个集合(见图 4-35)。由于集合是数据之间关系极为松散的一种结构,因此也可用其他数据结构来表示。

(2)线性结构。线性数据结构的数据之间存在一对一关系(见图 4-36)。线性数据结构有线性表(一维数组、顺序表、链表等)、栈、队列等。

(3)树状结构。树状数据结构的数据之间存在一对多的关系(见图 4-37)。树状数据结构有二叉树、B 树、B+树(注意,没有 B－树)、最优二叉树(哈夫曼树)、二叉搜索树、红黑树等。**树是一种最常用的高效数据结构,**许多算法可以用这种数据结构来实现。树的优点是查找、插入、删除都很快;缺点是节点删除算法复杂。

(4)图形结构。图形数据结构的元素之间存在多对多的关系(见图 4-38),图形结构有无向图和有向图。如果图形结构中的边具有不同值,这种图形结构称为网图结构。图的优点是对现实世界建模非常方便;缺点是算法相对复杂。

图 4-35　集合结构

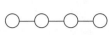

图 4-36　线性结构

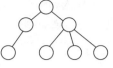

图 4-37　树状结构

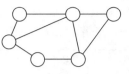

图 4-38　图形结构

4.4.2　线性结构

线性表是最简单也是最常用的一种数据结构。线性表中元素之间是一对一的关系,即除了第一个和最后一个元素之外,其他元素都是首尾相接的。在实际应用中,线性表的形式有字符串、列表、一维数组、栈、队列、链表等数据结构。

1. 栈(Stack)

栈又称"堆栈",但不能称为"堆","堆"是另外的概念。**栈的特点是先进后出**。栈是一种特殊的线性表,栈中数据插入和删除都在栈顶进行。允许插入和删除的一端称为栈顶,另一端称为栈底。如图 4-39 所示,元素 a_0,a_1,…,a_n 顺序进栈,因此栈底元素是 a_0,栈顶元素是 a_n。不含任何元素的栈称为空栈。栈的存储结构可用数组或单向链表。

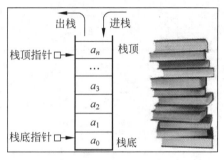

图 4-39　栈的基本结构

栈的常用操作有:初始化、进栈(push)、出栈(pop)、取最栈顶元素(top)判断栈是否为空。在程序的递归运算中,经常需要用到栈这种数据结构。

2. 队列(Queue)

队列和栈的区别是:栈是先进后出,**队列是先进先出**(见图 4-40)。在队列中,允许插入的一端称为队尾,允许删除的一端称为队首。新插入的元素只能添加到队尾,被删除的元素只能是排在队首的元素。

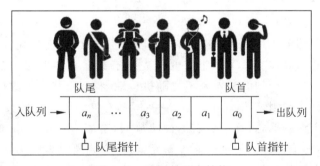

图 4-40　队列的基本结构

队列与现实生活中的购物排队十分相似。排队的规则是不允许"插队",新加入的成员只能排在队尾,而且队列中全体成员只能按顺序向前移动,当到达队首并获得服务后离队。或者说队列只允许在入口处插入元素,在出口处删除元素。

队列经常用作"缓冲区",例如,有一批从网络传输来的数据,处理需要较长的时间,而数据到达的时间间隔并不均匀,有时快,有时慢,如果采用先来先处理、后来后处理的算法,可以创建一个队列,用来缓存这些数据,出队一笔,处理一笔,直到队列为空。

【例 4-35】 队列操作。Python 程序如下。

```
>>>    import queue                        # 导入标准模块
>>>    q = queue.Queue(5)                  # 定义单向队列,队列长度为5(默认为无限长)
>>>    q.put(123)                          # 队列赋值
>>>    print(q.get())                      # 获取和打印队列
       123
>>>    q = queue.LifoQueue()               # 定义后进先出队列
>>>    q.put('黄河')
>>>    q.put('长江')
>>>    print(q.get())                      # 获取和打印队列
       长江
>>>    q = queue.PriorityQueue()           # 定义优先级队列
>>>    q.put((3, '进程 1'))                # 队列赋值
>>>    q.put((1, '进程 2'))
>>>    print(q.get())                      # 获取和打印高优先级队列
       (1, '进程 2')
```

3. 链表

链表由一连串节点组成,每个节点包含一个存储数据的数据域(data)和一个后继存储位置的指针域(next)。链表类型有单向链表(见图 4-41)、双向链表(见图 4-42)和环形链表(见图 4-43)。

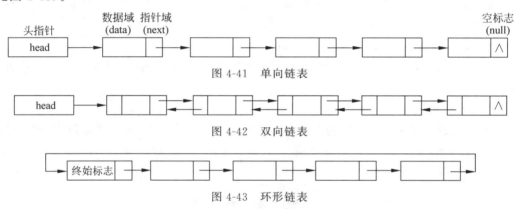

图 4-41 单向链表

图 4-42 双向链表

图 4-43 环形链表

链表的优点是存储单元可以是连续的,也可以是不连续的,而且允许在链表的任意节点之间插入和删除节点;链表克服了数组需要预先知道数据有多少的缺点,链表可以灵活地实现内存动态管理。链表存储的缺点是不能随机读取数据,查找一个数据时,必须从链表头开始查找,十分麻烦;链表由于增加了节点的指针域,存储空间开销较大。

环形链表有一个终始标志,这个节点不存储数据,链表末尾指针指向这个节点,形成一个"环形链表",这样无论在链表的哪里插入新元素,不必判断链表的头和尾。

知道了插入节点的位置就可以插入节点(见图 4-44)和删除节点(见图 4-45)。

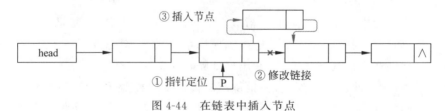

图 4-44 在链表中插入节点

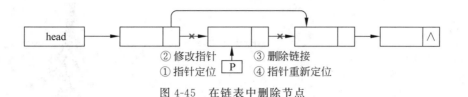

图 4-45　在链表中删除节点

4.4.3　树结构

树结构广泛存在于客观世界中,例如,族谱、目录、社会组织、各种事物的分类等,都可用树状结构表示。树结构在计算领域应用广泛,如操作系统中的目录结构;源程序编译时,可用树表示源程序的语法结构;在数据库系统中,树结构也是信息的重要组织形式之一。简单地说,**一切具有层次关系或包含关系的问题都可用树状结构描述**。

1. 树结构的特征

如图 4-46 所示,图看上去像一棵倒置的树,"树"由此得名。图示法表示树状结构(以下简称树结构)时,通常根在上,叶在下。树的箭头方向总是从上到下,即从父节点指向子节点;因此,可以简单地用连线代替箭头,这是绘制树结构的一种约定。

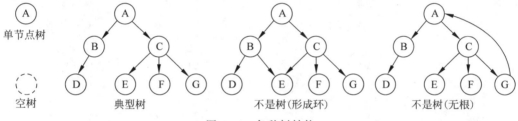

图 4-46　各种树结构

一棵树是由 $n(n>0)$ 个元素组成的有限集合,其中每个元素称为节点;树有一个特定的根节点(root);除根节点外,其余节点被分成 $m(m \geqslant 0)$ 个互不相交的子集(子树)。

树上任一节点所拥有子树的数量称为该节点的度。如图 4-47 中节点 C 的度为 3,节点 B 的度为 1,节点 D、H、F、I、J 的度为 0。度为 0 的节点称为叶子或终端节点,度大于 0 的节点称为分支点。树中节点 B 是节点 D 的直接前趋,因此称 B 为 D 的父节点,称 D 为 B 的孩子或子节点。与父节点相同的节点互称为兄弟,如 E、F、G 是兄弟节点。树上的任何节点都是根的子孙。树中节点的深度从根开始算起:根的层数为 0,其余节点的层数为父节点层数加 1。一棵树中,如果从一个节点出发,按层次自上而下沿着一个个树枝到达另一个节点,则称它们之间存在一条路径,路径的长度等于路径上的节点数减 1。森林指若干棵互不相交树的集合,实际上,一棵树去掉根节点后就成了森林。

树是一种分支层次结构。分支是指树中节点的子孙,可以按它们所在子树划分成不同的分支;层次是指树上所有节点可以划分为不同的层次。实际应用中,树中的一个节点可以用来存储问题中的一个元素,而节点之间的边表示元素之间的关系。

【例 4-36】 3D 游戏中,经常把游戏场景组织在一个树结构中,这是为了可以快速判断出游戏的可视区域。算法思想是:如果当前节点完全不可见,那么它所有子节点也必然完全不可见;如果当前节点完全可见,那么它所有子节点也必然完全可见;如果当前节点部分可见,就必须依次判断它的子节点,这是一个递归算法。

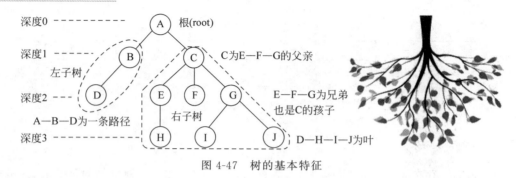

图 4-47 树的基本特征

树的基本操作包括建树(create)、遍历(traversal)、剪枝(delete)、求根(root)、求双亲(parent)、求孩子(child)等操作。

2. 二叉树

二叉树的特点是除了叶以外的节点都有 2 棵子树,有满二叉树(见图 4-48)、完全二叉树(见图 4-49)等。二叉树的 2 棵子树有左右之分,颠倒左右就是不一样的二叉树了(见图 4-50),所以二叉树左右不能随便颠倒。由此还可以推出三叉树、四叉树等。

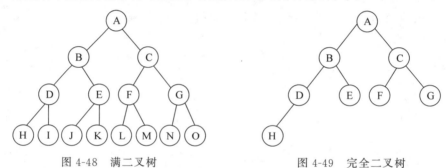

图 4-48 满二叉树   图 4-49 完全二叉树

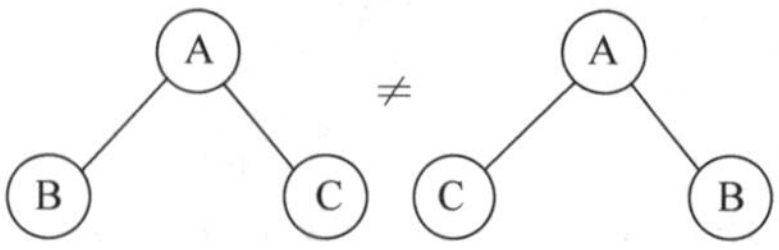

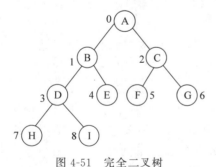

图 4-50 不同的二叉树

程序设计语言中并没有"树"这种数据类型,因此二叉树的顺序存储结构由列表或数组构成,二叉树的节点按次序分别存入数组的各个单元。一维数组的下标就是节点位置指针,每个节点中有一个指向各自父亲节点的数组下标。显然,节点的存储次序很重要,存储次序应能反映节点之间的逻辑关系(父子关系),否则二叉树的运算就难以实现。为了节省查询时间,可以规定孩子的数组下标值大于父亲的数组下标值,而兄弟节点的数组下标值随兄弟从左到右递增。一个完全二叉树(见图 4-51)的存储结构如图 4-52 所示。

数组元素	A	B	C	D	E	F	G	H	I
数组下标	0	1	2	3	4	5	6	7	8

图 4-51 完全二叉树   图 4-52 完全二叉树的顺序存储结构

顺序存储结构中,节点的存储位置就是它的编号(即下标或索引号),节点之间可通过它们的下标确定关系。如果二叉树不是完全二叉树(见图4-53),就必须将其转化为完全二叉树。可通过在二叉树"残缺"位置上增设"虚节点"的方法,将其转化成一棵完全二叉树(见图4-54)。然后对得到的完全二叉树重新按层编号,然后再按编号将各节点存入数组,各个"虚节点"在数组中用空标志"∧"表示。经过变换的顺序存储结构,可以用完全二叉树类似的方法实现二叉树数据结构的基本运算。显然,上述方法解决了非完全二叉树的顺序存储问题,但同时也造成了存储空间的浪费(见图4-55)。

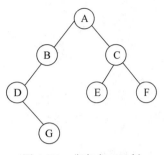

图 4-53 非完全二叉树

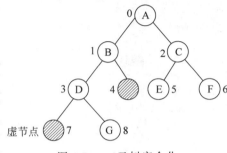

图 4-54 二叉树完全化

图 4-55 二叉树的顺序存储

3. 二叉树的遍历

二叉树的遍历就是对树中节点逐个进行访问,用以查找某一节点或者全部节点,然后对满足要求的节点进行处理。访问语义就是对节点进行某种操作,例如,依次输出节点的数据、统计满足某条件的节点数量等。二叉树访问一个节点就是对该节点的数据域进行某种处理,如查找、排序等操作。

(1)遍历规则。二叉树由根、左子树和右子树组成。树遍历通常限定为"先左后右",这样大幅减少了遍历方法。二叉树遍历可分解成三项子任务:访问根节点、遍历左子树(依次访问左子树的全部节点)、遍历右子树(依次访问右子树的全部节点)。树的遍历方法有广度优先搜索和深度优先搜索。

(2)广度优先搜索。如图4-56所示,树的广度优先搜索是按水平方向逐层遍历,如A→B→[A]→C→[A]→[B]→D→[B]→E→[B]→[A]→[C]→F([ ]内为临时节点)。

(3)深度优先搜索。树的深度优先搜索方法有前序遍历(根—左—右),后序遍历(左—右—根)和中序遍历(左—根—右)。树的深度优先搜索方法如下。

前序遍历路径:A→B→D→[B]→E→[B]→[A]→C→F(见图4-57,常用)。

后序遍历路径:D→[B]→E→B→[A]→[C]→F→C→A(见图4-58)。

中序遍历路径:D→B→E→[B]→A→[C]→F→C(见图4-59)。

4. 程序设计案例:二叉树定义和前序遍历

【例4-37】 二叉树如图4-57所示,编程创建二叉树,并对二叉树进行前序遍历。

案例分析:二叉树遍历步骤为:**访问根节点→访问左子树→访问右子树**。如果二叉树为空,则返回。如果二叉树不为空,则访问根节点,然后前序遍历根节点的左子树,再前序遍

149

第 4 章

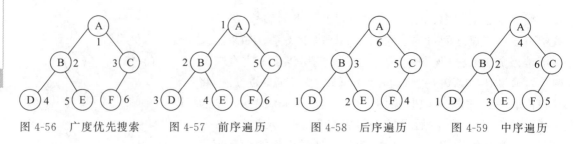

图 4-56　广度优先搜索　　图 4-57　前序遍历　　图 4-58　后序遍历　　图 4-59　中序遍历

历根节点的右子树，前序遍历是一个递归过程。Python 程序如下。

1	class TreeNode:	#【定义节点类】节点类作为节点生成的模板
2	def __init__(self, data):	# 构造类方法，初始化节点
3	self.data = data	# 构造节点(值)
4	self.left = None	# 构造左节点 = 空
5	self.right = None	# 构造右节点 = 空
6		
7	def preorder(root):	#【前序遍历】定义递归函数
8	if not root:	# 判断二叉树是否为空
9	return	# 则直接返回
10	**print('－', root.data, end = '')**	# 打印访问的节点(很重要)
11	preorder(root.left)	#【递归访问左子树】
12	preorder(root.right)	#【递归访问右子树】
13		#【生成二叉树】
14	root = TreeNode('A')	# 调用类方法，生成根节点 A
15	root.left = TreeNode('B')	# 调用类方法，生成左子树节点 B
16	root.left.left = TreeNode('D')	# 调用类方法，生成左子树左节点 D
17	root.left.right = TreeNode('E')	# 调用类方法，生成左子树右节点 E
18	root.right = TreeNode('C')	# 调用类方法，生成右子树节点 C
19	root.right.left = TreeNode('F')	# 调用类方法，生成右子树左节点 F
20		
21	print('前序遍历:', end = '')	# 打印提示信息
22	preorder(root)	# 调用递归函数，对二叉树进行前序遍历
>>>	前序遍历:－ A－ B－ D－ E－ C－ F	# 程序输出

说明：程序第 10 行移到第 11 行后为中序遍历；程序第 10 行移到第 12 行后为后序遍历。

5. 决策树

棋牌游戏、商业活动、战争等竞争性智能活动都是一种博弈。任何一种双人博弈行为都可以用决策树(又称博弈树)来描述，通过决策树的搜索，寻找最佳策略。例如，决策树上的第一个节点对应一个棋局，树分支表示棋的走步，根节点表示棋局的开始，叶节点表示棋局某种状态的结束(如吃子)。一个棋局的结果可以是赢、输或者和局。

如图 4-60 所示，可以用决策树说明商业保险交易过程。如图 4-61 所示，在棋类博弈树推理中，决策节点一般加弧线表示。如图 4-62 所示，为了降低最优决策搜索的复杂度，往往对一些低概率分支做"剪枝"处理(如 $\alpha\text{-}\beta$ 剪枝算法)。

如图 4-61 所示，在棋类博弈中，当轮到 A 方走棋时，则可供 A 方选择的若干个行动方案之间是"或"的关系。轮到 B 方走棋时，B 方也有若干个可供选择的行动方案，但此时这些行动方案对 A 方来说它们之间是"与"的关系。

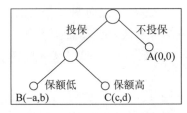

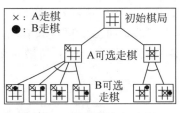

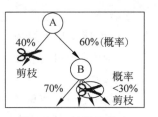

图 4-60　商业保险交易决策树　　　图 4-61　棋类博弈与或树　　　图 4-62　树剪枝策略

　　决策树的优点是简单易懂,可视化好;缺点是可能会建立过于复杂的规则。为了避免这个问题,有时需要对决策树进行剪枝、设置叶节点最小样本数量、设置树的最大深度。最优决策树是一个 NPC 问题,所以,实际决策树算法是基于试探性的算法。例如,在每个节点实现局部最优值的贪心算法,贪心算法无法保证返回一个全局最优的决策树。

　　决策树算法模型经常用于机器学习,主要用于对数据进行分类和回归。算法的目的是通过推断数据特征,学习决策规则从而创建一个预测目标变量的模型。

6. 树的搜索技术

　　许多问题都可以归结为状态空间的搜索树。如汉诺塔问题、旅行商问题、棋类博弈、走迷宫、路径规划等。迷宫如图 4-63 所示,可以将迷宫的状态空间表示为一棵搜索树(见图 4-64),然后对树进行搜索求解。

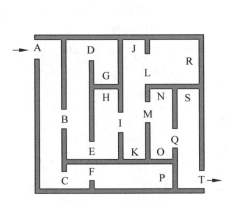

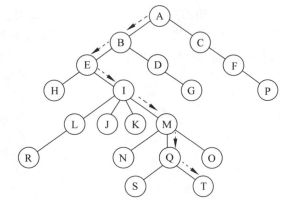

图 4-63　迷宫的形状　　　　　　　图 4-64　迷宫对应的搜索树

　　搜索方法有盲目搜索和启发式搜索。盲目搜索又称穷举式搜索,它只按照预先规定的控制策略进行搜索,没有任何中间信息来改变这些控制策略。例如,采用穷举法进行的广度优先搜索和深度优先搜索,遍历节点顺序都是固定的,因此是一种盲目搜索。

　　启发式搜索是在搜索过程中加入与问题有关的启发式信息,用于指导搜索朝着最有希望的方向前进,加速问题的求解并找到最优解。

　　说明:走迷宫程序案例,参见本书配套教学资源程序 F4_4.py。

4.4.4　图结构

1. 图的基本概念

　　图由顶点和顶点之间边的集合组成,通常表示为 $G(V,E)$,其中 G 表示一个图,V 是图 G 中顶点的集合,E 是图 G 中边的集合。图中的数据元素称为顶点,顶点之间的逻辑关系用

常用算法和数据结构

边来表示。线性表可以是空表,树可以是空树,但是图不可以为空。图分为无向图和有向图,无向图由顶点和边组成(见图 4-65),有向图由顶点和有向边(带箭头的边)组成(见图 4-66)。如果图中的边没有权值关系,一般默认边长为1;如果图中的边有权值,构成的图又称网图(见图 4-67)。

连通图为任意两个顶点之间至少有一条连通路径的图(见图 4-65)。有向图的连通比较复杂,强连通图为任意两个顶点之间至少有一条连通路径的图(见图 4-66),弱连通图为去掉方向箭头后为连通图的图(见图 4-67),非连通图为没有连通路径的图(见图 4-68)。

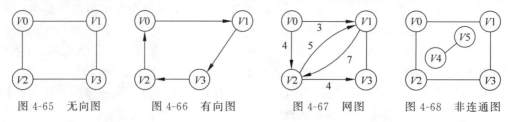

图 4-65　无向图　　　图 4-66　有向图　　　图 4-67　网图　　　图 4-68　非连通图

2. 图的存储方法

图的存储方法有邻接矩阵和邻接表。邻接矩阵的缺点是存储空间较大,如果图有 N 个顶点,则需要 N^2 个存储空间。对边数和顶点较少的图,可以用邻接表进行储存,邻接表具有动态调节存储空间的优点。

(1)用邻接矩阵存储图。这种存储方式是用两个数组来存储图的元素,一个一维数组存储图中顶点数据,另外一个二维数组(即邻接矩阵)存储图中边的数据。

【例 4-38】　无向图 G 如图 4-69 所示,图的顶点用一维数组 $G.V$ 存储(见图 4-70);图的边则用邻接矩阵 $G.E$ 存储(见图 4-71)。

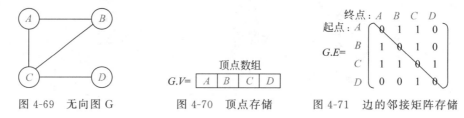

图 4-69　无向图 G　　　图 4-70　顶点存储　　　图 4-71　边的邻接矩阵存储

顶点存储: $G.V = \{A, B, C, D\}$(一维数组)。

边存储: $G.E = \{(A,B), (A,C), (B,A), (B,C), (C,A), (C,B), (C,D), (D,C)\}$(二维数组)。

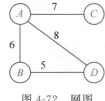

图 4-72　网图

(2)用邻接表存储图。图的顶点用一维数组存储,顶点数组中,每个元素都需要存储一个指向第一个邻接顶点的指针,以便查找该顶点邻接边的信息。然后为每个邻接顶点创建一个线性表,线性表中的邻接顶点包括顶点元素、边的权值、指针等。

【例 4-39】　一个网图(见图 4-72)的邻接表存储形式如图 4-73 所示。

3. 生成树

如果连通图 G(见图 4-74)的一个子图是一棵包含 G 所有顶点的树,则该子图称为 G 的生成树(见图 4-75)。图的生成树并不唯一,从不同顶点出发遍历,可以得到不同的生成树。

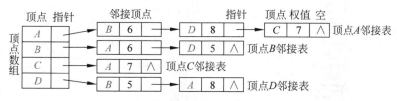

图 4-73　网图的邻接表存储形式

在带权无向图中,该图所有生成树中,各边权值之和最小的生成树称为该图的最小生成树(见图 4-76)。注意,生成树不能存在环路。

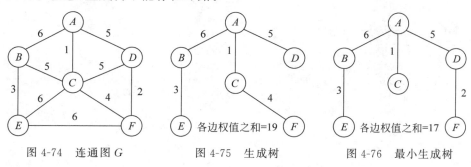

图 4-74　连通图 G　　　图 4-75　生成树　　　图 4-76　最小生成树

由广度优先搜索得到的生成树称为广度优先生成树;由深度优先搜索得到的生成树称为深度优先生成树。

4. 图的广度优先搜索

如图 4-77 所示,图的广度优先搜索需要识别出图中每个顶点所属的层次,但该图是非层次结构,因此需要将该图变换成一个有层次的图。图分层时,先确定一个初始顶点(见图 4-78 中的 A 点),然后根据图中顶点的逻辑关系(顶点之间边的关系),将它们变换成为一个有层次的图(见图 4-78)。然后对图中的顶点按层次访问,最后形成如图 4-79 所示的生成树。广度优先搜索是一种分层处理方式,一般采用队列结构进行存储。

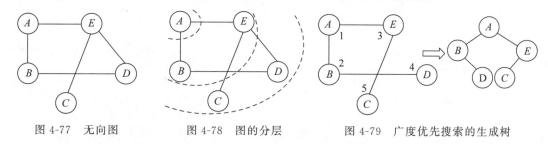

图 4-77　无向图　　　图 4-78　图的分层　　　图 4-79　广度优先搜索的生成树

5. 图的深度优先搜索

一个简单的迷宫如图 4-80 所示,其中的墙表示这条路径不通。深度优先搜索是沿着图中的一条路径一直搜索下去(如 A→B→C),搜索顺序一般按前序遍历进行(根—左—右),无法搜索到新节点时(如 C 节点处),回退到刚刚访问过的节点(如 B 节点),继续按深度方向搜索,直到全部节点都遍历完成(见图 4-81)。

6. 程序设计案例:图的广度优先搜索

【例 4-40】　将迷宫(见图 4-80)转换为连通图(见图 4-82),按广度优先划分层次;并且创建二叉树(见图 4-83)。对二叉树进行广度优先搜索,Python 程序如下。

x

第 4 章

常用算法和数据结构

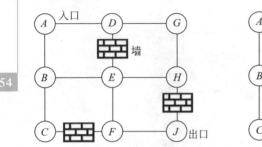

图 4-80 简单迷宫图

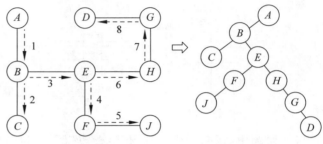

图 4-81 深度优先搜索和迷宫深度优先生成树

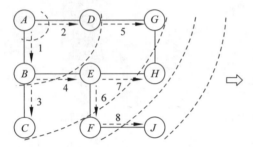

图 4-82 迷宫连通图层次划分

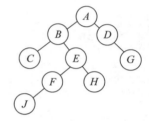

图 4-83 迷宫广度优先生成树

1	`graph = {`	# 定义字典,存储二叉树节点(见图 4-83)
2	`    'A': ['B', 'D'],`	# 用字典存储二叉树中的邻节点
3	`    'B': ['A', 'C', 'E'],`	# 字典键为本节点,值为邻节点
4	`    'C': ['B'],`	# 如'A'为本节点,['B', 'D']为邻节点
5	`    'D': ['A', 'G'],`	
6	`    'E': ['B', 'F', 'H'],`	
7	`    'F': ['E', 'J'],`	
8	`    'G': ['D'],`	
9	`    'H': ['E'],`	
10	`    'J': ['F']`	
11	`}`	
12		
13	`def BFS(graph, vertex):`	# 定义广度优先搜索函数(graph 图,vertex 节点)
14	`    queue = [ ]`	# 定义列表队列,用于存储节点
15	`    queue. append(vertex)`	# 将首个节点添加到队列中
16	`    looked = set()`	# 用集合存放已访问过的节点(过滤重复)
17	`    looked.add(vertex)`	# 将首个节点添加到集合中,表示已访问
18	`    while(len(queue) > 0):`	# 当队列不为空时进行循环遍历
19	`        temp = queue.pop(0)`	# 从队列头部取出一个节点
20	`        nodes = graph[temp]`	# 该节点的相邻节点
21	`        for w in nodes:`	# 循环遍历该节点的所有相邻节点
22	`            if w not in looked:`	# 判断节点是否在已访问集合中
23	`                queue.append(w)`	# 如果节点未被访问,则添加到队列中
24	`                looked.add(w)`	# 同时添加到已访问集合中,表示已访问
25	`        print(temp, end = ' ')`	# 打印广度优先搜索节点
26		
27	`print('图广度优先搜索:', end = ' ')`	# 打印提示信息
28	`BFS(graph, 'A')`	# 以 A(根)为起始节点
>>>	图广度优先搜索: A B D C E G F H J	# 程序输出

习 题 4

4-1 简要说明算法的定义。

4-2 算法是否正确包含哪些要求？

4-3 算法运行所需要的时间取决于哪些因素？

4-4 简要说明分治法的算法思想。

4-5 简要说明快速排序算法思想。

4-6 简要说明数据结构的主要研究内容。

4-7 开放题：为什么高效算法都很难理解？

4-8 开放题：大学生面临找工作或考研究生的选择，用贪心法分析认为找工作较好，用动态规划分析认为考研究生较好，你会选择哪种算法？为什么选择这种算法？

4-9 开放题：用树结构描述一个简单的棋类博弈过程。

4-10 实验题：利用欧几里得算法可以求出两个整数的最大公约数和最小公倍数，写出它们的算法思想；写出算法流程图；编制 Python 语言程序。

第5章 信息编码和数理逻辑

信息的形式有数字、文字、音频、视频等多种形式。计算机对非数值的信息进行处理时，需要将信息进行编码，将它们转换为计算机能够接收、存储和处理的二进制数编码形式。因此，计算机需要对各种信息进行编码、压缩、检错等处理。

5.1 数值信息编码

5.1.1 二进制数的编码

1. 信息的二进制数表示

信息编码包括基本符号和组合规则两大要素。信息论创始人香农指出：**通信的基本信息单元是符号，而最基本的信息符号是二值符号**。最典型的二值符号是二进制数，它以 1 或 0 代表两种状态。香农提出，信息的最小度量单位为比特（b）。任何复杂信息都可以根据结构和内容，按一定编码规则，最终变换为一组由 0 和 1 构成的二进制数据，并能无损地保留信息的含义。

2. 二进制编码的优点

计算机采用十进制数做信息编码时，加法运算需要 10 个（0～9）运算符号，有 100 个运算规则（$0+0=0,0+1=1,0+2=2,\cdots,9+9=18$）。如果采用二进制编码，则运算符号只需要 2 个（0 和 1），加法运算只有 4 个运算规则（$0+0=0,0+1=1,1+0=1,1+1=10$）。用二进制做逻辑运算也非常方便，可以用 1 表示逻辑命题值"真"（true），用 0 表示逻辑命题值"假"（false）。计算机采用二进制逻辑设计电路时，可以将算术运算的电路设计转换为二进制逻辑门电路设计，这大幅降低了计算机设计的复杂性。

也许可以指出，由于加法运算服从交换律，$0+1$ 与 $1+0$ 具有相同的运算结果，这样十进制运算规则可以减少到 50 个；但是对计算机设计来说，结构还是过于复杂。

也许还能够指出，十进制中，$1+2$ 只需要做一位加法运算；转换为 8 位二进制数后，至少要做 8 位加法运算（如 $[0000001]_2 + [00000010]_2$），可见二进制数大幅增加了计算工作量。但是目前普通的计算机（如 4 核 2.0GHz 的 CPU）每秒钟可以做 80 亿次以上的 64 位二进制加法运算，可见计算机最善于做大量的、机械的、重复的高速计算工作。

3. 计算机中二进制编码的含义

当计算机接收到一连串二进制符号（0 和 1 字符串流）时，它并不理解这些二进制符号的含义。**二进制符号的具体含义取决于程序对它的解释**。

【例 5-1】 简单地问二进制数符号 $[01000010]_2$ 在计算机中的含义是什么，这个问题无法给出简单的回答,这个**二进制数的意义要看它的编码规则是什么**。如果这个二进制数是采用原码编码的数值,则表示十进制数+65;如果采用二—十进制数编码(binary coded decimal,BCD)编码,则表示十进制数 42;如果采用美国信息交换标准编码(American standard code for information interchange,ASCII)编码,则表示字符 A;另外它还可能是一个图形数据、一个视频数据、一条计算机指令的一部分,或者表示其他含义。

4. 任意进制数的表示方法

任何一种进位制都能用有限几个基本数字符号表示所有数。进位制的核心是基数,如十进制的基数为 10,二进制的基数为 2。对任意 R 进制数,基本数字符号为 R 个,任意进制的数 N 可以用式(5-1)进行位权展开表示

$$N = A_{n-1} \times R^{n-1} + A_{n-2} \times R^{n-2} + \cdots + A_0 \times R^0 + A_{-1} \times R^{-1} + \cdots + A_{-m} \times R^{-m}$$

$$(5-1)$$

式中,A 为任意进制数字,R 为基数,n 为整数的位数和权,m 为小数的位数和权。

【例 5-2】 将二进制数 1011.0101 按位权展开表示。

$$[1011.0101]_2 = 1 \times 2^3 + 1 \times 2^1 + 1 \times 2^0 + 1 \times 2^{-2} + 1 \times 2^{-4}$$

5. 二进制数运算规则

计算机内部采用二进制数进行存储、传输和计算。用户输入的各种信息,由计算机软件和硬件自动转换为二进制数,在数据处理完成后,再由计算机转换为用户熟悉的十进制数或其他信息。二进制数的基本符号为 0 和 1,运算规则是"逢二进一,借一当二"。二进制数的运算规则基本与十进制相同,其四则运算规则如下。

(1) 加法运算:0+0=0,0+1=1,1+0=1,1+1=10(有进位)。

(2) 减法运算:0-0=0,1-0=1,1-1=0,0-1=1(有借位)。

(3) 乘法运算:0×0=0,1×0=0,0×1=0,1×1=1。

(4) 除法运算:0÷1=0,1÷1=1(除数不能为 0)。

二进制数用下标 2 或在数字尾部加 B 表示,如$[1011]_2$ 或 1011B。

习惯上,十进制数不用下标或标志表示,例如,100 就是十进制的数值一百。

6. 十六进制数编码

计算机内部采用二进制数进行存储和运算,但是对于二进制数,专业人员辨认困难。20 世纪 50—60 年代,计算机存储容量很小,因此采用八进制来表示二进制数;随着存储容量的急剧增加,20 世纪 70 年代后,改用十六进制表示二进制数。十六进制数的计数符号是 0,1,2,3,4,5,6,7,8,9,A,B,C,D,E,F,运算规则是"逢 16 进 1,借 1 当 16"。注意,计算机内部并不采用十六进制数进行存储和运算,它只是方便专业人员而已。

十六进制数用下标 16 或在数字尾部加 H 表示,如$[18]_{16}$ 或 18H;更多时候,十六进制数采用前缀"0x"的形式表示,如 0x000012A5 表示十六进制数 12A5。

常用数制与编码之间的对应关系如表 5-1 所示。

表 5-1 常用数制与编码之间的对应关系

十 进 制 数	十六进制数	二 进 制 数	BCD 编码
0	0	0000	0000
1	1	0001	0001

十 进 制 数	十六进制数	二 进 制 数	BCD 编码
2	2	0010	0010
3	3	0011	0011
4	4	0100	0100
5	5	0101	0101
6	6	0110	0110
7	7	0111	0111
8	8	1000	1000
9	9	1001	1001
10	A	1010	0001 0000
11	B	1011	0001 0001
12	C	1100	0001 0010
13	D	1101	0001 0011
14	E	1110	0001 0100
15	F	1111	0001 0101

5.1.2 不同数制的转换

1. 二进制数转换为十进制数

在二进制数与十进制数的转换过程中,必须频繁地计算 2 的整数次幂。表 5-2 和表 5-3 给出了 2 的整数次幂和十进制数值的对应关系。

表 5-2　2 的整数次幂与十进制数值的对应关系

2^n	2^9	2^8	2^7	2^6	2^5	2^4	2^3	2^2	2^1	2^0
十进制数值	512	256	128	64	32	16	8	4	2	1

表 5-3　2 的整数次幂与十进制小数的关系

2^{-n}	2^{-1}	2^{-2}	2^{-3}	2^{-4}	2^{-5}	2^{-6}	2^{-7}	2^{-8}
十进制分数	1/2	1/4	1/8	1/16	1/32	1/64	1/125	1/256
十进制小数	0.5	0.25	0.125	0.0625	0.031 25	0.015 625	0.007 812 5	0.003 906 25

二进制数转换成十进制数时,可以采用按权相加的方法。

【例 5-3】　将 $[1101.101]_2$ 按位权展开转换成十进制数。

二进制数按位权展开转换成十进制的运算过程如图 5-1 所示。

二进制数	1	1	0	1	.	1	0	1	
位权	2^3	2^2	2^1	2^0	.	2^{-1}	2^{-2}	2^{-3}	
十进制数值	8 +	4 +	0 +	1 +		0.5 +	0 +	0.125	=13.625

图 5-1　二进制数按位权展开过程

【例 5-4】　将二进制整数 $[11010101]_2$ 转换为十进制数整数,Python 程序如下。

```
1  >>> int('11010101', 2)        # 将二进制整数转换为十进制数
   213                            # 输出转换结果
```

2. 十进制数转换为二进制数

十进制数转换为二进制数时,整数部分与小数部分必须分开转换。整数部分采用除 2

取余法,就是将十进制数的整数部分反复除 2,如果相除后余数为 1,则对应的二进制数位为 1;如果余数为 0,则相应位为 0;逐次相除,直到商小于 2 为止。

小数部分采用乘 2 取整法。就是将十进制小数部分反复乘 2;每次乘 2 后,所得积的整数部分为 1,相应二进制数为 1,然后减去整数 1,余数部分继续相乘;如果积的整数部分为 0,则相应二进制数为 0,余数部分继续相乘;直到乘 2 后小数部分等于 0 为止,如果乘积的 00000 小数部分一直不为 0,则根据数值的精度要求截取一定位数即可。

【例 5-5】 将十进制数 18.8125 转换为二进制数。

案例分析:整数部分除 2 取余,余数作为二进制数,从低到高排列(见图 5-2)。小数部分乘 2 取整,积的整数部分作为二进制数,从高到低排列(见图 5-3)。

运算结果为:$18.8125 = [10010.1101]_2$

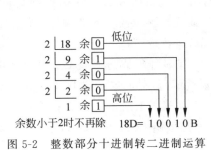

图 5-2 整数部分十进制转二进制运算

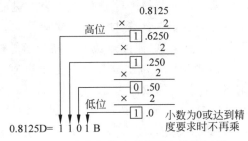

图 5-3 小数部分十进制转二进制运算

【例 5-6】 将十进制整数 234 转换为二进制数,Python 程序如下。

```
>>>    bin(234)                    # 将十进制整数 234 转换为二进制整数
       '0b11101010'               # 输出转换结果,前缀 0b 表示二进制数
```

说明:小数的二进制转十进制,十进制转二进制案例,参见本书配套教学资源程序 F5_1.py。

3. 二进制数转换为十六进制数

对于二进制整数,自右向左每 4 位分为一组,当整数部分不足 4 位时,在整数前面加 0 补足 4 位,每 4 位对应一位十六进制数;对二进制小数,自左向右每 4 位分为一组,当小数部分不足 4 位时,在小数后面(最右边)加 0 补足 4 位,每 4 位二进制数对应 1 位十六进制数,即可得到十六进制数。

【例 5-7】 将二进制数 $[111101.010111]_2$ 转换为十六进制数。

$[111101.010111]_2 = [00111101.01011100]_2 = [3D.5C]_{16}$,转换过程如图 5-4 所示。

0011	1101	•	0101	1100
3	D	•	5	C

图 5-4 例 5-7 题图

【例 5-8】 将二进制整数 $[11010101]_2$ 转换为十六进制整数,Python 程序如下。

```
>>>    hex(int('11010101', 2))     # 先转换为十进制整数,再转换为十六进制整数
       '0xd5'                      # 输出转换结果,前缀 0x 表示十六进制数
```

4. 十六进制数转换为二进制数

将十六进制数转换成二进制数非常简单,只要以小数点为界,向左或向右每一位十六进制数用相应的 4 位二进制数表示,然后将其连在一起即可完成转换。

【**例 5-9**】 将十六进制数[4B.61]$_{16}$转换为二进制数。

[4B.61]$_{16}$=[01001011.01100001]$_2$,转换过程如图 5-5 所示。

4	B	.	6	1
0100	1011	.	0110	0001

图 5-5　例 5-9 题图

【**例 5-10**】 将十六进制整数[4B]$_{16}$转换为二进制整数,Python 程序如下。

```
>>>  bin(int('4b', 16))              # 先转换为十进制整数,再转换为二进制整数
     '0b1001011'                     # 输出转换结果,前缀 0b 表示二进制数
```

5. BCD 编码

计算机经常需要将十进制数转换为二进制数,利用以上转换方法存在两方面的问题:一是数制转换需要多次做乘法和除法运算,这大幅增加了数制转换的复杂性;二是小数转换需要进行浮点运算,而浮点数的存储和运算较为复杂,运算效率低。

BCD 码用 4 位二进制数表示 1 位十进制数。BCD 有多种编码方式,8421 码是最常用的 BCD 码,它各位的权值为 8,4,2,1,且与 4 位二进制数编码不同,它只选用了 4 位二进制数编码中前 10 组代码。BCD 码与十进制数的对应关系如表 5-1 所示。当数据有很多 I/O 操作时(例如,计算器,每次按键都是一个 I/O 操作),通常采用 BCD 码,因为 BCD 码更容易将二进制数转换为十进制数。

二进制数使用[0000～1111]$_2$全部编码,而 BCD 码仅使用[0000～1001]$_2$十组编码,编码到[1001]$_2$后就产生进位,而二进制数编码到[1111]$_2$才产生进位。

【**例 5-11**】 将十进制数 10.89 转换为 BCD 码。

10.89=[0001 0000.1000 1001]$_{BCD}$(对应关系见图 5-6)。

十进制数	1	0	.	8	9
BCD 码	0001	0000	.	1000	1001

图 5-6　例 5-11 题图

【**例 5-12**】 将 BCD 码[0111 0110.1000 0001]$_{BCD}$转换为十进制数。

[0111 0110.1000 0001]$_{BCD}$=76.81(对应关系见图 5-7)。

BCD 码	0111	0110	.	1000	0001
十进制数	7	6	.	8	1

图 5-7　例 5-12 题图

【**例 5-13**】 将二进制数[111101.101]$_2$转换为 BCD 码。

案例分析: 如图 5-8 所示,二进制数直接转换为 BCD 码时,可能会出现非法 BCD 码。可以将二进制数[111101.101]$_2$转换为十进制数 61.625 后,再转换为 BCD 码。

二进制数	0011	1101	.	1010
非法 BCD 码	~~0011~~	~~1101~~	.	~~1010~~
正确 BCD 码	0110	0001	.	0110 0010 0101

图 5-8　例 5-13 题图

常用数制之间的转换方法如图 5-9 所示。

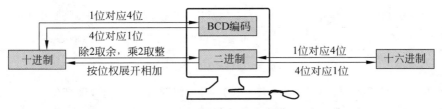

图 5-9　常用数制之间的转换方法

5.1.3　二进制整数编码

计算机以字节(B)组成各种信息,字节是计算机用于存储、传输、计算的基本计量单位,1 字节可以存储 8 位二进制数。

1. 无符号二进制整数编码形式

计算过程中,如果运算结果超出了数据表示范围称为溢出。如例 5-14 所示,8 位二进制无符号整数运算结果大于 255 时,就会产生溢出问题。

【例 5-14】　$[11001000]_2 + [01000001]_2 = 1[00001001]_2$(8 位存储时,最高位溢出)。

解决数据溢出最简单的方法是增加数据的存储长度,数据存储字节越长,数值表示范围越大,越不容易产生溢出现象。如果小数字(小于 255 的无符号整数)采用 1 字节存储,大数字(大于 255 的无符号整数)采用多字节存储,**变长存储会使存储和计算复杂化**。因为每个数据都需要增加一字节来表示数据长度,更麻烦的是计算机需要对每个数据进行长度判断。解决数据不同存储长度的方法是建立不同的数据类型,静态程序语言(如 C 语言)在程序设计时要首先声明数据类型,对同一类型数据采用统一存储长度,如整型(int)数据的存储长度为 4 字节,长整型数据的存储长度为 8 字节。

【例 5-15】　如图 5-10 所示,无符号数 22=$[10110]_2$ 在计算机中的存储形式如下。

用1字节存储时:	00010110			
用2字节存储时:	00000000	00010110		
用4字节存储时:	00000000	00000000	00000000	00010110

图 5-10　数据的不同存储长度

由上例可见,数据的等长存储会浪费一些存储空间(4 字节存储时),但是等长存储提高了运算速度,这是一种以空间换时间的计算思维模式。

2. 带符号二进制整数编码形式

数值有正数和负数之分,数学中用"+"表示正数(常被省略),"-"表示负数。但是计算机只有 0 和 1 两种状态,为了区分二进制数"+""-"符号,符号在计算机中也必须数字化。当用 1 字节表示一个数值时,将该字节的最高位作为符号位,用 0 表示正数,用 1 表示负数,其余位表示数值大小。

符号化的二进制数称为机器数或原码,没有符号化的数称为真值。机器数有固定的长度(如 8 位、16 位、32 位、64 位等),当二进制数位数不够时,整数在左边(最高位前面)用 0 补足,小数在右边(最低位后面)用 0 补足。

【例 5-16】　+23=$[+10111]_2$=$[00010111]_2$,如图 5-11 所示,最高位 0 表示正数。

真值	8 位机器数(原码)	16 位机器数(原码)
+10111	00010111	00000000 00010111

图 5-11 例 5-16 题图

【例 5-17】 $-23=[-10111]_2=[10010111]_2$，如图 5-12 所示，最高位 1 表示负数。二进制数 $[-1011]_2$ 真值与机器数的区别如图 5-12 所示。

真值	8 位机器数(原码)	16 位机器数(原码)
-10111	10010111	10000000 00010111

图 5-12 例 5-17 题图

5.1.4 二进制小数编码

1. 定点数编码方法

定点数是小数点位置固定不变的数。如图 5-13 所示,定点数假设小数点固定在最低有效位后面(隐含)。在计算机中,整数用定点数表示,小数用浮点数表示。当十进制整数很大时(十进制整数大于 18 位,或者存储大于 64b),一般也用浮点数表示。

【例 5-18】 十进制数 -73 的二进制真值为 $[-1001001]_2$,如果用 2B 存储,最高位(符号位)用 0 表示"+",1 表示"-",二进制数原码的存储格式如图 5-13 所示。

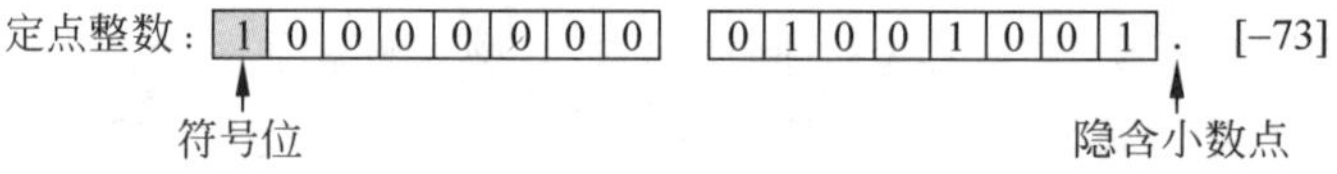

定点整数: [1][0000000] [010010001] .   [-73]
符号位   隐含小数点

图 5-13 16 位定点整数的存储格式

在计算机系统中,整数(int)与浮点数(float)有截然不同的编码模式。例如,数值 12345 的整型编码为 0x00003039;浮点数的编码为 0x4640E400。

2. 浮点数的表示

小数在计算机中的存储和运算是一个非常复杂的事情。目前有两位计算科学专家因研究浮点数的存储和运算而获得图灵奖。小数点位置浮动变化的数称为浮点数,浮点数采用指数表示,二进制浮点数的表示式为

$$N = \pm M \times 2^{\pm E} \tag{5-2}$$

式中,N 为浮点数;M 为小数部分,称为尾数;E 为原始指数。**浮点数中,原始指数 E 的位数决定数值范围,尾数 M 的位数决定数值精度。**

【例 5-19】 $[1001.011]_2 = [0.1001011]_2 \times 2^4$。

【例 5-20】 $[-0.0010101]_2 = [-0.10101]_2 \times 2^{-2}$。

3. 二进制小数的截断误差

(1) 存储空间不够引起的截断误差。如果存储浮点数的长度不够,会导致尾数最低位数据丢失,这种现象称为截断误差(舍入误差)。可以通过使用较长的尾数域来减少截断误差的发生。

【例 5-21】 十进制数 3.14159 转换为二进制数 $[11.001001]_2$;将二进制数转换为科学记数法,则 $[11.001001]_2 = [0.11001001]_2 \times 2^2$。由此可知,尾数 M 符号位 $=[0]_2$,尾数

$M=[11001001]_2$，指数 E 符号位 $=[0]_2$，指数 $E=2=[10]_2$。如果按式(5-2)定义存储格式（[指数 E 符号位][指数 E][尾数 M 符号位][尾数 M]），则 $[11.001001]_2=[0\ 10\ 0\ 11001001]_2$。这是一个 12 位二进制数，如果采用 8 位进行存储，会导致尾数产生截断误差。

（2）数值转换引起的截断误差。截断误差的另外一个来源是无穷展开式问题。例如，将十进制数 1/3 转换为小数时，总有一些数值不能精确地表示出来。二进制记数法与十进制记数法的区别是：**二进制记数法中有无穷小数的情况多于十进制记数法。**

【例 5-22】 十进制小数 0.8，转换为二进制为 $[0.11001100\cdots]_2$，后面还有无数个 $[1100]_2$，这说明十进制小数转换成二进制时，不能保证精确转换；二进制小数转换成十进制也遇到同样的问题。

说明：小数的十进制转二进制案例，参见本书配套教学资源程序 F5_2.py。

【例 5-23】 将十进制数值 1/10 转换为二进制数时，也会遇到无穷展开式问题，总有一部分数不能精确地存储。程序语言在涉及浮点数运算时，会尽量计算精确一些，但是也会出现截断误差的现象。Python 运算的截断误差程序如下。

```
>>>   (0.1 + 0.2) == 0.3            # 注意," == "是等于符号
      False                         # 比较结果为假
>>>   0.1 + 0.2
      0.30000000000000004           # 在二 - 十进制转换中,会产生截断误差
>>>   4 - 3.6
      0.3999999999999999            # 运算结果也会出现截断误差
```

十进制小数转换成二进制小数时，如果遇到无穷展开式，计算过程会无限循环。这时可根据精度要求，取若干位二进制小数作为近似值，必要时采用 0 舍 1 入的规则。

（3）浮点数的运算误差。浮点数加法中，相加的顺序很重要，如果一个大数与一个小数相加，小数就可能被截断。因此，多个数相加时，应当先相加小数，将它们累计成一个大数后，再与其他大数相加，避免截断误差。对大部分用户，商用软件提供的计算精度已经足够了。一些特殊领域（如导航系统等），小误差会在运算中不断累加，最终产生严重的后果（例如，乘方运算中，当指数很大时，小误差将会呈指数级放大）。

【例 5-24】 $1.01^{365}=37.8$；$1.02^{365}=1377.4$；$0.99^{365}=0.026$；$0.98^{365}=0.0006$。

4. IEEE 754 规格化浮点数

计算机中的实数采用浮点数存储和运算。浮点数并不完全按式(5-2)进行表示和存储。如表 5-4 所示，计算机中的浮点数严格遵循 IEEE 754 标准。

表 5-4 IEEE 754 标准规定的浮点数规格

浮点数规格	码长/b	符号 S/b	阶码 e/b	尾数 M/b	十进制数有效位
单精度(float)	32	1	8	23	6～7
双精度(double)	64	1	11	52	15～16
扩展双精度数 1	80	1	15	64	20
扩展双精度数 2	128	1	15	112	34

注：表中阶码 e 与式(5-2)中的指数 E 并不相同；尾数 M 与式(5-2)中的 M 也有所区别。

浮点数的表示方法多种多样。因此，**IEEE 754 标准对规格化浮点数进行了规定：小数点左侧整数必须为 1**（如 $[1.\text{xxxx}]_2$），**指数采用阶码表示**（如 $[1.\text{xxxx}]_2\times2^{-n}$）。

【例 5-25】 $1.75=[1.11]_2$，用科学记数法表示时，小数点前一位为 0 还是 1 并不确定，

IEEE 754 标准规定小数点前一位为 1,即规格化浮点数为 $1.75=[1.11]_2=[1.11]_2\times2^0$。

浮点数规格化有两个目的:一是整数部分恒为 1 后,在存储尾数 M 时,就可以省略小数点和整数 1(与式(5-2)有区别),从而可以用 23 位尾数域表达 24 位浮点数;二是整数位固定为 1 后,浮点数能以最大数的形式出现,尾数即使遭遇了极端的截断操作(如尾数全部为 0),浮点数仍然可以保持尽可能高的精度。

整数部分的 1 舍去后,会不会造成两个不同数的混淆呢?例如,$A=[1.010011]_2$ 中的整数部分 1 在存储时被舍去了,会不会造成 $A=[0.010011]_2$(整数 1 已舍去)与 $B=[0.010011]_2$ 两个数据的混淆呢?其实不会,因为数据 B 不是一个规格化浮点数,数据 B 可以改写成 $[1.0011]_2\times2^{-2}$ 的规格化形式。所以省略小数点前的 1 不会造成任何两个浮点数的混淆。但是浮点数运算时,省略的整数 1 需要还原,并参与浮点数相关运算。

5. IEEE 754 浮点数编码方法

(1) 浮点数的阶码。原始指数 E 可能为正数或负数,但是 IEEE 754 标准没有定义指数 E 的符号位(见表 5-4)。因为二进制数规格化后,纯小数部分的指数必为负数,这给运算带来了复杂性。因此,IEEE 754 规定指数部分用阶码 e 表示,阶码 e 采用移码形式存储。阶码 e 的移码值等于原始指数 E 加一个偏移值。32 位浮点数的偏移值为 127,64 位浮点数的偏移值为 1023。经过移码变换后,阶码 e 变成了正数,可以用无符号数存储。阶码 e 的表示范围是 $1\sim254$,阶码为 0 和阶码为 255 有特殊用途。阶码为 0 时,表示浮点数为 0 值;阶码为 255 时,若尾数为全 0 表示无穷大,否则表示无效数字。

(2) IEEE 754 标准的浮点数存储形式。IEEE 754 标准的浮点数存储格式如图 5-14 所示,编码方法是:省略整数 1、小数点、乘号、基数 2;从左到右采用符号位 S(1 位,0 表示正数,1 表示负数)+阶码位 e(余 127 码或余 1023 码)+尾数位 M(规格化小数部分,长度不够时从最低位开始补 0)。

图 5-14　IEEE 754 标准的浮点数存储格式

5.1.5　实数与浮点数的转换

1. 十进制实数转换为规格化二进制浮点数案例

实数转换为 IEEE 754 标准的浮点数的步骤是:将十进制数转换为二进制数→在 S 中存储符号值→将二进制数规格化→计算阶码 e 和尾数 M→最后连接 $[S\text{-}e\text{-}M]_2$ 即可。

【例 5-26】　将十进制实数 26.0 转换为 32 位规格化二进制浮点数(见图 5-15)。

解题算法步骤如下。

(1) 将实数转换为二进制数,$26.0=[11010]_2$。

(2) 26.0 是正数,因此符号位 $S=0$。

(3) 将二进制数转换为规格化浮点数,$[11010]_2=[1.1010]_2\times2^4$。

(4) 计算浮点数阶码 e,$E=4$,偏移值=127,$e=4+127=131=[10000011]_2$。

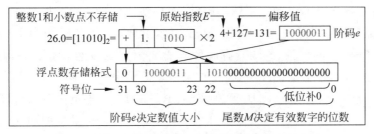

图 5-15　32 位规格化浮点数的转换方法和存储格式

（5）浮点数尾数 $M=[1010]_2$，低位补 0 后，$M=[10100000000000000000000]_2$（注意，尾数省略了整数 1 和小数点，只取小数部分）。

（6）连接符号位-阶码-尾数，$N=[01000001\ 11010000\ 00000000\ 00000000]_2$。

实现十进制实数转换为 32 位规格化二进制浮点数。Python 程序如下。

1	import struct	# 导入标准模块——二进制数处理
2	def float_to_bits(f):	# 定义转换函数
3	s = struct.pack('> f', f)	# 将浮点数转换为二进制数的字符串
4	return struct.unpack('> l', s)[0]	# 将二进制数的字符串解包为元组
5	b = list(bin(float_to_bits(26.0)))	# 调用函数,将元组转换为二进制数
6	b. insert(2, '0')	# 转换的实数为正数,在符号位插入 0
7	print('实数 26.0 的二进制浮点数为:', ''. join(b))	# 打印输出二进制数
>>>	实数 26.0 的二进制浮点数为: 0b01000001110100000000000000000000	# 程序输出

程序第 3 行，函数 struct.pack()将浮点数 f 转换为一个包装后的字符串。

程序第 4 行，函数 struct.unpack()将元素解包为一个二进制数元组。

2. 二进制浮点数转换为十进制实数案例

【例 5-27】　将[11000001　11001001　00000000　00000000]$_2$ 转换成十进制数。

解题算法步骤如下。

（1）把浮点数分割成三部分：$[1]_2[10000011]_2[1001001\ 00000000\ 00000000]_2$。可得，符号位 $S=[1]_2$；阶码 $e=[10000011]_2$；尾数 $M=[1001001\ 00000000\ 00000000]_2$。

（2）还原原始指数 E：$E=e-127=[10000011]_2-[01111111]_2=[100]_2=4$。

（3）还原尾数 M 为规格化形式：$M=[1.1001001]_2\times2^4$（"1."从隐含位而来）。

（4）还原为非规格化形式：$N=[S1.1001001]_2\times2^4=[S11001.001]_2$（$S$ 为符号位）。

（5）还原为十进制数形式：$N=[S11001.001]_2=-25.125$（$S=1$,说明是负数）。

浮点数的运算过程非常复杂。浮点运算是对计算机性能的考验,世界 500 强计算机都是按浮点运算性能进行排名的。

5.1.6　二进制补码运算

1. 原码在二进制数运算中存在的问题

用原码表示二进制数简单易懂,易于与真值进行转换。但二进制数原码进行加减运算时存在以下问题,一是做 $x+y$ 运算时,首先要判别两个数的符号,如果 x 和 y 同号,则相加;如果 x 和 y 异号,就要判别两数绝对值的大小,然后将绝对值大的数减去绝对值小的数。显然,这种运算方法不仅增加了运算时间,而且使计算机结构变得复杂了。二是在原码中,由于规定最高位是符号位,0 表示正数,1 表示负数,这会出现$[00000000]_2=[+0]_2$,$[10000000]_2=[-0]_2$的现象,导致 0 有两种形式,产生了二义性问题。三是两个带符号的二进制数原码运算时,在某些情况下,符号位会对运算结果产生影响,导致运算出错。

【例 5-28】 $[01000010]_2+[01000001]_2=[10000011]_2$(进位导致的符号位错误)。

【例 5-29】 $[00000010]_2+[10000001]_2=[10000011]_2$(符号位相加导致的错误)。

计算机需要一种可以带符号运算,且运算结果不会产生错误的编码形式,而补码具有这种特性。因此,**计算机中整数普遍采用二进制补码进行存储和计算**。

2. 二进制数的反码编码方法

二进制正数的反码与原码相同,负数的反码是该数原码除符号位外各位取反。

【例 5-30】 二进制数字长为 8 位时,$+5=[00000101]_原=[00000101]_反$。

【例 5-31】 二进制数字长为 8 位时,$-5=[10000101]_原=[11111010]_反$。

3. 补码运算的概念

1642 年,帕斯卡在加法器中采用了补码计算。两数相加时,如果计算结果(不包含进位)为 0,则称这两个数互补。如 10 以内的补码对有 1—9、2—8、3—7、4—6、5—5。十进制数中,**正数的补码为正数本身,负数的补码为**$[y]_补=[模-|y|]_补$。如$+4$的补码为$+4$,-1的补码为$+9$(即 $10-|1|=9$)。

模是指数字记数范围,例如,时钟的记数范围是 0~12,模$=12$。十进制数中,1 位数的模为 10,2 位数的模为 100,其余以此类推。假设顺时针方向为$+$,逆时针方向为$-$,下面是补码模运算案例。

【例 5-32】 $4+5\equiv[4]_补+[5]_补=[9]_补 \bmod 10=9$(见图 5-16)。

【例 5-33】 $6+7\equiv[6]_补+[7]_补=[13]_补 \bmod 10=3$(见图 5-17)。

【例 5-34】 $7-6\equiv[7]_补+[10-6]_补=[11]_补 \bmod 10=1$(见图 5-18)。

【例 5-35】 $6-7\equiv[6]_补+[10-7]_补=[9]_补 \bmod 10=9$(见图 5-19)。

【例 5-36】 $-1-2\equiv[10-1]_补+[10-2]_补=[17]_补 \bmod 10=7$(见图 5-20)。

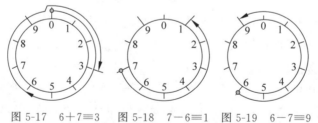

图 5-16　$4+5\equiv9$　　图 5-17　$6+7\equiv3$　　图 5-18　$7-6\equiv1$　　图 5-19　$6-7\equiv9$　　图 5-20　$-1-2\equiv7$

【例 5-37】 编程进行补码运算。Python 程序如下。

```
>>>    (4 + 5) % 10                    # 输出为:9(正数的补码为正数本身,无须转换)
>>>    (6 + 7) % 10                    # 输出为:3(% 为模运算符,Python 称为求余运算)
>>>    (7 + (~6 + 1)) % 10             # 输出为:1(-6 的补码为绝对值 6 取反后 +1)
>>>    (6 + (~7 + 1)) % 10             # 输出为:9(~ 为取反运算符)
>>>    ((~1 + 1) + (~2 + 1)) % 10      # 输出为:7
```

由例 5-32~例 5-37 可见,**模运算可以将加法和减法运算都转换为补码的加法运算**。

4. 二进制数的补码编码方法

二进制正数的补码就是原码。负数的补码等于正数原码"**取反加 1**",即按位取反,末位加 1。负数的最高位(符号位)为 1,不管是原码、反码还是补码,符号位都不变。

【例 5-38】 10 的二进制原码为 $[00001010]_原$(最高位 0 表示正数)。

【例 5-39】 -10 的二进制原码为 $[10001010]_原$(最高位 1 表示负数)。

【例 5-40】 10 的二进制反码为 $[00001010]_反$(最高位 0 表示正数)。

【例 5-41】 -10 的二进制反码为 $[11110101]_反$(最高位 1 表示负数)。

【例 5-42】 10 的二进制补码为 $[00001010]_补$(最高位 0 表示正数)。

【例 5-43】 -10 的二进制补码为 $[11110110]_补$(最高位 1 表示负数)。

5. 补码运算规则

补码运算的算法思想是:把正数和负数都转换为补码形式,使减法变成与一个负数的补码相加的形式,从而使加减法运算转换为单纯的补码加法运算。补码运算在逻辑电路设计中实现简单。当补码运算结果不超出表示范围(不溢出)时,可得出以下重要结论。

用补码表示的两数进行加法运算时,其结果仍为补码。补码的符号位可以与数值位一同参与运算。运算结果如有进位,则判断是否为溢出,如果不是溢出,就将进位舍去不要。无论对正数还是负数,补码都具有以下性质。

$$[A]_补 + [B]_补 = [A+B]_补 \tag{5-3}$$

$$[[A]_补]_补 = [A]_原 \tag{5-4}$$

式中,A,B 为整数。

【例 5-44】 $A = -70$,$B = -55$,求 A 与 B 相加之和。

案例分析:将 A 和 B 转换为二进制数的补码,然后进行补码加法运算,最后将运算结果(补码)转换为原码即可。原码、反码、补码在转换中,注意符号位不变的原则。

$$-70 = -(64+4+2) = [11000110]_原 = [10111001]_反 + [00000001]_2$$
$$= [10111010]_补$$

$$-55 = -(32+16+4+2+1) = [10110111]_原 = [11001000]_反 + [00000001]_2$$
$$= [11001001]_补$$

$$
\begin{array}{r}
10111010 \\
+\quad 11001001 \\
\hline
[1]\quad 10000011
\end{array}
$$

没有溢出时,进位 1 自然丢失 →

相加后补码为 $[10111010]_补 + [11001001]_补 = [10000011]_补$。

补码运算中,有符号数运算只存在溢出问题,无符号数运算只存在进位问题。计算结果最高位有进位时,判断是溢出则调用溢出中断;如果不是溢出,则进位自然丢失。为什么补码的进位可以自然丢失?**因为补码加法运算中进位就是模,模可以忽略不计。**

由补码运算结果再进行一次求补运算(取反加 1)就可以得到真值

$$[10000011]_补 = [11111100]_反 + [00000001]_2 = [11111101]_原 = -125$$

通过例 5-44 可以看到,进行补码加法运算时,不用考虑数值的符号,直接进行补码加法即可。减法可以通过补码的加法运算实现。如果运算结果不产生溢出,且最高位(符号位)为 0,则表示结果为正数;如果最高位为 1,则结果为负数。

6. 补码运算的特征

补码设计有以下目的:一是使符号位能与有效值一起参加运算,从而简化运算规则;二是将减法运算转换为加法运算,进一步简化 CPU 中加法器的设计;三是补码对加、减、移位等操作具有幂等性。程序编译后送入 CPU 的整数都是补码,补码转换和运算都在计算机的最底层进行,程序员在汇编、C 等程序语言中使用的都是原码。

说明:幂等操作的特点是任意多次执行产生的影响均与一次执行产生的影响相同。例如,函数 print()执行多次时,它每次执行的结果都相同,并且不会因重复执行而对系统造成改变。

所有复杂计算(如线性方程组、矩阵、微积分等)都可以转换为四则运算,四则运算理论上都可以转换为补码的加法运算。**实际设计中,CPU 为了提高运算效率,乘法和除法采用了移位运算和加法运算。CPU 内部只有加法器,没有减法器,所有减法都采用补码加法进行。** 程序编译时,编译器将数值进行了补码处理,并保存在计算机存储器中。补码运算完成后,计算机将运行结果转换为原码或十进制数据输出给用户。CPU 对补码完全不知情,它只按照编译器给出的机器指令进行运算,并对某些标志位进行设置。

5.2 非数值信息编码

5.2.1 字符的早期编码

字符集是各种文字和符号的总称,它包括文字、数字、符号、图符(如 Emoji 表情符号)等。字符集种类繁多,每个字符集包含的字符个数不同,编码方法也不同。如 ASCII 字符集、GBK 字符集、Unicode 字符集等。计算机要处理各种字符集的文字,就需要对字符集中每个字符进行唯一性编码,以便计算机能够识别和存储各种文字。

1. 早期字符集编码标准

(1) ASCII 编码(1967 年)。ASCII 是英文字符编码规范。ASCII 用 7 位进行编码表示 128 个字符,每个 ASCII 字符占 1 字节。ASCII 码是应用最广泛的编码。

(2) ANSI 编码。美国国家标准学会(American National Standards Institute,ANSI)编码与 ASCII 编码兼容。在简体中文 Windows 系统下,ANSI 代表 GBK 编码。

(3) ISO 8859 编码(1998 年)。ISO 8859 是欧洲字符集的编码标准,标准收集了英、德、法、东欧等常用字符。ISO 8859 标准采用 8 位编码,每个字符集最多可定义 95 个字符。ISO 8859 标准为了与 ASCII 码兼容,所有低位编码都与 ASCII 编码相同。

2. 中文字符集编码标准

(1) GB 2312 编码(1980 年)。GB 2312 是最早的国家标准中文字符集,它收录了 6763 个常用汉字和符号。GB 2312 采用定长 2 字节编码,其中 3755 个一级汉字按拼音顺序进行编码,3008 个二级汉字则按部首笔画顺序进行编码。

(2) GBK 编码(1995 年)。GBK 是 GB 2312 的扩展,它与 Unicode 编码兼容。GBK 加入了对繁体字的支持,收集了如計算機、戶、甦、円、囝等繁体字和生僻字。GBK 使用 2 字节定长编码,共收录 21 003 个汉字。

(3) GB 18030 编码(2022 年)。GB 18030 与 GB 2312 和 GBK 兼容。GB 18030 共收录 70 244 个汉字符号,它采用变长多字节编码,每个字符由 1~4 字节组成。GB 18030 编码最

多可定义 161 万个字符,支持简体和繁体汉字、国内少数民族文字、日韩文字等。

(4) 繁体中文 Big5 编码(2003 年)。Big5 是港澳台地区的繁体汉字编码。它对汉字采用 2 字节定长编码,一共可表示 13 053 个中文繁体汉字。Big5 编码中的汉字先按笔画再按部首进行排列。Big5 编码与 GB 类编码互不兼容。

5.2.2 国际字符统一码 Unicode

1. Unicode 字符集和编码

统一码(Unicode,https://home.unicode.org/)是国际字符集编码标准。Unicode 字符集共有 17 个编码平面(见图 5-21),分为 1 个基本平面(BMP)和 16 个辅助平面(SMP),**基本平面包含了世界各民族的常用文字编码**(见图 5-22),如中日韩统一表意文字(CJK)收录了简体汉字、繁体汉字、日语假名、韩语谚文等。辅助平面作为扩展或用来表示一些特殊的字符,如不常用的象形文字或远古时期的文字等。目前辅助平面 4~13 是空闲区,没有分配任何字符,辅助平面 14~16 是特殊平面和私有平面。一个平面的最大编码数为 $2^{16} =$ 65 536 个。Unicode 字符集理论上最大编码数量为 65 536×17=1 114 112(10FFFF)个。Unicode 14.0(2021 年)规定了 159 种文字的码点,定义的符号码点总数为 144 697 个。

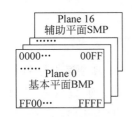

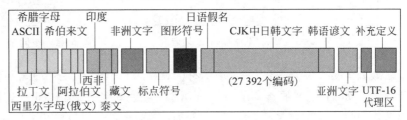

图 5-21 Unicode 字符集   图 5-22 Unicode 基本平面(BMP)主要字符编码

Unicode 为全球每种语言文字和符号都规定了一个唯一的名称(简称码点),例如,字符"汉"的 Unicode 名称是"U+6C49",其中 U 表示 Unicode 编码;+是分隔符;6C49 是码点。**Unicode 码点用两字节表示一个字符。** Unicode 字符集中的汉字按《康熙字典》的偏旁部首和笔画数排列,编码排序与 GB(国标)字符集编码排序不同。大多数字符集只有一种编码形式(如 ASCII、GB2312、ISO8859 等),Unicode 有多种编码方式,如变长字符编码(unicode transformation format,UTF)-8、UTF-16、UTF-32 等。

在 Unicode 字符集中,码点与编码是两个不同的概念。例如,字符"汉"的码点是 6C49;UTF-16 编码是 6C49;UTF-32 编码是 0000 6C49;UTF-8 编码为 E6 B1 89。

【例 5-45】 打印字符串的 Unicode 编码(码点)。Python 程序如下。

```
1  str = input('请输入一个字符串:')              # 输入字符串
2  a = [0] * len(str)                          # 计算字符串长度
3  i = 0                                        # 计数器初始化
4  for x in str:                               # 循环计算编码
5      a[i] = hex(ord(x))                      # 字符 x 转换为 Unicode 编码
6      i = i+1                                 # 计数器累加
7  result = list(a)                            # 转换为列表
8  print('字符串 Unicode 编码为:', result)       # 打印字符串的 Unicode 码点
```

>>>	请输入一个字符串:中国 CN # 程序输出
	字符串 Unicode 编码为:['0x4e2d', '0x56fd', '0x43', '0x4e'] # 前缀 0x 表示十六进制编码

2. UTF-8 编码方法

UTF-8 编码遵循了一个非常聪明的设计思想:**不要试图去修改那些没有损坏,或者你认为不够好的东西,如果要修改,只去修改那些出问题的部分。**

(1)变长编码。UTF-8 采用变长编码,它用 1~4 字节表示一个字符。变长编码保持了编码的兼容性,降低了存储空间,但是增加了计算的复杂性。在 UTF-8 编码中,ASCII 码与 UTF-8 编码完全一致,都采用 1 字节编码;拉丁文、希腊文、西里尔字母(俄文)、亚美尼亚文、希伯来文、阿拉伯文、叙利亚文等用 2 字节编码;汉字等字符使用 3 字节编码(见图 5-23);其他极少使用的 Unicode 字符使用 4 字节编码。

(2)编码冲突问题。在 UTF-8 编码中,除 ASCII 码外,其他字符都采用多字节编码。由于 ASCII 编码最高位为 0(见图 5-24),多字节编码最高位为 1,所以不会产生编码冲突。因此,**UTF-8 编码不需要考虑字节序问题,按顺序存储即可。**

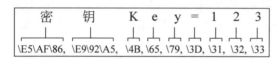

图 5-23 字符串的 UTF-8 编码

图 5-24 不同字符的最高位编码不同

(3)首字节编码。UTF-8 从字符的首字节(编码第 1 字节)编码就可以判断某个字符有几字节。如 UTF-8 的首字节以 $[0]_2$ 开头,它是单字节编码(即 ASCII 码);如 UTF-8 的首字节以 $[110]_2$ 开头,它是 2 字节编码(如欧洲文字);如 UTF-8 首字节以 $[1110]_2$ 开头,它是 3 字节编码(如汉字),其他以此类推。UTF-8 除单字节编码外,多字节编码的后续字节均以 $[10]_2$ 开头。UTF-8 变长编码的优点是节省存储空间,减少了数据传输时间;缺点是每个字符编码和解码都需要增加判断字符长度的计算时间。

(4)汉字编码规则。UTF-8 中汉字编码规则为:$[1110xxxx\ 10xxxxxx\ 10xxxxxx]_2$(其中 x 表示 Unicode 码点二进制数中的 0 或 1)。

【例 5-46】 字符"中"的 UTF-8 编码方法如图 5-25 所示。字符"中"的 Unicode 码点为 $[01001110\ 00101101]_2$(4E2D),将它填入 UTF-8 汉字 3 字节编码规则,得到的 UTF-8 编码为 $[11100100\ 10111000\ 10101101]_2$。

"中"字 Unicode 码点(十六进制数)	4E 2D
"中"字 Unicode 码点(二进制数)	01001110 00101101
UTF-8 三字节编码规则(二进制数)	**1110**xxxx **10**xxxxxx **10**xxxxxx
"中"字 UTF-8 二进制编码	**1110**0100 **10**111000 **10**101101
"中"字 UTF-8 十六进制编码	E4 B8 AD

图 5-25 字符"中"的 UTF-8 编码方法

(5)UTF-8 编码的应用。Linux 系统默认字符编码是 UTF-8;Windows 系统默认字符编码是 UTF-16,系统可以自动进行 UTF-8 与 UTF-16 的转换;其他如 Python 程序语言、TCP/IP 网络协议、HTML 网页、浏览器等,都采用 UTF-8 编码。

3. UTF-16 编码方法

UTF-16 是固定长度编码,编码长度要么是 2 字节(如常用字符),**要么是 4 字节**(如偏僻古汉字)。Windows 默认采用 UTF-16 编码,但是支持 UTF-16 与 UTF-8 的转换。

UTF-16 编码有 UTF-16BE(大端字节序)和 UTF-16LE(小端字节序)之分。汉字常用字符的 UTF-16BE 编码与 Unicode 码点相同,但是 UTF-16LE 的编码与 Unicode 码点不同。例如,常用字符"叒"的码点和 UTF-16BE 编码都是 53D5;UTF-16LE 编码是 D553。字符码点大于 FFFF 的偏僻字符编码由 4 字节组成,其中高位 2 字节编码在基本平面,低位 2 字节编码在辅助平面,可以通过转换公式计算出字符的 UTF-16 编码。例如,古代异体字符"吉"的 Unicode 码点是 20BB7(码点大于 FFFF),通过转换公式计算出的 UTF-16BE 编码为 D8 42 DF B7(4 字节编码)。

5.2.3 音频数据编码

在计算机中,数值和字符都转换成二进制数来存储和处理。同样,声音、图形、视频等信息也需要转换成二进制数后,计算机才能存储和处理。在计算机中,将模拟信号转换成二进制数的过程称为数字化处理。

1. 声音的数字化

声音是连续变化的模拟量。例如,对着话筒讲话时(见图 5-26),话筒根据周围空气压力的变化,输出连续变化的电压值。这种变化的电压值是对声音的模拟,称为模拟音频信号。要使计算机能存储和处理声音信号,就必须将模拟音频数字化。

(1)采样。连续信号都可以表示成离散的数字序列。模拟信号转换成数字信号必须经过采样过程,采样是在固定的时间间隔内,对模拟信号截取一个振幅值(见图 5-27),并用定长的二进制数表示(如 16 位),将连续的模拟信号转换成离散的数字信号。**截取模拟信号振幅值的过程称为采样,所得到的振幅值为采样值。**单位时间内采样次数越多(采样频率越高),数字信号就越接近原声。奈奎斯特(Nyquist)采样定理指出:模拟信号离散化采样频率达到信号最高频率的 2 倍时,可以无失真地恢复原信号。人耳听力范围为 20Hz~20kHz。声音采样频率达到 40kHz(即每秒钟采集 4 万个数据)就可以满足信号采样要求,声卡采样频率一般为 44.1kHz 或更高。

(2)量化。量化是将信号样本值截取为最接近原信号的整数值过程。例如,采样值是 16.2 就量化为 16,如果采样值是 16.7 就量化为 17。音频信号的量化精度(又称采样位数)一般用二进制数的位数衡量,例如,声卡量化位数为 16 时,有 $2^{16}=65\,535$ 种量化等级(见图 5-28)。目前声卡大多为 24 位或 32 位量化精度(采样位数)。音频信号采样量化时,如果系统的信号样本全部在正值区间(见图 5-28),这时编码采用无符号数存储;如果系统的信号样本有正值、0、负值(如正弦曲线),编码时用样本值最左边的位表示采样区间的正负符号,其余位表示样本绝对值。

(3)编码。每秒钟采样速率为 S,量化精度为 B,它们的乘积为位率。例如,采样频率为 40kHz,量化精度为 16 位时,位率$=40\,000×16=640$kb/s。位率是信号采集的重要性能指标,如果位率过低,就会出现数据丢失的情况。数据采集后得到了一大批原始音频数据,对这些数据进行压缩编码(如 wav、mp3 等)后,再加上音频文件格式的头部,就得到了一个数字音频文件(见图 5-29)。这项工作由声卡和音频处理软件(如 Adobe Audition)共同完成。

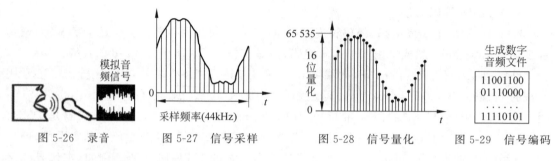

图 5-26　录音　　　　图 5-27　信号采样　　　图 5-28　信号量化　　　图 5-29　信号编码

2. 声音信号的输入与输出

数字音频信号可以通过网络、U 盘、数字话筒、电子琴 MIDI 接口等设备输入计算机。模拟音频信号一般通过模拟信号话筒和音频输入接口(line in)输入计算机,然后由声卡转换为数字音频信号,这一过程称为模/数(A/D)转换。需要播放数字音频时,可以利用音频播放软件将数字音频文件解压缩,然后通过声卡或音频处理芯片,将离散数字量转换成为连续的模拟量信号(如电压或电流),这一过程称为数/模(D/A)转换。

5.2.4　点阵图像编码

数字图像(digital image)可以由数码照相机等设备获取,设备对图像进行数字化处理后,可以通过接口传输到计算机,并以文件的形式存储在计算机中。

1. 二值图像编码

只有黑、白两色的图像称为二值图像(见图 5-30)。图像信息是一个连续的变量,离散化的方法是设置合适的采样分辨率,然后对二值图像中每一个像素用 1 位二进制数表示。一般将黑色点编码为 1,白色点编码为 0,这个过程称为数字化处理(见图 5-31)。

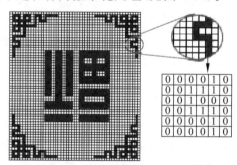

图 5-30　二值图像　　　　　　图 5-31　二值图像的数字化处理

图像分辨率是指单位长度内包含像素点的数量,分辨率单位有 dpi(点/英寸)等。图像分辨率为 1024×768 时,表示每一条水平线上包含 1024 个像素点,垂直方向每条线包含 768 个像素点。分辨率不仅与图像的尺寸有关,还受到输出设备(如显示器点距等)等因素的影响。分辨率决定了图像细节的精细程度,图像分辨率越高,包含的像素就越多,图像越清晰。同时,太高的图像分辨率会增加文件处理时间和存储所需空间。

2. 灰度图像编码

灰度图的数字化方法与二值图像相似,不同的是将白色与黑色之间的过渡灰色按对数关系分为若干亮度等级,然后对每个像素点按亮度等级进行量化。为了便于计算机存储和处理,一般将亮度分为0~255个等级(量化精度),而人眼对图像亮度的识别小于64个等级,因此对256个亮度等级的图像,人眼难以识别出亮度的差别。灰度图像中每个像素点的亮度值用8位二进制数(1字节)表示(见图5-32)。

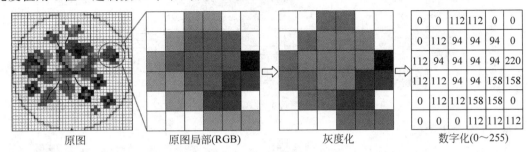

图5-32　灰度图像的编码方式

3. 彩色图像编码

显示器上的任何色彩,都可以用红绿蓝(RGB)三个基色按不同比例混合得到。RGB的数值为亮度,并用整数表示。如图5-33所示,红色用1字节表示,亮度范围为0~255个等级(0为全黑,255为全亮),绿色和蓝色也同样处理。

【例5-47】　如图5-33所示,白色像素点的编码为R=255,G=255,B=255;黑色像素点的编码为R=0,G=0,B=0(亮度全部为0);红色像素点的编码为R=255,G=0,B=0;2008年北京奥组委将中国红编码定义为R=230,G=0,B=0;等等。

案例分析:采用例5-47的编码方式,一个像素点可以表达的色彩范围为$2^{24}=1670$万种色彩,这时人眼很难分辨出相邻两种颜色的区别。一个像素点用多少位二进制数表示,称为色彩深度(量化精度)。部分显示器色彩深度为32位,其中8位记录红色,8位记录绿色,8位记录蓝色,8位记录透明度(alpha channel),它们一起构成一个像素的显示值。

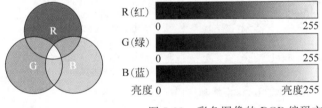

图5-33　彩色图像的RGB编码方式

【例5-48】　对分辨率为1024×768、色彩深度为24位的图片进行编码。

案例分析:如图5-34所示,对图片中每一个像素点进行色彩取值,其中某一个橙红色像素点的色彩值为R=233,G=105,B=66。如果不对图片进行压缩,则将以上色彩值进行二进制编码就可以了。形成图片文件时,必须根据图片文件格式加上文件头部。

4. 点阵图像的特点

点阵图像由多个像素点组成,二值图像、灰度图像和彩色图像都是点阵图像(又称位图或光栅图),简称为图像。图像放大时,可以看到构成整个图像的像素点,由于这些像素点非常小(取决于图像的分辨率),因此图像的颜色和形状的连续性很好;一旦将图像放大观看,图像中的像素点会使线条和形状显得参差不齐(见图5-34)。缩小图像尺寸时,图像会略有变形,因为缩小图像是通过减少像素点来使整个图像变小。

173

第5章

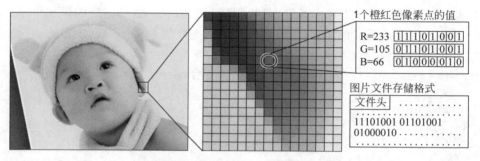

图 5-34　24位色彩深度图像的编码方式(没有压缩时的编码)

5. 点阵字体编码

ASCII 码和 Unicode 统一码主要解决了字符的存储、传输、计算、处理(录入、检索、排序等)等问题,而字符在显示和打印时,需要对字形进行再次编码。通常将字体(字形)编码的集合称为字库,字库以文件的形式存放在硬盘中,字符输出(显示或打印)时,根据字符编码在字库中找到相应的字体编码,再输出到显示器或打印机中。

字体编码有点阵字体和矢量字体两种类型。点阵字体是将每个字符分成16×16(或其他分辨率)的点阵图像,然后用图像点的有无(一般为黑白)表示字体的轮廓。点阵字体最大的缺点是不能放大,放大后字符边缘会出现锯齿现象。

【例 5-49】　图 5-35 是字符"你"的点阵图,每行用2字节表示,共用16行,32字节来表达一个16×16点阵的汉字字体信息。

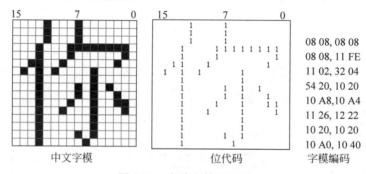

图 5-35　点阵字体和编码

5.2.5　矢量图形编码

1. 矢量图形的编码

矢量图形(vector graphic)使用直线或曲线来描述图形。**矢量图形采用特征点和计算公式对图形进行表示和存储。**矢量图形保存的是每一个图形元件的描述信息,如一个图形元件的起始、终止坐标、特征点等。在显示或打印矢量图形时,要经过一系列的数学运算才能输出图形。矢量图形在理论上可以无限放大,且图形轮廓仍然能保持圆滑。

如图 5-36 所示,矢量图形只记录生成图形的算法和图上的某些特征点参数。矢量图形中的曲线利用短直线插补逼近,通过图形处理软件,可以方便地将矢量图形放大、缩小、移动、旋转、变形等。矢量图形最大的优点是无论进行放大、缩小或旋转等操作,图形都不会失真、变色和模糊。由于构成矢量图形的各个图元相对独立,因而在矢量图形中可以只编辑修改其中某一个物体,而不会影响图形中的其他物体。

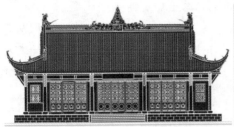

图 5-36　矢量图形(左、中)和点阵图像(右)

矢量图形只保存算法和特征点参数(如分形图),因此占用存储空间较小,打印输出和放大时图形质量较高。但是,矢量图形也存在以下缺点:一是难以表现色彩层次丰富的逼真图像效果;二是无法使用简单廉价的设备,将图形输入计算机中并矢量化;三是矢量图形目前没有统一的标准格式,大部分矢量图形格式存在不开放和知识产权问题,这造成了矢量图形在不同软件中进行交换的困难,也给图形设计带来了极大的不便。

矢量图形主要用于几何图形生成、工程制图、二维动画设计、三维物体造型、美术字体设计等。计算机辅助设计软件(如 AutoCAD)、三维造型软件(如 3DMAX)等,都采用矢量图形作为存储格式。矢量图形可以很好地转换为点阵图像,但是,点阵图像转换为矢量图形的效果很差。

2. 矢量字体编码

矢量字体保存的是每个字体的数学描述信息,在显示和打印矢量字体时,要经过一系列的运算才能输出结果。矢量字体可以无限放大,并且笔画轮廓仍然保持圆滑。

字体绘制可以通过 FontConfig,FreeType,PanGo 三者协作来完成。其中,FontConfig 负责字体管理和配置;FreeType 负责单个字母的绘制;PanGo 则完成对文字的排版布局。

矢量字体有多种描述方式,其中 TrueType 字体应用最为广泛。但是,TrueType 是一种字体构造技术,要让字体在屏幕上显示,还需要字体驱动引擎,如 FreeType 就是一个字体驱动引擎(即字体函数库),它可以绘制点阵字体和多种矢量字体。

如图 5-37 所示,矢量字体重要的特征是轮廓(outline)和字体精调(hint)控制点。轮廓是一组封闭的路径,它由贝塞尔(Bézier)曲线(见图 5-38)组成;字形控制点有轮廓锚点和精调控制点,缩放这些点的坐标值将缩放整个字体轮廓。

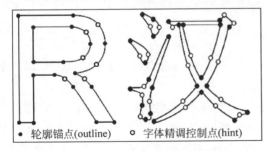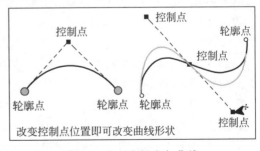

图 5-37　矢量字体轮廓和控制点　　　　图 5-38　二次贝塞尔曲线

轮廓虽然精确描述了字体的外观形状,但是数学上的正确对人眼来说并不见得合适。特别是字体缩小到较小的分辨率时,字体可能变得不好看或者不清晰。字体精调就是采用一系列技术来精密调整字体,让字体变得更美观、更清晰。值得一提的是,微软公司的 Arial 字体是个特例,字库全部是矢量字体,并且在各种尺寸下都非常清晰。

矢量字体的显示大致需要经过以下步骤:加载字体→设置字体大小→加载字体数据→字体转换(旋转或缩放)→字体渲染(计算并绘制字体轮廓、填充色彩)等。可见在计算机显示一整屏文字时,计算工作量比我们想象的要多得多。

说明:绘制二次贝塞尔曲线案例,参见本书配套教学资源程序 F5_3.py。

5.2.6 文本数据编码

1. 文本数据在程序中的表示

在数据处理中,除了文字处理软件包和专用算法外,大部分程序都要求输入数值型数据或 ASCII 码型数据。但在实际问题中,许多数据都是以文字描述为主,它们无法用程序语言定义的数据结构进行表示。例如,用户文化程度可能是[文盲,小学,中学,大学];电影观众对某个影片的评价可能包含[经典,好,一般,很差]等。这时必须对这些文本型数据进行编码,就是**将文本型数据转换为数值型数据**。

2. 定类数据编码

定类数据编码是按照事物的某种属性对数据进行分类,如机器学习中的特征编码等。定类数据只能表示数据类型的不同,不能比较各类数据之间的大小、顺序或等级关系。**定类数据只能用于统计某类数据的频率,不能进行大小比较**。例如,统计程序员行业中男生和女生占总程序员的比例时,可以将男生编码为1,女生编码为2,这里的1,2只表示数据类型不同,没有次序关系。

【例 5-50】 超市付款方式为[现金 X,支付宝 Z,微信 W,优惠卡 Y],它们彼此之间完全没有联系($X \neq Z \neq W \neq Y$)。这是一种定类数据,可使用 One-Hot 进行编码。

3. 定序数据编码

定序是对事物之间顺序差别的测度,用数字表示个体在有序状态中所处的位置,定序数据可以比较优劣或进行排序。定序数据不仅含有类型信息,还包含了次序信息。**定序数据只能排序或比较,不能进行算术运算**。例如,产品销售额可以分为盈利、持平、亏损等,它们都可以用有序数字[1,2,3]表示。

【例 5-51】 统计身体健康指标的程序中,体重数据为[<50kg,<70kg,<100kg],数据之间既有联系,也可以互相计算,如 100kg−30kg=70kg。对这种数据编码时,可以将它们转换为定序数据[1,2,3]。

4. 独热编码

独热(One-Hot)编码可以对 n 个状态进行编码,每个状态分配一个独立的编码,以 1 表示该类型数据,其他位用均为 0。

【例 5-52】 机器学习算法要求输入的数据都必须是数值型,例如,某个医疗数据集的特征数据为[年龄,血压,体温,血糖],算法软件包编程时,需要将这些文字数据转换为数值型数据。如果采用 One-Hot 编码,则可以表示为以下稀疏矩阵的形式

[1,0,0,0](年龄)

[0,1,0,0](血压)

[0,0,1,0](体温)

$[0,0,0,1]$（血糖）

5. 数据的归一化处理

归一化是对数据进行线性变换,将数据转换为$[0,1]$的区间,数据归一化可以提升算法的收敛速度。例如,图像识别中,需要将彩色图像转换为灰度图像,这时需要将色彩 RGB 数据归一化转换为 0～255 的整数。

【例 5-53】 将最低体温 36℃缩小到单位 0,最高体温 42℃缩小到单位 10,将体温变化范围归一化为$[0\cdots10]$的数据。Python 程序如下。

1	import numpy as np	# 导入第三方包 – 计算
2	arr = np.asarray([36,36.5,37,38,38.5,39,39.5,40,41,41.5,42])	# 创建数组列表
3	for x in arr:	# 循环计算数组列表
4	y = float(x – np.min(arr)) / (np.max(arr) – np.min(arr))	# 计算归一化数据
5	print(f'{x} = {y * 10:.0f} ', end = '')	# 参数":.0f"为不保留小数
>>>	36.0 = 0 36.5 = 1 37.0 = 2 38.0 = 3 …	# 程序输出(略)

5.3 压缩与纠错编码

5.3.1 信息熵的度量

1. 熵的概念和熵增原理

1854 年,德国科学家鲁道夫·克劳修斯(Rudolf Clausius)引入了熵(希腊语中为变化的意思)的概念,用来衡量系统的混乱程度。克劳修斯提出的热力学第二定律(熵增原理)认为,**封闭系统中的熵只会增加不会减少**。

熵增原理指出:在一个孤立系统中(无外力作用时),当熵处于最小值时,系统处于最有序的状态;但熵会自发性地趋于增大,随着熵的增加,有序状态会逐步变为无序状态,并且不能自发地产生新的有序结构。

热力学定律可以简单表达如下:第一定律,宇宙的能量守恒;第二定律,宇宙的熵恒增。能量没有损失只是耗散了熵增,耗散的能量仍然存在,但是很难被人们利用。

2. 信息的定义

信息是什么?诺伯特·维纳(Norbert Wiener)在《控制论》一书中指出:"**信息就是信息,既非物质,也非能量。**"这个定义对信息未作正面回答。香农绕过了这个难题,他基于概率统计,从计算的角度研究信息的量化。

3. 信息熵的计算

1948 年,香农发表了《通信的数学原理》论文,第一次将熵的概念引入信息论中。香农创造了 bit(一般写为 b)这个单词,用于表示二进制的位。香农对信息的定义是:"**信息是用来消除随机不确定性的东西**"。香农提出,如果系统 S 内存在多个事件 $S=\{E_1,E_2,\cdots,E_n\}$,每个事件的概率分布为 $P=\{p_1,p_2,\cdots,p_n\}$,则事件的信息熵(information entropy)为

$$H(X)=-\sum_{i=1}^{n}p(x_i)\log_2 p(x_i) \tag{5-5}$$

式中,$H(X)$为信息熵,单位为 b;$p(x_i)$是随机事件 x_i 的发生概率;对数底选择是任意的,使用 2 作为对数底只是遵循信息论的传统;$\log_2 p(x_i)$是计算每个事件的比特数;公式前

面的负号是为了确保信息熵是正数,或者说没有负信息熵。

信息熵与热熵恰好相反,在一个封闭系统中,信息熵只会减少,不会增加。信息熵表示不确定性,而热熵则反映了混乱的程度,两者在这点上具有一致性。

4. 等概率事件信息熵的计算

每个事件发生的概率相同时(即等概率事件),可以简化信息熵的计算。

【例5-54】 向空中投掷硬币,硬币落地后有两种状态,一种是正面朝上,另一种是反面朝上,每种状态出现的概率均为1/2。如果是投掷正六面体的骰子,可能出现的状态有6种,每一种状态出现的概率均为1/6。试计算硬币的信息熵和骰子的信息熵。

计算投掷硬币的信息熵和投掷骰子的信息熵,Python程序如下。

```
>>>    from math import log2                  # 导入标准模块
>>>    H1 = - (2 * 1/2) * log2(1/2)           # 计算硬币投掷的信息熵
>>>    print('硬币投掷的信息熵 = ', H1)
       硬币投掷的信息熵 = 1.0
>>>    H2 = - (6 * 1/6) * log2(1/6)           # 计算骰子投掷的信息熵
>>>    print('骰子投掷的信息熵 = ', H2)
       骰子投掷的信息熵 = 2.584962500721156
```

【例5-55】 圆周率π是一个无限不循环小数3.1415926535…。如果希望π值的精度是十进制数的30位,编程计算最少需要多少位二进制数才能满足要求。Python程序如下。

```
>>>    from math import log2                  # 导入标准模块
>>>    H3 = - log2(10) / - log2(2)            # 计算十进制转二进制需要的信息熵b
>>>    print('十进制数转二进制数的信息熵 = ', H3)
       十进制数转二进制数的信息熵 = 3.321928094887362   # 每位十进制数转为二进制数的信息熵
```

案例分析:由例5-55知,每位十进制数转换为二进制数时,信息熵大约为3.4b(余量稍留大一点)。30位十进制数转换成二进制数时,最少需要30×3.4b=102b。在实际应用中,由于存在编码方法、存储格式等要求,实际长度可能要大得多。

5. 事件发生概率不同的信息熵计算

在实际的情况中,每种可能情况出现的概率并不相同,所以必须用信息熵来衡量整个系统的平均信息量。因此,信息熵可以理解为信息的不确定性。

【例5-56】 一个黑箱中有10个球,球有红、白2种颜色,但是不知道每种颜色的球各有多少个。黑箱中红、白球数量不同时,计算信息熵。Python程序如下。

```
1      from math import log2                  # 导入标准模块
2      for x in range(1, 10):                 # 循环计算信息熵
3          p1 = x / 10                        # 计算红球概率
4          p2 = 1 - p1                        # 计算白球概率
5          n = [p1, p2]                       # 列表赋值
6          H = - sum([p * log2(p) for p in n])  # 循环计算信息熵
7          print(f'【{x}】红球概率:{p1:.2f};信息熵:{H:.2f}')  # 参数:.2f 为保留2位小数
>>>    【1】红球概率:0.10;   信息熵:0.47           # 信息熵小则不确定性小
       ...
       【5】红球概率:0.50;   信息熵:1.00           # 信息熵大时不确定性大
       ...
```

案例分析：如果黑箱中红球越多，则抽到红球的概率越高，信息熵就越小，因为不确定性减少了。**概率与信息熵成反比关系；信息熵与信息量成正比关系。**日常生活的直观感觉告诉我们，要说清一个混乱的事情（信息熵大）比较费口舌（需要的信息量多）。

6. 汉字的信息熵

1974 年，我国专家和科研部门对中文海量语料进行了统计（"七四八工程"），发现使用频率最高的 3755 个汉字对各类文本的覆盖率达到了 99.7%。因此在 GB 2312—1980 标准中，将这 3755 个汉字规定为一级汉字库。

【例 5-57】 GB 2312—1980 标准有 3755 个一级汉字，假设一级汉字在文本语料中出现的概率相同，计算文本语料中汉字的平均信息熵。Python 程序如下。

```
>>>    from math import log2                        # 导入标准模块
>>>    H3 = - (3755 * 1/3755) * log2(1/3755)        # 计算汉字的平均信息熵
>>>    print('一级汉字的信息熵 = ', H3)
       一级汉字的信息熵 = 11.874597192401634
```

案例分析：实际文本语料中，汉字使用频率并不相同，如"的"字使用频率最高，为 4.1%，其他高频字有"一""是""在""不""了""有"等。**现代语言统计表明，单个文字或字母的平均信息熵如下：汉语为 9.65b；英语为 4.03b；法语为 3.98b。**看上去汉语的平均信息熵高于英语，但实际应用中并非如此。汉语大多数单字或双字具有很强的组词和表意能力；而英语单字母或双字母的组词和表意能力极差，英文单词平均长度为 4～5 个字母。

7. 信息熵与编码长度

香农信息论中，信息熵只考虑信息本身出现的概率，与信息内容无关。简单地说，多个信息熵的累加和称为信息量。信息论中的信息量与日常语境中的信息量是不同的概念。日常语境的信息量往往是指信息的质量和信息表达的效率。或者说，**日常语境中的信息量与信息内容相关；而信息熵与信息内容无关，只与字符的编码长度有关。**

【例 5-58】 S1＝"秋高气爽"（4），S2＝"秋天晴空万里，天气凉爽"（11），S3＝The autumn sky is clear and the air is crisp（44）。计算它们的信息量（信息熵之和）。

案例分析：H1＝9.65×4＝38.6b；H2＝9.65×11＝106.15b；H3＝4.03×44＝177.32b。在日常语境中，S1、S2、S3 三个短语表达了同一个语义，它们的信息量大致相同。但是，在信息熵计算中，S2 的信息熵比 S1 高 1 倍以上，S3 的信息熵是 S1 的 4 倍以上，也就是说，在同一语义下，S2 和 S3 的编码长度要大幅高于 S1。

5.3.2 无损压缩编码

可以通过数据压缩来消除多媒体信息中原始数据的冗余性。在保证信息质量的前提下，压缩比（压缩比＝压缩前数据的长度：压缩后数据的长度）越高越好。

1. 无损压缩的特征

无损压缩的优点是可以完全恢复原始数据，而不引起任何数据失真。无损压缩算法一般可将文件压缩到原来的 1/2～1/4 大小（压缩比为 2：1～4：1）。但是，无损压缩并不会减少数据占用的内存空间，因为读取压缩文件时，软件会对丢失的数据进行恢复填充。

2. 常用压缩编码算法

常用压缩编码算法如图 5-39 所示。

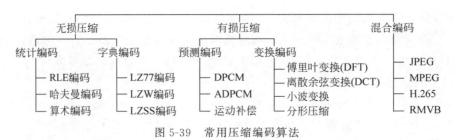

图 5-39 常用压缩编码算法

统计模型压缩算法有行程长度编码(run length encoding,RLE)、哈夫曼编码和算术编码;字典模型压缩算法有 LZW(Lempel、Ziv 和 Welch 三人共同发明的算法)、LZ77(Lempel 和 Ziv 于 1977 年发明的算法)、LZSS(由 LZ77 改进的算法)。**统计模型压缩算法与压缩符号出现的频率有关,与符号的排列顺序无关;字典模型压缩算法与符号的排列顺序有关,与符号出现的频率无关。**这两类压缩算法各有所长,相互补充。许多压缩软件结合了这两类算法。

3. RLE 压缩编码原理

RLE 是对重复的数据序列用重复次数和单个数据值来代替,重复的次数称为游程。RLE 是一种变长编码,用一个特殊标记字节指示重复字符开始,非重复节可以有任意长度而不被标记字节打断,标记字节是字符串中不出现的符号(或出现最少的符号,如@)。RLE 编码格式如图 5-40 所示。

标记字节	字符重复次数	字符

图 5-40 RLE 编码格式

【例 5-59】 对字符串"AAAAABACCCCBCCC"进行 RLE 编码。

案例分析:编码为@5A@1B@1A@4C@1B@3C。标记字节@说明字符开始,数字表示字符重复次数,后面是被重复字符。Python 程序如下。

```
1   line = input('请输入原始数据:')              # 输入数据
2   count = 1                                      # 计数器初始化
3   print('数据 REL 编码为:', end = '')            # 打印提示信息
4   for i in range(1, len(line)):                  # 循环读取字符串
5       if line[i] == line[i - 1]:                 # 如果前后两个字符相同
6           count += 1                             # 计数器 +1
7       else:
8           print('(' + str(count) + ',' + line[i - 1] + '), ', end = '')
                                                   # 打印重复次数和字符
9           count = 1                              # 计数器初始化
10  print('(' + str(count) + ', ' + line[-1] + ')')  # 打印全部编码
>>> 请输入原始数据:**AAAAABACCCCBCCC**            # 程序输出
    数据 REL 编码为:(5,A),(1,B),(1,A),(4,C),(1,B),(3,C)
```

RLE 编码简单直观,编码和解码速度快,但是 RLE 算法压缩效率很低,它适用于字符重复出现概率很高的情况。许多图形、视频文件都会用到 RLE 编码算法。

4. 哈夫曼压缩编码原理

哈夫曼(David A. Huffman)编码是用哈夫曼算法构造出一棵最优二叉树,然后在这棵

哈夫曼树基础上构造出来的一种编码。**哈夫曼编码算法的基本原理是：频繁使用的字符用短编码表示,较少使用的字符用长编码表示,每个字符的编码各不相同。**哈夫曼编码是一种变长编码,它根据字符出现的概率来构造长度最短的编码,它也是一种数据无损压缩的熵编码算法。哈夫曼编码通常用于压缩重复率较高的字符型数据。

【例 5-60】 字符串为"BCAADDDCCACACAC",如果用 ASCII 码对字符串进行编码,编码长度为 15×8＝120b;如果采用哈夫曼编码,则编码长度为 28b。

哈夫曼编码过程如下。

(1) 统计字符串中每个字符出现的频率(权值)。

字符	B	C	A	D
字符出现频率(次)	1	6	5	3

(2) 按字符出现的频率排序,频率最低的排在前面,频率高的排在后面。

字符	B	D	A	C
字符出现频率(次)	1	3	5	6

(3) 构建哈夫曼树。**哈夫曼树构建原则是频率最低的字符在二叉树底部,频率越高的字符离根节点越近。**首先在树底部创建一个空节点,将频率最低的字符[B:1]分配在树底部左侧;将频率最低第二位的字符[D:3]分配在树右侧(见图 5-41);然后计算字符 B 和 D 的频率之和(1＋3＝4),往上增加一个节点,将频率之和[4]作为父节点添加到节点中。在节点[4]右侧创建一个节点,并将字符[A:5]填入右节点。在节点[4]和[A:5]之上再创建一个空节点,然后将频率值之和 4＋5＝9 作为父节点[9]。在节点[9]左侧构建节点[C:6];然后在[C:6]和[9]之上构建父节点 6＋9＝[15],这样哈夫曼树构建完成。为了保证得到唯一的哈夫曼树,我们规定在构建哈夫曼树时,**左节点频率值小于右节点频率值(小频率值在左);**如果频率值相等,则选择先出队列的节点。

(4) 哈夫曼树编码。哈夫曼树构建完成后,对各个字符进行编码(见图 5-42)。**编码原则为哈夫曼树的"左分支为 0,右分支为 1"。**字符最终编码是从根节点开始到该节点路径上的 0-1 组合,如字符 B 的编码为 100。最后的哈夫曼编码如表 5-5 所示。

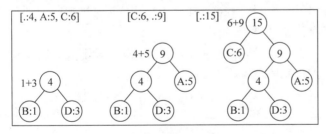

图 5-41 哈夫曼树的生成过程

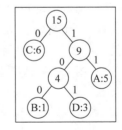

图 5-42 哈夫曼树编码

表 5-5 哈夫曼树中字符的编码和编码长度

字符串中的字符	A	B	C	D
字符的哈夫曼编码	11	100	0	101

编码长度(b)	2	3	1	3
字符出现频率(次)	5	1	6	3
字符编码长度(b)	2×5＝10	3×1＝3	1×6＝6	3×3＝9

哈夫曼树的带权路径长度为 WPL＝2×5＋3×1＋1×6＋3×3＝28b(即编码长度)。

将字符串中每个符号替换为对应的哈夫曼编码。根据表 5-5,哈夫曼编码如下。

字符串	B	C	A	A	D	D	D	C	C	A	C	A	C	A	C
编码	100	0	11	11	101	101	101	0	0	11	0	11	0	11	0

(5)字典。哈夫曼编码解压缩时需要知道哈夫曼树的结构(字符和它们的频率值)。哈夫曼结构可以用字典表示,字典为{字符:值,…}。例 5-60 中,出现的字符有 4 个(字符用 ASCII 码表示,长度为 8b×4 字符＝32b);字符频率最大值为 6(频率值用二进制数表示,长度为 3b×4 字符＝12b);字符串的哈夫曼编码长度为 28b;因此字符串哈夫曼编码的总长度为:32＋12＋28＝72b。这比 ASCII 码的 120b 减少了 48b。

(6)哈夫曼编码的特点。一是哈夫曼树和哈夫曼编码都不唯一;二是带权路径长度(WPL)最短且唯一;三是哈夫曼编码是一种前缀码,即没有任何一个编码是其他编码的前缀,或者说不同字符的编码都具有唯一性。

哈夫曼编码主要用于数据压缩、数据传输、加密解密等领域。例如,JPEG 文件就应用了哈夫曼编码来实现文件压缩;视频信号也采用哈夫曼编码压缩方式。

说明:哈夫曼编码案例,参见本书配套教学资源程序 F5_4.py。

5. 字典压缩编码算法

字典压缩算法有 LZ77、LZ78、LZW 等。LZ77 是以色列计算科学专家亚伯拉罕·莱佩尔(Abraham Lempel)和雅各布·日杰夫(Jacob Ziv)在 1977 年的论文中发表的无损数据压缩算法。LZ77 广泛应用 zip、winRAR、mp3、png、gif、pdf 等压缩文件。

LZ77 算法的思想是如果一个字符串中有两个重复的子串,那么只需要知道第一个子串的内容和后面子串相对于第一个子串起始位置的距离和子串的长度。LZ77 算法将字符串放在一个列表中,列表中有一个滑动窗口(见图 5-43),滑动窗口分为字典区和待编码区。编码时首先确定滑动窗口中的待编码子串,然后在字典区中搜索,直到找到匹配的子串,然后对子串用三元组(偏移距离,匹配长度,匹配字符串)表示。

【例 5-61】 字符串为"故乡一望一心酸,云又迷漫,水又迷漫。天不教人客梦安,…",对字符串采用 LZ77 算法进行字典压缩编码。

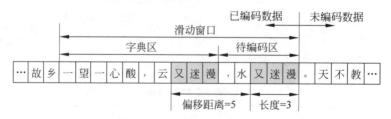

图 5-43 字典编码过程示意图

如图 5-43 所示,假设滑动窗口长度为 15,其中字典区长度为 10,待编码区长度为 5。假设待匹配字符串为"又迷漫"(匹配长度为3),在字典区搜索,找到字典区的匹配字符串"又迷漫",它们之间的偏移距离为5,然后用三元组(5,3,又迷漫)表示。这样,以上字符串的压缩编码为"故乡一望一心酸,云又迷漫,水(5,3)。天不教人客梦安,…"。

LZ77算法中,滑动窗口中待编码字符串长度大于或等于3才有意义,因为编码本身就占据了2个。如果原始数据中有大量长度大于3的重复字符串(如本书中的"程序设计""计算科学"等),则压缩效果较好。LZ77算法可实现2:1~3:1的无损压缩。

【例5-62】 将 d:\test\ 目录下的春.txt、李白诗.txt 文件压缩,Python程序如下。

1	import zipfile	# 导入标准模块
2	file = zipfile.ZipFile('out字典压缩.zip', mode = 'w')	# 创建压缩文件,w为写入
3	file.write('春.txt')	# 文件1写入压缩包
4	file.write('李白诗.txt')	# 文件2写入压缩包
5	file.close()	# 关闭文件
6	print('压缩完成.')	
>>>	压缩完成。	# 程序输出

5.3.3 图像压缩技术 JPEG

1. 有损压缩的特征

图像、视频、音频数据一般都采用有损压缩,**有损压缩会有意丢弃一些不重要的数据,但是不会对声音或者图像表达的意思产生误解**,有损压缩可以大幅提高压缩比。图像、视频、音频数据的压缩比高达10:1~1000:1,这样减少了数据在内存和磁盘中的占用空间。因此多媒体信息编码技术主要侧重于有损压缩编码的研究。**经过有损压缩的对象进行数据重构时,重构后的数据与原始数据不完全一致,它是一种数据不可逆的压缩方式。**因此,图像或视频使用过高的压缩比例时,将使解压缩后的图像或视频质量降低。

2. JPEG图像压缩标准

国际标准化组织(International Organization for Standardization,ISO)和国际电信联盟(International Telecommunication Union,ITU)共同成立的联合图片专家组(Joint Photographic Experts Group,JPEG),在1991年提出了多灰度静止图像的数字压缩编码(简称JPEG标准)。这个标准适用于彩色和灰度图像的压缩。JPEG标准包含两部分:第一部分是无损压缩,采用差分脉冲编码调制(DPCM)的预测编码;第二部分是有损压缩,主要采用离散余弦变换(discrete consine transform,DCT)编码。DCT是将图像数据在频率域上进行数学变换,分离出图像中的高频和低频数据,然后再对图像的高频数据(即图像细节)进行压缩,以达到压缩图像的目的。

JPEG算法的思想是恢复图像时不重建原始画面,而是生成与原始画面类似的图像,丢掉那些没有被注意到的颜色。JPEG压缩利用了人的心理和生理特征,因而非常适合真实图像的压缩。对于非真实图像(如线条图、卡通图像等),JPEG压缩效果并不理想。JPEG对图像的压缩比一般为10:1~25:1。

3. JPEG图像编码原理

JPEG图像编码原理非常复杂,压缩编码分为以下四个步骤(见图5-44)。

(1)颜色转换。JPEG采用YCbCr(Y为亮度,Cb为色度,Cr为饱和度)色彩模型,因此需要将RGB(红绿蓝)色彩模型的图像转换为YCbCr色彩模型的数据。颜色转换后,每两

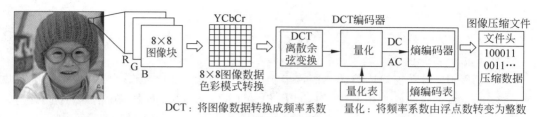

DCT:将图像数据转换成频率系数　　量化:将频率系数由浮点数转变为整数

图 5-44　JPEG 图像压缩编码流程

行数据只保留一行,因此采样后图像数据量将压缩为原来的一半。

(2) DCT。将图像划分为多个 8×8 的矩阵,然后对每个矩阵进行 DCT 变换(不详述),变换后得到一个频率系数矩阵,这些频率系数都是浮点数。

(3) 量化。将频率系数由浮点数转换为整数,这也是造成图像失真的原因。

(4) 编码。采用 RLE 和哈夫曼算法进行压缩编码(不详述)。

JPEG 图像编码是一种有损压缩方法,通过对图像进行降低色彩精度,舍弃部分细节信息和压缩系数进行量化等操作,以减小图像的数据量,并通过对 DCT 系数进行进一步的编码压缩,从而实现图像数据的压缩和存储。

5.3.4　视频压缩技术 MPEG

1. MPEG 动态图像压缩标准

对计算技术而言,视频是随空间(图像)和时间(一系列图像)变化的信息。视频图像由很多幅静止画面(称为帧)组成,如果采用 JPEG 压缩算法,对每帧图像画面进行压缩,然后将所有图像帧组合成一个视频图像,这种计算思维方法可行吗?

【例 5-63】　一幅分辨率为 640×480 的彩色静止图像,没有压缩时的理论大小为(640×480×24b)/8=900KB,假设经过 JPEG 压缩后大小为 50KB(压缩比为 18∶1)。按 JPEG 算法压缩一部 120min 的影片,则影片文件大小为 50KB×30 帧/秒(fps)×60s×120min=10.3GB。显然,完全采用 JPEG 算法压缩视频图像,还是存在文件太大的问题。

动态图像专家组开发了视频图像的数据编码和解码标准 MPEG(moving picture experts group,动态图像专家组)。目前已经开发的 MPEG 标准有 MPEG-1、MPEG-2、MPEG-4 等。MPEG 算法除了对单幅视频图像进行编码压缩(帧内压缩)外,还利用图像之间的相关特性,消除了视频画面之间的图像冗余,大幅提高了数字视频图像的压缩比,MPEG-2 的压缩比可达到 20∶1~100∶1,MPEG-4 最大压缩比可达 4000∶1。

2. MPEG 压缩算法原理

MPEG 压缩编码基于运动补偿和离散余弦变换(DCT)算法。**MPEG 算法思想是:在一帧图像内(空间方向),数据压缩采用 JPEG 算法来消除冗余信息;在连续多帧图像之间(时间方向),数据压缩采用运动补偿算法来消除冗余信息。**

计算机视频的播放速率为 30fps,也就是 1/30 秒显示一幅画面,在这么短的时间内,相邻两个画面之间的变化非常小,相邻帧之间存在极大的数据冗余。在视频图像中,可以利用前一帧图像来预测后一帧图像,以实现数据压缩。帧间预测编码技术广泛应用于 H.264、H.265、MPEG-1、MPEG-2、MPEG-4 等视频压缩标准。

图像帧之间的预测编码有以下方法。

（1）隔帧传输。对于静止图像或活动很慢的图像，可以少传输一些帧；没有传输的图像帧则利用帧缓存中前一图像帧的数据作为该图像帧的数据。

（2）帧间预测。不直接传送当前图像帧的像素值，而是传送画面中像素 X_1 与前一画面（或后一画面）同一位置像素 X_2 之间的数据差值。

【例 5-64】 在一段太阳升起的视频中，第 n 帧图像中，太阳 X_1 点的像素值为 R＝200（橙红色）；在 $n+1$ 帧图像中，该点 X_2 的像素值改变为 R＝205（稍微深一点的橙红色）。这时可以只传输两个像素之间的差值 5，图像中没有变化的像素无须传输数据。

（3）运动补偿预测。如图 5-45 所示，视频图像中一个画面大致分为 3 个区域：一是背景区（相邻两个画面的背景区基本相同）；二是运动物体区（由前一个画面某一区域的像素移动而成）；三是暴露区（物体移动后暴露出来的区域，见图 5-46）。运动补偿预测就是将前一个画面的背景区＋平移后的运动物体区，作为后一个画面的预测值。

图 5-45 视频画面初始帧

图 5-46 视频画面结束帧

3. MPEG 视频图像排列

如图 5-47 所示，MPEG 标准将图像分为 3 种类型：帧内图像 I 帧（关键帧）、预测图像 P 帧（预测计算图像）和双向预测图像 B 帧（插值计算图像）。

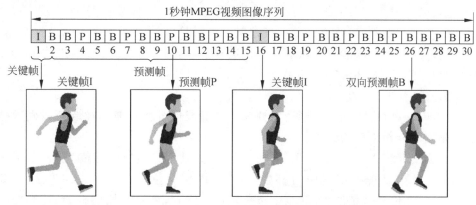

图 5-47 典型 MPEG 视频图像帧显示序列

（1）关键帧 I。I 帧包含内容完整的图像，它用于其他图像帧的编码和解码参考，因此称为关键帧。I 帧采用类似 JPEG 的压缩算法，压缩比较低。I 帧图像可作为 B 帧和 P 帧图像的预测参考帧。I 帧周期性出现在视频图像序列中，出现频率可由编码器选择，一般为 2 次/秒。对高速运动的视频图像，I 帧的出现频率可以多一些，B 帧可以少一些；对慢速运动的视频图像，I 帧出现的频率可以少一些，B 帧图像可以多一些。

(2) 预测帧 P。P 帧是利用相邻图像帧统计信息进行预测的图像帧。也就是说 P 帧和 B 帧采用相对编码,即不对整个画面帧进行编码,只对本帧与前一帧画面不同的地方进行编码。P 帧采用运动补偿算法,所以 P 帧图像的压缩比相对较高。由于 P 帧是预测计算的图像,因此计算量非常大,在高分辨率视频中,对计算机显卡的要求高。

(3) 双向插值帧 B。B 帧是双向预测插值帧,它利用 I 帧和 P 帧作参考,进行运动补偿预测计算。B 帧不能作为对其他帧进行运动补偿预测的参考帧。

(4) 视频图像帧序列。典型的 MPEG 视频图像帧序列如图 5-47 所示,在 1s 里,30 帧画面有 28 帧需要进行运动补偿预测计算,可见视频图像的计算量非常大。

4. 视频封装容器

MPEG-4 是用于音频、视频信息压缩编码的国际标准。H.265 是 MPEG-4 标准的一部分。mp4、rmvb、mkv、avi 是视频文件的扩展名,它们也是视频文件的容器(即封装格式)。容器就是将编码器生成的多媒体内容(视频、音频、字幕等)混合封装在一起的标准。容器使得多媒体软件在内容同步播放时变得很简单(如视频画面与对话字幕的同步)。容器的另一个功能是为视频内容提供索引(帧索引),方便用户拖动播放进度条时,观看指定段落的视频。mp4 是 MPEG-4 制定的容器标准;rmvb 是一种不开源的容器;mkv 是社区设计的开源容器;avi 容器由于架构太过陈旧,已经不能适应新的编码要求了。

5.3.5 信号纠错编码

1. 信道差错控制编码

差错控制编码是数据在发送之前,按照某种关系附加一个校验码后再发送。接收端收到信号后,检查信息位与校验码之间的关系,确定传输过程中是否有差错发生。**差错控制编码提高了通信系统的可靠性,但它降低了通信系统的效率。**

2. 出错重传的差错控制方法

出错重传是在发送端对数据进行检错编码,通过信道传送到接收端,接收端经过译码处理后,只检测数据有无差错,并不自动纠正差错。如果接收端检测到接收的数据有错误时,则利用信道传送反馈信号,请求发送端重新发送有错误的数据,直到收到正确数据为止。大部分通信协议采用 ARQ 差错控制方式。

3. 奇偶校验方法

奇偶校验是一种最基本的检错码,它分为奇校验或偶校验。**奇偶校验可以发现数据传输错误,但是它不能纠正数据错误。**

【例 5-65】 字符"A"的 ASCII 码为 $[01000001]_2$,其中有两位码元值为 1。如果采用奇校验编码,由于这个字符的编码中有偶数个 1,所以校验位的值为 1,其 8 位组合编码为 $[10000011]_2$,前 7 位是信息位,最低位是奇校验码。同理,如果采用偶校验,可知校验位的值为 0,其 8 位组合编码为 $[10000010]_2$。接收端对 8 位编码中 1 的个数进行检验时,如有不符,就可以判定传输中发生了差错。

如果通信前,通信双方约定采用奇校验码,接收端对传输数据进行校验时,如果接收到编码中 1 的个数为奇数时,则认为传输正确;否则就认为传输中出现了差错。但是,在传输中有偶数个比特位(如 2 位)出现差错时,这种方法就检测不出来了。所以,奇偶校验只能检测出信息中出现的奇数个错误,如果出错码元为偶数个,则奇偶校验不能奏效。

奇偶校验容易实现,而且一个字符(8位)中2位同时发生错误的概率非常小,所以信道干扰不大时,奇偶校验的检错效果很好。计算机广泛采用奇偶校验进行检错。

4. 一个简单的前向纠错编码案例

在前向纠错(FEC)通信中,发送端在发送前对原始信息进行差错编码,然后发送。接收端对收到的编码进行译码后,检测有无差错。接收端不但能发现差错,而且能确定码元发生错误的位置,从而加以自动纠正。前向纠错不需要请求发送方重发信息,发送端也不需要存放以备重发的数据缓冲区。虽然前向纠错有以上优点,但是纠错码比检错码需要使用更多的冗余数据位,也就是说编码效率低,纠错电路复杂。因此,前向纠错编码大多应用在单向传输或实时要求特别高的领域,例如,地球与火星之间距离太远,美国火星探测器机遇号的信号传输一个来回差不多要20min,这使得信号的前向纠错非常重要。

计算机常用的前向纠错编码是汉明码(R. W. Hamming),可以利用汉明码进行检测并纠错。下面用例5-66来说明纠错的基本原理,它虽然不是汉明码,但是它们是算法思想相同,都是利用冗余编码来达到纠错的目的。

【例5-66】 如图5-48所示,发送端A将字符"OK"传送给接收端B,字符"OK"的ASCII码$=[79,75]_{10}$。如果接收端B通过奇偶校验发现数据$D2$在传输过程中发生了错误,最简单的处理方法就是通知发送端重新传送出错数据$D2$,但是这样会降低传输效率。

案例分析:如图5-49所示,如果发送端将两个原始数据相加,得出一个错误校验码ECC(ECC$=D1+D2=79+75=154$),然后将原始数据$D1$、$D2$和校验码ECC一起传送到接收端。接收端通过奇偶校验检查没有发现错误,就丢弃校验码ECC;如果接收端通过奇偶校验发现数据$D2$出错了,就会利用校验码ECC减去另一个正确的原始数据$D1$,就可以得到正确的原始数据$D2(D2=$ECC$-D1=154-79=75)$,不需要发送端重传数据。

图5-48 传输出错示意图　　　　图5-49 传输出错自校正图

5. CRC编码原理

(1) 循环冗余校验(cyclic redundancy check,CRC)编码特征。信号在通信线路上串行传送时,通常会使多位数据发生错误。在这种情况下,奇偶校验和海明码校验的作用就不大了,这时需要采用CRC编码。CRC编码是一种最常用的差错校验码,它的特点是检错能力极强(可检测多位出错)、开销小(开销小于奇偶校验编码)、易于用逻辑电路实现。在数据存储和数据通信领域,CRC编码无处不在。例如,以太网、WinRAR压缩软件等采用了CRC-32编码,磁盘文件采用了CRC-16编码,GIF等图像文件也采用CRC编码作为检错手段。

(2) CRC算法思想。根据选定的生成多项式生成CRC编码。在待发送的数据帧后面附加上CRC编码,生成一个新数据帧(源数据+CRC编码)发送给接收端。数据帧到达接收端后,接收方将数据帧与生成多项式进行模运算(mod),如果结果不为0,则说明数据在传输过程中出现了差错。CRC校验工作原理如图5-50所示。

(3) 发送方CRC编码过程。读取原始数据块→将该数据块左移n位后除以生成多项

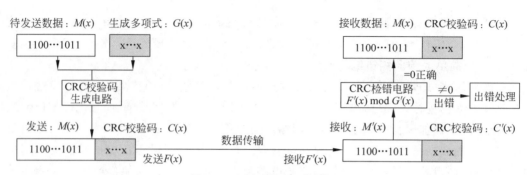

图 5-50 CRC 校验工作原理

式 $G(x)$→将余数作为 CRC 码附在数据块最后面(原始数据块＋CRC 编码)→传送增加 CRC 码的数据块。

(4) 数据接收方 CRC 校验过程。接收数据块→将接收数据块与生成多项式 $G(x)$ 进行模运算→如果余数为 0 则接收数据正确,余数不为 0 则说明数据传输错误。

6. 生成多项式

常用的 CRC 生成多项式国际标准如表 5-6 所示。生成多项式的最高位和最低位系数必须为 1,为了简化表示生成多项式,一般只列出二进制值为 1 的位,其他位为 0。生成多项式按二进制数最高阶数记为 CRC-m。例如,CRC-8、CRC-16 等。

表 5-6 常用 CRC 生成多项式国际标准

标准名称	生成多项式	简记式	生成多项式展开	应用案例
CRC-4-ITU	x^4+x+1	0x3	1 0011	ITU-G.704
CRC-8-ITU	x^8+x^2+x+1	0x07	1 0000 0111	HEC
CRC-16	$x^{16}+x^{15}+x^2+1$	0x8005	1 10000000 00000101	美国标准
CRC-16-ITU	$x^{16}+x^{12}+x^5+1$	0x1021	1 00010000 00100001	欧洲标准
CRC-32	$x^{32}+x^{26}+x^{23}+\cdots+x^2+x+1$	0x04c11db7	1 0000$\cdots$111	以太网,RAR

说明:生成多项式的最高幂次系数固定为 1,在简记式中,通常将最高位的 1 去掉了。例如,CRC-8-ITU 的简记式 0x07,实际上是 0x107,对应的二进制码为 0x07＝107H＝$[1\ 0000\ 0111]_2$。

【例 5-67】 码组 $[1100101]_2$ 可以表示为 $1\times x^6+1\times x^5+0\times x^4+0\times x^3+1\times x^2+0\times x+1$,为了简化表达式,生成多项式省略了码组中为 0 的部分,即 $G(x)=x^6+x^5+x^2+1$。

7. 程序设计案例:生成 CRC 编码

【例 5-68】 生成字符串 'hello,word!' 的 CRC 检验编码。Python 程序如下。

```
>>>   import zlib                                    # 导入标准模块
>>>   s = b'hello,word!'                             # 字符串赋值,"b"说明字符串为字节编码
>>>   print(hex(zlib.crc32(s)))                      # 生成 CRC-32 编码,打印十六进制 CRC 编码
      0xb4e7eee9                                      # 输出 CRC 编码,前缀 0x 表示十六进制数
>>>   print(bin(zlib.crc32(s)))                      # 生成 CRC-32 编码,打印二进制 CRC 编码
      0b10110100011100111110110110011101001           # 输出 CRC 编码,前缀 0b 表示二进制数
```

说明:生成 CRC-16 编码的案例,参见本书配套教学资源程序 F5_5.py。

8. CRC 编码的特征

CRC 编码只能检查错误,不能纠正错误,但是 CRC 能检查 3 位以上的错误,并且 CRC 校验的好坏取决于选定的生成多项式。CRC 编码虽然可以用软件实现,但是大部分时候采用硬件电路实现(如网卡和主板中的 CRC 校验电路)。CRC 编码具有以下特征。

(1) 源数据长度任意,校验码长度取决于选用的生成多项式。

(2) 信号任一位发生错误时,生成多项式做模运算后余数不为 0。

(3) 信号不同位同时发生错误时,生成多项式做模运算后余数不为 0。

(4) 生成多项式做模运算后的余数不为 0 时,继续做模运算,余数会循环出现。

5.4 数理逻辑与应用

5.4.1 数理逻辑概述

德国数学家莱布尼茨首先提出了用演算符号表示逻辑语言的思想;英国数学家乔治·布尔 1847 年创立了布尔代数;美国科学家香农将布尔代数用于分析电话开关电路。布尔代数为计算机逻辑电路设计提供了理论基础。

逻辑学最早由古希腊学者亚里士多德创建。莱布尼茨曾经设想过创造一种通用的科学语言,将推理过程像数学一样利用公式进行计算。数理逻辑是用数学方法研究形式逻辑,数学方法包括使用符号和公式,以及形式化、公理化等数学方法。通俗地说,**数理逻辑就是对逻辑概念进行符号化(形式化)后,对证明过程用数学方法进行演算**。

数理逻辑的研究包括古典数理逻辑(命题逻辑和谓词逻辑)和现代数理逻辑(递归论、模型论、公理集合论、证明论等)。递归论主要研究可计算性理论;模型论主要研究形式语言(如程序语言)与数学之间的关系;公理化集合论主要研究集合论中无矛盾性的问题。数理逻辑和计算科学有许多重合之处,两者都属于模拟人类认知机理的科学。许多计算科学的先驱者既是数学家,又是数理逻辑学家,如阿兰·图灵、布尔等。数理逻辑与计算技术的发展有着密切联系,它为机器证明、自动程序设计、计算机辅助设计等应用和理论提供必要的理论基础。例如,程序语言学、语义学的研究从模型论衍生而来,而程序验证则从模型论的模型检测衍生而来。柯里-霍华德(Haskell Brooks Curry-William Alvin Howard)同构理论说明了"证明"和"程序"的等价性。例如,LISP、Prolog 就是典型的逻辑推理程序语言,程序执行过程就是逻辑推理的证明过程(参见 2.3.4 节函数式程序语言 Haskell)。

现代数理逻辑证明,最基本的逻辑状态只有两个:一个是从一种状态变为另一种状态(如从 0 转变为 1 的逻辑开关);另外一个是在两种状态中,按照某种规则(如比较大小)选择其中的一种状态(如实现两种状态的逻辑比较)。根据这两种逻辑状态,可以构成多状态的任意逻辑关系。例如,在 CPU 内部,**算术运算都可以用加法和比较大小两个运算关系联合表达**,减法可以通过补码的加法来实现。

5.4.2 基本逻辑运算

1. 逻辑运算的特点

布尔代数中,逻辑变量和逻辑值只有 0 和 1,它们不表示数值的大小,只表示事物的性质或状态。如命题判断中的真与假,数字电路中的低电平与高电平等。

布尔代数有三种最基本的逻辑运算:与运算,或运算,非运算。通过这三个基本逻辑运算,可组合出任何其他逻辑关系。逻辑运算与算术运算的规则大致相同,但是逻辑运算与算术运算存在以下区别。

(1) 逻辑运算是一种二进制数的位运算,按逻辑规则逐位运算即可。

(2) 真值表是描述逻辑关系的直观表格,逻辑真用 1 表示,逻辑假用 0 表示。

(3) 逻辑运算中,二进制数不同位之间没有任何关系,不存在进位或借位问题。

(4) 逻辑运算由于没有二进制数的进位,因此不存在溢出问题。

(5) 逻辑运算的二进制数在计算机中以原码形式表示和存储。

(6) 逻辑运算的操作数必须是二进制正整数,逻辑运算时两个数必须长度相同。

逻辑运算的这些特性,特别适用于集成电路芯片中逻辑电路的设计。

2. 与运算

与运算(and)相当于逻辑的乘法运算,它的逻辑表达式为 $Y = A \cdot B$。**与运算规则是:全 1 为 1,否则为 0(全真为真)**。用电子元件制造的与运算器件称为与门,与门表示符号如图 5-51 所示(GB 为国家标准)。与运算常用于存储单元的清零,例如,某个存储单元和一个各位为 0 的数相与时,存储单元结果为零。

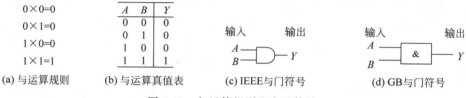

图 5-51　与运算规则和表示符号

【例 5-69】　10011100 and 00000000＝00000000

$$
\begin{array}{r}
10011100(\text{输入 } A)\\
\text{and}\quad 00000000(\text{输入 } B)\\
\hline
00000000(\text{输出 } Y)
\end{array}
$$

3. 或运算

或运算(or)相当于逻辑加法运算,它的逻辑表达式为 $Y = A + B$。**或运算规则是:全 0 为 0,否则为 1(全假为假)**。用电子元件制造的或运算器件称为或门,或门表示符号如图 5-52 所示。或运算常用于对某位存储单元进行置位运算(如存储单元设置为全 1)。

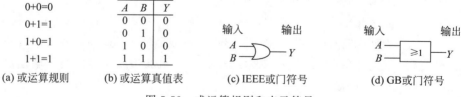

图 5-52　或运算规则和表示符号

【例 5-70】　10011100 or 00111001＝10111101

$$\begin{array}{r} 10011100(\text{输入 }A)\\ \text{or}\quad 00111001(\text{输入 }B)\\ \hline 10111101(\text{输出 }Y) \end{array}$$

4. 非运算

非运算（not）是逻辑值取反运算，逻辑表达式为 $Y=\overline{A}$，非运算是对逻辑值取反，规定在逻辑运算符上方加上画线 ̄ 表示。用电子元件制造的非运算器件称为非门，非门表示符号如图 5-53 所示。在逻辑门符号中，一般用小圆圈表示逻辑值取反。非运算常用于对某个二进制位进行取反运算；或者逻辑电路中的与非门、或非门电路设计。

A	Y
0	1
1	0

$\overline{1}=0$
$\overline{0}=1$

(a) 非运算规则　　(b) 非运算真值表　　(c) IEEE非门符号　　(d) GB非门符号

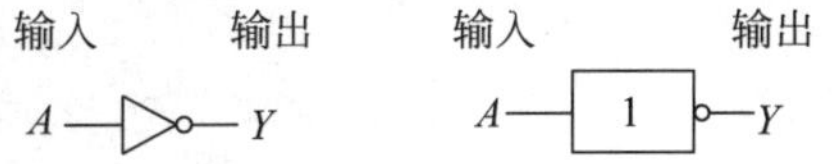

图 5-53　非运算规则和表示符号

【例 5-71】　not(10011100)＝01100011

$$\begin{array}{r} \text{not}\quad 10011100(\text{输入 }A)\\ \hline 01100011(\text{输出 }Y) \end{array}$$

5. 异或运算

异或运算（xor）是一种应用广泛的逻辑运算，异或运算用符号 $\oplus$ 表示，运算规则为：$0\oplus 0=0,0\oplus 1=1,1\oplus 0=1,1\oplus 1=0$。**异或运算可以理解为：相同为 0，相异为 1（同假异真）**。异或门符号和真值表如图 5-54 所示。异或又称半加运算，运算法则相当于不带进位的二进制加法，常用于半加器逻辑电路设计。

A	B	Y
0	0	0
0	1	1
1	0	1
1	1	0

(a) 异或运算真值表　　(b) IEEE异或符号　　(c) GB异或符号

图 5-54　异或运算真值表和表示符号

【例 5-72】　10011100 xor 00111001＝10100101

$$\begin{array}{r} 10011100(\text{输入 }A)\\ \text{xor}\quad 00111001(\text{输入 }B)\\ \hline 10100101(\text{输出 }Y) \end{array}$$

5.4.3　命题逻辑演算

1. 数理逻辑中的命题

数理逻辑主要研究逻辑的推理过程，而推理过程依靠命题来表达，**命题是能够判断真假的陈述句**。命题判断只有一种结论——命题为真或为假，通常用英文字母 T（True）或 F（False）表示命题的结论。表达单一意义的命题称为原子命题，原子命题可通过联结词（与、或、非等）构成复合命题。论述一个命题为真或为假的过程称为证明。

【例 5-73】 下列陈述句都是命题。

1	8 小于 10	♯ 命题真值为真
2	8 大于 10	♯ 假命题也是命题,是真值为假的命题
3	一个自然数不是合数就是素数	♯ 命题真值为假,1 不是合数和素数
4	明年 10 月 1 日是晴天	♯ 真值目前不知道,但真值是确定的(真或假)
5	1894 年 9 月 15 日黄海没有台风	♯ 可能无法查明真值,但真值是确定的(真或假)

【例 5-74】 下列语句不是命题。

1	8 大于 10 吗?	♯ 疑问句,非陈述性句,不是命题
2	天空多漂亮!	♯ 感叹句,非陈述性句,不是命题
3	禁止喧哗	♯ 命令句,非陈述性句,不是命题
4	$x > 10$	♯ x 值不确定,因此命题真值不确定
5	$c^2 = a^2 + b^2$	♯ 方程不是命题
6	这句话是谎言	♯ 悖论不是命题

2. 逻辑联结词的含义

命题演算是研究命题如何通过一些逻辑联结词,构成更复杂的命题。由简单命题组成复合命题的过程,可以看作逻辑运算的过程,也就是命题的演算。

数理逻辑运算也和代数运算一样,满足一定的运算规律,如满足数学的交换律、结合律、分配律,同时也满足逻辑上的同一律、吸收律、双否定律、德·摩根定律、三段论定律等。利用这些定律可以进行逻辑推理,简化复合命题。在数理逻辑中,与其说注重的是论证本身,不如说注重的是论证的形式。

将命题用合适的符号表示称为命题符号化(形式化)。数理逻辑规定了用逻辑联结词表示命题的推理规则(见表 5-7)。使用联结词可以将若干个简单句组合成复合句。

表 5-7　逻辑联结词与含义

联结词符号	说　明	命题案例	命题读法	命题含义
¬	非(not)	$¬P$	非 P	P 的否定(逻辑取反)
∧	与(and)	$P \land Q$	P 并且 Q	P 和 Q 的合取(逻辑乘)
∨	或(or)	$P \lor Q$	P 或者 Q	P 和 Q 的析取(逻辑加)
→	如果…则…(if-then)	$P \to Q$	若 P 则 Q	P 蕴含 Q(单向条件)
↔	当且仅当	$P \leftrightarrow Q$	P 当且仅当 Q	P 等价 Q(双向条件)

命题的真值可以用图表来说明,这种表称为真值表(见表 5-8)。

表 5-8　逻辑运算真值表

命题前件	命题后件	不同逻辑命题运算的真值					
P	Q	$P \land Q$	$P \lor Q$	$¬P$	$¬Q$	$P \to Q$	$P \leftrightarrow Q$
0	0	0	0	1	1	1	1
0	1	0	1	1	0	1	0
1	0	0	1	0	1	0	0
1	1	1	1	0	0	1	1

3. 联结词的优先级

(1)联结词的优先级按否定→合取→析取→蕴含→等价由高到低。

（2）同级的联结词,优先级按出现的先后次序(从左到右)排列。

（3）运算要求与优先次序不一致时,可使用括号,括号中的运算优先级最高。

联结词是两个命题真值之间的联结,不是命题内容之间的联结,因此命题的真值只取决于原子命题的真值,与它们的内容无关。

4. 逻辑联结词"蕴含"(→)的理解

（1）前提与结论。日常生活中,命题的前提和结论之间包含有某种因果关系;但在数理逻辑中,允许前提和结论之间无因果关系,只要可以判断逻辑值的真假即可。

【例 5-75】 侯宝林先生相声中讲到:"如果关羽叫阵,则秦琼迎战"。

案例分析:显然,这个命题在日常生活中是荒谬的,因为他们之间没有因果关系。但是在数理逻辑中,设 P＝关羽叫阵,Q＝秦琼迎战,命题:$P→Q$ 成立。

（2）善意推定。日常生活中,当前件 P 为假时($P＝0$),$P→Q$ 没有实际意义,因为整个语句的意义无法判断,故人们只考虑 $P＝1$ 的情形。但在数理逻辑中,当前件 P 为假时($P＝0$),无论后件 Q 为真或假($Q＝0$ 或 $Q＝1$),$P→Q$ 总为真命题(即 $P→Q＝1$),这有没有道理呢?

【例 5-76】 李逵对戴宗说:"我去酒肆一定帮你带壶酒回来"。

案例分析:可以将这句话表述为命题 $P→Q$($P＝$李逵去酒肆,$Q＝$带壶酒回来)。后来李逵因有事没有去酒肆(即 $P＝0$),但是按数理逻辑规定(见表 5-8),命题 $P→Q$ 为真(即李逵带壶酒回来了),这合理吗?应理解为李逵讲了真话,即他要是去酒肆,相信他一定会带壶酒回来。这种理解在数理逻辑中称为善意推定,因为前件不成立时,很难区分前件与后件之间是否有因果关系,只能做善意推定。

5. 命题逻辑的演算

【例 5-77】 将下列命题用逻辑符号表示。

1	命题:今天会下雨或不上课。 令:$P＝$今天下雨,$Q＝$今天不上课,符号化命题为:$P∨Q$ 命题演算 1:如果 $P＝1$(真),$Q＝0$(假);则 $P∨Q＝1∨0＝1$(命题为真) 命题演算 2:如果 $P＝1$(真),$Q＝1$(真);则 $P∨Q＝1∨1＝1$(命题为真) 命题演算 3:如果 $P＝0$(假),$Q＝0$(假);则 $P∨Q＝0∨0＝0$(命题为假) 命题演算 4:如果 $P＝0$(假),$Q＝1$(真);则 $P∨Q＝0∨0＝1$(命题为真)
2	命题:mm 既漂亮又勤快。 令:$P＝$mm 漂亮,$Q＝$mm 勤快,符号化命题为:$P∧Q$
3	命题:骑白马的不一定是王子。 令:$P＝$骑白马的一定是王子,符号化命题为:﹁P
4	命题:若 $f(x)$ 是可以微分的,则 $f(x)$ 是连续的。 令:$P＝f(x)$是可以微分的,$Q＝f(x)$是连续的,符号化命题为:$P→Q$
5	命题:只有在老鼠灭绝时,猫才会哭老鼠。 令:$P＝$猫哭老鼠,$Q＝$老鼠灭绝,符号化命题为:$P↔Q$
6	命题:铁和氧化合,但铁和氮不化合。 令:$P＝$铁和氧化合,$Q＝$铁和氮化合,符号化命题为:$P∧($﹁$Q)$
7	命题:如果上午不下雨,我就去看电影,否则我就在家里看书。 令:$P＝$不下雨看电影,$Q＝$在家看书,符号化命题为:﹁$P→Q$
8	命题:人不犯我,我不犯人;人若犯我,我必犯人。 令:$P＝$人犯我,$Q＝$我犯人,符号化命题为:$($﹁$P→$﹁$Q)∧(P→Q)$

注:求逻辑命题真值表的案例,参见本书配套教学资源程序 F5_6.py。

【例 5-78】 某地发生了一起谋杀案,警察通过排查确定凶手必为以下四个嫌疑犯之一。以下为嫌疑犯供词：A 说不是我；B 说是 C；C 说是 D；D 说 C 在胡说。假设其中有三人说了真话,一个人说了假话。请问谁是凶手？

案例分析:假设凶手为 x,则嫌疑犯之间的逻辑关系如下所示。

嫌疑犯供述	A：不是我	B：C 是凶手	C：D 是凶手	D：C 诬陷我
逻辑表达式	'A' != x	'C' == x	'D' == x	'D' != x

Python 中的逻辑值支持整型数的所有计算,逻辑值 True 和 False 分别对应整型值 1 和 0,任何值为 0 的数字或空集对应逻辑值 False。可以对嫌疑犯列表进行循环判断,由于 4 人中有 3 人说了真话,因此使逻辑表达式值为 3 的元素为凶手。Python 程序如下。

```
1  for x in['A', 'B', 'C', 'D']:                            # 循环对每一个条件进行判断
2      if ('A'!= x) + ('C' == x) + ('D' == x) + ('D' != x) == 3:   # 根据条件,设置命题逻辑
3          print(f'{x}是凶手')                               # 满足以上条件的为凶手
>>> C是凶手                                                 # 程序输出
```

5.4.4　谓词逻辑演算

1. 命题函数

命题逻辑不允许对变量和函数进行推理,这意味着它的抽象能力有限。命题逻辑不能充分表达计算科学中的许多陈述,如"n 是一个素数"就不能用命题逻辑来描述,因为它的真假取决于 n 的值,当 $n=5$ 时,命题为真；当 $n=6$ 时,命题为假。

程序语言中常见的语句如"$x>5$""$x=y+2$"等,当变量值未知时,这些语句既不为真,也不为假；但是当变量为确定值时,它们就成了一个命题。

表示个体之间关系的词称为谓词。**谓词逻辑语句包括主语和谓词两部分。**

【例 5-79】 在语句"$x>5$"中,第一部分变量"x"是语句的主语,第二部分">5"是谓词。我们用 $p(x)$ 表示语句"$x>5$",其中 p 表示谓词">5",而 x 是变量。一旦将变量 x 赋值,$p(x)$ 就成了一个命题函数。例如,当 $x=0$ 时,变量有了确定的值,因此命题 $p(0)$ 为假；当 $x=8$ 时,命题 $p(8)$ 为真。

【例 5-80】 令 $G(x,y)$ 表示 x 比 y 快,而 $G(x,y)$ 是一个二元谓词(2 个变量)。如果将飞机代入 x,火车代入 y,则 G(飞机,火车)就是命题飞机比火车快。可见在 x、y 中代入确定的个体后,$G(x,y)$ 命题函数就可以形成一个具体的命题。

2. 个体和谓词

原子命题是在结构上不能再分解出其他命题的简单命题,例如,今天是星期天等。原子命题中不能有与、或、非、如果等联结词；原子命题由个体词和谓词两部分组成；在谓词逻辑公式 $P(x)$ 中,P 称为谓词,x 称为变量(或个体变元)。

个体是独立存在的物体,它可以是抽象的,也可以是具体的。例如,人、学生、桌子、自然数等都可以作为个体,个体也可以是抽象的常量、变量、函数。

3. 谓词逻辑的符号表示

在谓词逻辑的形式化中,一般使用以下符号进行表示。

（1）常量符号一般用 $a,b,c,\cdots$ 表示，它可以是集合中的某个元素。

（2）变量符号一般用 $x,y,z,\cdots$ 表示，集合中任意元素都可代入变量符号。

（3）函数符号一般用 $f,g,\cdots$ 表示，n 元函数表示为 $f(x_1,x_2,\cdots,x_n)$。

（4）谓词符号一般用 $P,Q,R,\cdots$ 表示，n 元谓词表示为 $P(x_1,x_2,\cdots,x_n)$。

4. 量词

量词是命题中表示数量的词，它分为全称量词和存在量词。汉语中，所有、一切等表示全称量词；有些、至少有一个等表示存在量词。全称量词一般用符号 $\forall x$ 表示，读作：对任一 x，或所有 x。存在量词一般用符号 $\exists x$ 表示，读作：有些 x，或存在一个 x。在一个公式前面加上量词，称为量化式，如 $(\forall x)F(x)$ 称为全称量化式，表示对所有 x，x 就是 F（即一切事物都是 F）。$(\exists x)F(x)$ 称为存在量化式，表示有一个 x，x 就是 F（即有一个事物是 F）。在谓词逻辑中，命题符号化必须明确个体域，无特别说明时，默认为全总个体域，一般使用全称量词。

5. 谓词逻辑公式

谓词逻辑公式由原子命题、联结词和量词组成。用量词（$\forall$、$\exists$）和联结词（$\wedge$、$\vee$、$\rightarrow$）可以构造出各种谓词逻辑公式。例如，5 是素数、7 大于 3 这两个原子命题的谓词逻辑公式为 $F(x)$ 和 $G(x,y)$；n 个个体之间有某关系的谓词逻辑公式为 $F(x_1,x_2,\cdots,x_n)$。谓词逻辑中，命题符号化的结果都是谓词逻辑公式，它们有无穷多个。

【例 5-81】 用谓词逻辑公式表示以下命题。

1	命题：所有自然数乘 0 都等于 0（皮亚诺公理中乘法的定义）。 谓词逻辑公式：$\forall m, m \times 0 = 0$
2	命题：有的水生动物是肺呼吸的。 谓词逻辑公式：$(\exists x)(F(x) \wedge G(x))$
3	命题：一切自然数都有大于它的自然数。 谓词逻辑公式：$(\forall x)(F(x) \rightarrow (\exists y)(F(y) \wedge G(x,y)))$

谓词逻辑公式只是一个符号串，并没有具体的意义。但是，如果给这些符号串一个解释，使它具有真值，它就变成了一个命题。

谓词逻辑公式的演算只涉及符号、符号序列、符号序列的变换等，没有涉及符号和公式的意义。 这种不涉及符号和公式意义的研究称为语法研究。例如，定理、可证明性等，都是语法概念。而对符号和公式的解释，以及公式和它的意义等，都属于语义研究的范围。例如，个体域、解释、赋值、真假、普遍有效性、可满足性等，都是语义概念。

【例 5-82】 用谓词逻辑公式表示：张华是计算专业的学生，他不喜欢编程。

定义：COMPUTER(x)表示 x 是计算专业的学生；

定义：LIKE(x,y)表示 x 喜欢 y；

谓词逻辑公式为：COMPUTER(张华)$\wedge \neg$ LIKE(张华,编程)。

6. 一阶逻辑的特点

谓词逻辑又称一阶逻辑，它是一种将自然语言转换为数学形式的方法。一阶逻辑和命题逻辑的区别在于，一阶逻辑包含了量词（如 $\exists$、$\forall$），而命题逻辑不包含量词。一阶逻辑的量词只能作用在个体上，如果将量词作用在谓词上，它就成了二阶逻辑。

一阶逻辑的基本假设为世界由对象构成,对象之间的某种关系或者成立(True),或者不成立(False),对象只能处于真或假两种状态之一(即二值逻辑)。

一阶逻辑有以下重要定理。

(1) 一阶逻辑具有不可判定性(如停机问题)。

(2) 按哥德尔完备性定理,一阶逻辑的有效性判定问题都是半可判定的。

(3) 一元断言逻辑(断言是指对命题作出判断,如 if 语句)是可判定的。

虽然一阶逻辑是半可判定性的,但还是存在许多一阶逻辑下可靠且完备的逻辑系统,如一阶皮亚诺公理系统等。然而,一阶逻辑没有能力描述无限之类的概念(如实数、约等于、程序中的死循环等),这些概念或结构需要高阶逻辑来构建。

5.4.5 数理逻辑应用

数理逻辑广泛用于计算领域,例如,集成电路芯片采用逻辑电路设计;Prolog 程序语言建立在一阶谓词逻辑的基础上;程序编译时,采用逻辑推理分析程序语法。

1. 数理逻辑在数据库中的应用

数理逻辑中的与、或、非可以用来表示日常生活中的并且、或者、除非等判断。例如,在数据库中查询信息时,就要用到逻辑运算语句。

【例 5-83】 查询某企业中基本工资高于 5000 元,并且奖金高于 3000 元,或者应发工资高于 8000 元的职工。

查询语句为:基本工资＞5000.00 AND 奖金＞3000.00 OR 应发工资＞8000.00。

2. 数理逻辑在图形处理中的应用

数理逻辑可以用于对图形进行某些剪辑操作。如图 5-55 所示,将 2 个相交的图形进行与运算时,可以剪裁出其中相交部分的子图;将 2 个相交的图形进行或运算时,可以将 2 个图形合并成一个图形;将 2 个图形进行非运算时,就可以减去其中一个图形中相交的部分;将 2 个相交的图形进行异或运算时,可以剪裁掉 2 个图形中的相交部分。

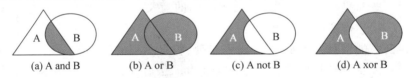

(a) A and B (b) A or B (c) A not B (d) A xor B

图 5-55 逻辑运算在图形处理中的应用

3. 数理逻辑在集合中的应用

【例 5-84】 如图 5-56 所示,设集合 $N=\{0,1,2,\cdots,20\}$;集合 A 包含全集 N 中所有偶数(2 的倍数),集合 B 包含全集 N 中所有 3 的倍数;集合 A 与集合 B 的交集 $A \bigcap B$(在集合 A and B 中所有的元素)是全集 N 中所有 6 的倍数。

4. 数理逻辑在集成电路设计中的应用

计算机的基本运算是算术运算和逻辑运算,它们由 CPU 内部的 ALU 进行运算。**加法运算是计算机最基本的运算**,利用逻辑门电路,设计一个能实现 2 个 1 位二进制数做算术加法运算的电路,这个电路称为半加器,利用半加器就可以设计出全加器逻辑电路。

(1) 半加器逻辑 0 电路设计。半加器中,如果不考虑低位进位的情况,有两个输入

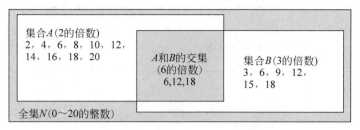

图 5-56　集合 A 和集合 B 之间的逻辑关系

端——加数 A 及被加数 B；两个输出端——和 S 及进位 C。半加器逻辑电路如图 5-57 所示，它由一个异或门和一个与门组成。由真值表可以看出，$C = A$ and B；$S = A$ xor B。半加器真值表如图 5-58 所示。

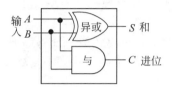

图 5-57　1 位半加器逻辑电路

A	B	S	C
0	0	0	0
0	1	1	0
1	0	1	0
1	1	0	1

图 5-58　半加器真值表

（2）全加器逻辑电路设计。全加器有多种逻辑电路设计形式。如图 5-59 所示，可用两个半加器和一个或门组成一个全加器，它的真值表如图 5-60 所示，也可以利用其他逻辑电路组成全加器。逻辑电路可采用通用硬件描述语言（very high speed integrated circuit hardware description language，VHDL）设计。

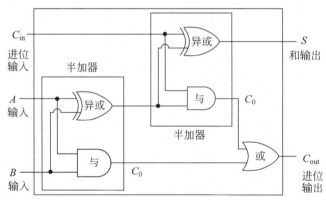

图 5-59　1 位全加器逻辑电路

A	B	C_{in}	C_{out}	S
0	0	0	0	0
0	1	0	0	1
1	0	0	0	1
1	1	0	1	0
0	0	1	0	1
0	1	1	1	0
1	0	1	1	0
1	1	1	1	1

图 5-60　1 位全加器真值表

【例 5-85】　设计 1 位二进制全加器逻辑电路。VHDL 语言程序如下。

```
1   library IEEE;                          -- 调用 IEEE 库函数( -- 为 VHDL 注释符)
2   use IEEE.STD_LOGIC_1164.all;           -- 导入程序函数包
3   entity adder is port(a, b,ci : in bit;  -- 实体定义;输入:a、b、ci(进位输入)
4       sum, co : out bit);                -- 输出:sum(和),co(进位输出)
5   end adder;                             -- 实体定义结束
6
7   architecture all_adder of adder is      -- 结构体定义
```

8	begin	-- 结构体开始
9	sum <= a xor b xor ci;	-- 和的逻辑关系,<= 赋值运算,xor 异或逻辑
10	co <= ((a or b) and ci) or (a and b);	-- 进位的逻辑关系,or 或逻辑,and 与逻辑
11	end all_adder;	-- 结构体结束

习 题 5

5-1 学生成绩评定等级有优秀、良好、中等、及格、不及格,需要几位二进制数表示?

5-2 为什么中文 Windows 系统内部采用 UTF-16(UCS-2)编码,而不使用 ASCII 码?

5-3 简要说明有损压缩的算法思想。

5-4 请对英语"so said,so done."(说到做到)进行哈夫曼编码。

5-5 简要说明信息熵的特点。

5-6 开放题:为什么说整数四则运算理论上都可以转换为补码的加法运算?

5-7 开放题:为什么 WinRAR 压缩文本时压缩比很小,而压缩图像文件时压缩比很高?

5-8 开放题:哪些信息难以用二进制符号进行编码?

5-9 实验题:考试试卷中的单选题有 A、B、C、D 四个选项,答题必须从四个选项中选出一个正确选项。编程计算这个事件的信息熵。

<table>
<tr><td>第6章</td><td>计算机系统工作原理</td></tr>
</table>

计算机的工作原理是一个复杂而精细的过程。实际上,计算机底层采用二进制数工作,工作原理简单,但是通过对简单逻辑电路的抽象和组合,系统变得越来越复杂。如果按照层次模型来分析计算机系统,问题就要清晰得多。

6.1 应用软件层

6.1.1 系统层次模型

Tanenbaum 在《计算机组成:结构化方法 第 5 版》中指出,计算机系统结构可以分为 6 层(见图 6-1),每个系统层次中,可以根据需要继续划分层次。

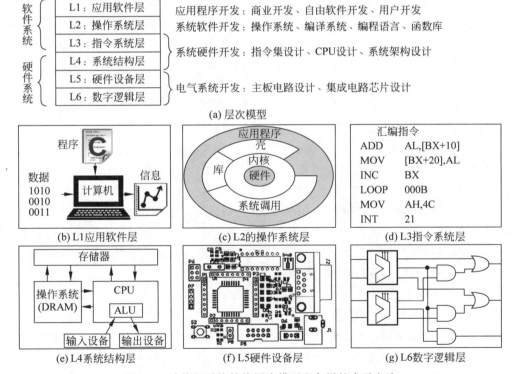

(a) 层次模型

(b) L1应用软件层　　(c) L2的操作系统层　　(d) L3指令系统层

(e) L4系统结构层　　(f) L5硬件设备层　　(g) L6数字逻辑层

图 6-1　计算机系统结构层次模型和各层的表示方法

计算机系统结构层次模型有以下特点。

（1）大卫·惠勒(David Wheeler)指出：计算科学领域的任何问题都可以通过增加一个间接的中间层来解决。通俗地说，当A(如软件)和C(如硬件)相差巨大时，这时就引入一个中间层B(如指令层)，用B来弥合A和C之间的不兼容。

（2）分层后，系统结构的复杂性降低了，这便于不同专业人员的理解和设计。

（3）不同层次的计算机具有不同属性，这些属性是工程师需要实现的功能。

（4）**层次越高，抽象程度越高；层次越低，细节越具体。**

（5）**层次越多，系统整体性能会越低；层次太少时，会导致系统过于复杂。**

计算机设计专家阿姆达尔指出：**计算机体系结构是程序员所看到的计算机的属性。** 程序员关心的属性有数据表示、数据存储、数据传输、数据运算、指令集等。**计算机的体系由指令集进行规定，计算机的结构则是实现指令集的硬件电路。** 计算机最佳的体系结构是以最好的兼容性、最佳的性能、最低的成本实现程序员需求的属性。

6.1.2 应用层的架构

1. 应用软件层的功能

应用软件层的功能主要有两个，一是为用户操作计算机提供人机交互界面；二是应用程序为用户提供各种服务。这些服务本质上是应用软件提供的各种功能，这些功能由计算机硬件设备执行实现，由操作系统进行控制。假设每个软件只有一个功能，它能够为用户提供一种服务，那么有多少个软件，计算机就有多少种功能。

全世界有多少软件？目前没有一个权威的统计数据。全球最大的开源和代码托管网站GitHub发布的2021年度报告显示，注册的开发者达到了7300万人，创建的软件仓库超过了1亿个，项目涵盖了数千个主题。虽然这些软件之间存在很多重复功能，但是从庞大的开源软件数量来看，计算科学在各行各业中的应用可谓是遍地开花。

2. 从用户角度看计算机系统

从用户角度看，计算机系统就是一个充满神奇功能的魔盒(见图6-1中L1应用软件层)。用户看到的计算机工作过程为：**输入数据→运算处理→提供信息。**

在台式计算机中，用户的操作设备主要是键盘、鼠标、显示器。为了进一步简化用户操作，用户只需要单击鼠标按钮，就能够完成一系列的程序操作。例如，用户单击某个应用程序的快捷图标，就会启动程序的运行；用户从键盘输入一些字符，程序就会在后台进行处理；数据还可以从硬盘、网络、话筒、摄像头等设备输入；程序的输出也可以是打印机、ATM、工业控制设备等。数据的运算处理过程由应用程序、操作系统、硬件设备三者共同协作完成。这些工作虽然复杂烦琐，但是计算机的处理速度非常快，在用户看来瞬间就完成了这些工作。一个简单的数据处理过程如图6-2所示。

3. 应用软件的系统架构

从程序员的角度看，应用软件一方面要为最终用户提供服务，另一方面要进行应用软件本身的开发。设计应用软件时，为了简化软件的复杂性，经常将一个庞大的软件分解为若干个层次。将软件的各个功能分别部署在多个程序模块中，每个程序模块只完成一个单一的功能以减小模块的复杂程度，程序模块之间采用弱耦合方式进行通信。

应用软件架构设计有两个重点，**一个是分解，另一个是集成。** 设计的重点是保证分解后的各个模块有很强的独立性，模块之间通过应用程序接口(API)进行连接和通信，最终集成

图 6-2 用户看到的计算机系统数据处理过程

为一个完整的整体。应用软件架构有客户端/服务器(client/server,C/S)模型;面向服务的架构(service oriented architecture,SOA,分为表现层、业务逻辑层、数据访问层)模型、模型—视图—控制器(model view controller,MVC)模型等。

6.1.3　程序执行过程

用户运行一个程序非常简单,这是因为操作系统将复杂性屏蔽了。当用户双击程序图标时,操作系统主要做了以下工作:**程序初始化→程序执行→恢复现场环境**。下面以hello.exe 文件为例,说明程序在 Windows 环境下的执行过程。

1. 程序初始化

(1) 检测事件。用户用鼠标双击程序图标时,操作系统的 Explorer.exe 进程会检测到这个事件,Explorer.exe 进程调用系统函数进行以下初始化工作。

(2) 进程初始化。进程创建一个对象,并且为对象分配内存和初始化内存。

(3) 加载程序。操作系统通过加载器(系统进程)将程序从外存(硬盘等)复制到内存中。加载器会根据程序文件的类型做一些基本处理,如创建程序 PE 文件,把 PE 文件调入进程的地址空间中等。PE 文件用于说明 EXE、SYS、COM 等文件,如哪些是代码、哪些是数据、程序加载到内存哪里等信息。Linux 的可执行连接文件为 ELF。

(4) 创建主线程。操作系统开始创建进程的主线程,线程是程序代码的载体。

(5) 分配 CPU 时间片。主线程初始化完成后,如果线程得到了操作系统分配的 CPU时间片,CPU 就会将程序指针(IP)指向程序的入口地址。

经过以上一系列初始化工作后,程序主函数 main() 开始执行。

2. 程序执行过程

(1) 窗口初始化。窗口程序都是基于消息的,消息由用户与程序交互产生(如输入数据或单击按钮)。操作系统将消息发送到窗口函数,窗口函数对消息进行处理。

(2) 执行窗口函数。窗口函数创建窗口,然后更新窗口。窗口画面需要不断行重绘(消息循环和画面刷新),只要程序在运行,这个循环就不会终止。用户关闭窗口时,就会产生窗口关闭消息,操作系统收到这个消息后,就会退出消息循环,终止程序执行进程。简单地说,图形用户界面(GUI)程序运行的过程如下:注册窗口(分配资源)→创建窗口→显示窗口→更新窗口→消息循环→关闭窗口→释放资源。

(3) I/O 操作。操作系统会自动执行系统调用,将窗口界面转换为图形点阵像素数据,并且将显示数据写入显示缓冲区(显存)。显示器将显示缓冲区的数据转换为数据信号和控制信号,并且在屏幕的指定窗口中显示"Hello,World"信息。显示器需要每秒钟更新 60 幅画面(刷新频率60Hz或更高)才能保持画面的稳定显示。

3. 恢复现场环境

用户结束程序后(用户关闭窗口),操作系统会自动进行内存回收清理工作。这项工作主要包括:释放不使用的程序指针、释放进程占用的内存空间、退出应用程序进程、刷新系统窗口、重新调入并显示后台运行的应用程序窗口或回到系统桌面。

6.1.4 虚拟机技术

1. 虚拟机技术概述

虚拟机指通过软件来模拟具有完整硬件功能的虚拟系统。在物理计算机中创建虚拟机(virtual machine,VM)时,每个虚拟机都有自己虚拟的CPU、内存、基本输入输出系统(basic input output system,BIOS)、硬盘等资源。用户可以像使用物理计算机一样,在虚拟机中安装和运行应用程序,物理计算机能完成的工作在虚拟机中都能实现。从组成形式上看,虚拟机就是一组程序文件。

2. 程序解释器与虚拟机

20世纪60年代,史蒂夫·拉塞尔(Steve Russell)编写了LISP程序解释器。这个创举让以前的程序→编译→运行流程,变成了程序→解释→执行流程,这就是著名的REPL(read-eval-print loop)交互式解释器流程。LISP解释器产生伴随了很多技术,如抽象语法树(AST)、动态数据结构、内存垃圾收集、字节码等。最关键的是提出运行时的概念,基于这个概念发展出了虚拟机技术。

字节码是一种非常类似于汇编程序的指令格式,这种指令格式以二进制字节为单位定义(不会有指令只用到一字节中的前四位),所以称为字节码。现在主流高级语言如Java、Python、PHP、C♯等,编译后的代码都以字节码的形式存在,这些字节码程序最后都在虚拟机上运行。

3. 虚拟机的安全性和跨平台性

虚拟机的优点是安全性和跨平台性。安全性是程序可以放在虚拟机环境中运行,虚拟机可以随时对程序的危险行为进行控制,如缓冲区溢出、数组访问过界等。跨平台性是只要在不同平台上都安装支持同一个字节码标准的虚拟机,程序就可以在不同的平台上不加修改地运行,虚拟机将硬件平台和软件平台之间的差异性都隐藏起来了。

4. Java虚拟机

Java虚拟机是虚构一个计算机系统的软件,它有自己的硬件架构和指令系统。Java虚拟机由五部分组成:指令集、寄存器、栈、碎片回收堆、JVM存储区。

(1)指令集。Java虚拟机的指令操作码长度为1字节,这意味着指令集总数不会超过256条(0~255)。Java指令集相当于Java程序的汇编语言,Java指令集很简单,有利于提高Java指令的执行效率。

(2)寄存器。寄存器用于保存Java虚拟机的运行状态,它与CPU的寄存器类似。

(3)栈。Java虚拟机的栈有局部变量区、运行环境区、操作数区。局部变量区用于存储方法中用到的局部变量;运行环境区用于保存解释器对Java字节码解释过程中所需的信息;操作数区用于存储运算所需的操作数和运算结果。

(4)碎片回收堆。解释器为实例分配存储空间后,解释器就开始记录实例占用内存的情况,一旦对象使用完毕,便将其回收到堆中。碎片回收由后台线程执行。

(5) JVM 存储区。它有常量缓冲池和方法区。常量缓冲池用于存储类名称、方法、字段名称以及串常量;方法区则用于存储 Java 方法的字节码。

5. 虚拟机的缺点

(1) 程序每次运行都需要经过虚拟机的解释,执行效率低。

(2) 虚拟机采用递归方式运行,而递归涉及状态保存和恢复(栈操作)等。栈操作消耗的资源较多,高性能应用中使用递归执行语法树时,运行效率很低。

(3) 由于指令系统不同,虚拟机不得不在机器上部署一个解释—运行模块。这在资源充裕的系统中问题不大,但是在资源受限的嵌入式系统上就行不通了。

6.2 操作系统层

6.2.1 操作系统功能

1. 操作系统概述

简单地说,操作系统就是一个资源分配器和具有用户交互界面的大型程序。操作系统是开机后第一个启动的程序,其他程序都在操作系统中启动和运行。

计算机只运行一个程序时,操作系统或许不是必要软件。一旦计算机同时运行两个程序,就会面临一个问题:两个程序会相互竞争有限的计算资源。例如,CPU 先运行哪个程序、两个程序的内存如何分配,这显然不是程序 A 应当关心的事情,当然也不是程序 B 应当关心的事情。这需要有一个专门的程序来处理这些事务,这个程序就是操作系统。

操作系统是控制计算机硬件资源和软件资源的一组程序。 操作系统能有效地组织和管理计算机中的各种资源,合理地安排计算机的工作流程、控制程序的执行,并向用户提供各种服务功能,使用户能够灵活、方便、有效地使用计算机,使计算机系统能高效地运行。通俗地说,**操作系统就是操作计算机的系统软件。** 操作系统实现了巴贝奇、图灵、冯·诺依曼等程序控制计算机的设计思想。操作系统可分为批处理操作系统(已淘汰)、分时操作系统(应用最广泛)、实时操作系统、嵌入式操作系统、网络操作系统等。

截至 2021 年底,**在桌面操作系统领域,微软公司的 Windows 系统占 79.3%**,苹果公司的 macOS 系统占 15.9%,而 Linux 系统占 2.8%,其他系统为 2% 左右。**在服务器领域,Linux 系统占有 96% 的市场份额**,在智能手机领域,Linux 也占 85% 的市场份额。

2. 时间片

分时操作系统将 CPU 的操作划分成若干个固定长度的时间片,**CPU 以时间片为单位轮流为每个进程服务。** CPU 的时间片很短,每个进程都能很快得到 CPU 的响应,如同每个进程都在独享 CPU 一样。**Tanenbaum 在《现代操作系统》一书中建议时间片长度为 20～50ms**,如 Windows 中进程轮换的时间片大约为 20ms;Linux 中为 5～800ms。

3. 进程管理

操作系统主要功能有进程管理、存储管理、文件管理、中断管理、设备管理等。

简单地说,**进程是程序的执行过程。** 程序是静态的,它仅包含描述算法的代码;进程是动态的,它包含了程序代码、运算数据和程序运行的状态等信息。进程管理的主要任务是对

CPU 和内存资源进行分配,并对程序运行进行控制和管理。如图 6-3 所示,**进程执行过程为就绪→运行→阻塞三个循环进行的状态**。

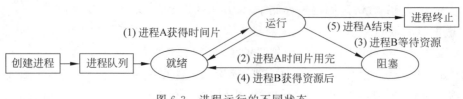

图 6-3　进程运行的不同状态

(1)进程执行过程。操作系统有多个任务请求时,系统为每个任务创建一个进程,然后进程进入就绪队列,操作系统按调度算法选择就绪进程,同时分配给就绪进程一个时间片,同时为进程分配内存空间等资源。正在运行的进程退出后,就绪进程就可以进入运行状态,执行进程操作。CPU 通过硬件中断信号指示时间片结束,时间片结束后,进程将控制权交还给操作系统,操作系统分配下一个就绪进程进入运行状态,以上过程称为进程切换。进程终止后,操作系统会撤销该进程,并回收进程占用的硬件和软件资源。

(2)多任务。现代操作系统都是多个进程同时运行,例如,系统中可以看到同时运行的任务有系统桌面、窗口显示、系统日期和时间显示、网络连接检查、键盘和鼠标中断检查等。另外还有很多用户没有看到的任务在运行,例如,Windows 系统启动后,自身就有 80 多个进程在运行。多任务的执行是利用时间片技术,轮流为每个进程服务。

4. 存储管理

存储管理主要有以下工作:一是为每个程序分配内存和回收内存空间;二是将程序使用的逻辑地址映射成内存空间的物理地址;三是内存保护,保证进程之间不会相互干扰;四是当某个程序的内存不足时,给用户提供虚拟内存,使程序顺利执行。

(1)程序内存块。多任务处理时,每个进程都会占用一些内存。操作系统会给每个进程分配专属内存块。这样每个进程都有自己独立的内存空间,从而避免了进程之间的相互干扰。如果一个进程出错,它也只会影响自己的内存块,不会影响到其他程序。

(2)虚拟地址空间。程序往往会存放在一堆不连续的内存块中,为隐藏复杂性,操作系统会把内存地址空间进行虚拟化。例如,程序 A 分配的内存块地址空间为 0～999,程序 B 分配的内存块地址空间为 1000～1999。如果程序 A 请求更多的内存,程序 A 就会分配到一个非连续的内存块。即程序 A 的内存地址可能为 0～999 和 2000～2999。实际上程序分配到的内存块会有很多,而且不是连续地址。操作系统分配给程序的内存地址空间为 0～2GB,这个空间称为虚拟地址空间。程序运行时,由操作系统将虚拟地址空间转换为实际物理地址,操作系统隐藏和抽象了程序地址的复杂性。这种虚拟地址管理机制大幅减少了程序设计的工作,为程序设计提供了极大的灵活性。

(3)虚拟内存。当物理内存不足,而软件非常庞大时,操作系统会将硬盘空间拿来当内存使用,这就是虚拟内存技术。但是硬盘运行速度(毫秒级)大大低于内存(纳秒级),所以虚拟内存的运行效率很低。**虚拟存储的理论依据是程序局部性原理:程序在运行过程中,在时间上,经常运行相同的指令和数据(如循环指令);在存储空间上,经常运行某一局部空间的指令和数据(如窗口显示)。**利用程序局部性原理,可以将软件常用部分放在内存中,暂时不用的数据放在外存中,需要用到外存中的数据时,再把它们调入内存。

5．文件系统

文件是一组相关信息的集合。计算机系统中，所有程序和数据都以文件的形式存放在计算机外部存储器（如硬盘等）。负责管理文件的程序称为文件系统，在文件系统管理下，用户可以按照文件名查找文件和访问文件（打开、执行、删除等），而不必考虑文件如何存储、存储空间如何分配、文件目录如何建立、文件如何调入内存等复杂问题。

目录（文件夹）由文件和子目录组成，目录也是一种文件。如图 6-4 所示，Windows 操作系统将目录按树状结构管理。Windows 系统中，每个硬盘分区（如 C、D、E 盘等）都建立一个独立的目录树，有几个分区就有几个目录树（与 Linux 不同）。

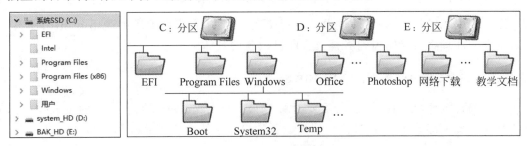

图 6-4　Windows 文件系统树状目录结构

如图 6-5 所示，Linux 文件系统是一个层次化的树状结构。Linux 系统只有一个根目录 root（Linux 没有盘符的概念），Linux 可以将另一个文件系统或硬件设备通过挂载操作，将其挂装到某个目录上，从而让不同的文件系统结合成为一个整体。

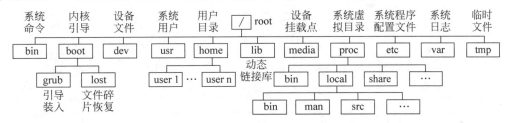

图 6-5　Linux 文件系统树状目录结构

6．中断管理

中断是系统暂停当前执行的任务，转而去执行另一个任务。计算机运行中，中断随时都在发生，如刷新操作系统桌面、刷新应用程序窗口、系统进程轮换、扫描键盘鼠标、硬盘读写等。中断分硬中断和软中断两种，硬中断由设备引发，例如，网卡收到数据包时就会发出一个硬中断信号；软中断由执行中断指令产生，它可以通过程序控制触发。

如图 6-6 所示，中断事件发生后，中断控制器会向 CPU 发出中断请求。系统响应中断后，会暂停当前程序的执行，保存现场数据，转而执行中断处理程序。中断处理程序执行完成后，返回到原程序的中断点，恢复现场数据，继续执行原程序。

7．设备管理

不同外部设备的功能不同、性能不同、配置不同，由应用程序来管理这些硬件设备是一件非常痛苦的工作。为了更容易开发应用程序，操作系统充当了应用程序和硬件设备之间的中介系统。操作系统对硬件设备厂商提出了硬件抽象层（HAL）规范，对应用程序开发提供了硬件设备的 API。硬件设备厂商根据 HAL 规范开发设备驱动程序，应用程序开发人

计算机系统工作原理

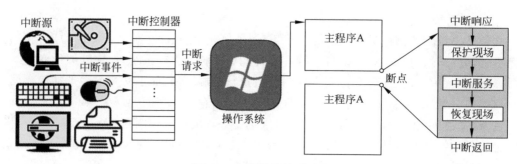

图 6-6　中断事件处理过程

员只需要调用 API,就可以与硬件设备进行交互。例如,在应用程序中调用 print( )函数,操作系统就会处理将信息输出到屏幕或打印机设备的具体细节。

6.2.2　桌面操作系统 Windows

根据调查统计,桌面操作系统主要有微软公司的 Windows、苹果公司的 macOS 等,服务器操作系统大部分是 Linux,移动计算设备的操作系统主要是 Android 和 iOS。

1. Windows 系统结构

Windows 系统结构如图 6-7 所示。**操作系统分为核心态和用户态两大层次**,这样的分层避免了用户程序对操作系统内核的破坏。

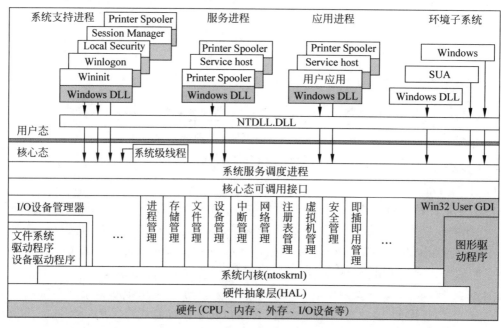

图 6-7　Windows 操作系统基本结构

2. 用户模式(用户态)

应用程序都运行在用户模式。用户模式部分包括 Windows 子系统进程以及一组动态链接库(DLL)。子系统进程主要负责控制窗口的功能,以及创建或删除进程等。子系统 DLL 则被直接链接到应用程序进程中。

3. 内核模式（核心态）

（1）硬件抽象层（HAL）。通过 HAL 可以隔离不同硬件设备的差异,使系统上层模块无须考虑下层硬件之间的差异性。由于硬件设备不同,操作系统有多个 HAL。例如,有些计算机使用 Intel CPU,有些使用 AMD CPU,这些差异会造成硬件设备的不一致。为了解决这个问题,Windows 安装程序附带了多个 HAL 文件,系统安装时会自动识别 CPU 是AMD 还是 Intel 产品,然后自动选择合适的 HAL 进行安装。

（2）系统内核（ntoskrnl）。Windows 系统内核文件（ntoskrnl. exe）安装在 C:\Windows\System32 目录下,系统内核的主要功能是进程管理、线程调度、内存管理、I/O 管理、文件管理、网络管理等操作。

（3）设备驱动程序（I/O 管理）。输入/输出设备管理主要由驱动程序组成,不同的硬件设备需要不同的驱动程序。驱动程序的主要功能是处理 I/O 请求,向用户提供服务。在操作系统中,驱动程序的代码行占操作系统的 50% 左右。

（4）图形设备引擎（Win32 User GDI）。图形设备引擎的主要功能如下：一是提供与设备无关的图形编程接口,使应用程序可以适应各种显示设备;二是对图形窗口进行管理,如收集和分发消息,管理图形窗口;三是对窗口中的图形和文本信息进行渲染输出。

4. Windows 系统代码估计

微软公司没有公布过 Windows 代码的情况。一些专家估计,Windows 源代码大致如下：Windows 1.0 约 11 万行；Windows 3.1 约 300 万行；Windows 95 约 1500 万行；Windows 2000 约 2800 万行；Windows XP 约 4000 万行；Windows 7 约 4000 万行。有人估计,Windows 10 的代码量在 6000 万～8000 万行。Windows 系统的完整代码库（源代码和测试代码等）超过 0.5TB,涉及 56 万多个文件夹、400 多万个文件。

Windows 10 的核心层代码用 C 语言编写,用户层有少量 C++ 代码。

6.2.3 网络操作系统 Linux

全球 500 强超级计算机中,几乎全部采用 Linux 操作系统。网络中的服务器、路由器、交换机、防火墙等设备,大部分都采用 Linux 操作系统。

1. Linux 系统内核和发行版

1991 年,芬兰大学生林纳斯·托瓦兹（Linus Torvalds）在特南鲍姆教授研发的用于教学的小型操作系统（Minix）基础上,编写了 Linux 系统内核。Linux 是遵循通用公共许可协议（GPL）的操作系统。

Linux 系统分为内核和发行版。内核是操作系统的核心,它是应用程序与硬件设备之间的抽象层,目前内核最新版本为 Linux 6.x（截至 2024 年 1 月）。但是仅有系统内核、没有桌面软件的操作系统使用非常困难,因此许多社团和企业将内核和应用程序组织在一起,构成一个完整的操作系统发行版。Linux 发行版包括 Linux 内核、GNU 程序库、shell（壳）、X-Window、图形桌面环境（如 KDE）、办公软件套装、编译器、文本编辑器以及其他应用软件。Linux 发行版分为两类（参见 https://www.linuxdown.com/）：一类是企业收费发行版,如 RedHat Linux（红帽子）等；另一类是社区开源免费版,例如,开源个人桌面版Ubuntu 等,开源服务器版 CentOS（企业级服务器）等。

Linux 具有完备的网络功能、较好的安全性和稳定性,而且是开源免费软件,因此它广泛应用于网络服务器和计算机集群系统。值得注意的是,Linux 版权人并没有完全放弃自己的知识产权,Linux 使用的 GPL 许可证也规定:**任何人不许占有它**。

2. Linux 系统代码统计

根据 Phoronix 网站 2020 年 2 月统计,**Linux 5.12 代码共计 2882 万行**,其中,代码占 2131 万行(74%);注释占 368 万行(13%);空白占 383 万行(13%)。这些代码分布在 66 492 个文件中,共有 21 074 位作者。以 Linux 4.1.15 为例,内核源代码约 793MB,其中核心代码 68MB;设备驱动代码 380MB;体系结构代码 134MB;网络子系统代码 26MB;文件系统代码 37MB。**Linux 内核编程语言中,C 语言占 96%**。核心代码中,有 3.19% 由林纳斯·托瓦兹编写,其余代码由其他个人和组织贡献,但是林纳斯·托瓦兹保留了新代码的最终裁定权。

Linux 2.6.27 版内核源代码大约 640 万行,代码分布情况如表 6-1 所示。

表 6-1　Linux 2.6.27 版内核源代码统计

代 码 类 型	源代码行数	代码比例/%	代 码 类 型	源代码行数	代码比例/%
驱动程序	3 301 081	51.6	内核	74 503	1.2
系统结构	1 258 638	19.7	内存管理	36 312	0.6
文件系统	544 871	8.5	密码学	32 769	0.5
网络	376 716	5.9	安全	25 303	0.4
声音	356 180	5.6	其他	72 780	1.1
库函数	320 078	5.0	总计	6 399 231	100

注:以上内核代码不包含 X-Window 窗口、桌面系统、应用软件等。

3. Linux 系统的基本结构

Linux 的设计思想有三点:**一是一切都是文件**,系统中所有事物都可以归结为文件,如控制命令、硬件设备、系统模块、应用程序、进程等,对系统内核而言,它们都是拥有不同属性的文件;**二是每个程序都有确定的功能**,这是遵循 UNIX 保持简单的设计思想;**三是没有消息就是好消息**,减少不必要的信息污染,避免提示信息不完整造成的误解。Linux 系统结构如图 6-8 所示。

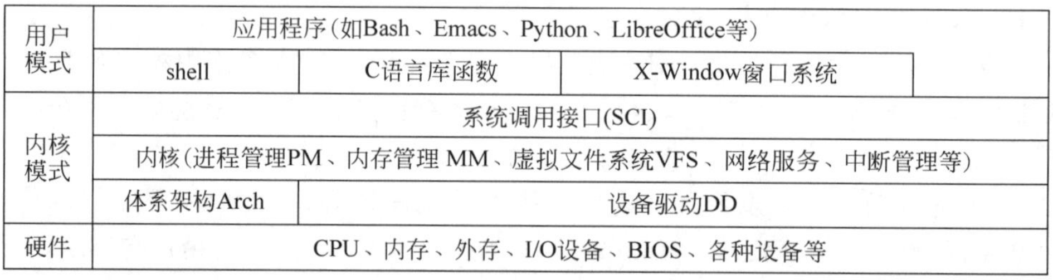

用户 模式	应用程序(如 Bash、Emacs、Python、LibreOffice 等)		
	shell	C 语言库函数	X-Window 窗口系统
内核 模式	系统调用接口(SCI)		
	内核(进程管理 PM、内存管理 MM、虚拟文件系统 VFS、网络服务、中断管理等)		
	体系架构 Arch	设备驱动 DD	
硬件	CPU、内存、外存、I/O 设备、BIOS、各种设备等		

图 6-8　Linux 系统结构

4. Linux 系统内核层

Linux 系统内核层由驱动程序、内核模块(kernel)、系统调用接口(SCI)等组成。

(1)驱动程序。每一种硬件设备都有相应的设备驱动程序。驱动程序往往运行在特权级环境中,与硬件设备相关的具体操作细节由设备驱动程序完成。正因为如此,任何一个设备驱动程序的错误都可能导致操作系统的崩溃。

（2）内核模块。内核是用来与硬件打交道并为程序提供有限服务的底层软件。硬件设备包含 CPU、内存、硬盘、外围设备等，如果没有软件来操作和控制它们，硬件设备自身无法正常工作。Linux 内核主要有以下模块：CPU 和进程管理、存储管理、文件系统、设备管理和驱动程序、网络通信、系统初始化、系统调用等。

（3）系统调用接口（SCI）层。系统调用接口提供系统内部的函数功能，可以在应用程序中直接调用这些函数。Linux 有 200 多个系统调用。系统调用给应用程序提供了一个内核功能接口，隐藏了内核的复杂结构。一个操作可以看作系统调用的结果。

5. Linux 系统用户层

（1）shell。**shell 是一个命令解释器**，它是用户调用系统内核功能的外壳程序。shell 脚本可以调用内核功能，也可以执行应用程序，最常用的 shell 是 bash 等。

（2）C 语言库函数。由于系统调用使用起来很麻烦，Linux 定义了一些库函数将系统调用组合成某些常用操作，以方便用户编程。例如，分配内存操作可以定义成一个库函数。使用库函数虽然没有运行效率上的优势，但可以将程序员从程序细节中解救出来。

（3）X-Window 系统。X-Window 简称 X 系统，它是麻省理工学院开发的视窗系统（X11R6.5.1 版包含 8100 个文件、600 种字体、20 个程序库）。X 系统由以下三部分组成：X 服务器（X Server，它与底层硬件直接通信）、X 客户端（X Client，它请求 X Server 进行各种操作）和 X 协议（它是 X Server 和 X Client 之间的沟通语言）。X 系统并不依赖特定的操作系统，它易于安装和卸载，卸载时不需要重启系统，也不会对其他应用程序造成干扰。实现 X-Window 的具体软件有 XFree86、Xorg、Xnest 等。

（4）应用程序层。Linux 应用程序通过以下方法运行：一是使用系统调用接口（SCI）函数；二是调用库函数；三是在 shell 环境下运行；四是在 X-Window 窗口中运行。

6.2.4　移动操作系统 Android

1. Android 概述

Android（安卓）是谷歌公司开发的基于 Linux 内核的开源移动操作系统。Android 主要用于移动设备。截至 2024 年第一季度，在中国移动操作系统市场中，Android 占 67%，HarmonyOS 占 17%，iOS 占 16%。OPPO、vivo、小米、三星等厂商，对 Android 原生系统进行了二次开发，衍生出具有各家特色的手机操作系统（如 MIUI）。

2. Android 系统结构

如图 6-9 所示，Android 系统采用分层结构，系统结构如下：系统应用层、应用程序框架层、系统运行层、硬件抽象层和 Linux 内核层。

（1）系统应用层。该层中包含所有的 Android 应用程序（App），其中有厂商安装的应用程序，如电话、相机、日历、浏览器等；另外用户自己也安装了一些应用程序，如微信、淘宝、支付宝、高德地图等。应用层程序用 Java 语言开发，现在 Google 在力推采用 kotlin 程序语言进行应用层程序开发。

（2）应用程序框架层。这层主要为应用程序开发人员提供开发所需组件的 API。在 Android 系统中，活动（activity）是在前台运行的进程（屏幕画面），它可以显示一些按钮、对话框等控件，也可以监听和处理用户事件，一个 Android 应用由多个活动组成。服务（service）是后台运行的进程，它没有用户界面，例如，运行音乐播放器时，如果打开浏览器上网,音乐仍然在后台继续播放,播放进程由播放音乐的服务进行控制。

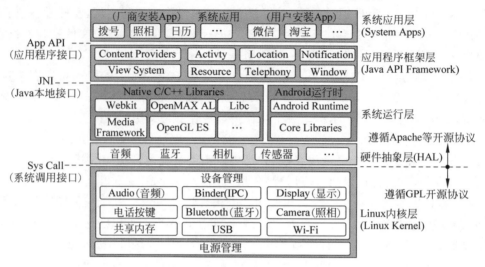

图 6-9　Android 操作系统结构

（3）系统运行层。系统运行层由 Native C/C++ 库和 Android 运行时环境组成。Android 中一些应用程序（如游戏）需要大规模运算和图形处理,如果采用 Java 编程,会存在执行效率过低和移植成本过高等问题。在 Android 开发中,可以使用 C/C++ 函数来实现底层模块,并通过 Java native 接口（JNI）与上层的 Java 模块实现交互,然后利用编译工具生成类库,并添加到应用程序中。Android 运行时环境包括 Dalivik 虚拟机（Android runtime）和核心函数库（core lib）。每个 Android 应用程序都有一个专有的进程,每个进程都有一个 Dalivik 虚拟机,应用程序在该虚拟机中运行。Dalivik 是一个专为 Android 打造的 Java 虚拟机,它负责执行应用程序,分配存储空间,管理进程等工作。

（4）硬件抽象层。Android 在内核外部增加了一个 HAL,将一部分硬件驱动程序放到了 HAL 层。这是因为 Linux 内核采用 GPL 开源协议,而 GPL 开源协议要求公开程序源代码,这势必会影响硬件厂商的利益。而 Android 的 HAL 运行在用户层,这样硬件厂商的驱动程序就由内核空间移到了用户空间。Android 的 HAL 层遵循 Apache 协议,而 Apache 协议并不要求开放源代码,因此厂商提供的动态库就不需要开放源代码,这种设计方案保护了硬件厂商的核心利益。

（5）Liunx 内核层。Android 平台的基础是 Linux 内核,例如,ART（Android 运行时）虚拟机最终调用底层 Linux 内核来执行功能。Linux 内核的安全机制为 Android 提供相应的保障,它鼓励设备厂商为内核开发开源的公版硬件驱动程序。

3. Android 资源消耗

Android 系统看起来内存消耗很大,因为 Android 上的应用程序采用 Java 语言开发,**Android 中的每个 App 都带有独立虚拟机,每打开一个 App 就会运行一个独立的虚拟机**。这样设计是为了避免虚拟机崩溃而导致整个系统崩溃,但代价是需要更多的内存空间。这个设计确保了 Android 的稳定性,正常情况下最多是单个 App 崩溃,但整个系统不会崩溃。系统内存不足时,Android 会关闭一些暂时不用的后台进程（下次需要时再重新启动）,这样就不会出现内存不足的提示,这种设计非常适合移动终端的需要。

6.3 指令系统层

6.3.1 指令基本组成

1. 指令系统的特征

指令是计算机能够识别和执行的二进制代码,它规定了计算机完成某一个操作的命令,所有指令的集合称为指令系统。指令系统一般以汇编语言的形式给出,**汇编指令与机器指令之间存在一一对应的关系**。高级程序语言通过编译得到汇编语言,但是汇编语言几乎不可能还原成高级语言。机器语言通过反汇编可以得到汇编语言(见图 6-10)。

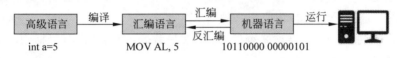

图 6-10 汇编语言与机器语言之间的关系

2. 指令的基本形式

指令的类型和执行方式与 CPU 密切相关。**不同指令系统的计算机,它们之间的软件不能通用**。机器指令通常包括操作码和操作数两部分(见图 6-11),操作码决定指令要执行的操作(如做加法等),操作数指定参与运算的数据或数据的地址单元。在 x86 指令集中,大部分操作码是 1~2 字节,少部分指令没有操作数,如停机指令(HLT)等。

图 6-11 机器指令的格式

3. 指令的基本类型

常见的机器指令分为以下五大类:第一类是算术运算指令,即加减乘除运算;第二类是逻辑运算指令,如与、或、非、异或等;第三类是数据传输指令,如变量赋值、内存数据读写等;第四类是条件分支指令,如程序的 if-else 语句等;第五类是跳转指令,如程序中的循环、函数调用、系统调用、中断等。MIPS 指令类型如表 6-2 所示。

表 6-2 MIPS CPU 指令类型案例

指 令 类 型	指 令	汇编语句案例	汇编语句说明
算术类	add	add ＄s1,＄s2,＄s3	寄存器 s2 和 s3 的数相加,结果存入 s1 寄存器
逻辑类	or	or ＄s1,＄s2,＄s3	寄存器 s2 和 s3 按位或运算,结果存入 s1 寄存器
传输类	load	load ＄s1,10(＄s2)	s2 中的地址加 10 后,找到内存数据,存入 s1 中
分支类	branch	beq ＄s1,＄s2,10	如果 s1 和 s2 的值相等,则指令指针往后跳 10
跳转类	jump	j 1000	无条件跳转到 1000 这个目标地址

4. CPU 如何区分指令和数据

内存中指令和数据都是二进制数编码,CPU 如何在一堆纷繁复杂的二进制数中区分指令和数据呢?CPU 通过以下方法区分指令和数据。

(1) CPU 在取指令阶段取出的为指令;在执行指令阶段取出的为数据。

(2) CPU 从 CS(代码段寄存器)和 IP(指令指针)寄存器中取出来的全部是指令;指令

中操作码提供的地址取出来的都是操作数。

（3）程序进行编译时,将指令和数据指定了不同的存储地址。

（4）操作系统在分配内存时,将指令存放在代码段,数据存放在数据段。

5. 指令的自我修改

在冯·诺依曼计算机结构中,指令和数据并没有绝对严格的区分。每条指令执行完毕后,指令指针 IP 都会自动+1 形成下一条指令的地址,保证程序的连续执行。但是有些指令的后续地址并不按增量方式形成,在指令执行前指令地址并不确定,如以下几种情况。

（1）if 条件判断语句中,需要指令执行后,根据测试条件才能确定后续指令的地址。这就需要对指令指针中的地址进行自我修改,后续指令才能顺利调入和执行。

（2）在循环程序中,需要把循环指令当成数据取出,然后对它的地址进行修改,再把它存起来,并把它当成下一条指令再取出来执行。

（3）在 Prolog 程序中,数据就是程序,程序就是数据,它们并没有严格的区分。

6.3.2　CISC 与 RISC

1. CISC 指令系统

早期计算机部件昂贵,运算速度慢。为了提高运算速度,专家们将越来越多的指令加入指令系统,以提高处理效率,这逐步形成了复杂指令集计算机（complex instruction set computer,CISC)指令系统。Intel 公司的 x86 系列 CPU 就是典型的 CISC 指令系统。新一代 CPU 都会增加一些新指令,为了兼容以前 CPU 平台上的软件,旧指令集必须保留,这就使指令系统变得越来越复杂。x86 CPU 存在以下设计缺陷。

（1）指令长度不一。**32 位 RISC 体系的指令长度统一为 4 字节；而 x86 指令格式和编码规则极度混乱,指令长短不一（1～15 字节)**。这些问题造成了严重的后遗症,增加了研制高效能 x86 CPU 的难度,也增加了验证产品的时间与成本。

（2）缺少足够的寄存器。大部分精简指令集计算机（reduced instruction set computing,RISC)指令集都会定义 32 个通用数据寄存器和浮点运算寄存器；但是 x86 CPU 在 AVX 扩展指令集之前只有 8 个通用寄存器。这在 CPU 指令流水线中增加了寄存器冲突的概率,x86 CPU 不得不采用寄存器重新命名的方法,弥补通用寄存器不足的缺陷。

（3）极度混乱的寻址模式。叠床架屋的 x86 寻址模式,尤其是段式寻址模式,不仅增加了寻址的工作负荷,也大幅增加了 ALU 的复杂度。

2. x86 CPU 中的微指令

为了解决 CISC 指令长度不一、设计困难等问题,**x86 CPU 将一些复杂指令分解成一系列相对简单的微指令**。从 Pentium Pro CPU 开始（1995 年),Intel 公司在 CPU 内部,将机器指令重新译码成长度固定的微指令（见图 6-12),一条机器指令对应一个微指令程序。CPU 一个时钟周期执行一条微指令,执行一条机器指令需要多个 CPU 时钟周期。

图 6-12　x86 系统指令长度的变化

微指令的作用是将机器指令与电路实现进行分离,这样机器指令就可以更自由地进行设计和修改,而不用考虑实际的电路结构。使用微指令可以降低电路复杂度,建构出复杂的多工步的机器指令。多条微指令构成的一个逻辑整体称为微程序(见图6-13)。

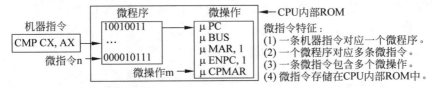

图 6-13　机器指令与微指令之间的关系

微指令通常由 CPU 工程师在设计阶段编写,并且存储在 CPU 内部中的存储器中。**微指令对程序员来说是不可见的(透明),程序员无法使用微指令。**微指令是特定系列 CPU 的一部分,只能在特定 CPU 中执行。

3. RISC 指令系统设计思想

(1) 简化计算机指令的功能,减少指令的数量,所有指令的格式保持一致,保证每一条指令都能够在一个时钟周期内完成。

(2) 取消 CPU 中的微指令结构,指令直接由硬件执行,提高指令的执行速度。

(3) 指令和操作数都从寄存器读取,计算结果也写回寄存器,对内存的读写由加载/存储(LOAD/STORE)指令操作,这减少了内存指令和数据读写带来的延时。

RISC 指令简洁,执行效率高,处理器功耗低,它非常适合低功耗应用领域。

4. CISC 与 RISC 比较

技术上一直存在 CISC 与 RISC 谁更优秀的争论。实际上目前双方都在融合对方的优点,克服自身的缺陷。例如,CISC 采用微指令技术保证指令格式的一致,采用了 RISC 指令流水线技术,并且将一些长指令译码为流水线中的多个指令工步。同样,RISC 指令集也越来越庞大(目前指令达到了数百条)。两种指令系统的比较如表 6-3 所示。

表 6-3　CISC 与 RISC 的主要特征对比

技 术 特 征	CISC 指令集	RISC 指令集
CPU 产品	x86 系列、IBM 360、PDP、Z80、68000	ARM、RISC-V、PowerPC、MIPS
技术背景	1953 年,莫里斯·威尔克发明微指令; 1964 年,IBM System 360 兼容指令集	1980 年,约翰·科克等发明 RISC, IBM 801(PowerPC 前身)
指令集	指令多,x86 已有 1000 多条指令; 指令格式复杂,长度 1~15 字节不定; 指令执行周期不一	指令少而简单; 指令格式简单,指令为 4 字节; 一条指令在一个周期内完成
指令执行	一条机器指令对应一个微程序	直接硬件执行
通用寄存器	少,8 个通用寄存器	多,ARM 有 32 个通用寄存器
数据读写	CPU 能读写寄存器、高速缓存、内存; 寻址方式众多、复杂、混乱	CPU 只允许读写寄存器中的数据; 寄存器寻址简单
其他指标	适用通用计算,能耗高,扩展困难	适用专用计算,能耗低,扩展简单

6.3.3　RISC-V 指令集

RISC-V 是一个开源的 RISC 指令集,根据 CPU 位数不同,分为 32 位、64 位、128 位指令集。其中,RV32I(32 位,47 条指令)指令集是固定的,永远不会改变。RISC-V 允许使用非标准化的扩展指令集。**RISC-V 指令集有三大技术特点：一是指令集开源免费，二是指令集追求极简主义，三是不限定 CPU 硬件结构**。RISC-V 没有定义 CPU 硬件结构，这有利于不同企业设计的 CPU 具有指令级的兼容性。目前 RISC-V 的 CPU 有以下产品：阿里巴巴的手机 CPU 芯片玄铁 910；晶心科技的 32 位 GPU 芯片 IMGBXE-2 等。RISC-V 还广泛用于国内外计算科学的教学。RISC-V 指令格式如表 6-4 所示。

214

表 6-4　RISC-V 中 32 位基本指令的格式

类　型	31　25	24　20	19　15	14　12	11　7	6　0	说　明
R	funct7	rs2	rs1	funct3	rd	op	算术指令
I	imm		rs1	funct3	rd	op	加载/立即数算术
S	imm	rs2	rs1	funct3	imm	op	存储
B	imm	rs2	rs1	funct3	imm	op	条件分支
J	imm				rd	op	无条件跳转
U	imm				rd	op	大立即数格式

注：funct 为功能码；rs2 为源寄存器；rs1 为源寄存器；rd 为目的寄存器；op 为操作码(7 位，理论上最大 128 条指令，目前为 47 条指令)；imm 为立即数。

【例 6-1】　RISC-V 的加法指令为：add　x10,x18,x19，指令案例如表 6-5 所示。

表 6-5　RISC-V 加法指令案例

指令位	31　25	24　20	19　15	14　12	11　7	6　0
R 指令格式	funct7	rs2	rs1	funct3	rd	op
指令操作	add	rs2＝19	rs1＝18	add	rd＝10	op
指令机器码	0000000	10011	10010	000	01010	0110011
指令说明	加法	寄存器 x19	寄存器 x18	加法	寄存器 x10	操作码

【例 6-2】　RISC-V 分支指令为：beq　rs1,rs2,Ll。

案例分析：该指令表示如果寄存器 rs1 中的值与寄存器 rs2 中的值相等，则跳转到标签为 L1 的语句执行(相当于 goto 到 L1 处)。助记符 beq 表示相等则跳转。

RISC-V 的 CPU 没有标志寄存器(PSW)，直接在指令(如 beq)中实现比较—跳转。优点是有利于 CPU 指令的并行处理，缺点是编码效率低。

【例 6-3】　分支指令为：beq　x19,x10,offset＝16B。

案例分析：如果寄存器 x19(rs2)中的值与寄存器 x10(rs1)中的值相等，则指令偏移指针增加 16B(一般用于循环结构)。

6.3.4　控制指令的实现

1. 基本程序语句

高级程序语言的语句对指令系统来说太复杂，抽象程度太高。**指令系统需要与具体的机器打交道，因此指令越具体、越简单、执行效率越高越好**。最基本的汇编指令有传输、运算、控制、调用等，它们只占 20%的代码量，但是占到了 80%的运算量。

2. 程序指令与 ALU 运算

汇编语言将所有程序语句转换成最简单的算术运算或逻辑运算，这样 CPU 就可以利用 **ALU 和标志寄存器实现程序指令的处理**。

（1）整数加法用 ALU 进行加法运算；整数减法为补码在 ALU 中做加法运算。

（2）整数乘除法用 ALU 中的移位器、加法器、比较器联合进行运算。

（3）小数（实数）利用浮点处理器（FPU）进行运算。

（4）逻辑运行利用 ALU 中的逻辑运算器进行运算。

（5）传送指令（如 MOV）用 ALU 直接传送，或者进行自己 OR 自己运算。

（6）**if 判断、for 循环等控制语句，则利用比较指令（减法）和跳转指令（goto）进行处理。**比较指令会对标志寄存器相关标志位进行修改；跳转指令则是修改指令指针 IP 中的地址，达到指令跳转的目的。标志寄存器常用标志位如表 6-6 所示。

表 6-6　标志寄存器（PSW）常用标志位说明

溢出标志 OF	符号标志 SF	零标志 ZF	进位标志 CF
OF＝0，无溢出	SF＝0，正数	ZF＝0，A≠B	CF＝0，无进位
OF＝1，有溢出	SF＝1，负数	ZF＝1，A＝B	CF＝1，有进位

3. 常用控制指令功能

标志位 ZF 常用于循环控制和条件判断，如循环终止 ALU 一般采用减法运算实现。A－B＝0 时，标志位 ZF＝1，这时两数相等循环终止；否则 ZF＝0 循环继续。

（1）比较指令（cmp）用于两个操作数的比较，它将两个操作数做减法运算（sub），但是相减的结果不保存，它只改变标志寄存器中的零标志位。如果零标志位 ZF＝1，说明两个操作数相等；如果 ZF＝0，说明两个操作数不相等。

（2）测试指令（test）与 com、and 指令类似，它对两个操作数进行 and 运算。and 运算结果不保存，而是对标志寄存器重新置位，这个指令经常用于寄存器清零。

（3）跳转指令 ben 是标志寄存器中 ZF≠0 时，跳转到标签地址处。

（4）跳转指令 beq 是标志寄存器中 ZF＝0 时，跳转到标签地址处。

4. 汇编程序处理 if-else 语句的过程

【例 6-4】　利用汇编语言实现 C 语言的条件判断。x86 汇编程序片段如下。

	C 语言	地址	编译后的汇编语言（片段）	汇编语言说明
1	if (r＝＝0)	3d	cmp DWORD PTR[rbp－0x4],0x0	比较（计算 r－0），对 ZF 置位
2	{	3f	jne **4a** < main + 0x4a >	若 ZF＝0，则 r≠0，跳到地址 **4a**
3	a = 1;}	41	mov DWORD PTR[rbp－0x8],0x1	ZF＝1 时，说明 r＝0，赋值 a＝1
4	else{	48	jmp **51** < main + 0x51 >	不检查 ZF，直接跳到地址 51
5	a = 2;	**4a**	mov DWORD PTR[rbp－0x8],0x2	ZF＝0 时，说明 r≠0，赋值 a＝2
6	}	**51**	mov eax,0x0	eax 寄存器清零，结束判断

程序第 1 行，com 为比较指令，DWORD PTR[rbp-0x4]为操作数 r 的地址，0x0 为操作数 0。**指令做 r－0 减法运算，但是减法结果不保存，而是改变标志寄存器中 ZF 标志位的值。**如果 r－0＝0，则 ZF＝1；如果 r－0≠0，则 ZF＝0。

程序第 2 行，jne 指令检查标志寄存器中 ZF＝0 时，说明 r≠0，跳到地址 4a 处。**跳转指令也用来实现循环程序**，它通过修改指令指针 IP 中的地址实现程序循环。

程序第 3 行，如果第 2 行语句不成立（即 ZF＝1），说明 r＝0，这时赋值 a＝1。

程序第 4 行，jmp 指令不检测标志寄存器，直接跳转到地址 51 处（判断结束）。

程序第 5 行，标志寄存器中 ZF＝0 时，说明 r≠0，这时赋值 a＝2。

【例 6-5】 将字符串'linux'转换成大写'LINUX'。x86 汇编程序片段如下。

```
1   ; …(代码略)
2   s1: mov al, [bx]
3       and al, 11011111b
4       mov [bx], al
5       inc bx
6       lop s1
```

地址	堆栈
[bx]+0	l
[bx]+1	i
[bx]+2	n
[bx]+3	u
[bx]+4	x

ASCII码字符大小
写的差别在第6位
↓
0110 1100 ="l"的ASCII码
and 1101 1111
0100 1100 ="L"的ASCII码

图 6-14　字符串的 and 运算

程序第 2 行，mov 为传输指令；s1 为标签；al 为寄存器；[bx]为字符串地址；这条指令的功能是将[bx]地址中的字符送入到 al 寄存器。

程序第 3 行，将 al 中字符的 ASCII 码与"11**0**11111"进行 and 运算（见图 6-14）。

程序第 4 行，将 al 中已经转换为大写的字符，存入地址为[bx]的堆栈。

程序第 5 行，内存地址值 bx-1（处理下一个字母）。

程序第 6 行，直接跳转到 s1 标签处（通过修改 IP 中的地址，实现循环功能）。

从例 6-4、例 6-5 可见，**程序指令都可以转换为算术运算或逻辑运算的形式**。

6.3.5　系统引导过程

计算机从开机到进入正常工作状态的过程称为引导。早期计算机依靠硬件引导机器，由程序（操作系统）控制计算机后，带来了一个悖论：没有程序的控制计算机不能启动，而计算机不启动则无法运行程序。即使用硬件的方法启动了计算机，接下来也会有更加麻烦的问题：谁进行系统管理呢？如内存分配、进程调度、设备初始化、操作系统装载、程序执行等操作由谁控制呢？

解决以上问题的方法如下：将一个很小的引导程序（128KB）固化在 BIOS 芯片中（称为固件），并将 BIOS 芯片安装在主板上。开机电压正常后，计算机内部的 ATX 电源发送 PWR_OK（电源好）信号，激活 CPU 执行第一条指令，这条指令就是跳转到 BIOS 芯片中的引导程序地址，执行 BIOS 芯片中的引导程序，然后逐步扩大引导范围。

如图 6-15 所示，**计算机引导必须经过以下步骤：开机上电→上电自检（power on self test，POST）→运行主引导记录→装载操作系统内核→运行操作系统→进入桌面等**。不同的操作系统，前两个步骤都是相同的，即开机上电与 POST 过程与操作系统无关。而运行主引导记录、操作系统装载等过程则因操作系统不同而各不相同。

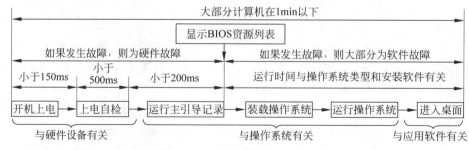

图 6-15　计算机系统引导过程

前面三个过程执行时间很短（小于 1s），如果计算机硬件没有致命性故障（电源、主板、

CPU、内存等）就会显示资源列表；如果显示资源列表后计算机发生故障，则大部分都是软件和外设故障（因为 POST 不检测硬盘、显示器等外设和网络）。

6.4 系统结构层

6.4.1 冯·诺依曼计算机结构

1. 冯·诺依曼计算机设计思想

冯·诺依曼在 101 报告中指出：计算机应当采用二进制进行计算；计算机指令和数据都存放在计算机存储器中；计算机应当采用模块化设计，主要模块包括存储器、控制器、运算器、输入、输出五大部分；需要对存储器进行分层组织；运算装置应当基于加法运算电路设计等。1945 年，冯·诺依曼主持设计了 EDVAC 计算机，一份未署名的 EDVAC 计算机结构设计草图如图 6-16、图 6-17 所示。

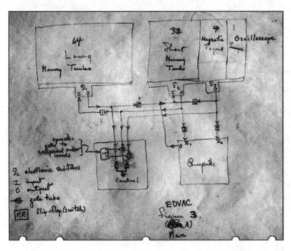

图 6-16 EDVAC 结构设计草图（1945 年）

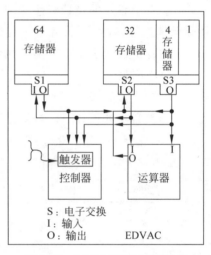

图 6-17 EDVAC 草图重新绘制

冯·诺依曼将计算机系统界定为一种组合式产品，它的关键组成部件有存储器、控制器、运算器、输入设备、输出设备。冯·诺依曼分析了这些模块之间的关系，但是并没有给出计算机结构设计图。Tanenbaum 在《计算机组成：结构化方法 第5 版》一书中给出的冯·诺依曼计算机结构如图 6-18 所示。

冯·诺依曼计算机结构摆脱了专用设计，向模块化设计迈出了关键的一步。冯·诺依曼主张由不同的设计师分头设计每个基本单元，解决每一个基本单元的具体难题，并且最终能组合到一起实现完整的功能。冯·诺依曼的设计思想对模块

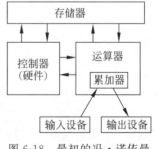

图 6-18 最初的冯·诺依曼计算机结构

化设计理论有深远的影响，第一台完全实现冯·诺依曼模块化设计思想的计算机是 IBM System 360。

2. 冯·诺依曼的存储程序设计思想

（1）存储程序的思想。冯·诺依曼分析了 ENIAC 计算机的最大缺点：ENIAC 程序指

计算机系统工作原理

令用外插电路实现,计算前必须手工将相应的电路连通。计算的准备工作要花几天时间,而计算本身只需要几分钟,高速计算与手工程序存在很大的矛盾。针对这个问题,冯·诺依曼提出将程序存储在机器的存储器中,让计算机根据程序自动进行计算(参见 6.5.4 节运算部件:CPU 运算过程)。**存储程序是现代计算机设计的基本原则**。

(2) 程序和数据的统一。早期专家们认为程序与数据是完全不同的实体。因此,将程序与数据分离,数据存放在暂存器中,程序采用穿孔纸带、外接电路等方式实现。**冯·诺依曼将程序与数据同等看待**,程序与数据一样进行二进制编码,并且一起存放在存储器中,计算机可以随时调用存储器中的程序和数据(参见 6.3.1 指令基本组成)。从程序和数据的严格区分到同等看待,这个观念的转变是计算机发展史上的一场革命。

(3) 程序控制计算机。早期的编程是对计算机一系列开关进行设置,对电气线路进行接线配置,以及安装穿孔纸带。例如,ENIAC 计算机中,编制一个解决小规模问题的程序,就要在 40 多块几英尺[①]长的电路板上,插几千个导线插头。这样不仅计算效率低,且灵活性非常差。**存储程序的设计思想实现了计算自动化**。程序指令和数据可以预先设置在打孔卡片或纸带上,然后由输入装置一起读入计算机存储器中,再也不用手动设置开关和线缆了。**存储程序的设计思想也产生了由程序控制计算机的设计方案**。

(4) 程序员职业的独立。早期的计算机编程主要是对机器进行设置或编码,这些工作大多由女性操作员完成。当时吸引人的是硬件设备,计算机硬件当时被认为是真正的科学和工程。**存储程序的设计思想导致了硬件与软件的分离**,即硬件设计与程序设计分开独立进行,这种专业分工直接催生了程序员这个职业。1940 年前后,大批女性参加了计算机编程工作,格蕾丝·霍普(女)是程序设计方面的领军人物。

3. 冯·诺依曼计算机结构的演化

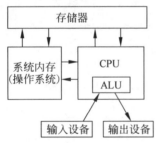

图 6-19 进化的冯·诺依曼
计算机结构

早期计算机由控制器和程序共同对计算机进行控制(见图 6-17)。当时程序的功能不强大,操作系统也没有出现,因此控制器是整个计算机的控制核心。

如图 6-19 所示,目前计算机仍然遵循冯·诺依曼结构和存储程序的设计思想。随着技术的进步,计算机结构有了一些进化。例如,连接线路演变成了总线;运算器演变成了 CPU;最重要的变化是控制器,它集成到了 CPU 内部,它的功能也缩减为对运算步骤进行控制。随着半导体技术的进步,存储单元容量越来越大,计算机变得越来越复杂,这导致了操作系统的诞生。如果继续用硬件控制器对计算机进行控制,就会产生结构复杂,系统成本高等问题。**目前整个计算机系统由操作系统控制,操作系统由开机引导程序从外存调入内存,操作系统通过与 CPU 的交互通信,实现由程序控制计算机系统**。

程序控制计算机增强了系统的灵活性,同时大幅降低了系统复杂性和成本。程序控制计算机实现了巴贝奇、图灵的设计思想,也是冯·诺依曼存储程序思想的必然结果。

---

① 英尺:1ft=0.3048m。

6.4.2 哈佛计算机结构

1. 冯·诺依曼结构的缺点

冯·诺依曼计算机结构中,指令和数据共享一条总线。这种结构会造成冯·诺依曼瓶颈问题(见图 6-20),即 CPU 读取程序指令时需要使用系统总线,因此无法访问数据,只有在读取指令结束后才能访问数据。这会造成以下问题。

(1) 系统难以进行任务的并行处理。

(2) 在一些少指令多数据的应用中(如视频播放等),容易造成指令滞后。

(3) 一旦数据造成总线拥塞,指令无法及时终止数据传输,容易造成系统死机。

2. 哈佛结构计算机

如图 6-21 所示,哈佛计算机结构将指令和数据分开独立存储。每个存储器独立编址、独立访问,哈佛结构需要 4 条不同的总线,哈佛结构是一种并行体系结构。**哈佛结构中,CPU 先到指令储存器中读取程序指令内容,解码后得到数据地址,再到相应的数据储存器中读取数据,并进行下一步的操作。**

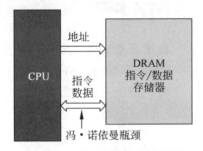

图 6-20 冯·诺依曼总线瓶颈

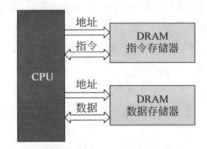

图 6-21 哈佛计算机结构

(1) 哈佛结构的指令和数据分开存放有以下优点。

① 指令不会受到数据拥塞的影响,减少因数据拥塞造成的宕机。

② 指令存储器可以设为只读属性,防止程序被篡改,而数据存储器可读可写。

③ 指令和数据分开存放可以提高 CPU 对高速缓存的命中率。

④ 指令可以被多个进程共享,而数据在多进程中相互独立。

⑤ 指令总线和数据总线可以有不同的总线宽度。

(2) 哈佛结构也存在以下缺点。

总线规模比冯·诺依曼结构高出一倍,这提高了计算机成本。

在哈佛结构中实现程序迭代复杂,因为哈佛结构中指令和数据区分严格,它们存放在不同的存储器中,从指令存储器中取出来的 CPU 只会把它当成指令进行处理,而不会当作数据处理。哈弗结构的指令自我修改机制(如循环)很复杂。

3. x86 CPU 中的哈佛结构

如图 6-22 所示,目前的 x86 CPU 也采用了改进的哈佛结构。现代计算机中,第一级高速缓存(L1 cache)采用哈佛结构,将 cache 分为指令缓存(I-cache)和数据缓存(D-cache)两部分。而 CPU 与内存之间仍然采用冯·诺依曼结构,指令和数据合用一条总线。这样将冯·诺依曼结构和哈佛结构结合起来,大幅提高了程序执行效率。

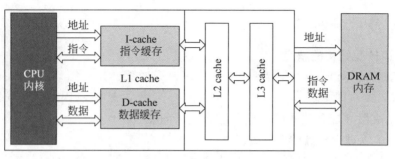

图 6-22　x86 系列 CPU 的改进哈佛结构

6.4.3 个人计算机结构

　　个人计算机采用以 CPU 为核心的控制中心分层结构。个人计算机的控制中心系统结构如图 6-23 所示。与图 6-19 的冯·诺依曼计算机结构比较,PC 结构上增加了一个南桥芯片(PCH)转接各种 I/O 设备;而操作系统则存放在内存中的专用区域(见图 6-24)。PC 系统结构可以用 1-2-3 规则简要说明,即 1 个 CPU、2 大芯片、3 级结构。

　　(1) 1 个 CPU。CPU 在系统结构顶层,控制系统运行状态,下面的数据逐级上传到 CPU 进行处理。**从系统性能考察,CPU 运行速度大大高于其他设备,以下各个总线上的设备越往下走,性能越低**。从系统组成考察,CPU 的更新换代将导致 PCH 的改变,内存类型的改变等。从指令系统进行考察,指令系统进行改变时,必然引起 CPU 结构的变化,而内存系统不一定改变。目前计算机系统仍然以 CPU 为中心进行设计。

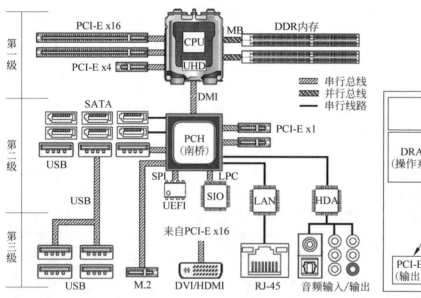

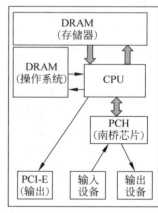

图 6-23　Intel Core i7 计算机系统结构　　　　图 6-24　Core i7 冯结构

　　注:CPU(中央处理单元);DDR(双速同步动态内存);DMI(直接媒体接口);DVI(数字视频接口);HDA(音频解码芯片);HDMI(高清多媒体接口);LAN(局域网芯片);LPC(少针脚总线);M.2(固态盘接口);MB(并行内存总线);PCH(南桥芯片);PCI-E(高速串行总线);RJ-45(以太网接口);SATA(串行硬盘接口);SIO(超级输入/输出芯片);SPI(串行外设接口);UEFI(可扩展固件接口);UHD(超高清显示单元);USB(通用串行接口)。

（2）2 大芯片。PCH 和 BIOS 芯片。在 2 大芯片中，PCH 负责数据的上传与下送。**PCH 连接着多种外部设备，它提供的接口越多，计算机的功能扩展性越强。BIOS 芯片则主要解决硬件系统与软件系统的兼容性。**

（3）3 级结构。控制中心结构分为 3 级，它有以下特点：从速度上考察，第 1 级工作频率最高，然后速度逐级降低；从 CPU 访问频率考察，第 3 级最低，然后逐级升高；从系统性能考察，前端总线和 PCH 容易成为系统瓶颈，然后逐级次之；从连接设备多少考察，第 1 级的 CPU 最少，然后逐级增加，在计算机系统结构中，上层设备较少，但是速度很快。CPU 和 PCH 一旦出现故障，必然导致致命性故障。下层接口和设备较多，发生故障的概率也越大（如接触性故障），但是这些设备不会造成致命性故障。

6.4.4　计算机集群结构

1. 计算机集群系统的发展

1994 年，托马斯·斯特林（Thomas Sterling）利用以太网和 RS-232 通信接口，构建了第一个有 16 台 Intel 486 计算机的集群系统，这种利用 PC 组成一台超级计算机的设计方案，比重新设计一台超级计算机便宜很多。**集群是超级计算机的主流体系结构。**

集群系统是将多台 PC 服务器，通过集群软件和局域网，将不同的设备（如磁盘阵列、光纤交换机）连接在一起，组成一个超级计算机群，协同完成并行计算任务。集群系统中每台计算机有独立的 OS，它是一个计算节点，所有计算节点通过网络相互连接。

将大型集群计算机安装在一个专门的建筑中，称为数据中心（IDC），数据中心的规模差异很大，从几台到十几万台机器。数据中心的出现，使得云计算成为一个热点。

2. 计算机集群系统的组成

如图 6-25 所示，计算机集群系统的基本架构由软件层、网络层、硬件层组成。

（1）集群系统软件层。集群软件系统由集群管理软件、并行计算平台、业务处理软件组成。集群管理软件有 Google 公司的 Borg 集群管理系统、微软公司的 Apollo 集群调度系统、加州大学伯克利分校开发的 Apache Mesos 开源集群管理软件，其他集群管理软件有腾讯公司的台风（Typhoon）资源调度子系统、百度公司的矩阵（Matrix）系统、阿里公司的伏羲（fuxi）系统等；并行计算平台的主要功能是管理并行计算任务和保证系统负载均衡，常用的高可用集群软件有 HeartBeat HA、ROSE、Keepalived 等；负载均衡软件有 LVS、OracleRAC 等；分布式运算平台有 Hadoop、Spark、MPI 等；并行计算平台的基础软件还包括数学函数库（如 Intel MKL 等）、编译系统（如 ICC）等；业务处理软件则根据应用而不同，如电子商务管理软件、科学计算软件、工程计算软件等。

（2）集群系统网络层。集群系统网络层主要采用高性能的通信芯片和高速光纤网络。按照阿姆达尔（Amdahl）定律，在并行计算环境中，每 1MHz 的计算将导致 1Mb/s 的 I/O 需求。一个有 50 颗 2.5GHz CPU 的服务器机柜，网络最大带宽需求将达到 100Gb/s 的量级。如果超级计算机集群有 500 个这样的服务器机柜，当 10% 的服务器机柜需要同步进行数据交换时，网络带宽总需求将达到 5Tb/s。而且，在超级计算机集群系统中，随时会有新机器加入服务器机柜和旧机器下柜，这会引起网络结构的动态变化。这种情形下如何确保计算机集群系统持续不间断的工作，是网络可用性面临的一个难题。

（3）集群系统硬件层。集群中的计算节点主要由 PC 服务器组成，每台 PC 服务器都安

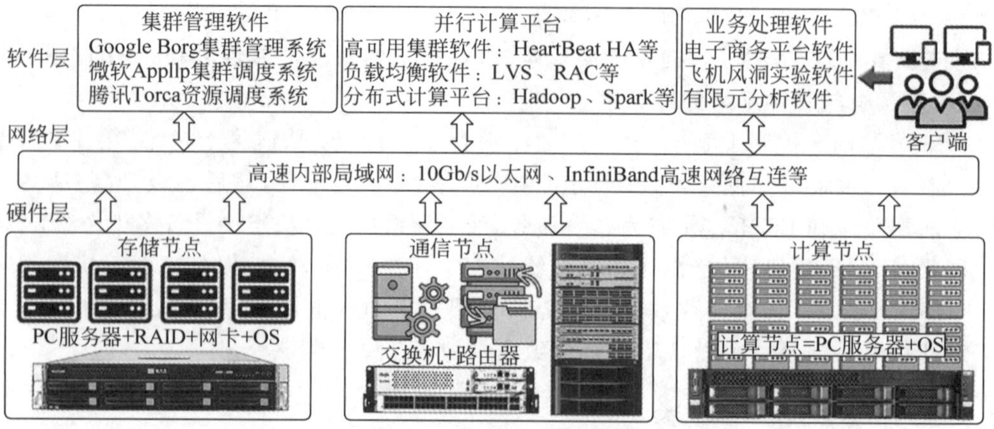

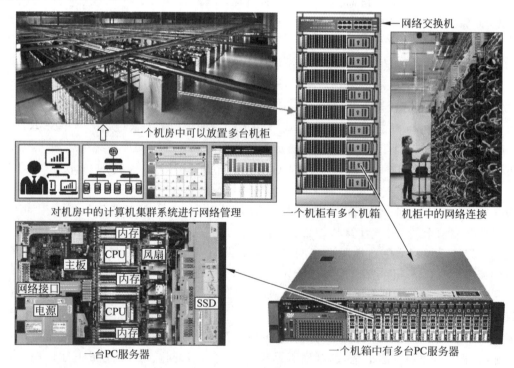

图 6-25　集群计算机系统架构

装有独立的 Linux 操作系统(一种资源浪费),一台 PC 服务器可能有多个 CPU,形成多个计算核心。集群硬件设备有 PC 服务器、负载均衡器、交换机、路由器、磁盘阵列、光纤收发器、光纤传输介质等,**集群设备通过内部高速网络互连在一起。**

3. 高性能大型集群系统结构

【例 6-6】 计算机集群系统如图 6-26 所示,数据中心以机柜为单位,每个机柜可以安装几十台服务器,每个机柜通过 2 条 1000M 以太网链路连接到 2 台 1000M 网络交换机,每个数据中心有众多的机柜。例如,Google 俄勒冈州 Dalles 数据中心有 3 个超大机房,大约可以存放 10 万台服务器。

图 6-26　计算机集群系统

集群系统有高性能计算集群（HPC）、高可用集群和负载均衡集群三种类型。三种类型经常会混合设计，例如，高可用集群可以在节点之间均衡用户程序负载，同时维持高可用性。

HPC主要用于大规模数值计算，如科学计算、天气预报、石油勘探、生物计算等。在HPC集群中，运行专门开发的并行计算程序，它可以把一个问题的计算数据分配到集群中多台计算机中，利用所有计算机的共同资源来完成计算任务，从而解决单机不能胜任的工作。高性能集群的典型应用如Google公司数据中心。

6.5 硬件设备层

6.5.1 计算机主要硬件设备

1. 计算机工作原理

计算机工作原理是将现实世界中的各种信息，转换成为二进制代码（数据编码）；保存在计算机存储器中（数据存储）；在程序控制下由运算器对数据进行处理（数据计算）；在数据存储和计算过程中，需要将数据从一个部件传输到另一个部件（数据传输）；数据处理完成后，再将数据转换成人类能够理解的形式（数据解码）。在以上工作过程中，数据如何编码和解码、数据存储在什么位置、数据如何进行计算等，都由计算机能够识别的机器命令（指令系统）控制和管理。由以上讨论可以看出，计算机本质上是一台由程序控制的二进制数据处理机器。**计算机硬件设备最基本的操作是：存储、传输和计算。**

2. 台式计算机硬件设备

计算机系统由硬件和软件两部分组成。硬件是构成计算机系统各种物理设备的总称。不同类型的计算机在硬件上有一些区别，例如，大型计算机安装在成排的机柜中；网络服务器不需要显示器；笔记本电脑将大部分外设集成在一起；台式计算机主要由主机、显示器、键盘鼠标三大部件组成。台式计算机主要部件如图6-27和表6-7所示。

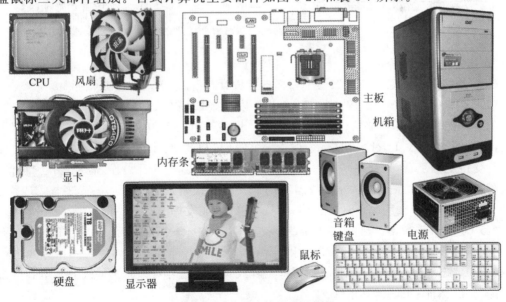

图6-27 台式计算机主要部件

计算机系统工作原理

表 6-7　台式计算机主要部件一览表

序号	部 件 名 称	数量	说明	序号	部 件 名 称	数量	说明
1	CPU	1	必配	8	电源	1	必配
2	CPU 散热风扇	1	必配	9	机箱	1	必配
3	主板	1	必配	10	键盘	1	必配
4	内存条	1	必配	11	鼠标	1	必配
5	独立显卡	1	选配	12	音箱	1 对	选配
6	显示器	1	必配	13	话筒	1	选配
7	硬盘或固态盘	1	必配	14	外接电源盒	1	必配

6.5.2　运算部件：CPU 基本结构

CPU 是计算机的核心部件。Intel CPU 设计前总工程师罗伯特·克罗韦尔（Robert Colwell）说过："开发一颗 x86 处理器，最艰巨的挑战在于如何保证可以兼容所有旧程序。"

1. CPU 性能指标

如图 6-28 所示，CPU 外观看上去是一个平面矩形块状物，中间凸起部分是 CPU 核心部分封装的金属壳，在金属封装壳内部是一片指甲大小（如 14mm×16mm）的、薄薄的（如 0.8mm）硅晶片，它是 CPU 内核（die）。在这块小小的硅片上，密布着数亿个晶体管，它们相互配合，协调工作，完成着各种复杂的运算和操作。金属封装壳周围是 CPU 基板，它将 CPU 内部的信号引接到 CPU 引脚上。基板下面有许多密密麻麻的镀金引脚，它是 CPU 与外部电路连接的通道。无针脚 LGA 封装的 CPU 外观如图 6-29 所示。

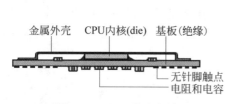

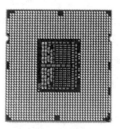

图 6-28　CPU 基本组成　　　　图 6-29　Intel 公司 CPU 外观

CPU 始终围绕着速度与兼容两个目标进行设计，产品主要有以下技术指标。

（1）多核 CPU。多核 CPU 是在一个芯片内部集成多个处理器内核。多核 CPU 有更强大的运算能力，但是增加了 CPU 发热功耗。目前 CPU 产品中，4～10 核 CPU 占据了市场主流（见图 6-30）。Intel 公司表示，理论上 CPU 可以扩展到 1000 核。多核 CPU 使计算机设计变得更加复杂，运行在不同内核的程序为了互相访问、相互协作，需要进行独特设计，如进程之间的通信机制、共享内存数据结构等。程序代码迁移也是问题。多核 CPU 需要软件支持，只有基于线程化设计的程序，多核 CPU 才能发挥应有的性能。

（2）CPU 工作频率。目前 CPU 的最高工作频率在 4.0GHz 以下，提高 CPU 工作频率受到了 CPU 发热的限制。由于 CPU 用半导体硅片制造，硅片上元件之间需要导线进行连接，在高频状态下要求导线越细越短越好（制程线宽小），这样可以减少导线分布电容等杂散信号的干扰，保证 CPU 运算正确。

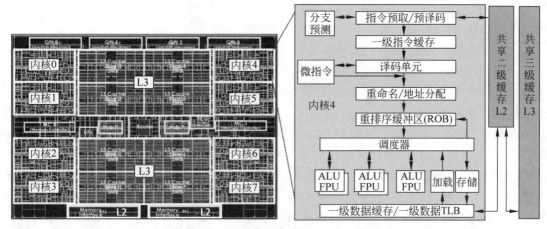

图 6-30　Intel Core i7 CPU 内核的流水线结构

(3) CPU 字长。CPU 字长指 CPU 内部 ALU 一次处理二进制数据的位数。目前 CPU 的 ALU 有 32 位和 64 位两种类型,x86 系列 CPU 字长为 64 位,部分嵌入式计算机 CPU 字长为 32 位或 64 位。

(4) CPU 制程线宽。CPU 制程线宽指栅极长度(nm)。线宽越小,集成电路生产工艺越先进,同一面积下制造的晶体管数量越多,芯片功耗和发热量越小。原则上,CPU 中逻辑电路越多,性能越高,功耗也越高。目前 CPU 商业产品达到了 5nm 制程线宽。

(5) CPU 高速缓存。cache 是采用 SRAM 结构的内部存储单元。它利用数据存储的局部性原理,极大地改善了 CPU 性能,目前 CPU 的 cache 容量为 1～10MB,甚至更高。cache 通过 CPU 内部的硬件电路进行控制,程序不能控制。

2. CPU 的核心部件

CPU 主要由运算器和寄存器组成,所有程序指令和数据运算都由 CPU 执行。寄存器用于存放运算中的数据和指令,运算器用于进行算术运算和逻辑运算(即指令执行)。运算器从寄存器中取出数据或指令,接着对数据或指令进行运算,然后将运算结果输出到寄存器中。CPU 核心运算部件如下。

(1) ALU。它主要进行整数的算术和逻辑运算,所有程序指令都会译码成相应的算术运算或逻辑运算的形式,然后在 ALU 中执行。

(2) 浮点处理单元(FPU)。它主要对小数进行算术运算。

(3) 选择器(MUX)。它对 ALU 操作进行选择,如加法、逻辑运算、比较等。

(4) 译码器。对指令操作码进行译码,向 ALU 提供操作信号。

(5) 时序系统。用于产生各种时序信号,计算机系统按时序工作。

3. 寄存器部件

(1) CPU 中的寄存器。指令和数据储存在内存中,CPU 需要时再去内存读取。但是,CPU 的运算速度远远高于内存读写速度,为了避免速度被拖慢,操作系统将需要使用的指令和数据先调入高速缓存,然后再将那些频繁读写的指令和数据存放在寄存器里。CPU 优先读写寄存器,再由寄存器与高速缓存交换数据。**寄存器不按地址传送数据,而是按寄存器名称传送数据**。x86 CPU 有 14 个通用寄存器,RISC CPU 有 32 个通用寄存器。寄存器分为两类,一类是程序可以访问的寄存器,如通用寄存器组、IP(指令指针)寄存器、标志寄存器等；另一类是程序无法访问的寄存器，它们由 CPU 控制读写，如指令寄存器(IR)、地址寄存器(AR)、数据寄存器(DR)等。

（2）通用寄存器组。x86 CPU 有 AX、BX、CX、DX、SP 等通用寄存器，它们用于存放操作数(如源操作数、目的操作数、运算的中间结果等)和地址。SP 是通用寄存器堆栈指针，它指向需要操作的寄存器。RISC-V CPU 中，通用寄存器名称为 R0～R31。

（3）IP 寄存器。IP(Instruction Pointer，指令指针)一般与 CS(Code Segment，代码段寄存器)联合使用。它们用于存储下一条执行指令的地址。非 x86 CPU 中，IP 又称 PC 寄存器(程序计数器)。**冯·诺依曼结构的最大特点是计算机自动进行计算。按照存储程序的思想，操作系统先将指令存放在指令缓存中，数据存放在数据缓存中。IP 中保存了下一条将要执行指令的地址，每进行一次运算，CPU 就按 IP 指向的地址，将指令读取到指令寄存器中。本条指令执行完毕后，IP 就自动增加一个地址，接着 CPU 将指令读取到指令寄存器中。这个过程会自动循环进行，直到程序执行结束。程序执行结束后，操作系统接管对计算机的控制。这样，计算机就实现了程序的自动执行功能。**

（4）累加寄存器(AC)。它是一组通用寄存器，用来存放 ALU 运算的中间结果。程序表达式中，往往会有多个数据计算。这时可以把计算结果保存在累加寄存器中，然后把本次计算结果重新放回到 ALU 输入端口，这样就可以实现多个数据的计算了。

（5）PSW。PSW 又称程序状态寄存器(CSR)，它用来存放两类信息：一类是当前指令执行结果的各种信息，如有无进位、有无溢出、结果正负(SF)、结果是否为零、奇偶标志位(PF)等；另一类是存放控制信息，如是否允许中断(IF)、跟踪标志(TF)等。PSW 中的常用控制位如表 6-8 所示。

表 6-8　标志寄存器常用标志位

标志值	OF 溢出	DF 方向	IF 中断	SF 符号	ZF 零标志	PF 奇偶	CF 进位
0	无溢出	高到低位	允许	正数	非零	奇数	无进位
1	有溢出	低到高位	禁止	负数	为零	偶数	有进位

6.5.3　运算部件：CPU 流水线技术

1. CPU 流水线结构

计算机中所有指令都由 CPU 执行。如图 6-31 所示，**机器指令的执行过程主要由取指令、指令译码、指令执行、结果写回四种基本操作构成。**

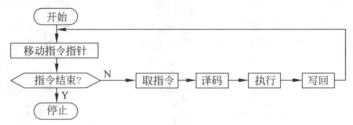

图 6-31　机器指令执行过程

如图 6-32 所示，早期微型计算机(1990 年以前)执行完指令 1 后，再执行指令 2，这个过程不断重复进行。目前计算机采用流水线技术，执行完指令 1 的第 1 个操作(工步)后，指令

1还没有执行完,就马上执行指令2的第1个操作了。指令流水线技术大幅提高了CPU的运算性能。图6-33为4级流水线,如果将指令中每个操作再细分为多个工步,就可以设计成多级流水线。

图6-32　CPU指令串行执行过程

图6-33　CPU流水线指令执行过程(理想状态)

　　流水线技术也会遇到一些问题。例如,当遇到转移指令(如 if、for 等)时,就会出现流水线中断问题,即流水线中已载入的指令必须清空,重新载入新指令。因此在 CPU 设计中,对转移指令进行了预判,最大限度上克服转移指令对流水线的不利影响。

2. CPU 流水线指令执行过程

　　如图 6-34 所示,CPU 指令执行过程为:取指令(IF)→指令译码(ID)→指令执行(IE)→访问存储器(MEM)→结果写回(WB)。

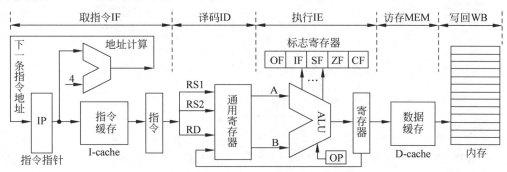

图6-34　RISC 系列 CPU 流水线指令执行过程

　　(1)取指令。IP 中保存了当前指令在内存中的地址,取指令就是根据 IP 指示的内存地址,取出指令传送到指令寄存器中。指令取出后,IP 会自动递增 4(MIPS 指令长度为 4 字节),使它总是保存下一条指令的内存地址。

　　(2)指令译码。指令译码器是按照规定的指令格式,对指令进行拆分和解释,识别出不同的指令类型,以及获取操作数的方法。

　　(3)执行指令。CPU 完成指令规定的操作(如加法),实现指令的功能。

　　(4)(MEM)。CISC 处理器(如 x86 CPU)一般没有 MEM 阶段,因为数据与指令相同,在取指令阶段进入流水线内。RISC 处理器只能在寄存器中读写数据,不能直接读写内存数据,因此需要在 MEM 阶段读取内存中的操作数到寄存器中。

　　(5)结果写回。将指令运行结果写回到某个寄存器或内存。运行结果经常被写到

计算机系统工作原理

CPU 内部寄存器中,以便被后续指令快速地存取。许多指令还会改变 PSW 中的标志位,这些标志位用来影响程序的操作结果。

以上指令执行过程中,如果没有意外事件(如计算溢出、中断等)发生,CPU 就接着从指令指针 IP 中取出下一条指令地址,开始新一条指令的执行过程。

6.5.4 运算部件:CPU 运算过程

CPU 中的所有整数计算和指令执行都由 ALU 实现,而 FPU 负责小数的运算。

1. ALU 基本结构

ALU 基本结构如图 6-35 所示,它可以进行算术运算和逻辑运算。算术运算包括整数的加法、减法、算术移位(乘法和除法)运算;逻辑运算有 and、or、not、xor、逻辑移位等;ALU 还可以进行数值比较。由于 ALU 功能众多,**ALU 通过多路选择器(MUX)决定进行哪一种运算**。

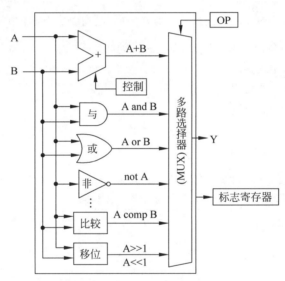

图 6-35　ALU 基本结构

指令和数据通过指令操作码(OP)和操作数(A、B)输入 ALU,操作码用来指示进行哪种运算(见表 6-9)。ALU 的输出(Y)可以是寄存器、高速缓存和内存;ALU 还会发送标志码到 PSW 中,标志码用来说明运算的状态,如进位、借位、溢出等。简单地说,**所有程序指令最终都会转换成算术运算或逻辑运算的形式在 ALU 中执行**。

表 6-9　ALU 操作码功能说明

运算类型	OP	CN_I	运算功能	运算功能说明	标志寄存器
数据传送	0000	0	$Y=A$	直通传送(MOV)	—
	0000	1	$Y=B$	直通传送(MOV)	—
逻辑运算	0001	×	$Y=A+B$	或运算(or)	ZF
	0010	×	$Y=A*B$	与运算(and)	ZF
	0011	×	$Y=A\char`\^B$	异或运算(xor)	ZF
	0100	×	$Y=/A$	非运算(not)	ZF

运算类型	OP	CN_I	运算功能	运算功能说明	标志寄存器
移位运算	0101	0	$Y=A$	不带进位循环右移 B 位	ZF
	0110	0	$Y=A$	右移 1 位(用于除法)	ZF
	0111	0	$Y=A$	左移 1 位(用于乘法)	ZF
算术运算	1000	0	$Y=A+B$	算术加法	CF、ZF、SF
	1001	0	$Y=A$ comp B	比较运算	CF、ZF、SF
	1010	0	$Y=A+1$	加 1	ZF
	1011	$\times$	$Y=A-1$	减 1	ZF
其他运算	1100	$\times$	CF=CN_I	进位标志置位	CF
	1101	$\times$	IF=CN_I	中断允许标志置位	IF

注：OP 为指令操作码；CN_I 为控制信号；ZF 为零标志位，CF 为进位标志，SF 为正负标志位，IF 为中断允许标志位；ALU 运算都会影响标志寄存器的不同标志位。

2. 加法指令执行过程

【例 6-7】 加法器计算"9+11=?"过程说明。

案例分析：CPU 加法指令执行过程如图 6-36 所示。汇编程序如图 6-37 所示，MOV 是数据传送指令；ADD 是加法指令；HLT 是停机指令；AL、BL 是通用寄存器 AX 和 BX 的低位。如图 6-36 所示，假设加法指令的操作码为 1000，先将操作数 09h 送 AL 寄存器，操作数 0Ah 送 BL 寄存器，ALU 将两个操作数相加后，结果存放在 BL 寄存器中(14h)；并且对 PSW 进行置位(如 IF=1，其他为 0)。

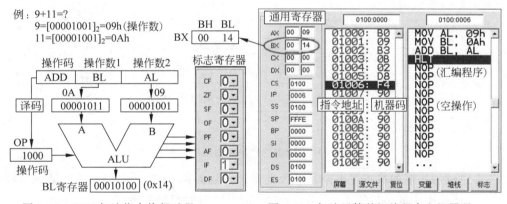

图 6-36　CPU 加法指令执行过程　　　　图 6-37　加法运算的汇编程序和机器码

3. 一位全加器的运算过程

逻辑运算规则如下：and(与运算)为全 1 为 1，否则为 0(逻辑乘法)；or(或运算)为全 0 为 0，否则为 1(逻辑加法)；xor(异或运算)为相同为 0，相异为 1。

【例 6-8】 如图 6-38 所示，一位全加器由两个半加器电路组成。它的输入为加数 A_1、加数 A_2、进位 C_1；输出为和 S_2、进位 C_4。如图 6-38 所示，假设全加器 1 中，输入为 $A_1=1$，$B_1=1$，进位 $C_1=0$。

案例分析：一位全加器运算过程如下。

半加器 1 运算：$S_1=A_1$ xor $B_1=1$ xor $1=0$；$C_2=A_1$ and $B_1=1$ and $1=1$；

半加器 2 运算：$S_2=C_1$ xor $S_1=0$ xor $0=0$(和)；$C_3=S_1$ and $C_1=0$ and $0=0$；

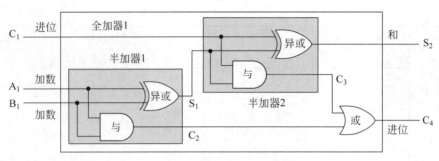

图 6-38　一位全加器逻辑结构

全加器进位运算：$C_4 = C_2$ or $C_3 = 1$ or $0 = 1$（进位）。

4. 多位全加器的运算过程

CPU 中，ALU 负责整数加法运算和逻辑运算，FPU 负责浮点数运算。Intel Core i7 多内核 CPU 中，每个内核有 5 个 64 位 ALU 单元和 2 个 128 位 FPU 单元。

【例 6-9】　$A = 9 = [1001]_2$，$B = 11 = [1011]_2$，$A + B = ?$

案例分析：如图 6-39 所示，可以用 32 个全加器组成一个 32 位行波进位加法器。行波进位加法器的特点是从最低位（全加器 0）开始进行运算，直到最高位（全加器 31）为止。输出为本位和 S、进位 C_{out}，C_{out} 作为下一个全加器的进位 C_{in}。全加器最高位有进位时称为溢出，说明两个数值的和太大了。产生溢出后，PSW 设置溢出位标志（OF＝1），系统自动进行出错处理。为了避免溢出，可以使用更多的全加器，如 64 位加法器。行波进位加法器运算过程如图 6-38 所示。

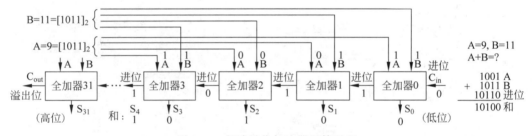

图 6-39　行波进位加法器运算过程

行波进位加法器的缺点是必须从低位逐步计算到高位（串行计算），加法器运算周期长。因此，现代计算机中的 ALU 通常采用超前进位加法器（并行计算加法器）。

6.5.5　存储部件：类型和层次

存储器分为内部存储器和外部存储器。内部存储器简称内存，通过总线与 CPU 相连，用于存放正在执行的程序和数据；外部存储器简称外存，外存通过接口电路（如 SATA、USB、M.2 等）与主机相连，用来存放暂时不执行的程序和数据。

1. 存储器类型

不同存储器工作原理不同，性能也不同。计算机常用存储器类型如图 6-40 所示。

（1）内存。内存是采用互补金属氧化物半导体（complementary metal oxide semiconductor，CMOS）工艺制作的半导体存储芯片，内存断电后，其中的程序和数据都会丢失。早期将内存类型分为随机访问存储器（random access memory，RAM）和只读存储器

$$\text{存储器}\begin{cases}\text{内存}\begin{cases}\text{DRAM(动态随机访问存储器):DDR SDRAM、LPDDR}\\\text{SRAM(静态随机访问存储器):主要用于高速缓存}\end{cases}\\\text{外存}\begin{cases}\text{半导体存储器}\begin{cases}\text{NAND Flash(与非型闪存):如U盘、SSD、SD卡等}\\\text{NOR Flash(或非型闪存):如BIOS、手机内存等}\end{cases}\\\text{磁介质存储器:HDD(硬盘)市场主流外存产品}\\\text{光介质存储器:CD-ROM、DVD-ROM、BD-ROM(趋于淘汰)}\end{cases}\end{cases}$$

图 6-40　计算机常用存储器类型

(read only memory,ROM),由于 ROM 使用不方便,性能极低,很早就已经淘汰。目前内存类型为动态随机访问存储器(dynamic RAM,DRAM)和静态随机访问存储器(static RAM,SRAM)。SRAM 存储速度快,只要不掉电,数据就不会丢失;但是 SRAM 结构复杂(1 位存储单元需要 6 个晶体管),一般仅用在 CPU 内部作为高速缓存。DRAM 利用电容保存数据,结构简单(1 位存储单元仅需 1 个晶体管和 1 个电容),成本低,但是由于电容漏电,因此数据容易丢失。为了保证数据不丢失,系统需要定时对 DRAM 进行内存动态刷新(对DRAM 中的电容进行充电)。双倍速率同步动态随机访问存储器(double data rate synchronous DRAM,DDR SDRAM)是目前最常用的 DRAM,DDR 内存技术目前已经发展到第 5 代,简称为 DDR5。手机和一些嵌入式系统一般使用低功耗 DDR(low power DDR,LPDDR)内存。

(2)外存。外存的材料和工作原理更加多样化。由于外存需要保存大量数据,因此要求容量大、价格便宜,更重要的是外存中的数据在断电后不会丢失。外存的存储材料有采用半导体材料的闪存(flash memory),如固态盘(SSD)、U 盘(USB 接口的 SSD)、存储卡(如SD)等;采用磁介质材料的硬盘(软盘和磁带机已淘汰);采用光介质材料的 CD-ROM、DVD-ROM、BD-ROM 光盘等(基本淘汰)。

(3)存储容量单位。在存储器中,最小存储单位是字节(B),1 字节可以存放 8 位二进制数据。实际应用中,字节单位太小,为了方便计算,引入了以下存储计量单位:1B=8b,1KB=2^{10}=1024B;1MB=2^{20}=1024KB;1GB=2^{30}=1024MB;1TB=2^{40}=1024GB;1PB=2^{50}=1024TB;1EB=2^{60}=1024PB;1ZB=2^{70}=1024EB。

2. 存储器性能

存储器性能由存取时间、存取周期、传输带宽三个指标衡量。

存取时间指启动一次存储器操作到完成该操作所需要的全部时间;存取时间越短,存储器性能越高,例如,内存存取时间为纳秒级(10^{-9}s),硬盘存取时间为毫秒级(10^{-3}s)。

存取周期指存储器连续 2 次存储操作所需的最小间隔时间,如寄存器与内存之间的存取时间都是纳秒级,但是寄存器为 1 个存取周期(保持与 CPU 同步),而 DDR4-2600 内存大约为 100 个存取周期。可见内存的存取周期远高于 CPU 的指令执行周期。

传输带宽是单位时间里存储器能达到的最大数据存取量,或者说是存储器最大数据传输速率;串行传输带宽单位为 b/s,并行传输单位为 B/s。

3. 存储器层次结构

如图 6-41 所示,**数据在计算机中分层次进行存储**。不同存储器性能和价格不同,不同应用对存储器的要求也不同。对最终用户来说,要求存储容量大、停电后数据不能丢失、存储设备移动性好、价格便宜,但是对数据读写延时不敏感,在秒级即可满足用户要求。对计

计算机系统工作原理

算机核心部件 CPU 来说,存储容量相对不大,数十个存储单元(如寄存器)即可,数据也不要求停电保存(因为大部分为中间计算结果)、对存储器移动性没有要求,但是 CPU 对数据传送速度要求极高。因此存储器分层模型满足了计算机系统的不同需求。

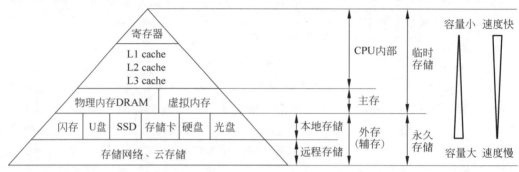

图 6-41　存储器的层次模型

6.5.6　存储部件:内存和外存

1. 内存条

目前计算机内存采用 DRAM 芯片安装在专用电路板上,称为内存条。目前常用内存条类型有 DDR5、DDR4 等。如图 6-42 所示,内存条由内存芯片(DRAM)、内存序列检测芯片(SPD)、印制电路板(PCB)、金手指、散热片、贴片电阻、贴片电容等组成。不同技术标准的内存条,它们在外观上没有太大区别,但是它们的工作电压不同、引脚数量和功能不同、定位卡口位置不同,互相不能兼容。

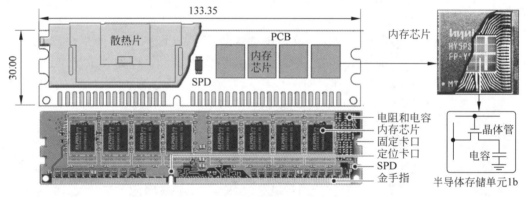

图 6-42　DDR SDRAM 内存条组成

内存条的主要技术指标有存储容量、带宽、读写延迟。目前单个内存条的最大容量为 4～128GB。根据内存带宽计算公式(带宽＝频率×内存位宽/8),DDR4-3200 单内存条的理论最高带宽为 25.6GB/s 左右(3200×64/8)。内存条的读写延迟越小越好,如读写时序为 16-18-18-38 的 DDR4-3200 内存条,读写延迟最大为 90 个时钟周期左右。根据测试,64GB 的 DDR4-3200 CL16 的内存条,内存读写延迟为 60ns 左右。

2. 内存数据查找

内存以字节为单位进行数据存储和查找。每一个内存单元(1 字节)都有一个内存地址(见图 6-43)。**CPU 运算时按内存地址查找程序或数据**,这个过程称为寻址。寻址过程由操作系统控制,由硬件设备(主要是 CPU、内存、总线)执行。32 位系统的内存理论寻址空间为 2^{32} =4GB;64 位系统的内存理论寻址空间为 2^{64} =16EB。实际设计中,**计算机能够使用的最大内存取决于硬件和软件的限制**。硬件的限制因素有 CPU 位宽、主板设计(内存插槽数、地址线数、芯片组),假设主板有 4 个内存插槽,每个内存条容量为 16GB,则主板支持的最大内存为 4×16GB=64GB。软件的限制因素在于操作系统,例如,64 位 Windows 10 企业版最大支持 6TB 内存;32 位 Windows 10 最大支持 4GB 内存;Linux Kernel 4.14 以上的 64 位版本,系统内核最大支持 4PB 物理内存和 128PB 虚拟内存。

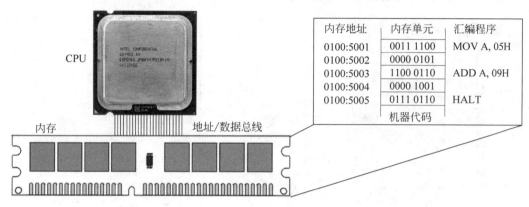

图 6-43　内存数据寻址

3. 闪存(flash memory)

闪存具备 DRAM 快速存储的优点,也具备硬盘永久存储的特性。闪存利用现有半导体工艺生产,因此价格便宜。它的缺点是读写速度较 DRAM 慢,而且擦写次数也有限。闪存数据的写入以区块为单位,区块大小为 8~512KB。**由于闪存不能以字节为单位进行数据随机写入,因此闪存目前还不能作为内存使用。**

(1) U 盘。U 盘是利用闪存芯片、控制芯片和 USB 接口技术的一种小型半导体移动固态盘。U 盘容量一般在 16GB~2TB;数据传输速度可达到 150MB/s 左右(USB3.1 接口)。U 盘具有即插即用的功能,用户只需将它插入 USB 接口,计算机就可以自动检测到 U 盘设备。U 盘在读写、复制及删除数据等操作上非常方便,而且 U 盘具有外观小巧、携带方便、抗震、容量大等优点,受到用户的普遍欢迎。

(2) 存储卡。闪存卡是在闪存芯片中加入专用接口电路的一种单片型移动固态盘。闪存卡一般应用在智能手机、数码相机、GPS 导航系统、MP3 播放器等数码产品中。如图 6-43 所示,常见闪存卡有安全数码(secure digital,SD)卡、TF 卡等,这些闪存卡虽然外观和标准不同,但技术原理都相同。SD 卡是目前速度最快,应用最广泛的存储卡。SD 卡采用 NAND 闪存芯片作为存储单元,使用寿命在 10 年左右。SD 卡易于制造,成本上有很大优势。随着技术发展,SD 卡逐步形成了 SDXC、SDHC、mini-SD、micro SDHC(TF 卡)等技术规格。

(3) 固态盘。固态盘(solid state disk,SSD)在接口标准、功能及使用方法上,与机械硬盘完全相同。SSD 由闪存芯片、控制芯片、缓存和接口组成(见图 6-44)。SSD 大多采用 SATA、M.2、USB 等接口,SSD 主控芯片类似于 CPU,它控制 SSD 的读写,管理 NAND 闪存,实现数据的存储(见图 6-45)。SSD 没有机械部件,因而抗震性能极佳,同时工作温度非

计算机系统工作原理

常低。SSD 的尺寸和标准的 2.5 英寸硬盘基本相同,但厚度仅为 7mm,低于工业标准的
9.5mm。3.5 英寸机械硬盘平均读写速度在 50～100MB/s;SSD 平均读写速度在 550MB/s 以
上,采用 SATA3 接口时传输速度为 6Gb/s。根据测试,容量 1TB 的 SSD 平均功耗为
2.2W,最大功耗为 3.5W,平均空闲功耗为 0.2W,可抗 1500G(伽利略单位)冲击。SSD 的
特点是读写性能不平衡,数据读的速度很快、数据写入速度略慢、数据擦除速度最慢。SSD
的缺点首先是闪存芯片的擦除次数有限,为 1000～100 000 次;其次是工作温度较高。**SSD
产品的擦除次数、工作温度是非常重要的技术指标。**

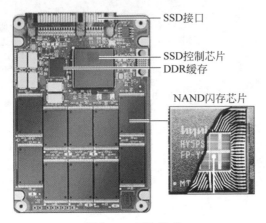

图 6-44　SSD 组成

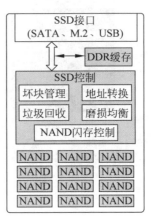

图 6-45　SSD 内部结构

4. 硬盘

如图 6-46 所示,硬盘是利用磁介质存储数据的机电式产品。硬盘中盘片由铝质合金和
磁性材料组成。盘片中磁性材料没有磁化时,内部磁粒子方向是杂乱的,对外不显示磁性。
当外部磁场作用于它们时,内部磁粒子方向会逐渐趋于统一,对外显示磁性。当外部磁场消
失后,由于磁性材料的剩磁特性,磁粒子方向不会回到从前状态,因而具有存储数据的功能。
每个磁粒子有南北(S/N)两极,可以利用磁记录位的极性来记录二进制数据位。我们可以
人为设定磁记录位的极性与二进制数据的对应关系,例如,将磁记录位南极表示为 0,北极
则表示为 1,这就是磁记录基本原理。

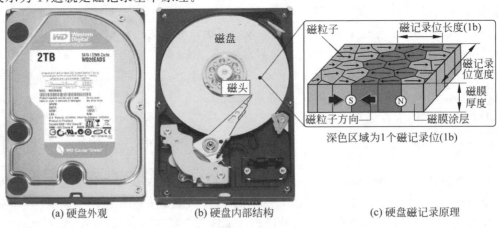

(a) 硬盘外观　　　　　　(b) 硬盘内部结构　　　　　　(c) 硬盘磁记录原理

图 6-46　硬盘外观和内部结构

硬盘存储容量为 1TB、5TB、10TB 或更高。硬盘接口有 SATA、USB 接口等。SATA 接口主要用于台式计算机,USB 接口主要用于移动存储设备。

5. 外存数据查找

程序和数据没有运行时,存放在外存设备中,如硬盘、U 盘、光盘等。程序运行时,CPU 不直接对外存的程序和数据进行寻址,而是在操作系统控制下,将程序和数据复制到内存,CPU 在内存中读取程序和数据。操作系统怎样寻找外存中的程序和数据呢?外存数据查找方法与内存有很大区别,**外存以块为单位进行数据存储和传输**。如图 6-47 所示,硬盘中的数据块称为扇区,存储和查找以扇区为单位;U 盘数据按块进行查找;网络数据在接收缓冲区查找。外存数据的地址编码方式与内存不同,例如,Windows 按页号(1 页＝1 簇＝8 扇区＝4KB)进行硬盘数据寻址,寻址时不需要单独的地址线,而是将地址信息放在数据帧中,利用线路(传输介质)进行串行传输。

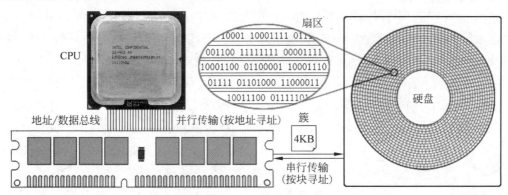

图 6-47　硬盘数据的块寻址

6.5.7　传输部件:并行与串行

数据传输包括:计算机内部数据传输,例如,CPU 与内存之间的数据传输;计算机与外部设备之间的数据传输,例如,计算机与显示器的数据传输;计算机与计算机之间的数据传输,例如,两台计算机之间的数据传输等。

1. 电信号的传输速度

电信号在真空中的传输速度大约为 3×10^8 m/s(理论光速),信号在导线中的传播速度有多快?这个问题在低频电路(100MHz 以下)中基本无须考虑,而目前 CPU、内存、总线等部件,工作频率或传输速率经常达到 1GHz 以上,这就造成了信号在传输过程中的时延、信号时间太短、传输导线长度不一等问题。

什么决定电信号的传播速度呢?埃里克·伯格丁(Eric Bogatin)博士在《信号完整性分析》一书中指出,一是导线周围的材料(电路板、塑料包皮等);二是信号在导线周围空间(不是导线内部)形成的交变电磁场;三是电磁场的建立速度和传播速度,这三者共同决定了电信号的传播速度。根据伯格丁博士的分析和计算,在绝大多数印制电路板(PCB)线路中,**电信号在电路板中的传输速度为 15cm/ns**(约为理论光速的一半)**左右**,这是一个非常重要的经验参数。

【**例 6-10**】　当电信号在 FR4(计算机主板材料)电路板上,长度为 15cm 的互连导线中传输时,时延约为 1ns。这个时间看似很快,但是在 5GHz(如 PCI-E 总线、USB 3.0 总线等)的信号传输中,一个脉冲信号的时钟周期仅为 0.2ns,而信号的辨别时间(信号上升沿)更短暂,只有 0.02ns,可见信号时延对计算机性能影响非常大。

2. 数据并行传输

如图 6-48 所示,并行传输是数据以成组方式(1 至多个字节)在线路上同时传输。

并行传输中,每个数据位占用一条线路,如 32 位传输就需要 32 条线路(半双工),这些线路通常制造在电路板中(如主板的总线),或在一条多芯电缆里(如显示器与主机连接电缆)。并行传输适用于两个短距离(2m 以下)设备之间的数据传输。在计算机内部,早期部件之间的通信往往采用并行传输,例如,CPU 与内存之间的数据传输,PCI 总线设备与主板芯片组之间的数据传输。并行传输不适用于长距离传输(2m 以上)。

3. 数据串行传输

如图 6-49 所示,串行传输是数据在一条传输线路(信道)上一位一位按顺序传送的通信方式。串行传输时,所有数据、状态、控制信息都在一条线路上传送。这样,通信时所连接的物理线路最少,也最经济,适合信号近距离和远距离传输(一米至数十千米)。

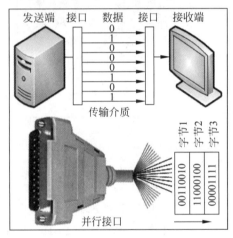

图 6-48　数据并行传输

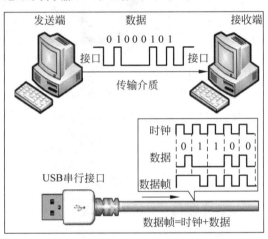

图 6-49　数据串行传输

4. 并行传输与串行传输的比较

并行传输在一个时钟周期里可以传输多位(如 64 位)数据,而串行传输在一个时钟周期里只能传输一位数据,直观上看,并行传输的数据传输速率远高于串行传输。

在工程实践中,并行传输比串行传输慢 3 个数量级。其中原因一是并行传输的时钟频率在 400MHz 以下,时钟频率过高会引起多条导线之间传输信号的相互干扰(高频电信号的趋肤效应);二是高频(100MHz 以上)信号并行传输时,各信号之间同步控制很困难;三是并行传输距离很短(2m 以下);四是并行传输为减少布线数量,往往采用地址线和数据线时分复用,这降低了并行传输速度;五是为了减少并行传输的同频干扰,往往一根数据线就需要配置一根地线进行干扰隔离,这大幅增加了布线数量。

串行传输时钟频率目前在 1GHz 以上,例如,USB 3.0 传输时钟频率为 5.0GHz;商业化的单根光纤串行传输时钟频率达到了 6.4THz 以上,如果以字节计算,大致为 640GB/s,可见串行传输带宽远高于并行传输带宽。串行传输信号同步简单,线路成本低,传输距离远。铜缆传输距离可达 100m,光纤传输距离可达 10km 以上。

计算机数据传输越来越多地采用多通道串行传输技术,它与并行传输的最大区别在于通道之间不需要同步控制机制。目前计算机广泛采用的设计原则是:**在集成电路芯片内部采用并行传输,在芯片外部采用串行传输**。如显卡数据传输采用 PCI-E 串行总线,硬盘采用 SATA 串行接口,外部设备数据采用 USB 串行总线等。**唯一的例外是 CPU 与内存之间还在采用并行传输,原因是为了保持 DDR 内存的兼容性。**

6.5.8 传输部件:总线和接口

1. 总线

总线是计算机中各种部件之间共享的一组公共数据传输线路。

(1)并行总线。并行总线由多条信号线组成,每条信号线可以传输 0-1 信号。如 32 位 PCI 总线需要 32 条线路,可以同时传输 32 位 0-1 信号。并行总线分为 5 个功能组:数据线、地址线、控制线、电源线和地线。数据总线用来在各个部件之间传输数据和指令,它们为单工双向传输;地址总线用于指定数据总线上数据的来源与去向,它们单向传输;控制总线用来控制对数据总线和地址总线的使用;为了减少数据并行传输的信号干扰,必须一根信号线配置一根地线。**计算机外部并行总线目前基本处于淘汰状态。**

(2)并行总线性能。并行总线性能指标有总线位宽、总线频率和总线带宽。总线位宽为一次并行传输二进制位数。如 32 位总线一次能传送 32 位数据。总线频率用来描述总线数据传输的频率,常见总线频率有 33MHz、66MHz、100MHz、200MHz 等。

并行总线带宽=总线位宽×总线频率÷8。

【例 6-11】 PCI 总线带宽为 32b×33MHz÷8≈126MB/s(1000 进位时为 132MB/s)。

(3)串行总线性能。流行的串行总线有 PCI-E、USB 等。串行总线性能用带宽来衡量,串行总线带宽计算较为复杂,它取决于总线信号传输频率和通道数。通道类似于并行总线的位宽,不同之处在于每个通道都是独立的,通道之间不需要同步。例如,PCI-E ×1 表示只有 1 个通道;PCI-E×16 表示有 16 个通道。串行总线性能与通信协议、传输模式、编码效率等因素有关,净负载率不易估算。

(4)PCI-E 串行总线。PCI-E 1.0 标准下,基本的 PCI-E ×1 总线有 4 条线路(1 个通道),2 条用于输入,2 条用于输出,总线传输频率为 2.5GHz,总线带宽为 2.5Gb/s。在 PCI-E 5.0 标准下,PCI-E ×1 总线传输频率为 40GHz,总线带宽为 40Gb/s。

【例 6-12】 PCI-E x16 在 5.0 标准下的总线带宽为 40Gb/s×16 通道=640Gb/s。

(5)USB 串行总线。USB 是一种应用广泛的串行总线,USB 2.0 总线带宽为 480Mb/s;USB 3.2 总线带宽为 20Gb/s。USB 总线的接口形式有 USB-A、USB-B、USB Type-C、直连通信(on-the-go,OTG)等形式。

2. I/O 接口

主机与外部设备之间的接口称为输入输出接口,简称 I/O 接口。如图 6-50 所示,计算机 I/O 接口有键盘或鼠标接口 USB、高清数字电视接口 HDMI、数字音频接口 SPDIF(上为 Toslink 接口,下为 RCA 接口)、数字显示器接口 DVI、模拟显示器接口 VGA、通用串行接口 USB、网络接口 RJ-45、模拟音频接口等。接口是两个硬件设备之间起连接作用的电路和机械部件。接口的功能是在各个硬件设备之间进行数据交换。

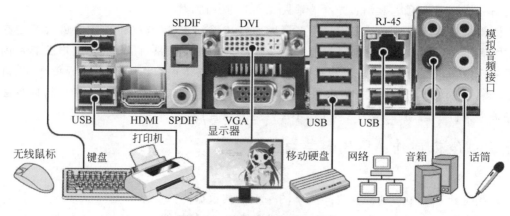

图 6-50　计算机常用接口类型

6.6　逻辑电路层

实现逻辑运算功能的电路称为逻辑门电路(以下简称门电路)。门电路工作原理类似于开关(off＝0,on＝1)。计算机的基本操作为存储、传送、计算、控制等,这些功能都可以用门电路实现。最基本的门电路有与门、或门、非门、异或门等。利用基本门电路可以组合成功能复杂的部件,如寄存器、加法器、选择器、比较器、计数器等。

6.6.1　集成电路：MOS 晶体管

1. 集成电路芯片与摩尔定律

集成电路芯片(integrated circuit,IC)的基本器件包括金属—氧化物—半导体(metal oxide semiconductor,MOS)晶体管、电容、电阻、连接导线、封装材料等(见图 6-51)。晶体管用于放大电流和开关电流,电容用于储存电荷,电阻用于限制电流,导线用于连接芯片中器件,它们集成制作在一块硅晶片(内核)中,外层用工程塑料封装。

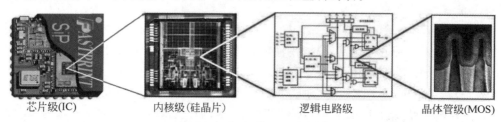

芯片级(IC)　　　　内核级(硅晶片)　　　　逻辑电路级　　　　晶体管级(MOS)

图 6-51　集成电路芯片结构

集成电路中,硅晶片的厚度为 0.1～1mm。硅晶片由多层电路构成,硅晶片的层数决定了 IC 的性能和功能,以及芯片面积的大小。不同类型的硅晶片有不同的大小和电路层数,如 CPU 的硅晶片为 10～20 层;内存和闪存的硅晶片层数较多,一般在数十层到数百层以上。硅晶片层数越多,集成的晶体管数量越多,IC 的性能也越强。但是芯片的大小、功耗和发热也会随层数的增加而急剧扩大,而且制造难度和制造成本也会增加。

1965 年,戈登·摩尔(Gordon Moore)指出:**集成电路中晶体管的数量将在 18 个月内增加一倍,这个规律被称为摩尔定律**。2013 年,Intel 公司 22nm 工艺制造的 Core i7 CPU

晶体管密度达到了 $9MTr/mm^2$（百万个晶体管/平方毫米）。2021 年，台积电公司 5nm 工艺芯片的晶体管密度达到了 $171.3MTr/mm^2$。8 年时间，晶体管密度提高了 18 倍。摩尔定律成功地预测了 IT 产业的高速发展。集成电路芯片晶体管如表 6-10 所示。

表 6-10　裸芯片面积 $80mm^2$ 可容纳的晶体管数量

芯片制程工艺（nm）	16	12	10	7	5	3
晶体管数（亿）	21.12	25.36	39.20	69.68	125.44	156.80

2. MOS 晶体管工作原理

（1）MOS 晶体管结构。集成电路的基本元件是 MOS 晶体管。如图 6-52 所示，每个 MOS 管有三个接口端——栅极 G、源极 S、漏极 D，由栅极控制漏极与源极之间的电流流动。如图 6-53 所示，MOS 管隔离层采用二氧化硅（SiO_2）作为绝缘体材料，它的作用是保证栅极与 P 型硅衬底之间的绝缘，阻止栅极电流的产生。栅极往往采用多晶硅材料，它起着控制开关的作用，使 MOS 晶

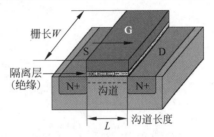

图 6-52　传统 MOS 管模型

体管在开和关两种状态中进行切换。源极 S 和漏极 D 往往采用 N 型高浓度掺杂半导体材料。CPU 中的 MOS 管采用 P 型硅作衬底材料。

（2）MOS 管导通状态。MOS 管工作原理如图 6-54 所示，在栅极 G 施加相对于源极 S 的正电压 V_{GS} 时，栅极会感应出负电荷。当电子积累到一定程度时，源极 S 的电子就会经过沟道区到达漏极 D 区域，形成由源极流向漏极的电流。这时 MOS 管处于导通状态（相当于电子开关 on 状态），这种状态定义为逻辑 1。

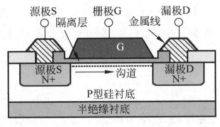

图 6-53　MOS 管结构

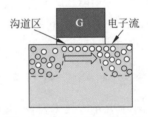

图 6-54　MOS 管导通状态

（3）MOS 截止状态。如果改变漏极 D 与源极 S 之间的电压，当 $V_{DS}=V_{GS}$ 时，MOS 晶体管处于饱和状态，电流无法从源极 S 流向漏极 D，MOS 晶体管处于截止状态（相当于电子开关 off 状态），这种状态定义为逻辑 0。

（4）沟道长度。沟道长度是源极 S 与漏极 D 之间的距离 L（见图 6-52）。MOS 管的沟道长度越小工作频率越高。改变栅极隔离层材料（如采用高 k 值氧化物）和提高沟道电荷迁移率（如采用低 k 值衬底材料），都可以提高 MOS 管工作频率。提高 MOS 管栅—源电压也可以提高工作频率，这是 CPU 超频爱好者经常采用的方法。

6.6.2　集成电路：CMOS 电路

互补型金属氧化物半导体（complementary MOS，CMOS）电路由一个 N 沟道 MOS 管和一个 P 沟道 MOS 管互补连接组成，基本结构如图 6-55 所示。

从开关角度来看,PMOS 管(见图 6-55(b)中有小圆圈的晶体管)相当于 PNP 三极管,当输入为 1 时截止,输入为 0 时导通;而 NMOS 管相当于 NPN 三极管,输入为 1 时导通,输入为 0 时截止。当输入为 0 时,下面的 NMOS 管截止,而上面的 PMOS 管导通,将输出拉为高电平,即输出 1。当输入为 1 时,上面的 PMOS 管截止,而下面的 NMOS 管导通,将输出拉为低电平,即输出 0。显然,这就是一个反相器(逻辑非)。

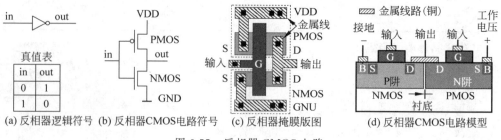

(a) 反相器逻辑符号　(b) 反相器CMOS电路符号　(c) 反相器掩膜版图　(d) 反相器CMOS电路模型

图 6-55　反相器 CMOS 电路

CMOS 电路中,PMOS 管可以高效地传输高电平,而 NMOS 管可以高效地传输低电平(相反会有损耗)。**CMOS 电路中,两个 MOS 管交替工作,一个管导通时,另一个管处于截止状态,因此 CMOS 电路的静态功耗理论上为 0**。实际上,由于存在漏电流,CMOS 电路有微量静态功耗。单个 MOS 管的静态功耗为二十毫瓦,动态功耗仅为几个毫瓦(工作频率为 1MHz 时)。这个功耗非常小,但是有十多亿个 MOS 管的 CPU 中,累积功耗不容小视。例如,Intel Core i9-13900K(8 核)CPU,基础功耗为 125W,最高功耗达到了 420W。

注:$P = a \times C \times V^2 \times f$($P$ 为 MOS 管功率损耗,a 常数,V 工作电压,f 工作频率)。

在复杂的集成电路设计中,大部分由与非门、或非门、非门等基本逻辑门组成。由于数字逻辑函数很容易用 CMOS 电路实现;而且 CMOS 电路可以制造在极小的硅芯片上,例如,苹果 A13 芯片采用 7nm 制程工艺,晶体管数量达到了 85 亿个,因此集成电路芯片基本都采用 CMOS 电路设计。

6.6.3　集成电路:制程工艺参数

ITRS(国际半导体技术蓝图)规定,线宽是描述半导体制程工艺产品分代的技术节点。针对不同对象,这个参数表示的含义不同。在 DRAM 中,线宽是指 DRAM 存储单元中两条金属线之间间距(pitch)值的一半(半间距);而在 CPU 中,线宽早期是指 CPU 晶体管的栅长(栅极宽度),栅长越小工作电压越低,CPU 功耗也会随之降低。

集成电路中晶体管栅长小于 14nm 时,晶体管的沟道长度也会变得非常狭窄,电子会自动从源极 S 跳跃到漏极 D(量子跃迁现象),这时晶体管的开关功能将会失效。为了解决这个问题,Intel 引入了 3D 晶体管技术(见图 6-56),后来三星、台积电也大范围采用了 3D 晶体管技术。Intel 提出以晶体管密度来衡量半导体工艺水平,以台积电 5nm 芯片工艺为例(见图 6-57),晶体管鳍片间距为 26nm,栅极间距为 48nm(见图 6-58),最小金属线间距为 40nm,栅极高度为 180nm 时,晶体管密度为 171.3MTr/mm^2。

内存和 CPU 采用相同的半导体制程工艺,当芯片可以集成更多的晶体管时,CPU 设计师总是利用它们来提高流水线的计算速度和设计更多的 CPU 内核。而内存设计师则利用这些晶体管来提高芯片的存储容量。**内存工程师完全可以设计出与 CPU 一样快的内存**,之所以没有这样做，主要是出于成本上的考虑。

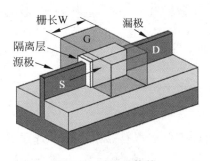
图 6-56　3D 晶体管

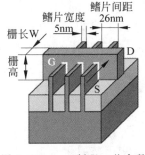
图 6-57　5nm 制程工艺参数

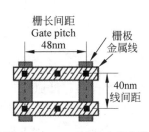
图 6-58　5nm 制程工艺参数

6.6.4　数据存储：DRAM 存储原理

1. DRAM 存储原理

内存由 DRAM 芯片组成，DRAM 内部结构由许多重复的存储单元(Cell)组成。如图 6-59 所示，**每一个存储单元由一个电容和一个晶体管构成**(一般是 N 沟道 MOS 管)。电容可储存 1 位数据，电容充电后对应二进制数据 1(高电平)；电容放电后对应二进制数据 0(低电平)。

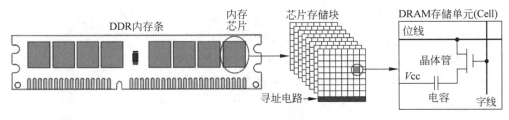
图 6-59　DRAM 存储原理

(1) 电容。它通过存储在其中电荷的多少，或者说电容两端电压差(电平)的高和低来表示逻辑 1(充电状态)和逻辑 0(放电状态)。

(2) 晶体管。它的导通和截止，决定允许或禁止对电容中信息的读和写。

(3) 字线。它决定晶体管的导通或者截止。

(4) 位线。它是外界访问电容的唯一通道，当晶体管导通后，外界可以通过位线对电容进行读取或写入操作。

(5) 输出电压。电容中信息为 1 时，输出电压为 V_{cc} = 工作电压(DDR5 内存为 1.1V 左右)；电容中信息为 0 时，输出电压为 V_{cc} = 0。

(6) 数据读写。读数据时，位线设为高电平，打开晶体管，然后读取字线上的状态；写数据时，在字线上设定写入电平，打开晶体管，通过字线改变电容内部的状态。

2. DRAM 动态刷新

DRAM 优点是结构简单，制造成本低；缺点是电容有漏电现象，电荷会随时间而丢失，导致电容的电平不足而丢失数据。因此 DRAM 必须经常对电容进行充电，系统硬件自动控制进行的充电操作称为内存动态刷新。

DRAM 刷新间隔的时间(刷新周期)不能太长，时间太长会导致刷新时数据电平已经无

计算机系统工作原理

法辨认。但是刷新间隔的时间也不能太短,因为电容充电期间不能读写数据,过于频繁的刷新会导致 DRAM 性能下降。DRAM 刷新周期与 DRAM 的容量、工作电压、运行频率、数据带宽等有关。DRAM 刷新周期等技术参数,由内存条中的 SPD 芯片给出。早期 DDR2 内存芯片的刷新周期为 64ms,DDR4 内存芯片的刷新周期大约为 2ms。

6.6.5 数据存储:寄存器结构

1. 寄存器存储原理

CPU 中的寄存器非常重要,因为汇编程序生成的机器码需要在寄存器中执行。寄存器

图 6-60 RS 锁存器

用于在运算过程中暂时寄存需要处理的指令、数据、标志等,以便在需要的时候随时取用。寄存器是一种最基本的时序逻辑电路,寄存器由 D 锁存器组成,而 D 锁存器由 RS 锁存器(见图 6-60)和其他逻辑门组成。寄存器中的锁存器只要求具有置 1、清 0 的功能。因此,往往采用多个 D 锁存器组成寄存器电路。

D 锁存器结构如图 6-61 所示,它由前级电路(两个与门和一个非门)和后级 RS 锁存器组成,D 为数据输入端,Clock 为时钟端(读写控制),Q 和 $\overline{Q}$ 为一对相反的输出。一个一位 D 锁存器大约需要 22 个晶体管。D 锁存器工作原理如下。

(1) Clock=1 时,允许读写(开门),D 端有数据输入时,会改变数据内容。

(2) Clock=0 时,不可读写(锁门),无论输入数据如何,数据都不会改变。

简单地说,D 锁存器在 Clock=1 时,数据通过 D 锁存器流到了 Q;在 Clock=0 时,Q 保持原来的值不变。一个 D 锁存器只能保存一位二进制数据,如果设计一个 4 位寄存器,就需要 4 个 D 锁存器连接起来,组成一个 4 位寄存器逻辑电路(见图 6-62)。

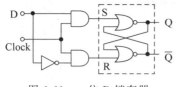

图 6-61 一位 D 锁存器

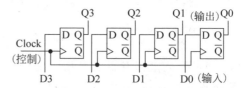

图 6-62 4 个 D 锁存器组成的 4 位寄存器

2. 寄存器与 SRAM 的区别

寄存器由 D 锁存器组成,它依靠时钟控制数据的读取和写入;SRAM 由 RS 锁存器组成(1 个 RS 锁存器需要 6 个晶体管),它由位线和字线控制数据的读取和写入,SRAM 电路结构比寄存器简单。寄存器与 ALU 往往做在一起,ALU 可以直接访问寄存器,速度最快;SRAM 往往用作高速缓存,ALU 需要通过 CPU 内部总线访问 SRAM。

6.6.6 数据存储:闪存读写原理

1. 闪存基本结构

闪存采用 MOS 管作为基本存储单元,每个闪存芯片中有海量的 MOS 管(cell,闪存单元)。如图 6-63 所示,闪存单元由控制栅极层、浮空栅极层、隧道氧化层、绝缘层(二氧化硅)、衬底等组成。闪存是一种电压控制型器件,它左侧为源级 S,右侧为漏级 D,中间为栅极 G。栅极 G 是控制极,读取操作时,在栅极—源极低电压控制下,电子从源级 S 向漏级 D

单向传导。写入操作时,在栅极—地高电压控制下,电子穿过隧道氧化层流向浮空栅极层。源极与漏极对称分布,因此源极和漏极可以互换。

如图 6-64 所示,闪存单元有 SLC、MLC、TLC、QLC 等存储方式。SLC 技术的每个闪存单元能存储 1 比特数据(1b/cell,2 种状态);MLC 技术的每个闪存单元可以存储 2 比特数据(2b/cell,4 种状态);TLC 技术的每个闪存单元可以存储 3 比特数据(3b/cell,8 种状态);QLC 技术的每个闪存单元可以存储 4 比特数据(4b/cell,16 种状态)。一个存储单元保存多个数据提高了闪存的利用率,大幅降低了产品成本。但是,在一个存储单元中存储多位数据时,加剧了浮空栅极和隧穿层的擦除频率,这对材料的电介质损耗很大,付出的代价是大幅降低了存储单元的编程/擦写(program/erase,PE)次数。闪存芯片在工艺上采用多层堆叠结构(如 232 层,见图 6-65),因此芯片的集成度非常高。

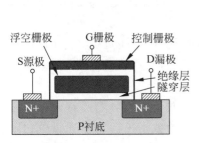

图 6-63　闪存单元(cell)

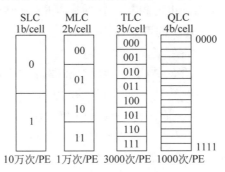

图 6-64　闪存单元多位存储

图 6-65　多层结构

2. 闪存数据存储原理

闪存单元记录数据的关键在于浮空栅极层,当浮空栅极中充满电子时表示二进制数据 0;当浮空栅极中没有电子时表示二进制数据 1。由于隧道氧化层和电介质层具有绝缘功能,进入到浮空栅极层的电子不容易流失掉,所以闪存可以在断电后继续保存数据。**闪存单元中,没有外部电流改变浮空栅极中的电子状态时,浮空栅极就会一直保持原来的状态,这保证了数据不会因为断电而丢失。**由于浮空栅极被绝缘的二氧化硅包裹着,如果有电子跑进了浮空栅极中,在不施加高电压的情况下,由于周围都是绝缘材料,里面的电子跑不出来。所以闪存在断电的情况下,数据也能保存十年以上。

3. 闪存数据读写原理

(1) 闪存数据读取。向闪存单元的栅极—源极之间施加一个读取电压时(如 6V),如果源级 S 到漏级 D 之间有电流(说明浮空栅极里没有电子时),为数据 1(见图 6-66);当源级 S 到漏级 D 之间没有电流(说明浮空栅极中有电子时),为数据 0。

(2) 闪存编程。闪存单元不能像磁记录那样直接覆盖写入,闪存单元在写入数据之前必须对存储单元进行擦除操作,可以用一个反向高电压(如 −12V)将浮空栅极中的电子清空(对浮空栅极进行放电),这个操作称为闪存编程(见图 6-67)。向浮空栅极写入数据 1 时,工作过程与编程相同。

(3) 闪存数据写入。如图 6-68 所示,在浮空栅极中写入数据 0 时,在栅极—地之间施加一个高电压(如 12V),这就会引发量子隧道效应,使电子穿过隧穿层,进入浮空栅极(对浮空栅极进行充电)。如果在栅极—地之间施加不同的高电压(如 8~12V),浮空栅极中电子数量就会不同。

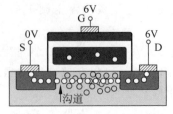
图 6-66 闪存单元数据读取

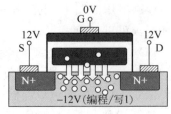
图 6-67 闪存单元编程和写 1

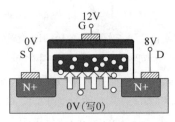
图 6-68 闪存单元写 0

4. 闪存电路结构

按闪存中存储单元的电路连接方式,闪存分为 NAND 和 NOR 两个类型。NAND 闪存单元体积比较小,存储密度高,同样的成本下可以做到更大容量。同时按块方式让擦写和读取速度都很快,闪存擦写寿命也比较长。它的缺点是存储数据必须按块擦写,不能实现数据的随机访问,而且,NAND 电路的可靠性相对较低。NAND 闪存适合做大容量储存,固态盘基本都是采用 3D NAND 闪存。

如图 6-69 所示,NAND 存储结构中,地址线和数据总线是共用的(字线),一次将 10 000～30 000 个晶体管串联在一起(称为一个页面),所以 NAND 读写数据以页为单位,存储单元通过字线一次选择一个页面。固态盘一般采用 NAND 结构。

如图 6-70 所示,NOR 闪存中每个晶体管都有单独的位线(位选择线),每个存储单元之间并联连接。这增加了储存单元的面积,但是每一个晶体管中的数据(位)可以通过位线随机访问,而且读取速度非常快。主板上的 BIOS 通常采用 NOR 闪存。

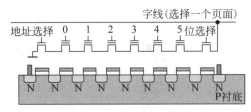
图 6-69 闪存 NAND 结构

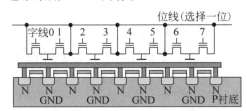
图 6-70 闪存 NOR 结构

习 题 6

6-1 为什么说存储程序的思想在计算工程领域具有重要意义?

6-2 简要说明什么是计算机集群系统。

6-3 简单说明计算机指令执行过程

6-4 简要说明操作系统的特点。

6-5 简要说明计算机的引导过程,并举例说明计算机故障判断方法。

6-6 简要说明 CPU 怎样实现传输指令 mov、条件判断指令 if、循环指令 for。

6-7 开放题:能不能设计一台不死机的计算机?

6-8 开放题:CPU 中,哪条汇编指令运行最多?用什么算法改进这种状态?

6-9 开放题:为什么 MPP 大规模并行系统计算机会被计算机集群系统淘汰?

6-10 实验题:对台式计算机进行拆卸和安装实验。

第7章　网络通信和信息安全

机器之间的通信是一个复杂的过程,它体现了大问题的复杂性。解决复杂性的简单方法是对系统进行分层处理,这是网络通信协议层次模型的基础。信息安全比网络通信更加麻烦,它形式上表现为机器之间的攻防,本质上是人与人之间的动态对抗过程。

7.1　网络原理

7.1.1　网络基本类型

1. 互联网的发展

1960 年,约瑟夫·利克莱德(J. C. R. Licklider)在论文《人机共生》(*Man-Computer Symbiosis*)中,首先提出了建立地理上分布的计算机网络的设想。他写道,"这种设想很容易放大成这样的中心网络,通过宽带通信线路相互连接,并通过租用线路服务连接到各个用户"。

1963 年,美国国防部高级研究计划局启动了阿帕网(ARPANET)研究计划。1969 年,加利福尼亚大学洛杉矶分校、加利福尼亚大学、斯坦福大学研究学院和犹他州大学的 4 台计算机进行了联网通信。1969 年,因特网工程任务组(IETF)制定了最早的因特网的技术标准请求评议(request for comments,RFC)1。目前的 RFC 标准文档达到了 9000 多个(https://www.ietf.org/rfc/)。其中最著名的有 RFC 791(IP 协议)、RFC 793(TCP 协议)、RFC 768(UDP 协议)等。

据 IDG 公司调查统计,2023 年全球联网设备达到了 489 亿台,网络中每台个人计算机月平均数据流量接近 60GB。

2. 网络的定义

计算机网络是利用通信设备和传输介质,将分布在不同地理位置上具有独立功能的计算机相互连接,在网络协议控制下进行信息交流,实现资源共享和协同工作。

3. 网络主要类型

计算机网络的分类方法有很多种,最常用的分类方法是 IEEE 根据计算机网络地理范围的大小,将网络分为局域网、城域网和广域网。

(1)局域网。局域网(local area network,LAN)通常在一幢建筑物内或相邻几幢建筑物之间(见图 7-1)。**局域网是结构复杂度最低的计算机网络,也是应用最广泛的网络**。尽管局域网是结构最简单的网络,但并不一定就是小型网络。由于光纤通信技术的发展,局域网覆盖范围越来越大,往往将直径达数千米的园区网(如大学校园网、智能小区网)也归纳到局域网范围。

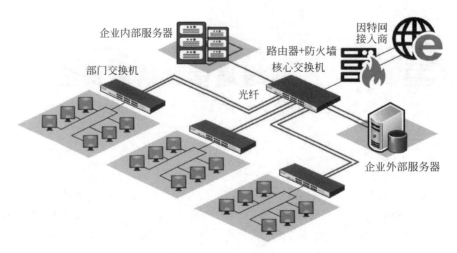

图 7-1　企业局域网应用案例

（2）城域网。城域网（MAN）的覆盖区域一般为数百平方千米，城域网由许多大型局域网组成。如图 7-2 所示，**城域网主要为个人用户、企业局域网用户提供网络接入服务，并将用户信号转发到因特网中**。城域网信号传输距离比局域网长，信号更加容易受到环境的干扰。因此网络结构较为复杂，往往采用点对点、环形、树状等混合结构。由于数据、语音、视频等信号，可能都采用同一城域网络传输，因此城域网组网成本较高。

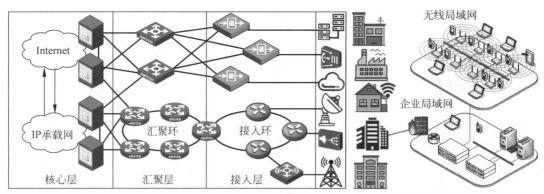

图 7-2　城域网结构示意图

（3）广域网。广域网（WAN）覆盖范围通常在数千平方千米以上，一般为多个城域网的互连（如 ChinaNet，中国公用计算机网），甚至是全球各个国家之间网络的互连。因此**广域网能实现大范围的资源共享**。广域网一般采用光纤进行信号传输，网络主干线路数据传输速率非常高（如 FITI 网络主干线路传输带宽达到了 1.2Tb/s），网络结构较为复杂，往往是一种网状网或其他拓扑结构的混合模式。如图 7-3 所示，广域网需要跨越不同城市、地区、国家，因此网络工程最为复杂。

7.1.2　网络通信协议

1. 通信过程中的计算思维方法

【例 7-1】人类通信是一个充满了智能化的过程。如图 7-4 所示，以一个企业技术讨论会为例，来说明通信的计算思维方法。首先，参加会议的人员必须知道在哪里开会（目的地

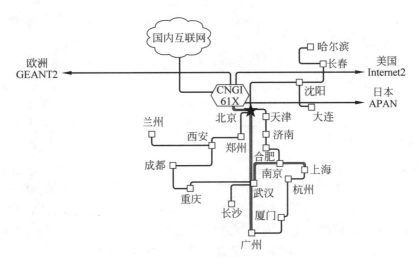

图 7-3 CERNET2 中国教育科研主干网结构

址);如何走到会议室(路由);会议什么时候开始(通信确认);会议主讲者通过声音(传输介质为声波)和视频(传输介质为光波)表达自己的意见(传送信息);主讲者必须关注与会人员的反应(监听),其他人员必须同时关注主讲者发言(同步);有时主讲者会受到会议室外的干扰(环境噪声),会议室内其他人员说话的干扰(信道干扰);如果与会者同时说话,就会造成谁也听不清对方在说什么(信号冲突);主讲人需要保持恒定语速讲话(通信速率)等。

如图 7-5 所示,计算机之间的数据传输是一个复杂的通信过程,需要解决的问题很多。例如,本机与哪台计算机通信(本机地址与目的地址);通过哪条路径将信息传送到对方(路由);对方开机了吗(通信确认);信号传输采用什么介质(光纤或微波);通信双方如何在时序上保持一致(同步);信号接收端怎样判断和消除信号传输过程中的错误(检错与纠错);通信双方发生信号冲突时如何处理(通信协议);如何提高数据传输效率(包交换);如何降低通信成本(复用)等。网络通信虽然有以上许多工作要做,但是网络设备处理速度以毫秒计,这些工作计算机瞬间就可以完成。

图 7-4 人们会议讨论

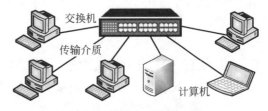

图 7-5 计算机之间的通信

人类通信与计算机通信的共同点在于都需要遵循通信规则。不同点在于人类通信时,可以随时灵活地改变通信规则,并且能够智能地对通信方式和内容进行判断;而计算机在通信时不能随意改变通信规则。计算机以高速处理与高速传输来弥补机器智能的不足。

2. 网络协议的三要素

计算机网络中,用于规定信息格式、发送和接收信息的一系列规则称为网络协议。通俗地说,协议是机器之间交谈的规则。**网络协议三个组成要素是语法、语义和时序。**

(1) 语法规定了进行网络通信时,数据传输方式和存储格式,以及通信中需要哪些控制信息。它解决"怎么讲"的问题。

(2) 语义规定了网络通信中控制信息的具体内容,以及发送主机或接收主机所要完成的工作。它主要解决"讲什么"的问题。

(3) 时序规定了网络操作的执行顺序,以及通信过程中的速度匹配,主要解决顺序和速度问题。

3. 通信中的三次握手

TCP 协议的通信过程为:建立连接→数据传输→关闭连接三个步骤。三次握手是指网络通信过程中信号的三次交换过程,这个过程发生在 TCP 协议的建立连接阶段,它与两军通信问题相似(参见 3.4.6 节两军通信:信号不可靠传输),三次握手的目的是希望在不可靠的信道中实现可靠信号传输。通信双方需要就某个问题达成一致时,三次握手是理论上的最小值。如图 7-6 所示,**三次握手过程是:请求→应答→确认**。

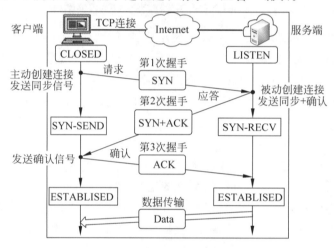

图 7-6 TCP 协议建立连接时的三次握手过程

第一次握手:请求连接。建立连接时,客户端发送 SYN(同步)请求数据包到服务器,然后客户端进入等待计时状态,等待服务器确认请求,这一过程称为会话。

第二次握手:授予连接。服务器收到 SYN 数据包并确认后,服务器发送 SYN＋ACK(同步＋确认)数据包作为应答,然后服务器进入计时等待状态(SYN_RECV)。

第三次握手:确认连接。客户端收到服务器的应答数据包后,向服务器发送 ACK(确认)数据包,此数据包发送完后,客户端和服务器进入连接状态,完成三次握手过程。这时客户端与服务器就可以开始传送数据了。

在以上过程中,服务器发送完 SYN＋ACK 数据包后,如果没有收到客户端的确认信号,服务器进行首次重传;等待一段时间仍未收到客户端确认信号,进行第二次重传;如果重传次数超过系统规定的最大重传次数,服务器将该连接信息从半连接队列中删除。

4. 通信协议的安全性

TCP 协议存在一些安全隐患。例如,在三次握手过程中,如果攻击者向服务器发送大量伪造地址的 TCP 数据包(SYN 包,第 1 次握手)→服务器收到 SYN 包后,将返回大量的 SYN＋ACK 包(第 2 次握手)→由于 SYN 包地址是伪造的,因此服务器无法收到客户端的

ACK 包(无法建立第 3 次握手)→这种情况下,服务器一般会重试发送 SYN＋ACK 包,并且等待一段时间后,再丢弃这些没有完成的半连接(大约 10s 到 1min)。如果是客户端死机或网络掉线,导致少量的无效链接,这对服务器没有太大的影响。如果攻击者发送巨量(数百 Gb/s 以上)伪造地址的数据包,服务器就需要维护一个非常巨大的半连接列表,而且服务器需要不断进行巨量的第 3 次握手重试。这将消耗服务器大量 CPU 和内存资源,服务器最终会因为资源耗尽而崩溃。

7.1.3 网络体系结构

1. 网络协议的计算思维特征

为了减少网络通信的复杂性,专家们将网络通信过程划分为许多小问题,然后为每个问题设计一个通信协议,如 RFC,使得每个协议的设计、编码和测试都比较容易。这样网络通信就需要许多协议,如 RFC 标准文件达到了九千多个。为了减少复杂性,专家们又将网络功能划分为多个不同的层次,每层都提供一定的服务,使整个网络协议形成层次结构模型。网络协议层次结构的计算思维,大幅简化了很多复杂问题的处理过程。

2. TCP/IP 网络体系结构

网络层次模型和通信协议的集合称为网络体系结构。常见的网络体系结构有开放式系统互连/国际标准化组织(OSI/ISO,见图 7-7)、传输控制协议/网间协议(TCP/IP)等。TCP/IP 是 IETF 定义的网络体系结构模型,它规范了主机之间通信的数据包格式、主机寻址方法和数据包传送方式。如图 7-8 所示,TCP/IP 模型可以分为 4 个层次:应用层、传输层、网络层和网络接口层。

图 7-7　OSI/ISO 模型

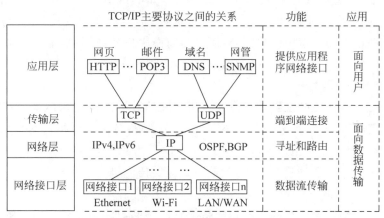

图 7-8　TCP/IP 网络体系结构

TCP/IP 网络体系结构很简单,但并不完美。例如,网络层没有流量控制、没有跨自治域的标识、没有准入控制机制、没有严格的源地址认证等缺陷。但正是容忍了这些不完美性,才获得了简单性;又因为简单性,带来了互联网的可扩展性和其他优点。

3. 应用层

应用层主要提供各种网络服务。这层的网络协议非常多,如 HTTP(hypertext transfer protocol,超文本传输协议)、HTML、电子邮件服务(简单邮件传送协议 SMTP、邮局协议 POP3)、文件传输服务(FTP)、域名服务(domain name system,DNS)、即时通信(如微信)服务等。

不同系统之间会存在大量的兼容性问题,例如,不同文件系统(如 NTFS 与 Ext2)有不同的文件格式;不同系统采用不同的字符编码标准(如 ANSI 与 UTF-8);不同系统之间传输文件的方式也各不相同等(如块传输与流传输)等。这些兼容性问题都由应用层协议处理,从而使 TCP/IP 协议应用在各种不同结构和不同系统的计算机中。

4. 传输层

传输层的功能是:报文分组、数据包传输、流量控制等。传输层主要由传输控制协议(TCP)和用户数据报协议(user datagram protocol,UDP)两个网络协议组成。

TCP 协议提供可靠传输服务,它采用了三次握手、发送接收确认、超时重传等技术。确认机制和超时重传的工作过程如下。发送端的 TCP 协议对每个发送的数据包分配一个序号,然后将数据包发送出去。接收端收到数据包后,TCP 协议将数据包排序,并对数据包进行错误检查,如果数据包已成功收到,则向对方发回确认信号(ACK);如果接收端发现数据包损坏,或在规定时间内没有收到数据包,则请求对方重传数据包;如果发送端在合理往返时间内没有收到接收端的确认信号,就会将相应的数据包重新传输(超时重传),直到所有数据安全正确地传输到目的主机。

UDP 是一种无连接协议(通信前不进行三次握手连接),它不管对方状态就直接发送数据;UDP 协议也不提供数据包分组,因此不能对数据包进行排序。也就是说,报文发送后,无法得知它是否安全到达。因此,UDP 提供不可靠的传输服务,UDP 传输的可靠性由应用层负责。但是这并不意味 UDP 协议不好,UDP 协议具有资源消耗小、处理速度快的优点。UDP 主要用于文件传输和查询服务,如 FTP、DNS 等;网络音频和视频数据传送通常采用 UDP 协议,因为偶尔丢失几个数据包,不会对音频或视频效果产生太大影响。尤其在实时性很强的通信中(如视频直播等),前面丢失的数据包,重传过来后已经没有意义了。现实生活中,人们常用的 QQ 和微信就采用 UDP 协议。

5. 网络层

网络层的主要功能是为主机之间的数据交换提供服务,并进行网络路由选择。网络层接收到分组后,根据路由协议(如 OSPF)将分组送到指定的目的主机。网络层主要有 IP(网际协议)和路由协议等。IP 协议提供不可靠的传输服务。也就是说,它尽可能快地把分组从源节点送到目的节点,但是并不提供任何可靠性保证。

6. 网络接口层

网络接口层的主要功能是建立网络的电路连接和实现主机之间的比特流传送。电路连接工作包括传输介质接口形式、电气参数、连接过程等。比特流传送工作包括通过计算机中的网卡和操作系统中的网络设备驱动程序,将数据包按比特一位一位地从一台主机(计算机或网络设备)通过传输介质(电缆或微波)送往另一台主机。

因特网设计者注重的是网络互联,所以网络接口层没有提出专门的协议。并且允许采用早期已有的通信子网(如 X.25 交换网、PSTN 电话网等),以及将来的各种网络通信协议。这一设计思想使得 TCP/IP 协议可以通过网络接口层,连接到任何网络中。例如,1000G 以太网、密集波分复用(dense wavelength division multiplexing,DWDM)光纤网络、无线局域网(wireless LAN,WLAN)等。

7.1.4　网络通信技术

1. 互联网设计思想

1984 年,戴维·克拉克(David Clark,第一任互联网体系结构委员会主席)发表的论文"设计系统中的端到端论据"中,提出了互联网的端到端设计思想。他认为互联网不需要有最终的设计模型,有些工作用户会来完成,**互联网的大多数特征都必须由计算机终端的程序实现,而不是由网络的某个中间环节来实现**。互联网标准文件 RFC 1958 从工程角度总结了互联网设计的核心思想:目标是连通性,工具是网络互联协议(IP),终端智能表现在端对端,而不在网络本身。简单地说,**互联网只进行数据包传输,而数据的应用由智能终端实现**。这些智能终端既包括网站服务器,也包括客户端机器。

温特·瑟夫(Vint Cerf,TCP/IP 协议的发明者)总结了以下互联网结构设计原则。

(1)互联网不为任何特定的应用而设计,这防止了互联网朝某个单一用途发展。

(2)互联网可以运行在任何通信技术之上,这使得互联网既适用早期的 X.25、PSTN 等通信技术,也适用目前的高速以太网、DWDM、无线局域网等高速通信技术。

(3)互联网在结构和应用上都具有自我繁殖的特征,例如,在无线局域网和物联网中,网络会派生出非常多的通信节点,使互联网处于一种不可预知的变化之中。

(4)对任何新协议、新技术、新应用开放,这为物联网、云计算、软件定义网络(software defined network,SDN)等技术提供了扩展基础。

2. 分组交换技术

1965 年,唐纳德·戴维斯(Donald Davies)和保罗·巴兰(Paul Baran)提出了网络数据包分组交换和存储转发的设想。分组交换技术由分组和交换两个步骤组成。

(1)分组。如图 7-9 所示,分组是将通信数据(如网页文件)划分成多个更小的等长数据段,每个数据段前面加上必要的控制信息(如 IP 地址、数据包序号等)作为首部,**由首部和数据段组成的固定长度分组称为数据包**。

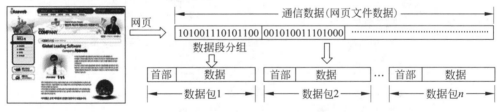

图 7-9　通信数据的分组过程

(2)交换。早期交换的含义是电话交换机将一条电话线转接到另一条电话线,使它们连通起来。互联网中交换的概念是指网络转发节点(如路由器)接收不同主机传输进来的数据包,并对数据包进行存储、解包(读取数据包包头)、识别(识别源地址和目标地址)、转换(转换不同的网络协议)、转发(将数据包转发到目标主机或下一个路由器)等操作。简单地说,**交换就是通信节点之间数据包的转发过程**。

3. 存储转发技术

网络数据包采用存储转发的信号传输模式,如图 7-10 所示,网络节点(A,B,…)收到数据包(a1,a2,…,b1,b2,…)后,先存储在本节点缓冲区,然后根据数据包目的地址和路由信息进行分析,找到数据包下一跳的地址(路由查表),然后将数据包转发到下一个节点,经过数次网络节点转发后,最终将数据包传送到目的主机(如客户端)。

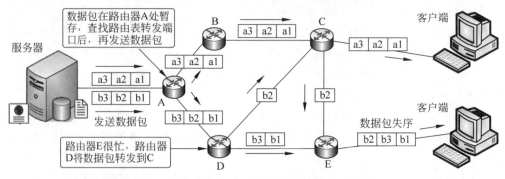

图 7-10   网络数据包分组交换和存储转发工作原理

数据包在传输过程中,可能会出现数据包丢失、失序、重复、损坏、路由循环等问题,需要一系列网络协议来解决这些问题。数据包到达目的主机后,需要对数据包按序号重新进行重排和组合等工作,这也增加了数据处理时间。

4. 信号点对点传输模式

按照信号的发送和接收模式,可以将信号传输分为点对点(peer to peer,P2P)传输和广播传输。点对点传输是将网络中的主机(如计算机、交换机等)以点对点方式连接起来,如图 7-11 所示,**网络中的主机通过单独的链路进行数据传输**,并且两个节点之间可能会有多条单独的链路。点对点传输主要用于城域网和广域网中。点对点传输的优点是网络性能不会随数据流量增加而降低。但网络中任意两个节点通信时,如果它们之间的中间节点较多,就需要经过多跳后才能到达,这加大了网络数据传输的时延。

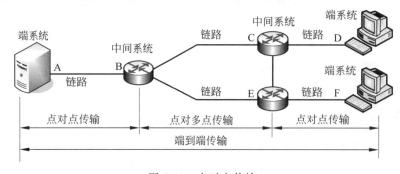

图 7-11   点对点传输

5. 信号广播传输模式

广播传输中有多条物理线路(如交换机与多台计算机之间的连接电缆),但是只有一个信道(所有线路在某个时间片内只能传输一个广播信号)。它类似于广播网络(如电视网络),虽然网络有多条线路,但是一次只能传输一个广播信号。**以太网采用广播形式发送和接收数据**。以太网中的计算机采用载波监听多路访问/冲突检测信号传输模式。即**网络中所有计算机共享数据信道,计算机发送数据前监听网络中是否有数据传输。如果没有数据传输,立即抢占信道发送数据。如果网络中已有数据传输,则暂不发送数据**。企业网络、校园网、家庭个人网络和部分城域网都采用以太网技术。

6. 网络基本拓扑结构

计算机网络中,如果把客户机、服务器、交换机、路由器等设备抽象为点,把传输介质抽象为线,这样就可以将计算机网络抽象成为由点和线组成的几何图形,这种抽象图形称为网络拓扑结构。如图 7-12 所示,网络拓扑结构有链形结构、星形结构(总线形)、环形结构、树形结构、网状结构和蜂窝形结构等。星形网络结构简单,建设和维护费用少,主要用于局域网;链形和环形网络带宽高,建设成本高,不适用于多用户接入,主要用于城域网和国家骨干传输网;蜂窝形网络广泛用于移动通信的接入网和无线局域网。**最基本的网络结构是星形、环形和蜂窝形**,其他网络结构都是它们的组合形式。

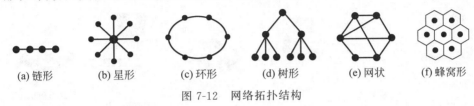

(a) 链形　　(b) 星形　　(c) 环形　　(d) 树形　　(e) 网状　　(f) 蜂窝形

图 7-12　网络拓扑结构

7.1.5　软件定义网络

1. 传统网络的困境

目前网络技术的复杂性主要表现在两个方面,一是网络设备只能进行命令配置,不能进行编程控制,而且不同设备厂商有不同的命令集,例如,交换机、路由器、防火墙等设备的配置命令总计超过了 10 000 条,而且数量还在不断增加;二是数据转发和流量控制与硬件设备融为一体,更换网络设备就需要重新进行网络配置,工作量巨大。

2009 年,斯坦福大学的麦考恩(Nick McKeown)教授提出了 SDN 的设计思想,这推动了网络技术的革新与发展。

2. SDN 体系结构

SDN 体系结构如图 7-13 所示。它由数据层(转发平面)、控制层(控制平面)、应用层(业务平面)构成。数据层由 SDN 交换机、服务器等设备组成;控制层包含了 SDN 控制器,它负责数据包转发功能的控制;应用层包含了各种基于 SDN 的网络业务。

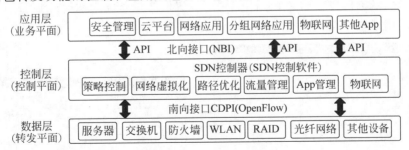

图 7-13　SDN 体系结构图

控制层与数据层之间通过南向接口(CDPI,控制数据平面接口)进行通信,它主要负责将 SDN 控制器中的转发规则下发至网络设备,通过 OpenFlow 协议进行控制。控制层与应用层之间通过北向接口(NBI)进行通信。

3. SDN 的设计思想

SDN 的设计思想是转发和控制分离,集中控制,开放可编程接口。

（1）控制平面与转发平面分离。将传统网络设备中数据包的控制功能与数据包转发功能进行分离,控制功能集中到 SDN 控制器中,转发功能仍然保留在硬件设备中。

（2）在控制平面编程实现对数据行为的管理。如图 7-14 所示,传统网络是基于路由表进行数据包转发。如图 7-15 所示,SDN 通过控制协议(如 OpenFlow)接收并执行数据转发策略。在 SDN 网络中,**SDN 交换机的功能是接收数据包并根据流表转发这些数据包**。**SDN 控制器的功能是将网络环境中的控制与数据平面互相分离,网络管理员可以对 SDN 控制器进行编程控制**。换句话说,控制器将告诉网络设备如何转发网络流量。在 OpenFlow 网络中,SDN 控制器主要用于对网络设备中的 OpenFlow 表单进行编程。

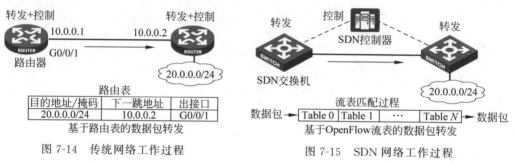

| 图 7-14　传统网络工作过程 | 图 7-15　SDN 网络工作过程 |

（3）SDN 打破了传统网络设备的封闭性。支持 SDN 标准的网络设备都可以完成网络转发功能,网络应用层也更加开放和多样。网络行为和策略可以通过编程进行定义,用户可以根据业务需求进行网络结构的动态调整和扩展。

4. Mininet 网络仿真软件

Mininet 是斯坦福大学开发的基于 Linux 架构的虚拟化网络仿真工具,它可以创建一个包含主机、交换机、控制器和链路的 SDN 虚拟网络,其交换机支持 OpenFlow 协议。它可以高度灵活地实现软件定义网络。Mininet 能实现如下功能。

（1）支持 OpenFlow、Open vSwitch 等软定义网络协议。

（2）支持复杂网络拓扑,自定义网络拓扑(见图 7-16),无须连接物理网络。

（3）支持网络主机数可达 4096 个,它可以设置网络设备的参数(见图 7-17)。

（4）提供用于软件编程和网络实验的 Python API。

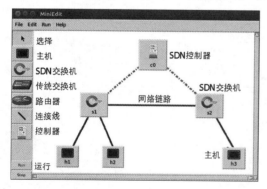

图 7-16　Mininet 设计的 SDN 网络拓扑

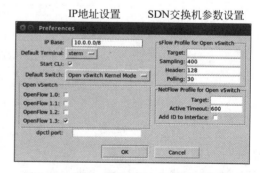

图 7-17　Mininet 中 SDN 交换机参数设置

【例 7-2】 在 Mininet 环境下,用软件定义网络拓扑。网络包含一个交换机和三个主机。设置主机 CPU、链路带宽、数据包延迟、最大队列等参数。Python 程序如下。

```
1   from mininet.net import Mininet              # 导入第三方包
2   from mininet.node import CPULimitedHost       # 导入第三方包
3   from mininet.link import TCLink               # 导入第三方包
4
5   net = Mininet(host = CPULimitedHost, link = TCLink)
                                                  # 设置网络性能、链路属性
6   c0 = net.addController()                       # 添加 SDN 控制器 c0
7   s0 = net.addSwitch('s0')                       # 添加 SDN 交换机 s0
8   h0 = net.addHost('h0')                         # 添加网络主机 h0
9   h1 = net.addHost('h1', cpu = 0.5)             # 主机 h1 的 cpu 利用率小于 50％
10  h2 = net.addHost('h2', cpu = 0.5)             # 主机 h2 的 cpu 利用率小于 50％
11  net.addLink(s0,                                # 网络链路 s0
12            h0,                                  # 网络主机 h0
13            bw = 10,                             # 链路带宽 10Mbps
14            delay = '5ms',                       # 链路延迟 5ms
15            max_queue_size = 1000,               # 数据流表中队列数小于 1000
16            loss = 10,                           # 损耗率小于 10％（丢包率）
17            use_htb = True)                      # 采用 htb 流量控制算法
18  net.addLink(s0, h1)                            # 创建 s0 和 h1 之间的链路
19  net.addLink(s0, h2)                            # 创建 s0 和 h2 之间的链路
20  net.start( )                                   # 网络开始运行
21  net.pingAll( )                                 # 验证所有主机的连通性
22  net.stop( )                                    # 网络运行停止
```

7.1.6 无线网络技术

无线网络的最大优点是移动通信和移动计算。无线网络主要解决移动终端（如手机、PC 等）与基站之间的连接，将无线网络覆盖区域的主机连接至主干有线网络。

1. 无线网络的类型

无线通信标准主要由 ITU 和 IEEE 制定。如图 7-18 所示，IEEE 按无线网络覆盖范围分为无线广域网/城域网、无线局域网、无线个域网等。

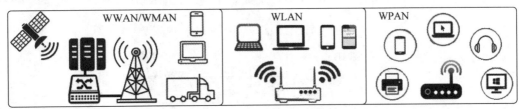

图 7-18 无线网络的类型

（1）无线广域网（WWAN）和无线城域网（WMAN）。WWAN 和 WMAN 在技术上并无太大区别，因此往往将 WMAN 与 WWAN 放在一起讨论。无线广域网又称宽带移动通信网络。

（2）WLAN。无线局域网可以在企业或个人家中自由创建。这种无线网络通常用于接入因特网。WLAN 传输距离可达 100～300m，无线信号覆盖范围视用户数量、干扰和传输障碍（如墙体和建筑材料）等因素而定。

（3）无线个域网（WPAN）。无线个域网是指通过短距离无线电波，将计算机与周边设

备连接起来的网络。例如,无线 USB(wireless USB,WUSB)、蓝牙(Bluetooth)、紫蜂(Zigbee)、射频识别(radio frequency identification,RFID)、近场通信(near field communication,NFC)等。无线网络基本技术参数如表 7-1 所示。

表 7-1   无线网络的基本技术参数

类 型	技 术	标 准	信号频率	传输速率	距 离	应用领域
WLAN	Wi-Fi	IEEE802.11n	2.4/5GHz	270Mb/s	300m	无线局域网
WPAN	WUSB	IEEE802.15.3	2.5GHz	110Mb/s	10m	数字家庭网络
WPAN	蓝牙	IEEE802.15.1	2.4GHz	1Mb/s	10m	语音和数据传输
WPAN	Zigbee	IEEE802.15.4	2.4GHz	250kb/s	75m	无线传感器网络
WWAN	WiMax2	IEEE802.16m	10~66GHz	300Mb/s	50km	无线 Mesh 网络

注:距离指无线接入点(access point,AP)与终端设备之间的最大视距(无遮挡直线距离)。

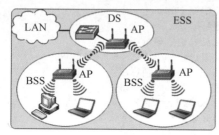

图 7-19   IEEE 无线局域网模型

2. 无线局域网模型

IEEE 802.11 标准定义的 WLAN 基本模型如图 7-19 所示。WLAN 的最小组成单元是基本服务集(BSS),它包括使用相同通信协议的无线站点。一个 BSS 可以是独立的,也可以通过一个 AP 连接到主干网络。

扩展服务区(ESS)由多个 BSS 单元组成。分布系统(DS)可以是有线 LAN,也可以是 WLAN,分布系统的功能是将 WLAN 连接到骨干网络(园区局域网)。

AP 的功能相当于局域网中的交换机和路由器,它是一个无线网桥。AP 也是 WLAN 中的小型无线基站,负责信号的调制与收发。AP 最大覆盖距离约 300m。

3. 无线局域网组建方法

建立 WLAN 需要一台 AP,它提供多台计算机同时接入 WLAN 的功能。无线网络中的计算机需要安装无线网卡,台式计算机一般不带无线网卡;笔记本电脑、智能手机和平板计算机通常自带了无线网络模块。无线网络设备的连接方法如图 7-20 所示。

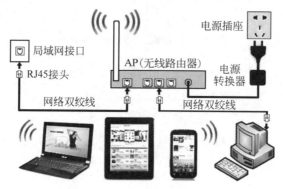

图 7-20   无线局域网构建

AP 的位置决定了整个无线网络的信号强度和数据传输速率,建议选择一个不容易被阻挡,并且信号能覆盖房间内所有角落的位置。线路连接好后,第一次使用 WLAN 时,需要对 AP 进行初始设置。不同厂商的 AP 设置方法不同,但是基本流程大同小异。

7.2 安 全 防 护

网络信息安全防护是一项非常重要的工作。信息安全具有不可证明的特性，只能说安全防护措施对某些已知攻击是安全的，对于将来新的攻击形式是否安全仍然很难断言。

7.2.1 安全问题

信息系统不安全的主要因素有程序漏洞和后门、用户操作不当、外部攻击。外部攻击主要有计算机病毒、恶意软件、黑客攻击等。**目前计算机系统在理论上还无法消除计算机病毒的破坏和黑客攻击，最好的方法是尽量减少这些攻击对系统造成的破坏。**

1. 程序中的漏洞和后门

（1）漏洞和后门。**漏洞是指应用软件或操作系统在程序设计中存在的缺陷。后门是有意绕开系统安全设置后登录系统的方法。**后门有系统后门（便于维护人员远程登录）、账号后门（密码忘记后的补救措施）、木马后门（黑客设置的系统入口）等。随着软件越来越复杂，漏洞或后门不可避免地存在。程序中的漏洞可能被黑客利用，通过植入木马、病毒程序等方式，攻击或控制计算机，窃取计算机中的重要资料，甚至破坏系统。

（2）系统中的后门。大多数服务器都支持脚本程序，黑客可以利用脚本程序来修改Web页面，为未来攻击设置后门等。例如，用户在浏览网站时，通常会单击其中的超链接。攻击者通过在超链接中插入恶意代码，黑客网站在接收到包含恶意代码的请求后，会生成一个包含恶意代码的页面。用户浏览这个网页时，恶意脚本程序就会执行，黑客可以利用这个程序盗取用户的账户名称和密码、修改用户系统的安全设置、做虚假广告等。

（3）程序漏洞：溢出。溢出是指数据存储过程中，超过数据结构允许的长度，造成数据错误。例如，黑客将一段恶意代码插入正常程序代码中（入侵），这会导致两种后果，一是代码本来是定长的，插入恶意代码后，会有一部分正常代码产生内存溢出，导致程序执行错误；二是插入的恶意代码会被当作正常代码执行，黑客可以修改程序返回地址，让程序跳转到任意地址执行一段恶意代码，以达到攻击的目的。

（4）程序漏洞：数据边界检查。大部分程序语言（如 C、Java 等）没有数据边界检查功能，当数据被覆盖时不能及时发现。如果程序员总是假设用户输入的数据有效，并且没有恶意，就会造成很大的安全隐患。大多数攻击者会向服务器提供恶意编写的数据。**从安全角度看，对外部输入的数据要永远假定它是任意值。**安全的程序设计应当对输入数据的有效性进行过滤和安全设置，但是这也增加了程序的复杂性。

（5）程序漏洞：最小授权。最小授权原则认为：**要在最少的时间内授予程序代码所需的最低权限。**部分程序员在编程时，没有注意程序代码的运行权限，长时间打开系统核心资源，导致用户有意或无意的操作对系统造成严重破坏。在程序设计中，应当使用最少和足够的权限去完成任务。程序应当给用户最少的共享资源。

2. 用户操作中存在的安全问题

（1）操作系统默认安装。大多数用户在安装操作系统和应用软件时，通常采用默认安装方式。这样带来了两方面的问题，一是安装了大多数用户不需要的组件和功能；二是默认安装的目录、用户名、密码等，非常容易被黑客利用。

（2）激活软件全部功能。大多数操作系统和应用软件在启动时,激活了尽可能多的功能。这种方法虽然方便了用户使用,但产生了很多安全漏洞。

（3）没有密码或弱密码。大多数系统把密码作为唯一的防御,弱密码（如 123456、admin 等）或缺省密码是一个很严重的问题。安全专家通过分析发现,用户弱密码的重复率高达 93%。根据某网站对 600 万个账户的分析,其中采用弱密码、生日密码、电话号码、QQ号码等作为密码的用户有 590 万（占 98%）。

3. 计算机病毒带来的安全问题

我国实施的《中华人民共和国计算机信息系统安全保护条例》第二十八条中明确指出:"计算机病毒,是指编制或者在计算机程序中插入的破坏计算机功能或者毁坏数据,影响计算机使用,并能自我复制的一组计算机指令或者程序代码。"

计算机病毒（以下简称病毒）具有传染性、隐蔽性、破坏性等特点,**病毒最大的特点是传染性**。病毒可以侵入计算机软件系统中,而每个受感染的程序又可能成为一个新病毒,继续将病毒传染给其他程序,因此传染性成为判定病毒的首要条件。

4. 计算机恶意软件带来的安全问题

中国互联网协会 2006 年公布的恶意软件定义如下:恶意软件是指在未明确提示用户或未经用户许可的情况下,在用户计算机或其他终端上安装运行,侵害用户合法权益的软件,但不包含我国法律法规规定的计算机病毒。具有下列特征之一的软件可以被认为是恶意软件。

（1）强制安装。指未明确提示用户或未经用户许可,在用户计算机上安装软件的行为。

（2）难以卸载。指未提供程序的卸载方式,或卸载后仍然有活动程序的行为。

（3）浏览器劫持。指修改用户浏览器相关设置,迫使用户访问特定网站的行为。

（4）广告弹出。指未经用户许可,利用安装在用户计算机上的软件弹出广告的行为。

（5）恶意收集用户信息。指未提示用户或未经用户许可,恶意收集用户信息的行为。

（6）恶意卸载。指未提示用户、未经用户许可,或欺骗用户卸载软件的行为。

（7）恶意捆绑。指在软件中捆绑已被认定为恶意软件的行为。

（8）其他侵害用户软件安装、使用和卸载知情权、选择权的恶意行为。

7.2.2 黑客攻击

1. 黑客攻击的基本形式

黑客攻击的形式有数据截获（例如利用嗅探器软件捕获用户发送或接收的数据包）、重放（例如利用后台屏幕录像软件记录用户操作）、密码破解（例如破解系统登录密码）、非授权访问（例如无线蹭网）、钓鱼网站（例如假冒银行网站）、完整性侵犯（例如篡改 E-mail 内容）、信息篡改（例如修改订单价格和数量）、物理层入侵（例如通过无线微波向数据中心注入病毒）、旁路控制（例如通信线路搭接）、电磁信号截获（例如手机信号定位）、DDoS（distributed denial of service,分布式拒绝服务）、垃圾邮件或短信攻击（SPAM）、域名系统攻击、缓冲区溢出（黑客向计算机缓冲区填充的数据超过了缓冲区本身的容量,使得溢出的数据覆盖了合法数据）、地址欺骗（例如,ARP 攻击）、特洛伊木马程序等。总之,黑客攻击行为五花八门,方法层出不穷,最常见的攻击形式有 DDoS 和钓鱼网站。

黑客攻击与计算机病毒的区别在于黑客攻击不具有传染性;黑客攻击与恶意软件的区别在于**黑客攻击是一种动态攻击,它的攻击目标、形式、时间、技术都不确定**。

2. DDoS 攻击

DDoS 攻击由来已久，其造成的经济损失已跃居第一。**DDoS 攻击的目的是让网站无法提供正常服务**。每一个网络应用（如网页、App、游戏等）就好比一个线下商店，而 DDoS 攻击就是派遣大量捣乱的人去一个商店，占满这个商店所有的位置，和售货员聊天，在收费处排队等，让真实顾客没有办法正常购物（见图 7-21）。

如图 7-22 所示，DDoS 攻击会利用大量傀儡机（被黑客控制的计算机）对目标进行攻击，让攻击目标无法正常运行。例如，2021 年，微软公司遭遇了互联网上的一次大规模 DDoS 攻击，攻击时间持续了 10 多分钟，攻击峰值流量达到了 2.4Tb/s。

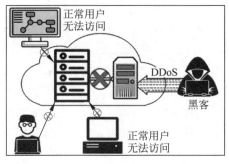

图 7-21　DDoS 攻击网站

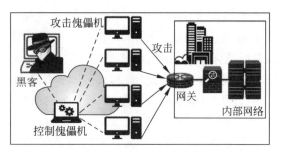

图 7-22　DDoS 攻击原理

DDoS 攻击方法大致有 TCP 类的同步洪水（SYN Flood）攻击、确认洪水（ACK Flood）攻击；UDP 类的域名系统查询洪水（DNS Query Flood）攻击（如 2011 年 519 断网事件）、因特网控制报文协议洪水（ICMP Flood）攻击等。DDoS 攻击与木马程序和病毒程序不同，病毒程序必须是最新代码才能绕过杀毒软件；而 **DDoS 攻击不需要新技术**，一个 10 年前的 SYN Flood 攻击技术，就可以让大部分没有防护措施的网站瘫痪。**DDoS 攻击成本很低，但是防御成本很高，造成的损失也非常大。**

3. DDoS 攻击方式和防御措施

从理论上讲，对 DDoS 攻击目前还没办法做到 100% 防御。如果用户网络正在遭受攻击，用户所能做的抵御工作非常有限。因为在用户没有准备好的情况下，巨大流量的数据包冲向用户主机，会导致网络瘫痪。如图 7-23 所示，要预防这种灾难性的后果，需要在事先做好预防工作。

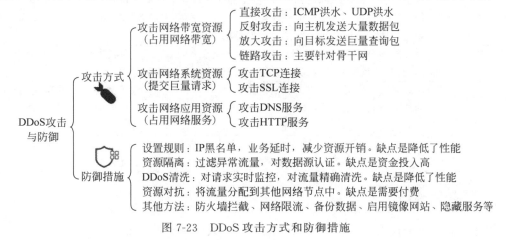

图 7-23　DDoS 攻击方式和防御措施

4. 钓鱼网站攻击

钓鱼网站指欺骗用户的虚假网站。钓鱼网站的页面与真实网站页面基本一致,它欺骗消费者提交银行账号、密码等私密信息。钓鱼网站的欺骗原理是黑客先建立一个网站副本,使它具有与真正网站一样的页面和链接。黑客发送欺骗信息(如系统升级、送红包、中奖等)给用户,引诱用户登录钓鱼网站。由于黑客控制了钓鱼网站,用户访问钓鱼网站时提供的账号、密码等信息,都会被黑客获取。黑客转而登录真实的银行网站,以窃取的信息实施银行转账等操作。

7.2.3 安全体系

世界安全专家制定了信息保障技术框架(information assurance technical framework,IATF)标准。IATF 从整体和过程的角度看待信息安全问题,代表理论是深度保护战略。IATF 标准强调人、技术和操作三个核心原则,关注四个信息安全保障领域,即保护网络和基础设施、保护边界、保护计算环境和保护支撑基础设施。

在 IATF 标准中,飞地是指位于非安全区中的一小块安全区域。IATF 模型将网络系统分成局域网、飞地边界、网络设备、支持性基础设施四种类型。在 IATF 模型中,局域网包括涉密网络(红网,如财务网)、专用网络(黄网,如内部办公网络)、公共网络(白网,如公开信息网站)和网络设备,这一部分主要由企业建设和管理。支持性基础设施包括专用网络(如VPN)、公共网络(如因特网)、通信网等基础电信设施(如城域传输网),这一部分主要由电信服务商提供。**IATF 模型最重要的设计思想是在网络中进行不同等级的区域划分与网络边界保护。**这类似于现实生活中的门禁和围墙策略。

IATF 标准认为有 5 类攻击方法:被动攻击、主动攻击、物理临近攻击、内部人员攻击和分发攻击。表 7-2 描述了这 5 类攻击的特点。

表 7-2 IATF 描述的 5 类攻击的特点

攻击类型	攻击特点
被动攻击	被动攻击是指对信息的保密性进行攻击,包括分析通信流、监视没有保护的通信、破解弱加密通信、获取密码等。被动攻击在没有得到用户同意或告知的情况下,将用户信息泄露给攻击者,如利用钓鱼网站窃取个人信用卡号码等
主动攻击	主动攻击是篡改信息来源的真实性、信息的完整性和系统服务的可用性,包括攻破安全保护机制,引入恶意代码,偷窃或篡改信息。主动攻击会造成数据资料的泄露、篡改和传播,或导致拒绝服务。计算机病毒是一种典型的主动攻击
物理临近攻击	指未被授权的个人,在物理上接近网络系统或设备,试图改变和收集信息,或拒绝他人对信息的访问,如系统未经授权使用、U 盘复制、电磁信号截获等
内部人员攻击	可分为恶意攻击或无恶意攻击。前者是指内部人员对信息的恶意破坏或不当使用,或使他人的访问遭到拒绝;后者指由于粗心、无知以及其他非恶意造成的破坏,如内部工作人员使用弱密码、安装软件使用默认路径等
分发攻击	工厂生产或分销设备时,对硬件和软件进行恶意修改。这种攻击是在产品中引入恶意代码或者不安全设置,如手机中的预装程序、免费软件的后门、系统后门等

7.2.4 物理隔离

物理隔离是指内部网络不得直接或间接连接公共网络。物理隔离网络中的每台计算机必须在主板上安装物理隔离卡和双硬盘。并且物理隔离网络中的计算机使用内部网络时，无法连通外部网络；同样，使用外部网络时，无法连通内部网络。这意味着网络数据包不能从一个网络流向另外一个网络，这样真正保证了内部网络不会受到来自互联网的黑客攻击。**物理隔离是目前安全等级最高的网络连接方式**。国家规定，重要政府部门的网络必须采用物理隔离网络。

网络物理隔离有多种实现技术。下面以物理隔离卡技术介绍网络物理隔离的工作原理。如图 7-24 所示，物理隔离卡技术需要 1 个隔离卡和 2 个硬盘。在安全状态时，客户端 PC 只能使用内网硬盘与内网连接，这时外部 Internet 连接是断开的；当 PC 处于外网状态时，PC 只能使用外网硬盘，这时内网是断开的。

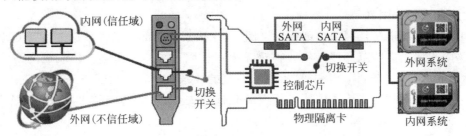

图 7-24　双硬盘型物理隔离技术工作原理

当需要进行内网与外网转换时，可以通过鼠标单击操作系统上的"切换"图标，这时计算机进入热启动过程。重新启动系统，可以将内存中的所有数据清除。由于两个硬盘中有分别独立的操作系统，因此引导时**两个硬盘只有一个能够被激活**。

为了保证数据安全，同一计算机中的两个硬盘不能直接交换数据，用户通过一个独特的设计来安全地交换数据。即物理隔离卡在硬盘中设置了一个公共区，在内网或外网两种状态下，公共区均表现为硬盘的 D 分区，可以将公共区作为一个过渡区来交换数据。但是**数据只能从公共区向安全区转移，不能逆向转移**，从而保证数据的安全性。

7.2.5　防火墙技术

建筑中的防火墙是为了防止火灾蔓延而设置的防火障碍。**计算机中的防火墙是用于隔离本地网络与外部网络的一道防御系统**。客户端用户一般采用软件防火墙；服务器用户一般采用硬件防火墙；网络服务器一般放置在防火墙设备之后。

1. 防火墙工作原理

防火墙是一种特殊路由器，它将数据包从一个物理端口转发到另外一个物理端口。防火墙通过检查数据包包头中的 IP 地址、端口号（如 80 端口）等信息，决定数据包是通过还是丢弃。这类似于单位的门卫，只检查汽车牌号，对驾驶员和货物不进行检查。防火墙内部的访问控制列表（ACL）定义了防火墙的检测规则。

【例 7-3】　在防火墙内部建立一条记录，假设访问控制列表规则为：允许从 192.168.1.0/24 到 192.168.20.0/24 主机的 80 端口建立连接。数据包通过防火墙时，所有符合以上 IP 地址和端口号的数据包都能够通过防火墙，其他地址和端口号的数据包就会被丢弃。

2. 防火墙的功能

（1）所有内部网络和外部网络之间交换的数据，都必须经过防火墙。

网络通信和信息安全

（2）只有防火墙安全策略允许的数据才可以出入防火墙，其他数据禁止通过。

（3）防火墙本身受到攻击后，应仍然能稳定有效地工作。

（4）防火墙应当有效地过滤、筛选和屏蔽一切有害的信息和服务。

（5）防火墙应当能隔离网络中的某些网段，防止一个网段的故障传播到全部网段。

（6）防火墙应当可以有效地记录和统计网络使用情况。

3. 防火墙的类型

硬件防火墙是独立的硬件设备；也可以在一台路由器上，经过软件配置成为一台具有安全功能的防火墙。防火墙还可以是一个纯软件，如一些个人防火墙软件等。软件防火墙的功能强于硬件防火墙，硬件防火墙的性能高于软件防火墙。

4. 防火墙的局限性

（1）防火墙不能防范网络内部攻击。例如，无法禁止内部人员将数据拷贝到 U 盘上。

（2）防火墙不能防范那些已经获得超级用户权限的黑客。黑客会伪装成网络管理员，借口系统进行升级维护，询问用户个人财务系统的登录账户名称和密码。

（3）防火墙不能防止传送已感染病毒的软件或文件，不能期望防火墙对每一个文件进行扫描，查出潜在的计算机病毒。

7.3 加密与解密

7.3.1 加密原理

1. 信息加密过程

加密主要解决信息传送过程中的安全问题，如果理论或实际中存在一个安全可靠的方法将信息传送给接收方，加密就会显得多此一举。**加密技术的基本原理是伪装信息，使非法获取者无法理解信息的真正含义**。伪装就是对信息进行一组可逆的数学变换。我们称**伪装前的原始信息为明文，经伪装的信息为密文，伪装的过程为加密**。对信息进行加密的一组数学变换方法称为加密算法。**某些只被通信双方所掌握的关键信息称为密钥**。密钥是一种参数，密钥长度以二进制数的位数来衡量，在相同条件下，**密钥越长，破译越困难**。数据加密过程如图 7-25 所示。

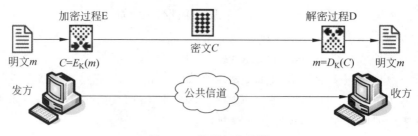

图 7-25　数据加密过程

荷兰密码学家柯克霍夫（Kerckhoffs）1883 年在名著《军事密码学》中提出了密码学的基本原则：密码系统中的算法即使为密码分析者所知，也对推导出明文或密钥没有帮助。也就是说，密码系统的安全性不应取决于不易被改变的事物（算法），而应只取决于可随时改变的密钥。简单地说，**加密系统的安全性基于密钥，而不是基于算法**。很多优秀的加密算法都是公开的,所以密钥管理是一个非常重要的问题。

2. 古典密码算法

古典密码尽管大都比较简单,但今天仍有参考价值。较为经典的古典密码算法有棋盘密码、凯撒密码(循环移位密码)、代码加密、替换加密、变位加密等。

【例 7-4】 公元前 2 世纪,希腊人波里庇乌斯(Polybius)设计了一种表格,将 26 个字母放在一个 5×5 的表格里(I 和 J 放在一起),如图 7-26 所示,人们称为棋盘密码。

	0	2	4	6	8
1	A	B	C	D	E
3	F	G	H	I/J	K
5	L	M	N	O	P
7	Q	R	S	T	U
9	V	W	X	Y	Z

图 7-26 棋盘密码

案例分析:在棋盘密码中,每个字母由两个数构成,如 C 对应 14,S 对应 74 等。例如,如果接收到的密文为 38 18 96,则对应的明文为 KEY。

3. 对称密钥加密

对称密钥加密是信息发送方和接收方使用同一个密钥加密和解密数据,而且通信双方都要获得密钥,并保持密钥的秘密。它的优点是加密/解密速度快,使用长密钥时难以破解。常见的对称加密算法有 Base64、DES、3DES、IDEA 等。

【例 7-5】 明文为"没有消息就是好消息";密钥为"朋友和敌人"(密钥必须与明文无关,长度为替换符号的 5 倍),用替换加密算法实现。Python 程序如下。

```
>>>  mystr = '没有消息就是好消息'              # 明文赋值
>>>  key = '朋友和敌人'                        # 定义密钥
>>>  print(mystr.replace('消息', key))         # 替换加密(用密钥 key 加密关键词)
     没有朋友和敌人就是好朋友和敌人             # 密文
>>>  print(mystr.replace(key, '消息'))         # 替换解密(用密钥 key 解密关键词)
     没有消息就是好消息
```

以上加密和解密中使用了相同的密钥 key,所以这种算法称为对称加密算法。

4. 对称加密存在的问题

采用对称加密时,如果企业有 n 个用户进行通信,则企业共需要 $n×(n-1)/2$ 个密钥。例如,企业有 10 个用户就需要 45 个密钥,因为每个人都需要知道其他 9 个人的密钥才能进行相互通信。这么多密钥的管理是一件非常困难的事情。如果整个企业共用一个密钥,则整个企业文档的保密性便无从谈起。

对称加密最大的弱点是密钥分发,即发信方必须把加密规则告诉接收方,否则接收方无法解密,这样传递密钥就成了最头疼的问题。密钥分发实现起来十分困难,发信方必须安全地把密钥护送到收信方,不能泄露其内容。

5. 一次性密码

有人认为所有密码在理论上都可以破解。信息论创始人香农指出:**只要密钥完全随机,不重复使用,对外绝对保密,与信息等长或比信息更长的一次性密码不可破解。**除了一次性密码外,其他加密算法和密钥都可以用暴力攻击法破解,但是破解所需时间可能与密钥长度呈指数级增长。一次性密码有一个致命的缺点,就是需要频繁地更换密钥,而**安全地将密钥传送给解密方是一个非常困难的问题**。

7.3.2 RSA 加密

1. 非对称密钥加密

1976 年,迪菲(Whitfield Diffie)和赫尔曼(Martin Hellman)提出了公钥密码的新思想,他们把密钥分为加密的公钥和解密的私钥,这是密码学的一场革命。

非对称密钥加密(又称公钥密码或公开密钥)是加密和解密使用不同密钥的加密算法。如图 7-27 所示,非对称加密的特征是密钥为一对,一把密钥用于加密,另一把密钥用于解密。用公钥(公共密钥)加密的文件只能用私钥(私人密钥)解密,而私钥加密的文件也只能用公钥解密。公钥可以公开("公开"的语义是公钥可以在公共网络中传输,而不是说公钥非要向全网络公开),而私钥必须保密存放。发送一份保密信息时,发送方使用接收方的公钥对数据进行加密,一旦加密,只有接收方用私钥才能解密;与之相反,用户也能用私钥对数据进行加密处理。**非对称加密中,密钥对可以任选方向**。

明文　公钥加密　密文　　　　　　　　　　密文　私钥解密　明文

图 7-27　非对称加密示意图

目前应用广泛的非对称加密算法有两种,一种是基于大整数因子分解问题的 RSA 算法;另一种是基于椭圆曲线上离散点计算的椭圆曲线密码(elliptic curve cryptography,ECC)加密算法。

2. RSA 算法特征

数论中,单向函数往往极难求解。例如,给出 2 个素数 p 和 q,求两者乘积 N。即使 p 和 q 很大,仍然可以计算它们的乘积。但反过来,给出 N,求素数 p 和 q 就极为困难。例如,知道素数 673 和 967,求它们的乘积(650791)比较容易;但是已知两个素数的乘积是 650791,求这两个素数就非常困难。非对称加密算法利用了单向函数的原理(参见 3.4.4 节单向函数:公钥密码的基础)。

1977 年,美国麻省理工学院里维斯特(Ronald Rivest)、沙米尔(Adi Shamir)和阿德勒曼(Len Adleman)提出了一个较完善的公钥密码算法 RSA。RSA 经历了各种攻击的考验,逐渐为人们接受,大家普遍认为 RSA 是目前最优秀的加密算法之一。

3. RSA 算法密钥生成过程

RSA 算法的密钥生成过程如图 7-28 所示。

选择一对不同的、足够大的素数 p 和 q。计算公共模

$$n = p \times q \tag{7-1}$$

计算 n 的欧拉函数,同时对 p 和 q 严加保密

$$\varphi(n) = (p-1) \times (q-1) \tag{7-2}$$

计算寻找一个与 $\varphi(n)$ 互质的数 e,且 $1 < e < \varphi(n)$。

计算解密密钥 d

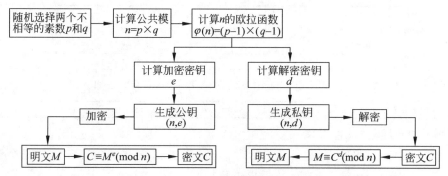

图 7-28　RSA 算法的密钥生成过程

$$d = e^{-1} \bmod \varphi(n), \text{即} \ d \times e \equiv 1 \bmod \varphi(n) \tag{7-3}$$

获得公钥：$K_U = (n, e)$；获得私钥：$K_R = (n, d)$。

4. RSA 密钥生成过程案例

【例 7-6】　密码学领域传统上使用爱丽丝（Alice）和鲍勃（Bob）作为通信双方的名称。爱丽丝与鲍勃进行通信时，爱丽丝用 RSA 算法生成公钥和私钥的步骤如下。

（1）爱丽丝选择素数 $p = 61$，$q = 53$。实际应用中，这两个素数越大就越难破解。

（2）爱丽丝根据式 (7-1)，计算 p 和 q 的乘积 n。$n = p \times q = 61 \times 53 = 3233$。$n$ 的长度就是密钥长度。当 n 很大时（如 1024 位二进制数），由 n 分解出素数 p 和 q 非常困难。

（3）计算 n 的欧拉函数 $\varphi(n)$。根据式 (7-2) 算出欧拉函数为 $\varphi(n) = (p-1) \times (q-1) = (61-1) \times (53-1) = 3120$。

（4）随机选择一个整数 e，条件是 $1 < e < \varphi(n)$，而且 e 与 $\varphi(n)$ 互质。在 1～3120，爱丽丝随机选择 $e = 17$（17 与 3120 互质，实际应用中常选择 65537）。

（5）根据式 (7-3)，计算 e 对于 $\varphi(n)$ 的模反元素 d。$e \times d \equiv 1 \bmod \varphi(n)$，这个式子等价于：$e \times d - 1 = k \times \varphi(n)$。找模反元素 d 就是对下面的二元一次方程求解。

$$ex + \varphi(n) \times y = 1 \tag{7-4}$$

已知 $e = 17$，$\varphi(n) = 3120$，根据式 (7-4)，二元一次方程为 $17x + 3120y = 1$

这个方程可以用扩展欧几里得算法求解（省略求解过程）。总之，我们可以算出一组整数解为 $(x, y) = (2753, -15)$，即 $d = 2753$，至此所有计算完成。

（6）将 n 和 e 封装成公钥，n 和 d 封装成私钥，即 $n = 3233$，$e = 17$，$d = 2753$。所以公钥是 (3233, 17)，私钥是 (3233, 2753)。

密钥生成步骤一共出现了 6 个数字：p、q、n、$\varphi(n)$、e、d。这 6 个数字之中，公钥用了 2 个（n 和 e），其余 4 个数字都是不公开的。为了安全起见，p 和 q 计算完成后销毁。其中最关键的是 d，因为 n 和 d 组成了私钥，一旦 d 泄露就等于私钥泄露。

【例 7-7】　用 RSA 模块生成公钥和私钥文件。Python 程序如下。

1	`import rsa`	# 导入第三方包
2		
3	`f, e = rsa.newkeys(1024)`	# 生成 1024 位的公钥 f、私钥 e
4	`e = e.save_pkcs1()`	# 读取私钥
5	`with open('privkey 私钥.pem', 'wb') as x:`	# 创建私钥文件 privkey 私钥.pem
6	`    x.write(e)`	# 写私钥数据到文件

7	f = f.save_pkcs1()	# 读取公钥
8	with open('pubkey 公钥.pem', 'wb') as x:	# 创建公钥文件 pubkey 公钥.pem
9	x.write(f)	# 写公钥数据到文件
>>>		# 程序输出

注：例 7-6 需要在 Windows 提示符窗口下,安装 RSA 软件包,安装方法如下。

```
>    pip install rsa - i https://pypi.tuna.tsinghua.edu.cn/simple
```

5. RSA 加密/解密过程案例

（1）RSA 加密/解密数学模型。加密时,先将明文变换成 $0 \sim (n-1)$ 的一个整数 M。若明文较长,可先分割成适当的组,然后再进行加密。

设密文为 C,加密过程为

$$C \equiv M^e \pmod{n} \tag{7-5}$$

设明文为 M,解密过程为

$$M \equiv C^d \pmod{n} \tag{7-6}$$

（2）明文的公钥加密过程。

【例 7-8】 Bob 与 Alice 通信时,Bob 应当怎样对明文加密？Alice 应当怎样进行密文解密呢？

案例分析：假设 Bob 要向 Alice 发送信息 M（明文）,他就要用 Alice 的公钥 (n,e) 对 M 进行加密。这里需要注意：M 必须是整数（字符串一般取 ACSII 码或 Unicode 码）,而且 n 必须大于 M。Bob 知道 Alice 的公钥是 $(n,e) = (3233,17)$,假设 Bob 的明文 M 是 65（字母 A 的 ACSII 码）,那么 Bob 根据加密式(7-5),计算出密文 C 为

$$C \equiv M^e \bmod n = 65^{17} \bmod 3233 = 2790$$

Bob 把密文 C(2790)发给 Alice。

（3）密文的私钥解密过程。Alice 收到 Bob 发来的密文 C(2790)后,用自己的私钥 $(n,d) = (3233,2753)$ 进行解密。Alice 根据解密式(7-6),计算出明文 M 为

$$M \equiv C^d \bmod n = 2790^{2753} \bmod 3233 = 65$$

Alice 知道了 Bob 明文的 ASCII 码值是 65,即字符 A。至此加密和解密过程完成。

从例 7-8 可以看到,如果不知道 d,就没有办法从密文 C 求出明文 M。而前文已经说过,要知道 d 就必须分解 n,这是极难做到的,所以 RSA 算法保证了通信安全。

6. RSA 加密和解密：程序设计案例

【例 7-9】 对字符串"hello"进行 RSA 加密和解密。Python 程序如下。

1	import rsa	# 导入第三方包
2		
3	def rsaEncrypt(str):	#【RSA 加密】
4	(pubkey, privkey) = rsa.newkeys(512)	# 生成 512 位的公钥和私钥
5	print(f'公钥为:{pubkey}\n 私钥为:{privkey}')	
6	content = str.encode('utf - 8')	# 明文编码格式
7	crypto = rsa.encrypt(content, pubkey)	# 用公钥加密
8	return (crypto, privkey)	
9		
10	def rsaDecrypt(str, pk):	#【RSA 解密】
11	content = rsa.decrypt(str, pk)	# 用私钥解密

12	con = content.decode('utf - 8')	
13	return con	
14		
15	if __name__ == '__main__':	# 主程序
16	str, pk = rsaEncrypt('hello')	# 对明文加密,返回密文和密钥
17	print('加密后密文:', str)	# 明文"hello",密文 str,密钥 pk
18	content = rsaDecrypt(str, pk)	# 对密文 str 解密,pk 为密钥
19	print('解密后明文:', content)	
>>>	公钥为:PublicKey(682…873, 65537)	# 程序输出
	私钥为:PrivateKey(682…873, 65537, 229…281, 608…529, 112…737)	
	加密后密文:b'r|\xa3\x05l,\xd0M $ \xa7… …\xdc!"\x9bJ\x89W\x10:_'	
	解密后明文: hello	

7. RSA 加密技术的缺点

公钥 $K_U(n, e)$ 只能加密小于 n 的整数 m,例如,密钥 n 为 512 位时,加密数据的长度必须小于 64 字节。如果要加密大于 n 的信息怎么办?有两种解决方法,一是把长信息分割成若干段短消息,每段分别加密;二是先选择一种对称性加密算法(如 DES),用这种算法的密钥对大量数据加密,然后再用 RSA 加密对称加密系统的密钥。

RSA 加密技术的缺点有:一是安全性依赖大数的因子分解,但并没有从理论上证明破译 RSA 的难度与大数分解难度等价,而且多数密码学专家倾向于认为因子分解不是 NP 问题,即无法从理论上证明它的保密性能;二是产生密钥很麻烦,受到素数产生技术的限制,难以做到一次一密;三是密钥长度太大,密钥 n 至少要在 512 位以上,这使得运算速度较慢,在某些极端情况下,是对称加密速度的千分之一。

7.3.3 ECC 加密

1. RSA 和 ECC 加密算法比较

ECC 的加密原理与 RSA 相同,它们都可以生成公钥和私钥对,并允许双方安全通信。RSA 算法中,密钥越长安全性越高,但是密钥越长计算速度也越慢。在交易业务数量庞大的今天,长时间的密码运算给计算机系统造成了不小的负担。

ECC 的加密性能胜过 RSA。在 ECC 算法中,密钥生成就像生成一个随机整数一样简单,所以运算速度非常快。**256 位 ECC 密钥的安全性与 RSA 算法中 3072 位密钥的安全性相同。**因此,ECC 算法比 RSA 算法更省资源,计算性能更高;ECC 的密钥比 RSA 的密钥更小,因此 ECC 是 RSA 密码算法的最好继承者。

2. 椭圆曲线算法公式

(1) ECC 算法公式。**椭圆曲线并非常见的标准椭圆**,椭圆曲线与计算椭圆周长的积分函数公式相似。一条椭圆曲线是在射影平面上满足威尔斯特拉斯(Weierstrass)方程所有点的集合。不同数域中,椭圆曲线呈现出不同的形状(见图 7-29),椭圆曲线可以简化为式(7-7)所描述点的集合,椭圆曲线加密算法的 p 点计算见式(7-8)。

$$y^2 = x^3 + ax + b \tag{7-7}$$

$$y^2 = x^3 + ax + b \pmod{p} \tag{7-8}$$

式(7-8)中,mod p 为素数 p 取模,p 也经常写作 F_p。在 ECC 密钥生成算法 curves secp256k1 中,b 和 p 都是一个非常大的数(77 位十进制数)。

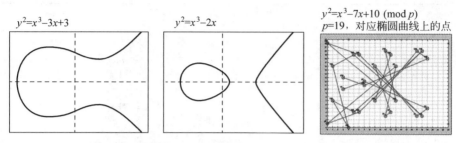

图 7-29   不同的椭圆曲线和椭圆曲线上的离散点 p

注：椭圆曲线绘制程序参见本书配套教学资源程序 F7_1.py。

【例 7-10】   在 ECC 标准算法 p1707 中,对椭圆曲线的建议参数为:$a=0,b=7,p=17$。因此,可以将式(7-8)简化为 $y^2=x^3+7 \pmod{17}$。

以上简化公式中,椭圆曲线上的有限域点为 $\{x,y\}$,x、y 是 $[0,p-1]$ 的整数。

(2) ECC 算法标准。并非所有的椭圆曲线都适用于加密,不同的 ECC 算法有不同的安全等级、不同的算法性能、不同的密钥长度等。常见的 ECC 算法标准有 curve secp192r1 (192 位密钥)。

3. 简化的 ECC 算法公式

为了简单说明 ECC 算法原理,我们将 ECC 算法 P 点计算式(7-8)简化如下:

$$P=kG \tag{7-9}$$

式中,P 是椭圆曲线上的点 (x,y),即公钥—私钥对;G(公钥)是椭圆曲线上的起点,是一个常数;k(私钥)是一个整数,可以理解为在椭圆曲线上的跳跃次数。

例如,ECC 算法为 $y^2=x^3+x+6 \pmod{11}$ 时,在椭圆曲线上生成的密钥为 $P=(2,7)$;这时用户的公钥为 $P_x=2$,用户的私钥为 $P_y=7$。

4. ECC 算法原理

如图 7-30 所示,先在椭圆曲线上找到一个特定点 Q,然后用点函数(如 dot())在椭圆曲线上找到另外一个新点 P',接着重复使用点函数,在曲线上不断跳跃,跳跃 k 次后,停留在最后的终点 P。

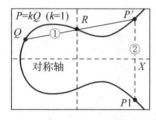 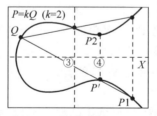 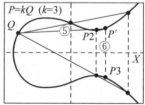

图 7-30   椭圆曲线密码计算过程

【例 7-11】   椭圆曲线如图 7-30 所示,其中 Q 是起点,R 是中间点,X 是对称轴,P 是点函数计算出的密钥对 $P(x,y)$。P 点计算步骤如下。

(1) 从椭圆曲线起点 Q 开始,用点函数求出 R 和 P' 点的位置,$P'=\text{dot}(Q,R)$。

(2) 求出 P' 点与 X 轴的反射点 $P1$(这时 $k=1$)。

(3) 从 Q 点开始,用点函数求出 P' 点位置,$P'=\text{dot}(Q,P1)$。

(4) 求出 P' 点与 X 轴的反射点 $P2$(这时 $k=2$)。

（5）从 Q 点开始，利用点函数求 P' 点的位置，$P'=\text{dot}(Q,P2)$。

（6）求出 P' 点与 X 轴的反射点 $P3$（这时 $k=3$，终点）。

由例 7-11 可以看出，如果知道起点 Q，以及跳数 k，那么可以简单地计算出终点 $P3$。如果仅仅知道起点 Q 和终点 $P3$，要知道跳数 k 几乎是不可能的。

5. ECC 算法案例

对 ECC 算法编程时，可以安装软件包 tinyec。软件包 tinyec 包含了很多椭圆曲线算法的计算公式和参数，而且 tinyec 软件包没有依赖关系。安装方法如下。

>	pip install − i https://pypi.tuna.tsinghua.edu.cn/simple tinyec	# 版本 0.4.0

【例 7-12】 用 ECC 算法生成公钥—私钥对。Python 程序如下。

```
1    from tinyec import registry                         # 导入第三方包
2
3    curve = registry.get_curve('brainpoolP256r1')        # 参数 brainpoolP256r 为 256 位算法
4    print('椭圆曲线密钥生成公式：', curve)                 # 打印 ECC 算法公式
5    print('数字 = 跳数；G = 起点；P(x, y) = 公钥 – 私钥对')
6    for k in range(0, 10):                               # 循环计算 10 个 P 点(公钥 – 私钥对)
7        p = k * curve.g                                  # 计算椭圆曲线上的 p 点
8        print(f'{k} * G = \n ({p.x}, {p.y})')            # 打印 k,G,P(x, y)
```

```
>>>  椭圆曲线密钥生成公式: " brainpoolP256r1 " = > y ^ 2 = x ^ 3 +
56698187605326110043627228396178346077120614539475214109386828188763884139993x +
17577732497321838841075697789794520262950426058923084567046852300633325438902（mod
76884956397045344220809746629001649093037950200943055203735601445031516197751)
......
```

6. 椭圆曲线密码的优点

在 $P=kG$ 中，已知 k、G 时，计算 $P(x,y)$ 非常容易；而已知公钥 P_x 和 G 时，计算私钥 k 和 P_y 非常困难。

7. 椭圆曲线密码的缺陷

（1）椭圆曲线的数学原理不是很好理解（如阿贝尔群、点加、点乘等），ECC 比 RSA 复杂很多，复杂带来的好处是加密性能提升，但同时也会潜藏一些问题。

（2）椭圆曲线并不是一个真正意义的椭圆，它是一个随参数变化而不断变化的曲线。不同的参数选择会出现不同的曲线，不同的曲线会形成不同的算法标准。目前流行的 ECC 算法标准由美国国家安全局发布，很多人质疑这个标准被植入了后门。

（3）基于 ECC 的使用方式，有人申请了很多专利。有些专利已经授权给私营组织和美国国家安全局使用。这使得一些开发者担心他们的使用是否会侵犯这些专利。

7.3.4 哈希函数

1. 哈希函数特征

哈希（Hash）是把任意长度数据的输入，通过哈希算法，变换成固定长度输出的哈希值（见图 7-31）。通常哈希值的空间远小于输入数据的空间。哈希函数为

$$H = \text{Hash}(M) \tag{7-10}$$

式中，H 是长度固定的哈希值（又称散列值），Hash() 是哈希函数，M 是明文。

哈希函数又称杂凑函数，常用的哈希函数有报文摘要（message digest，MD，如 MD5）、

安全哈希算法(secure Hash algorithm,SHA)等。MD5 就是通过哈希函数,将任意长度的消息映射为固定长度(128b)的短消息。哈希函数具有以下特征。

(1)单向不可逆性。**哈希函数只有单向映射过程,没有逆向还原过程**,即无法通过哈希值还原明文(见图 7-32)。这相当于只有加密,没有解密,也没有密钥。

(2)可重复性。**相同输入经过同一哈希函数运算后,将得到相同的哈希值**;但并不是哈希值相同时,输入信息也相同。

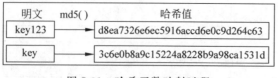

图 7-31　哈希函数映射过程

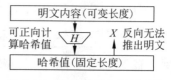

图 7-32　哈希值单向不可逆性

(3)抗冲突性。输入不同的数据,经过同一哈希函数运算后,产生的哈希值不能相同,如果哈希值相同则意味着产生了冲突。

2. 哈希函数的构造

构造哈希函数的方法很多,如模运算法、折叠法、随机数法、混合法等。模运算法是选择一个较大的素数 p(p 为素数时不易产生冲突),令 $H = M \bmod p$。

【**例 7-13**】　用户密码明文为"key123",用简单模运算法计算明文的哈希值。

案例分析:查找明文 ASCII 码("k"=75,"e"=101,"y"=121,"1"=49,"2"=50,"3"=51),对 ASCII 码进行累加("key123"=447);然后对累加和进行模运算,假设模取素数 $p=53$(实际应用会取一个 30 位以上的十进制大素数),则明文的哈希值为 447 mod 53 =23。

【**例 7-14**】　生成字符串"key123"的 MD5 值,Python 程序如下。

```
1    import hashlib                              # 导入标准模块
2    def md5(s):                                 # 定义 MD5 函数
3        m = hashlib.md5( )                      # 调用哈希函数模块
4        m.update(s.encode(encoding = 'utf - 8'))  # 字符串生成 MD5 哈希值
5        return m.hexdigest( )                   # 返回十六进制 MD5 值
6    print(md5('key123'))                        # 显示字符串的 MD5 值
>>>  d8ea7326e6ec5916accd6e0c9d264c63           # 输出固定长度的十六进制 MD5 值
```

3. 哈希函数的冲突

采用同一个哈希函数对不同数据求哈希值时,有可能会产生相同的哈希值,这在密码学上称为冲突或碰撞。如例 7-13 中,如果明文为"ABC135",则 ASCII 码累加和=81+82+83+65+67+69=447。如果采用例 7-13 中的模运算方法求哈希值,就会与明文"key123"的哈希值产生冲突;如果采用例 7-14 中的 MD5 哈希函数算法,则不会产生冲突。可见不好的哈希函数会造成很多冲突。

设计哈希函数应当尽力避免冲突。虽然理论上可以设计出一个没有冲突的哈希函数,然而并不值得这样做,因为设计这样的函数很浪费时间,且编码非常复杂。因此,设计哈希函数时既要将冲突减少到最低限度,也要易于编码、易于实现。

4. 哈希函数的应用

(1)哈希函数在云存储中的应用。

【**例 7-15**】　一些网站(如百度云盘等)提供用户大容量的存储空间(如数 TB 以上),这样,不同用户可能会将同一个文件(如某个电影文件)保存在云盘空间,这不仅浪费存储空间,也会降低查找效率。解决方法是对用户上传的每一个文件,通过哈希函数生成一个数字指纹(如 MD5 值)。其他用户上传文件时,首先计算用户本地上传文件的数字指纹,然后在云存储服务器端的数据库中检查这个数字指纹是否已经存在,如果数字指纹已经存在,就只需要保存用户信息和服务器文件存储位置信息,这大幅降低了云服务器端文件的存储空间和用户大文件的上传时间(俗称秒传)。

(2) 哈希函数在身份鉴别中的应用。

【例 7-16】 用户登录计算机(或自动柜员机等终端)时,首先输入他设置的密码,然后计算机确认密码是否正确。这时用户和计算机都知道这个密码,这种密码存储方式存在很大的安全隐患,如果黑客窃取了用户密码,将对信息安全带来危害。其实,计算机没有必要知道用户密码,计算机只需要区别有效密码和无效密码即可,可以用哈希函数来鉴别用户身份。可以在数据库中存储用户密码的 MD5 值,用户登录时,系统将用户输入的密码进行 MD5 运算,然后再与系统中保存的密码 MD5 值进行比较,从而确定输入密码是否正确。系统在并不知道用户密码的情况下,就可以验证用户的合法性。

7.3.5　密码破解

不是所有密文破译都有意义,当破译密文的代价超过加密信息的价值,或破译密文所花时间超过信息的有效期时,密文破译工作会变得没有价值。从黑客角度来看,主要有三种破译密码的方法:密钥搜索、密码词频分析、社会工程学方法。

1. 密码暴力破解

登录系统时一般要求输入密码,我们随便输入一个,居然蒙对了,这个概率就和买 2 块钱彩票中 500 万大奖一样低。但是如果连续测试 1 万个,10 万个,甚至 100 万个密码,那么猜对的概率是不是就大幅增加了呢? 当然不能用人工进行密码猜测,而是利用程序进行密码自动测试。这种利用计算机连续测试海量密码的方法称为暴力破解。

从实用角度看,采用单台高性能计算机进行密钥破解时,40b 密钥需要 3h 来破译;41b 需要 6h,42b 需要 12h,每增加 1b,破译时间增加 1 倍。

如果用户对密码设置的概率分布不均匀,例如,有些密码的符号组合根本不会出现,而另一些符号组合经常出现,密码的有效长度就会减小很多。例如,用户采用 8 位随机数字作密码时,可能的密码组合有 10^8 种;如果用户采用 8 位数字的生日作密码,则年的数字可以控制在 1900~2025,月的数字在 1~12,日的数字在 1~31,可能的密码组合仅有(2025－1900)×12×31＝46 500 种,这大幅减少了密码破解的计算量。

2. 密码字典式破解

密码字典是将大量常用密码(如日期、电话号码等)存放在一个文件里,解密时利用程序对密码字典里的密码进行穷举匹配计算,达到破解密码的目的。如果每个密码的长度不超过 8 个英文字符,则有 100 万个密码的字典文件仅为 8MB 左右。如果黑客得到了带密码口令而内容没有加密的文件(如带加密口令的 WinRAR 压缩文件),就可以用密码字典对文件进行密码匹配破解,它的破解成功率令人吃惊。

3. 密码词频分析破解

如果密钥长度是决定加密可靠性的唯一因素,也就不需要专家来研究密码学,只要用尽可能长的密钥就能保证信息安全了,可惜实际情况并非如此。在不知道密钥的情况下,利用数学方法破译密文或找到密钥的方法称为密码分析。密码分析学有两个基本目标,一是利用密文发现明文;二是利用密文发现密钥。

在一份给定的文件里,词频(TF)指某一个给定词语在该文件中出现的次数。经典密码分析学的基本方法是词频分析。在自然语言里,有些字母比其他字母出现的频率更高。由计算机对庞大的文本语料库进行统计分析,可得出精确的字母平均出现频率(见表 7-3)。统计表明,英语中使用最多的 12 个字母占了字母总使用次数的 80% 左右;英语字母 e 是文本中出现频率最高的字母;th 两个字母连起来是最有可能出现的字母对。例如,假设密文没有隐藏词频统计信息,在字母替换加密中,每个字母只是简单地替换成另一个字母,那么在密文中出现频率最高的字母就最有可能是 e。例如,图灵研制的密码炸弹(Bomba)计算机就采用了词频分析的算法思想。

表 7-3　英语文本中字母出现的频率　　单位:%

字母	首字母	平均	字母	首字母	平均	字母	首字母	平均
a	**11.602**	**8.167**	j	0.597	0.153	s	7.755	6.327
b	4.702	1.492	k	0.590	0.772	**t**	**16.671**	**9.056**
c	3.511	2.782	l	2.705	4.025	u	1.487	2.758
d	2.670	4.253	m	4.374	2.406	v	0.649	0.978
e	**2.007**	**12.702**	n	2.365	6.749	w	6.753	2.360
f	3.779	2.228	o	6.264	7.507	x	0.037	0.150
g	1.950	2.015	p	2.545	1.929	y	1.620	1.974
h	7.232	6.094	q	0.173	0.095	z	0.034	0.074
i	6.286	6.966	r	1.653	5.987			

注:统计语料库不同,频率值会有细微差别。

4. 社会工程学密码破解

除了对密钥的穷尽搜索和密码分析外,黑客经常利用社会工程学破译密码。社会工程学是世界头号黑客凯文·米特尼克(Kevin David Mitnick,第一个被美国联邦调查局通缉的黑客)在《欺骗的艺术》一书中提出的攻击方法。**黑客可能针对人机系统的弱点进行攻击,而不是攻击加密算法本身**。例如,可以欺骗用户,套出密钥;在用户输入密钥时,应用各种技术手段偷窃密钥;利用软件设计中的漏洞;对用户使用的加密系统偷梁换柱;从用户工作和生活环境中获得未加密的信息(如垃圾分析);让通信的另一方透露密钥或信息;胁迫用户交出密钥;等等。虽然这些方法不是密码学研究的内容,但对于每一个使用加密技术的用户来说,都是不可忽视的问题,甚至比加密算法更为重要。

7.3.6　安全计算

1. 同态加密的算法思想

1999 年,在 IBM 研究院做暑期学生的克雷格·金特里(Craig Gentry)发明了同态加密算法。它的算法思想是:加密操作为 E,明文为 m,加密得 e,即 $e=E(m),m=E'(e)$。已知针对明文有操作 f(假设 f 是个很复杂的操作),针对 E 可构造 F,使得 $F(e)=E(f(m))$,这样 E 就是一个针对 f 的同态加密算法。有了同态加密,我们就可以把加密得到的 e 交给第三方,第三方进行操作 F,我们拿回 $F(e)$ 后,解密后就得到了 $f(m)$。同态加密保证了第三方仅能处理数据,而对数据的具体内容一无所知。同态加密计算过程如图 7-33 所示。

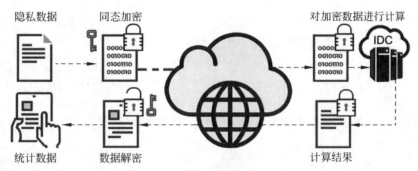

图 7-33　同态加密计算过程

简单地说,同态加密就是:可以对加密数据做任意功能的运算,运算结果解密后是相应于对明文做同样运算的结果。同态性包括四种类型:加法同态、乘法同态、减法同态和除法同态。同时满足加法同态和乘法同态称为全同态。对计算机来说,实现了全同态就可以实现所有操作的同态性。

2. 同态加密过程

下面选择一个相对容易理解的案例对同态加密过程进行说明。

假设 $p \in \mathbf{N}, p$ 是一个大素数,作为密钥。a 和 b 是任意两个整数的明文,满足

$$a' = a + (r \times p) \tag{7-11}$$

式中,a' 作为密文;$r \in \mathbf{N}, r$ 是任意小整数。

对第三方密文运算结果进行解密时

$$a + b = (a' + b') \bmod p \tag{7-12}$$

$$a \times b = (a' \times b') \bmod p \tag{7-13}$$

从式(7-12)和式(7-13)可以看出,解密就是对密文运算结果求模,余数就是明文运算的值。

3. 程序设计案例:同态加密

【例 7-17】　设明文数据为:$a=5, b=4$。用户将数据加密为 a'、b',加密参数为 $p=23$、$r1=6, r2=3$。用户将加密后的数据交由第三方进行加法和乘法运算,即 $a'+b'$、$a' \times b'$。

解题算法思想如下。

根据式(7-11),用户加密后的密文数据为:$a'=5+(6 \times 23)=143$;$b'=4+(3 \times 23)=73$。

第三方对密文进行加法运算后结果为:$a'+b'=143+73=216$。

第三方对密文进行乘法运算后结果为:$a' \times b'=143 \times 72=104\,39$。

运算结果返回后,用户根据式(7-12),对加法运算结果解密后为:216 mod 23=9。

根据式(7-13),用户对乘法运算结果解密后为:10439 mod 23=20。

【例 7-18】　$d1=520, d2=1314$,同态加密方法计算 $d1 \times d2$ 值。Python 程序如下。

1	`import rsa`	# 导入第三方包
2	`import rsa.core`	# 导入第三方包
3		

274

4	(public_key, private_key) = rsa.newkeys(512)	# 生成 512 位的公钥和私钥
5	encrypto1 = rsa.core.encrypt_int(520, public_key.e, public_key.n)	
		# 对数字 d1 用公钥加密
6	print('加密 d1:', encrypto1)	# 打印公钥加密后的数字 d1
7	encrypto2 = rsa.core.encrypt_int(1314, public_key.e, public_key.n)	
		# 对数字 d2 用公钥加密
8	print('加密 d2:', encrypto2)	# 打印公钥加密后的数字 d2
9	s = encrypto1 * encrypto2	# 同态加密计算(可由第三方计算)
10	print('d1 * d2 的加密值为:', s)	# 打印加密计算结果
11	decrypto = rsa.core.decrypt_int(s, private_key.d, public_key.n)	
		# 用私钥解密计算结果
12	print('d1 * d2 的解密值为:', decrypto)	# 打印解密后的计算结果
>>>	加密 d1: 398396 … 412902	# 加密后数据 d1(154 位)
	加密 d2: 505956 … 932153	# 加密后数据 d2(154 位)
	d1 * d2 的加密值为: 579629 … 710108	# 加密后计算结果(307 位)
	d1 * d2 的解密值为: 683280	# 解密后计算结果(6 位)

程序第 4 行,public_key 为公钥;private_key 为私钥。

程序第 5 行,语句 rsa.core.encrypt_int() 为加密数据;参数 520 为需要加密的明文;public_key.e 和 public_key.n 为加密公钥。

程序第 11 行,语句 rsa.core.decrypt_int() 为解密数据;参数 s 为解密密文;private_key.d 为解密私钥;public_key.n 为解密公钥。

4. 同态加密的应用

【例 7-19】 医疗机构有义务保护患者隐私,但是他们数据处理能力较弱,需要第三方实现数据处理分析,以达到更好的医疗效果。他们需要委托有较强数据处理能力的第三方实现数据处理(如云计算中心),而直接将数据交给第三方是不道德的,也不被法律所允许。在同态加密算法下,医疗机构可以将加密后的数据发送至第三方;第三方对加密数据处理完成后,返回结果给医疗机构;医疗机构对处理结果进行解密,就得到了真实的计算结果。在以上数据处理过程中,第三方并不知道真实的数据内容。

【例 7-20】 2011 年,克雷格·金特里在 IBM 对 3MB 数据进行了测试,密钥大小为 8192b,密钥生成时间 10s,同态加密时间 0.7s,同态加密数据乘法运算时间 0.12s。

5. 零知识证明的算法

零知识证明由麻省理工学院密码学家戈德瓦瑟(Shafi Goldwasser)等在 1985 年提出。它是指证明者能够在不向验证者提供任何有用信息的情况下,使验证者相信某个论断是正确的。零知识证明实质上是一种涉及两方或多方的协议,即两方或多方完成一项任务所需采取的一系列步骤。证明者向验证者证明并使其相信自己知道或拥有某一消息,但证明过程不能向验证者泄露任何关于被证明消息的信息。大量事实证明,零知识证明在密码学中非常有用。如果将零知识证明用于身份验证,可以有效地解决许多问题。

【例 7-21】 如图 7-34 所示,Alice 在打开的保险柜中放入一份文件,再关闭保险柜。Alice 要求 Bob 将保险柜中文件拿出来。Bob 要求 Alice 离保险柜远一点距离,以免保险柜钥匙泄露;然后 Bob 用钥匙打开保险柜的门,把文件拿出来出示给 Alice,从而证明自己确实拥有保险柜的钥匙。这个方法就属于零知识证明,它的优点是在整个证明过程中,Alice 始终不能看到钥匙,从而避免了钥匙的泄露。

| Alice将文件放入保险柜 | Alice：请拿出文件 Bob：可以 | Bob取出文件 Alice回避 |

图 7-34　零知识证明过程

6. 零知识证明案例

【例 7-22】　欧洲文艺复兴时期，意大利数学家塔尔塔里亚（Tartaglia）和菲奥（Fiorentini）都宣称自己掌握了一元三次方程求解公式。两个数学家都不愿意把求解公式的具体内容公布出来，为竞争发现者的桂冠、为了证明自己没有说谎，他们摆开了擂台。比赛于 1525 年在威尼斯举行，双方各出 30 个一元三次方程给对方解，谁能全部解出，就说明谁掌握了求解公式。比赛结果显示，塔尔塔里亚以 2h 解决菲奥提出的 30 个问题而胜利，而菲奥一个也解不出。于是人们相信塔尔塔里亚是一元三次方程求解公式的真正发明者，虽然当时除了塔尔塔里亚外，谁也不知道这个公式到底是个什么样子。

【例 7-23】　假设 A 证明了一个世界数学难题，但在论文发表之前，他需要找个泰斗级的数学家审稿，于是 A 将论文发给了数学泰斗 B。B 看懂论文后却动了歪心思，他把 A 的论文材料压住，然后将证明过程以自己的名义发表，B 名利双收，A 郁郁寡欢。如果 A 去告 B 也无济于事，因为学术界更相信数学泰斗，而不是 A 这个无名之辈。

案例分析：如果 A 利用零知识证明的计算思维，就不会出现以上尴尬局面。利用零知识的分割和选择协议，A 公开声称解决了这个数学难题，A 找到验证者 C（另一个数学权威），请他验证自己的发明，C 会给 A 出一个其他题目，做出这道题目的前提条件是已经解决了那个数学难题，否则题目无解，C 给出的题目称为平行问题。如果 A 将这个平行问题的解做出来了，但验证者 C 还是不相信，C 又出了一道平行问题，A 又做出解。多次检验后，验证者 C 就确信 A 已经解决了那个数学难题，虽然 C 并没有看到具体的解题方法。从以上讨论可以看出，**零知识证明需要示证者和验证者的密切配合。**

习　题　7

7-1　简要说明计算机网络的定义。

7-2　简要说明广域网的特点。

7-3　为什么说机器之间的信息传输体现了大问题的复杂性。

7-4　简要说明 TCP/IP 网络协议的层次。

7-5　外部对计算机的主要入侵形式有哪些？

7-6　简要说明 SDN 的设计思想。

7-7　开放题：为什么小型网络都是星形或树状结构，而大型网络都是环形结构？

7-8　开放题：例 7-16 中，不同用户的密码相同时，会产生哈希值冲突问题吗？

7-9　开放题：为什么防火墙不对数据包的内容进行扫描，查出潜在的计算机病毒？

7-10　实验题：参考本书程序案例，生成字符串的哈希值。

网络通信和信息安全

第8章　计算领域的技术热点

现代计算技术的发展不到百年,很多原理、技术、应用等方面的研究还在不断探索之中。计算行业有一个大家达成了共识的经验:专家们很难预计五年后计算技术的发展方向。目前来看,人工智能、大数据、物联网、云计算、量子计算、计算社会学、区块链、移动计算等,都是影响较大的技术热点。

8.1　人工智能技术

人工智能的研究最早起源于英国科学家阿兰·图灵。1955 年,斯坦福大学计算科学专家约翰·麦卡锡(John McCarthy)在美国达特茅斯会议上第一次提出了人工智能(artificial intelligence,AI)的概念。人工智能的研究经历了从以逻辑推理为重点发展到以知识规则为重点,再发展到目前的以机器学习为重点的过程。

8.1.1　图灵测试

1. 图灵测试的方法

机器能思考吗? 最早研究这个问题的人有莱布尼茨、巴贝奇和爱达。图灵则提出了一个著名的思想实验,这就是图灵测试。1947 年,图灵在一次学术会议上作了题为"智能机器"的报告,详细地阐述了他关于思维机器的思想,第一次从科学的角度指出:与人脑的活动方式极为相似的机器是可以制造出来的。1950 年,图灵发表了著名的论文"计算机器与智能",逐条反驳了机器不能思考的各种论点,给出了肯定的回答。图灵在论文中提出了著名的图灵测试。图灵的论文标志着人工智能问题研究的开始。

图灵测试由 3 个人来完成:一个男生(A)、一个女生(B)、一个性别不限的提问者(C)。提问者待在与其他两个回答者相隔离的房间里。图灵测试没有规定问题的范围和提问的标准。测试方法是让提问者对其他两人进行提问,通过他们的回答来鉴别回答问题的人是男生还是女生。为了避免提问者通过声音、语调轻易地作出判断,规定提问者和回答者之间只能通过电传打字机进行沟通(见图 8-1)。

如图 8-1 所示,如果将上面测试中的男生(A)换成机器,提问者将在机器与女生的回答中作出判断,如果机器足够聪明,就能够给出类似于人类思考后得出的答案。如果在 5min 的交谈时间内,人类裁判没有识破对方,那么这台机器就算通过了图灵测试。图灵指出:如果机器在某些现实条件下,能够非常好地模仿人回答问题,以致提问者在相当长时间里误认为它不是机器,那么机器就可以认为是能够思维的。

图 8-1　图灵测试示意图

2. 图灵测试的尝试与实现

图灵测试不要求接受测试的机器在内部构造上与人脑一样,它只是从功能的角度来判定机器是否能思维,也就是从行为主义的角度对机器思维进行定义。图灵预言,2000 年前后将会出现足够好的计算机,在长达 5min 交谈中,人类裁判在图灵测试中的准确率会下降到 70%或更低(或说机器欺骗成功率达到 30%以上)。

【例 8-1】　2014 年,在国际图灵测试挑战赛中,俄罗斯人弗拉基米尔·维西罗夫(Vladimir Veselov)设计的人工智能软件尤金·古斯特曼(Eugene Goostman)通过了图灵测试。这个程序欺骗了 33%的评判者,让其误以为屏幕另一端是一位 13 岁的乌克兰男孩。尤金程序在 150 场对话里,骗过了 30 个评委中的 10 个。

【例 8-2】　在博弈领域,图灵测试也取得了成功。1997 年,IBM 公司的深蓝计算机战胜了俄罗斯国际象棋世界冠军卡斯帕罗夫(Гарри Кимович Каспаров)。深蓝计算机与卡斯帕罗夫的博弈中,它采用了最笨、最简单的办法:**搜索再搜索,计算再计算。我们可以嘲笑计算机的愚蠢,但必须承认它很有效。计算机试图用一种勤能补拙的方式与人类抗衡。**计算机将最简单的逻辑重复重复再重复,来模拟人类的智力分析过程。

【例 8-3】　2016 年,谷歌公司开发的阿尔法狗(AlphaGo)围棋程序与围棋世界冠军李世石(韩国)进行人机大战,并以 4:1 的总分获胜;2017 年初,AlphaGo 在网站上与中日韩数十位围棋高手进行快棋对决,连续 60 局无一败绩。AlphaGo 程序的核心技术是**蒙特卡洛树搜索+深度机器学习。**如图 8-2 所示,它成功的秘诀是巧妙地利用了两个深度机器学习模型,一个用于预测下一个落子的最佳位置,另一个用于判断棋局形势。预测的结果降低了搜索宽度,而棋局形势判断则减小了搜索深度。深度机器学习技术从人类的经验中学习到了围棋的棋感和大局观这种主观性很强的经验。

3. 人工智能的定义

人工智能的定义可以分为人工和智能两部分,人工比较好理解,争议也不大;关于什么是智能,争议就多了。智能涉及意识、自我、心灵、无意识等精神问题。目前我们对自身智能的理解非常有限,对构成人类智能的必要元素也了解有限,所以很难准确定义人工制造的智能。计算科学专家麦卡锡在 1956 年提出了人工智能的早期定义:**人工智能就是要让机器的行为看起来像是人所表现出的智能行为一样。**人工智能的先驱们有一个美好的愿望,希望机器像人类一样思考,但是别像人类一样犯错。

8.1.2　研究流派

人工智能研究领域的三大学派为符号主义学派、连接主义学派和行为主义学派。

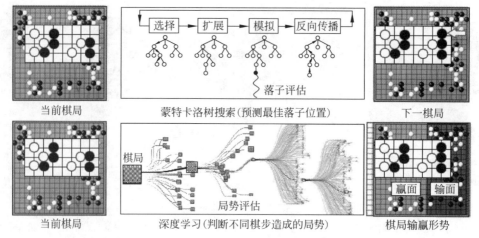

图 8-2 蒙特卡洛树搜索＋深度机器学习棋局预测

1. 符号主义学派

符号主义又称逻辑主义。符号主义学派认为，**人类认知和思维的基本单元是符号，而认知过程就是在符号表示上的一种运算**。从符号主义的观点看，知识是构成智能的基础，知识表示、知识推理、知识运用是 AI 的研究核心。符号主义希望通过对符号的演绎和逆演绎进行结果预测。如图 8-3 所示，符号主义认为可以根据 $2+2=?$ 来预测 $2+?=4$ 中的未知项。符号主义的应用还有决策树(见图 8-4)、知识图谱(见图 8-5)等。符号主义的思想源头和理论基础是定理证明，初衷是把逻辑演算自动化。简单地说，符号主义的思想可以归结为认知即计算。

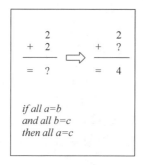

图 8-3 逻辑推理

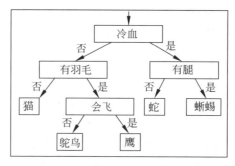

图 8-4 决策树

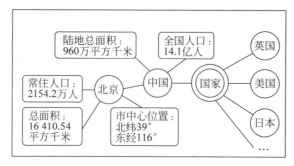

图 8-5 知识图谱

1957 年,艾伦·纽厄尔(A. Newell)和西蒙(H. A. Simon)等研究成功了第一个数学定理证明程序——逻辑理论家(LT)。LT 程序证明了 38 条已经存在的数学定理,这表明可以用计算机来模拟人类的智能活动。1968 年,美国斯坦福大学的费根鲍姆(E. A. Feigenbaum)等在总结通用问题求解系统的成功与失败经验的基础上,研制成功了世界上第一个专家系统 DENDRAL,它用于帮助化学家判断某个待定物质的分子结构。

符号主义学派的发展经历了谓词逻辑(如定理自动证明)→产生式规则(如语言翻译)→语义网络(如专家系统)→知识工程(如知识图谱)等过程,为人工智能的发展作出了重要贡献。符号主义不要求搞清大脑的工作原理,这避免了复杂性。符号主义从最少数量的假设和公理出发,用逻辑演绎推理的方法解释最大量的经验事实。但是,符号主义遇到了不确定事物知识表示的难题。研究者们发现,人工的知识特征局限性过大,要总结出知识系统实在太难了。符号主义很难说清楚规则演绎与人类行为上的关联。

2. 连接主义学派

连接主义(又称仿生学派)的主要方法是采用人工神经网络(ANN,以下简称"神经网络")模型来模拟人的直观思维方式。1943 年,生物学家麦卡洛克(Warren McCulloch)和数理逻辑学家皮茨(Walter Pitts)发表了论文《神经活动中内在思想的逻辑演算》(*A Logical Calculus of the Ideas Immanent in Nervous Activity*),论文提出了神经元的数学模型 M-P,它模拟了生物神经网络的结构(见图 8-6)。神经元数学模型也一直沿用至今(见图 8-7)。1982 年,约翰·霍普菲尔德(John Hopfield)发明了 Hopfield 递归神经网络。1986 年,鲁梅尔哈特(Rumelhart)等提出了多层网络中的反向传播(BP)算法。

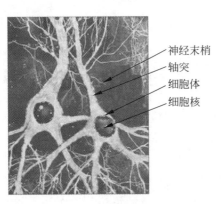

图 8-6　生物神经网络

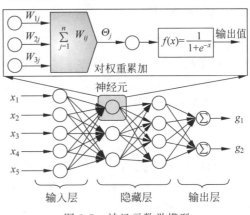

图 8-7　神经元数学模型

连接主义认为智能活动是由大量简单的单元,通过复杂的连接后并行运算的结果。神经网络由一层一层的神经元构成,层数越多(隐蔽层),网络越深,**所谓深度学习就是用很多层神经元构成的神经网络达到机器学习的功能**。神经网络试图通过使用一些数学模型进行数据训练,不断改善模型中的参数,直到输出结果符合预期。简单地说,连接主义的思想可以归结为智能源于学习。

神经网络的特色在于信息的分布式存储和并行协同处理。国际象棋的博弈过程就类似一个神经网络。神经网络代表性研究成果是 AlphaGo 围棋程序。

3. 行为主义学派

1948 年,数学家维纳(Norbert Wiener)出版了奠基性著作《控制论》,它标志着控制论的

计算领域的技术热点

诞生。行为主义又称控制论学派。**行为主义认为,智能行为的基础是感知—行动的反应机制**。所以,智能无须知识表示,无须推理。智能只是在与环境交互作用中表现出来,**智能需要具有不同的行为模块与环境交互,以此来产生复杂的行为**。

行为主义的目标是预见和控制行为。它们把注意力集中在现实世界中可以自主执行各种任务的物理系统,如移动的机器狗(见图 8-8)、工业机器人等(见图 8-9)。

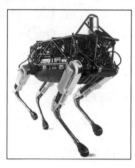
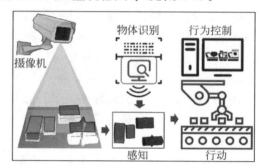

图 8-8　移动的机器狗　　　　图 8-9　工业机器人的"感知—行动"过程

行为主义学派的代表作是布鲁克斯(Brooks)教授制作的六足行走机器人,它是一个基于感知—行动模式,模拟昆虫行为的控制系统。布鲁克斯认为,机器人设计只需要感知—行动两个步骤。机器人在给定时间和环境中,根据它接收信息的不同,选择适当的行为。从本质上看,机器人的行为类似一个巨大的有限状态自动机。

8.1.3　机器学习

1. 机器学习的案例

计算机的能力是否能超过人类? 很多持否定意见的人(如爱达·洛芙莱斯)主要论据是:**机器是人造的,其性能和动作完全由设计者规定,因此无论如何能力也不会超过设计者本人**。这种意见对不具备学习能力的计算机来说也许是正确的,但是对具备学习能力的计算机就值得另外考虑了,因为具有学习能力的计算机可以在应用中不断提高它们的智能性,过一段时间之后,设计者本人也不知道它的能力到了何种水平。

【例 8-4】 1950 年前后,美国 IBM 公司工程师塞缪尔(Arthur Lee Samuel)设计了一个跳棋程序,这个程序具有学习能力,它可以在不断的对弈中改善自己的棋艺。跳棋程序运行于 IBM704 大型通用电子计算机中,塞缪尔称它为跳棋机。跳棋机可以记住 17 500 张棋谱,实战中能自动分析猜测哪些棋步源于书上推荐的走法。首先塞缪尔自己与跳棋机对弈,让跳棋机积累经验;1959 年跳棋机战胜了塞缪尔本人;1962 年又赢得了一场对前康涅狄格州跳棋冠军的比赛;后来它终于被世界跳棋冠军击败。这个程序向人们展示了机器学习的能力,提出了许多令人深思的社会与哲学问题。

2. 机器学习的基本特征

计算科学专家西蒙(Simon Haykin)教授曾对机器学习下了一个定义:**如果一个系统能够通过执行某个过程来改进性能,那么这个过程就是学习**。在具体形式上,机器学习可以看作一个数学模型(如函数),通过对大量输入数据进行处理(数据训练),获得一些很好的特征参数(如人脸分类器),然后利用这个模型和特征参数,对新输入的数据进行预测(如人物识别、语言翻译等),并获得比较满意的预期结果。

传统计算机的工作是遵照程序指令一步一步执行,过程明确。而机器学习是一种让计算机利用数据而不是指令进行工作的方法。例如,一个用来识别手写数字的分类算法,通过大样本数据训练后(例如,文字识别中汉字偏旁部首特征的数据训练),不用修改程序代码就可以用来将电子邮件分为垃圾邮件和普通邮件。算法没有变,但是输入的训练数据变了,因此机器学习到了不同的分类逻辑。

机器学习的核心思想是统计和归纳。机器学习往往会涉及大量线性代数、矩阵计算、卷积计算、寻找非线性函数的最小值等问题,而这些问题往往会占用大量的计算资源。机器学习中,模型给出的预测结果也不一定可靠,各种因素会导致输出结果的不确定性。随着数据精度的提升,不确定性带来的计算量也会进一步增大。从数学角度看,如何量化这种不确定性,降低计算资源的浪费,这涉及概率统计和数值分析的理论和方法。

3. 机器学习的过程

机器学习通过大样本数据,训练出模型,然后用模型预测事物或识别对象。机器学习过程中,首先需要在计算机中存储大量历史数据。然后将这些数据通过机器学习算法进行处理,这个过程称为训练,处理结果(识别模型)可以用来对新测试数据进行预测。机器学习的流程是:获取数据→数据预处理→训练数据→创建模型→预测对象。例如,Google 为了训练系统能识别图片中的猫,他们在 16 000 台计算机组成的集群中,测试了 1000 万张从 Youtube 网站中得到的猫图片。机器学习有监督式机器学习和非监督式机器学习。在监督式机器学习中,每组训练数据都有一个标签(分类名称),例如,手写数字识别训练中,每个手写符号都标注了 0,1,2,…等分类名称(标签)。在无监督学习中,训练数据没有标签,样本数据的类别需要根据它们之间的相似性进行分类或聚类。

【例 8-5】 如图 8-10 所示,手写数字识别的机器学习步骤如下。

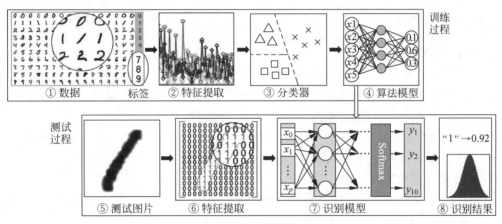

图 8-10　手写数字识别的机器学习过程

(1) 手写数字识别需要一个数据集,假设数据集为 160 个数据样本;数据集对手写数字图像打上标签(标签即分类名称,如 0,1,2,…,9)。

(2) 通过算法对数据集的 10 个数字进行特征数据提取(例如,每一行中 0 或 1 的个数和出现频率,这一过程称为训练)。

(3) 通过特征数据创建一个分类器(特征数据集,一般为 XML 文件)。

(4) 由分类器创建一个手写数字的算法模型(如神经网络模型)。

（5）输入一个新的手写数字（测试图片，如手写数字 1）。

（6）对输入图片的数字进行特征提取，虽然新写数字与数据集中的数字不完全一模一样，但是特征高度相似。

（7）分类器和算法模型对输入的测试数据进行识别。

（8）识别模型最终给出这个数字为某个数字（如 1）的概率值（如 0.92）。

从以上过程可以看出，**机器学习的主要任务就是分类**。数据训练和数据测试都是为了提取数据特征，便于按标签分类。识别模型和分类器也是为了分类而设计。

4. 深度学习

深度机器学习（以下简称深度学习）的概念源于神经网络研究，一般有 1～5 个隐藏层的神经网络称为浅层神经网络，隐藏层超过 5 层就称为深度神经网络（目前最深的案例达到了 135 层），利用深度神经网络进行特征识别就称为深度学习（**DNN**）。卷积神经网络（CNN）和循环网络（RNN）的结构一般都很深，因此不需要特别指明深度。

深度学习通过组合低层特征来形成抽象的高层特征，以发现数据的分布特征。深度学习通过多层处理后，逐渐将初始的低层特征转化为高层特征后，用简单模型即可完成复杂的分类等学习任务，因此也**可以将深度学习理解为进行特征学习**。典型的深度学习模型有两种不同的类型：一种是以神经网络为核心的深度神经网络；另一种是以概率图模型为核心的深度图模型。例如，基于卷积运算的神经网络模型、深度信任网络模型（DBN）、基于多层神经元的自编码器（AE）等。**深度学习的计算量很大（如矩阵运算、卷积运算等），依赖高端硬件设备（如 GPU）**。数据量较少时，宜采用传统的机器学习方法。

微软研究人员将受限玻尔兹曼机（RBM）和深度信任网络引入语音识别训练中，在大词汇量语音识别系统中获得了巨大成功，使语音识别错误率减少了 30%。

8.1.4　神经网络

1. 神经网络研究领域

神经网络是一种分布式并行数据处理的数学模型，它分为理论研究和应用研究。

理论研究分两类，一是利用神经生理与认知科学，研究人类思维以及智能机理；二是利用数理方法探索功能更加完善、性能更加优越的神经网络模型。

应用研究也分两类，一是神经网络的软件模拟和硬件实现的方法研究；二是神经网络在各个领域中应用的研究，如模式识别、信号处理、优化组合、机器人控制等。

2. 神经网络研究案例

卷积神经网络是包含卷积计算并且具有多层深度的神经网络，它是深度学习的经典算法之一。卷积神经网络广泛应用于计算视觉、自然语言处理等领域。

【例 8-6】　如图 8-11 所示，对输入的某个动物图片进行识别。

如图 8-11 所示，卷积神经网络由输入层、卷积层、池化层、全连接层、输出层组成。

（1）输入层。在图像识别中，颜色信息会对图像特征数据提取造成一定干扰，因此将输入图片转换成灰度值。如果按行顺序提取图片中的数据，就会形成一个一维数组。如果一张图片的大小为 250×250 像素，则一维数组大小为 250×250＝62 500。如果对 1000 张图片做机器学习的数据训练，数据量达到了 6200 万，加上卷积运算（一种矩阵运算）、池化运算、多层神经网络运算等情况，可见机器学习计算量非常巨大。

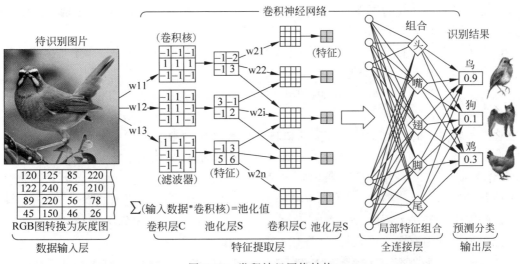

图 8-11　卷积神经网络结构

（2）卷积层。卷积运算常用于图像去噪、图像增强、边缘检测，以及图像特征提取等。**卷积是一种数学运算，卷积运算是两个变量在某范围内相乘后求和的结果**。卷积运算是用一个称为卷积核（又称滤波器）的矩阵，在输入图像数据矩阵中自左向右、自上而下滑动，将卷积核矩阵中各个元素与它在输入图像数据上对应位置的元素相乘，然后求和，得到输出像素值。经过卷积运算后，图像数据变少了，图像特征进一步加强。

（3）池化层。通过卷积操作，我们完成了对输入图像数据的降维和特征提取，但是特征图像的维数还是很高，计算还是非常耗时。为此引入了池化操作（下采样技术），**池化操作是对图像的某一个区域用一个值代替**（如最大值或平均值）。池化操作具体实现是在卷积操作之后，对得到的特征图像进行分块，图像被划分成多个不相交的子块，计算这些子块内的最大值或平均值，就得到了池化后的图像。池化操作除降低了图像数据大小之外，另外一个优点是图像平移、旋转的不变性，因为输出值由图像的一片区域计算得到，因此对于图像的平移和旋转并不敏感。

（4）全连接层。全连接层的功能是把各个局部特征整合到一起，输出为一个值。简单地说，全连接层之前的操作是为了提取识别物体各个部位的特征，而全连接层的功能是组合这些特征，并且对物体进行分类（即识别出物体）。例如，卷积层和池化层已经将图 8-11 中鸟的头、翅膀、脚、羽毛等特征提取出来，而全连接层的功能是把以上特征组合成一个完整特征集合，然后判断物体的类型和名称，最后输出预测结果。

8.1.5　计算视觉

人工智能领域的核心技术包含了机器学习、计算视觉、自然语言处理、智能机器人、知识图谱、智能搜索和博弈、人机交互等。

1. 计算视觉的特征和应用

（1）计算视觉的特征。识别是人和生物的基本智能之一，人们几乎时时刻刻在对周围环境进行识别。计算视觉的主要任务是对采集的图片或视频进行处理，以获得相应场景的信息。通俗地说，计算视觉就是给计算机安装上眼睛（照相机）和大脑（算法），让计算机能够

计算领域的技术热点

感知环境。计算视觉中包括图像识别、场景分析、图像理解等。此外,它还包括空间形状的描述、几何建模,以及认识过程。

(2)计算视觉的应用。计算视觉应用领域包括人脸识别(如身份验证)、控制过程(如工业机器人)、自主导航(如自动驾驶汽车)、检测事件(如视频监控和人数统计)、组织信息(如建立图像索引数据库)、对象造型(如创建医学图像或地形地貌图像)、自动检测(如工业制造中的物体分拣)等。

(3)人类视觉的特点。**人类对视觉和听觉信号的感知很多时候是下意识的**,它主要基于大脑皮层神经网络的学习。如图 8-12 所示,毕加索名画《格尔尼卡》中充满了抽象的牛头马面、痛苦嚎哭的人脸、扭曲破碎的肢体,但是人们可以辨认出这些夸张的人物和动物。其实图中有大量信息丢失,可见人类视觉神经中枢忽略了色彩、纹理、光照等细节,侧重整体模式匹配和上下文的关系(如眼睛、嘴巴、鼻子),大脑会主动补充大量缺失的信息。如果用人工智能来识别画中有多少个人物,这将是一项非常困难的工作。

图 8-12　毕加索名画《格尔尼卡》(Guernica)

2. 计算视觉:人脸识别关键技术及原理

人脸识别系统由四部分组成:人脸检测和图像采集、人脸图像预处理、人脸图像特征提取、人脸匹配与识别。

(1)人脸检测和图像采集。人脸检测算法的输入是图片,输出人脸框坐标序列。一般情况下,人脸检测输出的人脸坐标框为一个正方形或者矩形(见图 8-13)。人脸检测算法是一个扫描和判别的过程,即算法在图像范围内扫描,再逐个判定候选区域是否为人脸的过程。

图 8-13　人脸检测

(2)人脸图像预处理。人脸图像预处理包括人脸对齐、人脸校正等。人脸对齐算法的输入是人脸图片加人脸坐标框,输出人脸五官位置的特征点坐标序列。五官特征点的数量是预先设定好的(如 5 点、68 点、90 点等)。人脸对齐算法会根据五官特征点坐标将人脸对齐(见图 8-14,图中白色点为人脸配准结果)。对人脸图像进行特征点定位时,需要将得到的特征点利用仿射变换进行人脸校正(例如,通过旋转、缩放、抠图等操作,将人脸调整到预定的大小和形态)。如果不校正,非正面人脸进行识别时准确率就会下降。

(3)人脸图像特征提取。将人脸预处理数据送入神经网络(如 CNN),人脸识别神经网络是一个分类网络,它会提取网络中某个层作为人脸特征层,这时的特征才是人脸特征(见图 8-15)。表示人脸特点的数值称为人脸特征,人脸特征提取就是将人脸图像转换为一连串固定长度的数值。特征提取在保证识别率的前提下,对图像数据进行降维处理。人脸特征提取方法有几何特征、统计特征、频率域特征、运动特征等。

图 8-14　图像预处理

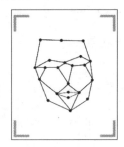

图 8-15　特征提取

(4)人脸匹配与识别。将人脸识别神经网络(如 CNN)输出的人脸特征值输入人脸数据库,然后在人脸数据库中与 N 个人物的特征值进行逐个比对(见图 8-16),在数据库中找出一个与输入特征值相似度最高的值。如果大于判别阈值,则返回该特征对应的人物身份;否则提示"此人不在人脸数据库中"。

人脸识别技术的优点是不需要被识别者配合识别设备,在人物的行进过程中即可进行比对识别;人物不需要接触设备,用户易接受;成本适中,安全性高等。缺点是受光线(如强光、弱光、逆光、彩色光等)、遮蔽物(如帽子等)、运动模糊等因素影响较大。

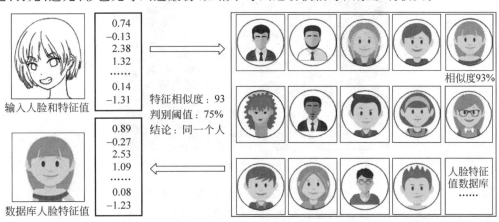

图 8-16　人脸特征值数据库检索与匹配

3. 程序设计案例:人脸动态识别和跟踪

【例 8-7】　以下利用 OpenCV 自带的识别模型(haarshare 分类器),进行电脑摄像头人脸识别和动态跟踪。当然,OpenCV 识别模型也会出现一些误识别和漏识别的情况。如果期望达到更好的识别效果,可能需要自己训练模型,或者做一些图片预处理,使图片更容易

计算领域的技术热点

识别。也可以调节函数 detectMultiScal() 中的各个参数,来达到期望的识别效果。当然,也可以加载不同的识别模型(分类器),检测不同的物体(如车辆、动物等)。

OpenCV 是第三方软件包,需要在提示符窗口下安装软件包,安装方法如下。

```
>   pip install opencv – i https://pypi.tuna.tsinghua.edu.cn/simple
```

人脸识别和跟踪 Python 程序如下。

```
1    import cv2                                              # 导入第三方包
2
3    capture = cv2.VideoCapture(0)                          # 打开摄像头,获取视频内容
4    face = cv2.CascadeClassifier('D:\\test\\haarcascades\\haarcascade_frontalface_default.xml')
5                                                           # 导入人脸识别模型
6    cv2.namedWindow('OpenCV')                              # 获取摄像头画面
7    while True:
8        ret, frame = capture.read( )                      # 视频截图
9        gray = cv2.cvtColor(frame, cv2.COLOR_RGB2GRAY)    # 转为灰度图像
10       faces = face.detectMultiScale(gray, 1.1, 3, 0, (100, 100))  # 人脸检测参数设置
11       for (x, y, w, h) in faces:
12           cv2.rectangle(frame, (x, y), (x + w, y + h), (0, 255, 0), 2)
13           cv2.imshow('CV', frame)                       # 显示人像跟踪画面
14           if cv2.waitKey(5) & 0xFF == ord('q'):         # 按【q】键退出
15               break
16   capture.release( )                                     # 释放资源
17   cv2.destroyAllWindows( )                               # 关闭窗口
>>>                                                         # 程序输出见图 8 - 17
```

图 8-17　摄像头图像动态识别和跟踪

程序第 4 行,函数 cv2.CascadeClassifier() 为人脸图像识别模型(分类器),它是 OpenCV 官方训练好的人脸识别普适性模型,文件类型是 xml 文件。OpenCV 默认提供的训练文件是 haarcascade_frontalface_default.xml,它是人脸的特征数据。本程序中,识别模型文件存放在 D:\test\haarshare 目录下(直接将.xml 文件复制到这个目录下即可)。

8.1.6　细胞机器人

2020 年 1 月,《美国国家科学院院刊》发表了一篇乔什·邦加德(Josh Bongard)教授的

研究论文《用于设计可重构生物体的可扩展性管线研究》。论文展示了全球首个用青蛙细胞制造的活体机器人。这项研究由美国佛蒙特大学、塔夫茨大学、哈佛大学的科学家共同合作完成,项目研究目的是证明计算可以设计生物体的概念。

这个用青蛙细胞制造的活体机器人是一种由生物细胞组成的可编程机器人,它可以自主移动。它不是新物种,但是不同于现有的器官或生物体,它是活的生物体。科学家用非洲爪蟾的皮肤细胞和心肌细胞组装成了这个全新的生命体,这些毫米级的细胞机器人可以定向移动,还可以在遇到同类的时候搭伙合并。它们可以被定制成各种造型,如四足机器人、带有口袋的机器人。这些机器人还可以用来寻找危险的化合物或放射性污染物;在人体动脉中移动并刮除斑块;拆除引发心脑血管病的定时炸弹。

图 8-18 为超级计算机设计的细胞模型,图 8-19 为由非洲爪蟾皮肤细胞和心肌细胞构建的细胞机器人,图 8-20 为细胞机器人移动轨迹,细胞机器人直径约 0.7mm。

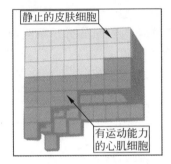

图 8-18　细胞机器人设计

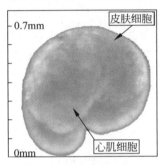

图 8-19　活体细胞机器人

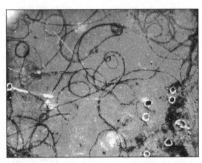

图 8-20　细胞机器人移动轨迹

活体机器人由佛蒙特大学的超级计算机设计,由塔夫茨大学的生物学家进行非洲爪蟾细胞的组装和测试。邦加德说,这个细胞机器人基于进化算法设计,也就是计算机模拟进化的过程。具体方法是计算机首先利用 500～1000 个虚拟细胞创建出一组随机设计的生物体,每种设计都由皮肤细胞和心肌细胞随机排列。毫无疑问,这些设计的细胞绝大部分没有动静。但总会有例外,因为心肌细胞会自发收缩和舒张,这是细胞运动的引擎,如果这些心肌细胞收缩和舒张行为协调得好,极少数雏形细胞就会产生微弱的运动能力。研究人员将有运动能力的雏形细胞进一步复制,下一代可能会出现移动速度更快的细胞。如此反复复制多代以后,就会出现能快速移动的机器人版本。

这种毫米大小的活体细胞机器人通常含有 500～1000 个细胞,能在培养皿中快速移动。这种可编程的细胞机器人不仅能维持形态,还具有在遭受破坏时自我愈合的功能,研究人员把细胞机器人切成两半,它会自己缝合起来,然后继续前进。细胞机器人可在水性环境中存活长达 10 天。有的细胞机器人自发地在中间凹陷形成一个中心孔,可以将颗粒物聚集到中心位置,这意味着这些细胞机器人有药物递送的潜在能力。

8.2　大数据技术

8.2.1　大数据的特点

美国互联网数据中心指出,互联网上的数据每年增长 50%,每 2 年翻一番,目前世界上

90％以上的数据是最近几年才产生的。此外,这些数据并非单纯是人们在互联网上发布的信息,85％的数据由传感器和计算机设备自动生成。全世界的各种工业设备、汽车、摄像头,以及无数的数码传感器,随时都在测量和传递着有关信息,这导致了海量数据的产生。例如,一个计算不同地点车辆流量的交通遥测应用,就会产生海量数据。

大数据是一个体量规模巨大,数据类型特别多的数据集,并且无法通过目前主流软件工具,在合理时间内达到提取、管理、处理并整理成为有用的信息。大数据具有 4V 的特点,一是数据体量大(volumes),一般在 TB 级别;二是数据类型多(variety),由于数据来自多种数据源,因此数据类型和格式非常丰富,如结构化数据(如数组、二维表等)、半结构化数据(如多层次结构数据、超文本数据等),以及非结构化数据(如图片、视频、音频、地理位置信息等);三是数据处理速度快(velocity),在数据量非常庞大的情况下,需要做到数据的实时处理;四是数据的真实性高(veracity),如互联网中网页访问、现场监控信息、环境监测信息、电子交易数据等。

一个好的大数据产品要有大量的数据规模、快速的数据处理、精确的数据分析与预测、优秀的可视化图表。**大数据的特征在于数据量大,而且它非常有用。**

大数据处理需要并行计算框架(如 MapReduce),大数据的存储往往采用分布式存储系统。另外,数据挖掘、分布式文件系统、分布式数据库、虚拟化等分布式计算技术,都在大数据处理中应用广泛。大数据处理流程如图 8-21 所示,它包括数据采集、数据清洗、数据挖掘、海量数据计算、数据可视化等步骤。

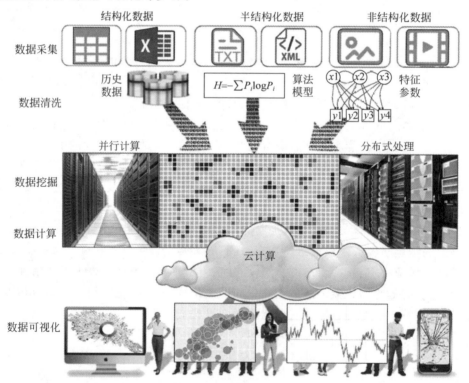

图 8-21　大数据处理流程

8.2.2 数据采集技术

1. 数据采集渠道

数据采集渠道有内部数据源（如企业信息系统、数据库、电子表格等内部数据）和**外部数据资源（主要是互联网资源，以及物联网自动采集的数据资源等）**。

（1）互联网公开数据采集。利用互联网收集信息是最基本的数据收集方式。一些大学、科研机构、企业、政府都会向社会开放一些大数据（如天气预报数据等），这些数据通常比较完善，质量相对较高。我们可以在以下网站下载需要的数据集。

大数据导航官网：https://hao.199it.com/或者 http://hao.bigdata.ren/。

国家统计局官网：http://www.stats.gov.cn。

世界银行官网：https://data.worldbank.org.cn/。

加州大学欧文分校官网：http://archive.ics.uci.edu。

Kaggle 机器学习和数据科学竞赛平台：https://www.kaggle.com/。

（2）网络爬虫数据采集。可以用网络爬虫获取互联网数据。例如，通过网络爬虫获取招聘网站的招聘数据、爬取深沪两市股票数据等。

（3）企业内部数据采集。许多企业业务平台每天都会产生大量业务数据（如电商网站等）。日志收集系统就是收集这些数据，提供给离线和在线的数据分析系统使用。

（4）其他数据采集。例如，可以通过 RFID 设备获取库存商品数据；通过传感器网络获取手机定位数据；通过移动互联网获取金融数据（如支付宝）等。

2. 网页基本组成

网页由内容和代码两部分组成。内容是网页中可以看到的信息，如文字、图片等；代码是网页设计中的程序，这些代码对网页进行组织和编排（如文字大小、颜色、表格、超链接等），通过浏览器软件对网页代码进行翻译后，才是我们最终看到的网页内容。

HTML 是一种标记语言，它用标签描述网页结构（见图 8-22）。HTML 标签由尖括号和关键字组成，标签通常成对出现，浏览器使用标签来解释网页中的内容。

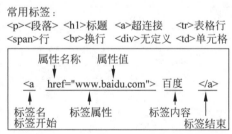

图 8-22　网页 HTML 代码（左）和标签结构（右）

3. 网页爬取工作过程

网络爬虫是按照一定的步骤自动抓取和下载网页内容的程序。互联网就像一个大型蜘蛛网，爬虫程序通过统一资源定位器（uniform resource locator，URL）查找目标网页，并且将用户关注的网页内容抓取后返回给用户。爬虫程序工作过程如图 8-23 所示。

（1）导入软件包。Python 下的爬虫软件包有标准模块（urllib）、爬虫软件包（requests）、爬虫软件包（scrapy）、正则表达式模块（re）、解析模块（beautifulsoup，BS）等。

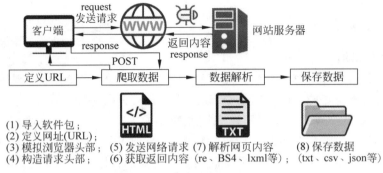

(1) 导入软件包；
(2) 定义网址(URL)；
(3) 模拟浏览器头部；　(5) 发送网络请求　(7) 解析网页内容　(8) 保存数据
(4) 构造请求头部；　　(6) 获取返回内容 (re、BS4、lxml等)；　(txt、csv、json等)

图 8-23　爬虫程序工作过程

（2）定义网址 URL。定义要爬取网站的网址。

（3）模拟浏览器头部。定义浏览器访问的数据包头部，防止网站反爬虫技术。

（4）构造请求头部。构造一个网络请求的数据包头部。

（5）发送网络请求。爬虫程序向目标网站（URL）发送网络请求 request，request 中包含请求头、请求体等。爬虫软件包有 http、urllib、requests、scrapy 等。

（6）获取返回内容。**响应内容包括响应头和网页内容**。响应头说明这次访问是不是成功（如 404 为网页未找到），返回网页编码方式（如 UTF8）等；网页内容就是获得的网页源代码，它包含 HTML 标签、字符串、图片、视频等。

（7）解析网页内容。网络爬虫爬取的内容既有用户需要的信息（文字和图片），也包含了 HTML 标签、JavaScript 程序等，更麻烦的是这些内容全部混杂在一起，因此需要用网页解析技术，提取用户感兴趣的网页内容。网页解析可以利用正则表达式（re），也可以利用第三方软件包进行解析（如 BeautifulSoup、lxml、PyQuery 等）。

（8）保存数据。解析得到的数据可能有多种形式，如文本、图片、音频、视频等，可以将它们保存为单独的文件，也可以保存在数据库中（如 MySQL 等）。

4. 程序设计案例：网络爬虫采集数据

【例 8-8】　设计网络爬虫程序，爬取豆瓣图书排行榜页面。Python 程序如下。

1	import urllib. request	# 导入标准模块
2	url = 'https://book.douban.com/top250?'	# 定义 URL
3	herders = {'User - Agent':'Mozilla/5.0 (Windows NT 6.1;WOW64) AppleWebKit/537.36 (KHTML,\ like GeCKO) Chrome/45.0.2454.85 Safari/537.36 115Broswer/6.0.3', 'Referer':'https://book.douban.com/top250?', 'Connection':'keep - alive'}	
		# 模拟浏览器
4	req = urllib. request. Request(url, headers = herders)	# 构造请求
5	response = urllib. request. urlopen(req)	# 发起请求,获取返回
6	html = response. read( ).decode('utf - 8')	# 读取网页内容
7	with open('douban250_out.txt', 'w', encoding = 'utf - 8') as file:	# 创建保存文件
8	file.write(html)	# 向文件写入数据
9	print('打印网页源码:', html)	# 打印爬取内容
>>>	<! DOCTYPE html >…	# 程序输出(略)

【例 8-9】　爬取豆瓣电影网文《阿凡达：水之道》。

1	from newspaper import Article	# 导入第三方包
2		

```
3    url = 'https://movie.douban.com/subject/4811774/?from = showing'     # 豆瓣电影网址
4    news = Article(url, language = 'zh')                # 设置中文网页
5    news.download( )                                    # 加载网页
6    news.parse( )                                       # 解析网页
7    print('题目:', news.title)                           # 输出新闻题目
8    print('正文:\n', news.text)                          # 输出网页正文
9    print(news.authors)                                 # 输出新闻作者
10   print(news.keywords)                                # 输出新闻关键字
11   print(news.summary)                                 # 输出新闻摘要
12   print(news.publish_date)                            # 输出发布日期
13   # print(news.top_image)                             # 插图地址
14   # print(news.movies)                                # 视频地址
15   # print(news.publish_date)                          # 发布日期
16   # print(news.html)                                  # 网页源代码
>>>  题目:阿凡达(水之道(豆瓣)…                            # 程序输出(略)
```

爬虫程序设计是一项复杂的工作,**每个爬虫程序都只适用于某个特定网站的特定网页,网络爬虫程序没有一个固定不变的程序模式**。

8.2.3 数据清洗技术

数据清洗是对数据进行重新审查和校验的过程,目的在于删除重复信息、纠正错误信息,并提供数据一致性。数据清洗一般由程序而不是人工完成。

1. 结构化数据和非结构化数据

根据数据的存储方式,可以将数据分为结构化数据和非结构化数据。

(1)结构化数据。结构化数据有规定的数据类型、规定的存储长度、规范化的数据结构等要求。**结构化数据指以表格形式存储(行列结构)的数据**,如 CSV 文件、数据库文件、部分按行存储的文本文件等。它们都是结构化数据。

(2)非结构化数据。非结构化数据指数据存储格式自由,不符合层次结构的数据,如格式复杂的文本文件、HTML 源代码、图片文件、视频文件、二进制字节文件等。非结构化数据不适宜用关系数据库进行存储和管理,程序处理非结构化数据非常麻烦。数据清洗的主要工作是将非结构化数据转换为结构化数据,便于程序处理。

2. 残缺数据检测

由于存在采样、编码、录入等误差,数据中可能存在一些无效值和缺失值。另外,一部分数据从多个业务系统中抽取而来,而且包含历史数据。这样就不可避免的存在重复数据,以及数据之间的冲突,这些错误或有冲突的数据称为脏数据。我们要按照一定的规则把脏数据洗掉,这就是数据清洗。

(1)一致性检查。检查数据是否超出正常范围、逻辑上是否合理或者是否为相互矛盾的数据。例如,许多调查对象说自己开车上班,又报告没有汽车;或者调查对象说自己是某品牌的使用者,但同时在品牌熟悉度量表上给了很低的分值。

(2)数据缺失。大多数数据集都普遍存在缺失值问题。如何处理缺失值,主要依据缺失值的重要程度以及缺失值的分布情况进行处理。例如,缺少供应商名称、公司名称、客户区域信息等;业务系统中主表与明细表数据不匹配等。

(3)异常值。在正态分布中,σ 代表标准差;μ 代表均值;数值分布在$(\mu-3\sigma,\mu+3\sigma)$

计算领域的技术热点

范围之内的概率为 0.9974。如果数据服从正态分布,**异常值(离群点)超过 3 倍标准差就可以视为异常值**。如果数据不服从正态分布,可以用远离平均值的多少倍来描述。

(4)噪声数据。噪声数据是被测变量的随机误差或者方差。由于测试值=真实数据+噪声,可见离群点属于观测量,既可能是真实数据,也可能是噪声数据。

3. 数据清洗技术

应当尽量避免出现无效值和缺失值,保证数据的完整性。

(1)估算代替。对无效值和缺失值,可以用数据集的均值、中位数或众数代替。这种方法简单易行,但是误差较大。

说明 1:中位数是按顺序排列的一组数据中,居于中间位置的数。例如,在 1,2,4,7,9 中,中位数是 4;在 1,3,7,9 中,中位数是 $(3+7)/2=5$。应用参见例 8-11。

说明 2:众数是按顺序排列的一组数据中,出现次数最多的数。例如,在 1,2,2,3,3,4 中,众数是 2 和 3;在 1,2,3,4,5 中没有众数。应用参见例 8-11。

(2)删除。删除有缺失值的数据记录,可能会导致有效样本数量减少。因此,这种方法只适合关键变量缺失,或者缺失值很少的情况。如果一个变量中的无效值和缺失值很多,则可以考虑删除该变量。

(3)去重。对重复记录的处理方法是排序与合并。先将数据记录按一定规则排序,然后删除重复记录。

(4)噪声处理。大部分数据挖掘方法都将离群点视为噪声而丢弃,然而在一些特殊应用中(如欺诈检测),会对离群点做异常挖掘。而且有些点在局部属于离群点,但从全局看是正常的。对噪声的处理主要采用分箱法与回归法进行处理。

8.2.4 数据挖掘技术

数据挖掘是从大量的、不完全的、有噪声的、模糊的、随机的数据中,通过算法提取隐含在其中的、人们事先不知道但又有用的知识。数据挖掘经常采用人工智能中的机器学习技术以及统计学的知识,通过筛选数据库中的大量数据,最终发现有意义的知识。数据挖掘的原则是:要全体不要抽样;要效率不要绝对精确;要相关性不要因果关系。数据挖掘算法包含分类、预测、聚类、关联四种类型。

1. 分类算法

分类是对样本数据按照种类、等级或属性分别归类。离散变量通常指以整数取值的变量,如人数、设备台数、是否逾期、是否有肿瘤细胞、是否为垃圾邮件等。常见的分类算法有:K 最近邻(k-nearestneighbor,KNN)、朴素贝叶斯、支持向量机(support vector machine,SVM)、决策树、线性回归、随机森林、神经网络等。一般来说,分类器需要进行训练,也就是要告诉分类算法每个类的特征是什么,分类器才能识别新的数据。

【例 8-10】 手写字识别可以转换成分类问题。例如,手写 100 个"我"字,对这些"我"字进行数据特征提取,然后告诉分类算法,"我"字有什么样的数据特征。这时,再输入一个新的手写"我"字,虽然这个新字的笔画与之前的 100 个"我"字不完全一样,但是数据特征高度相似,分类算法就会把这个字分类到"我"这个类。

(1)KNN 是最简单的机器学习算法。KNN 中的 K 指与新样本数据最接近的邻居数(见图 8-24)。实现方法是对每个样本数据都计算相似度,如果一个样本的 K 个最接近的邻居都属于分类 A,那么这个样本也属于分类 A。KNN 的基本要素是：K 值大小(邻居数选择)、距离度量(如欧式距离)和分类规则(如投票法)。

(2) SVM(支持向量机)是对数据进行二分类的算法。假设在多维平面上有两种类型的离散点,SVM 将找到一条直线(或平面),将这些点分成两种类型,并且这条直线尽可能远离所有这些点。SVM 算法解决非线性分类问题的思路是通过空间变换 ϕ,一般是低维空间映射到高维空间 $x \rightarrow \phi(x)$ 后实现线性可分。在高维空间里,有些分类问题能够更容易解决。如图 8-25 所示,通过空间变换,将左图中的曲线分离变换成右图中平面可分。SVM 算法一般用于图像特征检测、大规模图像分类等。

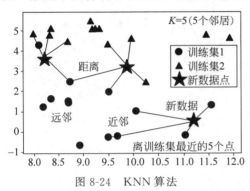

图 8-24　KNN 算法

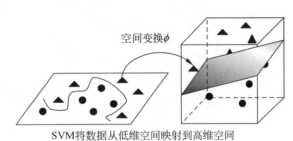

图 8-25　SVM 算法空间映射

(3) 朴素贝叶斯是一个简单的概率分类器。对未知物体分类时,需要求解在这个未知物体出现的条件下,各个类别中哪个出现的概率最大,这个未知物体就属于哪个分类。朴素贝叶斯分类器常用于判断垃圾邮件、对新闻分类(如科技、政治、运动等)、判断文本表达的感情是积极的还是消极的、人脸识别等领域。

(4) 决策树是在已知各种情况发生概率的基础上,判断可行性的决策分析方法。树中每个节点表示某个对象,每个分叉路径代表某个可能的属性值(或概率值)。决策树仅有单一输出(是或否、优或差等)。决策树的优点是决策过程可见,易于理解,分类速度快;缺点是很难用于多个变量组合发生的情况。

2. 预测算法

预测算法的目标变量是连续型。在一定区间内可以任意取值的变量称为连续变量,连续变量的数值是连续不断的,相邻两个数值之间可取无限个数值,如生产零件的尺寸、人体测量的身高体重、员工工资、企业产值、商品销售额等。常见预测算法有线性回归(见图 8-26)、回归树、神经网络、SVM 等。

3. 聚类算法

聚类的目的是实现对样本数据的细分,使得同一簇中的样本特征较为相似,不同簇中的样本特征差异较大(见图 8-26)。聚类对要求划分的类是未知的。例如,有一批人的年龄数据,大致知道其中有一簇是少年儿童,一簇是青年人,一簇是老年人。聚类就是自动发现这三簇人的数据,并把相似的数据聚合到同一簇中。而分类是事先规定少年儿童、青年人、老年人的年龄标准是什么,现在新来了一个人,算法就可以根据他的年龄对他进行分类。聚类是研究如何在没有训练的条件下把样本划分为若干簇。聚类算法有基于层次的聚类算法(如 BIRCH)、基于划分方法的聚类算法(如 K-means)、基于密度的聚类算法(如 DBSCAN)、基

计算领域的技术热点

于统计网格的算法(如 STING)等。

K 均值(K-means)算法是最经典也是使用最广泛的聚类算法,它是一种基于划分方法的聚类算法。如图 8-27 所示,K-means 算法分为三个步骤:第一步是为样本数据点寻找聚类中心(簇的质心);第二步是计算每个点到质心的距离,将每个点聚类到离该点最近的簇中;第三步是计算每个聚类中所有点的坐标平均值,并将这个平均值作为新的质心。反复执行第二、第三步,直到聚类的质心不再进行大范围移动或者聚类次数达到要求为止。

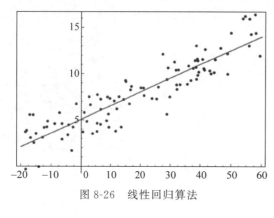
图 8-26 线性回归算法

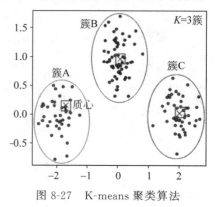
图 8-27 K-means 聚类算法

K-means 算法的优点是简单、处理速度快,当聚类密集时,簇与簇之间区别明显、效果好。缺点是 K 值需要事先给定,而且 K 值难以确定(划分成几个簇);另外对孤立点、噪声敏感,并且结果不一定是全局最优,只能保证局部最优。

4. 关联算法

关联算法的目的是找出项目之间内在的联系,它常用于购物分析,即消费者常常会同时购买哪些产品,从而有助于商家的捆绑销售。

8.2.5 海量数据计算

1. 处理海量数据的方法

(1)减少内存使用。加载数据时,如果没有提前设置数据类型,软件包通常会自动推断数据类型,而推断的数据类型不一定是最优的。例如,数值型数据集中有缺失值时,软件会自动填充为浮点型数据,这会增加内存占用空间。

(2)数据分块。当需要计算的数据量太大,以至于与机器内存不相符时,可以将数据集进行分块处理(这样更适合并行计算),而不是一次处理一个巨大的数据集。

(3)惰性计算。惰性计算(延迟求值)是指仅在需要执行时才计算表达式的值。Python 中的生成器就是一种惰性计算,它在每次需要计算时,通过 yield 语句产生需要的元素。惰性计算特别适合用于遍历一些巨大的数据集合,如几个 GB 大的文件等。

2. 处理海量数据的软件包

(1)Pandas 软件包。Pandas 可以方便地进行数据读取、清洗、聚合、处理等操作。它支持多种数据格式导入,包括 CSV,Excel,TXT 等文件格式。通过使用 Pandas,我们可以快速地处理海量的数据,并生成各种可视化图表。

(2)NumPy 软件包。NumPy 是 Python 中用于数值计算的基础软件包,它提供了高性能的数组和矩阵计算功能。NumPy 中的向量运算能够快速地处理海量数据,**向量运算是**

一种并行化运算，它不用编写 **for** 循环语句即可对数据执行批量运算。

【例 8-11】 生成一亿个数据，求它们的均值、中位数和众数，Python 程序如下。

1	`import numpy as np`	# 导入第三方包
2		# 生成一亿个随机数
3	`sales = np.random.rand(100000000) * 100000`	# *100 000 为保持 5 位整数
4	`mean = np.mean(sales)`	# 求一亿个数据的均值
5	`print('一亿个数据的均值为:', mean)`	# 向量计算，无须循环
6	`median = np.median(sales)`	# 求一亿个数据中位数
7	`print('一亿个数据中位数为:', median)`	# 向量计算，无须循环
8	`mode = np.argmax(np.bincount(np.array(sales, dtype = int)))`	# 求一亿个数据的众数
9	`print('一亿个数据的众数为:', mode)`	# 向量计算，无须循环
>>>	一亿个数据的均值为: 50003.48367338226	# 程序输出
	一亿个数据中位数为: 50007.880866631414	
	一亿个数据的众数为: 73154	# 计算时间 4.2 秒

（3）Python 与 Hadoop 的集成。Hadoop 和 Spark 是两个非常流行的大数据处理框架，它们可以实现高效的大数据并行处理。Python 可以通过 Hadoop 的 Java API 来访问 Hadoop 文件系统和 MapReduce 计算框架。此外，Python 中还有一些专门用于 Hadoop 的库和框架，如 Pydoop 软件包和 mrjob 框架等。

（4）Python 与 Spark 的集成。Spark 是一个快速、通用、内存并行计算引擎。它可以用于数据的处理、机器学习、图形计算等方面。Python 中的 PySpark 软件包可以用于与 Spark 的交互，将 Python 代码转换为 Spark 的任务。此外，Python 还可以使用一些专门用于 Spark 的库和框架，如 SparkSQL 和 MLlib 等。

（5）其他软件包。SciPy 科学计算库，提供了许多高效的数值计算函数和算法；Matplotlib 数据可视化软件包支持生成各种类型的图表，如折线图、散点图、饼图等；Scikit-learn 机器学习软件包，提供了许多经典的机器学习算法和模型。

8.2.6 大数据应用案例

1. 本福德定律

1935 年，美国物理学家本福德（Frank Benford）发现，在大量数字中，首位数字的分布并不均匀。在 0～9 的 10 个阿拉伯数字中，首位数字计算式如下所示（注意，其他位的计算式稍有不同）

$$P(d) = \log_{10}(d+1) - \log_{10}(d) = \log_{10}\left(\frac{d+1}{d}\right) = \log_{10}\left(1 + \frac{1}{d}\right) \tag{8-1}$$

【例 8-12】 用本福德定律公式计算数字 2 在首位出现的概率，程序如下。

>>>	`import math`	# 导入标准模块
>>>	`p2 = math.log10(1 + 1/2)`	# 计算数字 2 在首位出现的概率
>>>	`print(p2)`	# 打印计算结果
	`0.17609125905568124`	

本福德定律满足尺度不变性，也就是说对不同的计量单位、位数不同的数字，本福德定律仍然成立。所有没有人为规则的统计数据都满足本福德定律，如人数、金融、股票、物理和化学常数、斐波那契数列等。另外，任何受限数据都不符合本福德定律，如彩票号码、电话号

码、日期、学生成绩、人的体重或者身高等数据。

本福德定律多用来验证数据是否有造假,它可以帮助人们审计数据的可信度。2001年,美国最大的能源交易商安然公司宣布破产,事后人们发现,安然公司在 2001—2002 年所公布的每股盈利数字不符合本福德定律,这说明数据被人为改动过。

表 8-1 表明,在大数据中,数字 1 出现在第 1 位的概率是 30.1%,要远高于数字 2 出现的概率;数字在第 2~5 位上的分布概率大致相同(0.1 左右)。

表 8-1　广义本福德数字出现概率分布表

数　字	第 1 位	第 2 位	第 3 位	第 4 位	第 5 位
0	NA	0.119 68	0.101 78	0.100 18	0.100 02
1	0.301 03	0.113 89	0.101 38	0.100 14	0.100 01
2	0.176 09	0.108 82	0.100 97	0.100 100	0.100 01
3	0.124 94	0.104 33	0.100 57	0.100 06	0.100 01
4	0.096 91	0.100 31	0.100 18	0.100 02	0.100 00
5	0.079 18	0.096 68	0.099 79	0.099 98	0.100 00
6	0.066 95	0.093 37	0.099 40	0.099 94	0.099 99
7	0.057 99	0.090 35	0.099 02	0.099 90	0.099 99
8	0.051 15	0.087 57	0.098 64	0.099 86	0.099 99
9	0.045 76	0.085 00	0.098 27	0.099 82	0.099 98

2. 程序设计案例:用本福德定律验证股市数据

【例 8-13】　用本福德定律验证深沪股票 2019.csv 年报数据(见图 8-28),取其中的净利润数据,然后只考虑净利润为正的情况。Python 程序如下。

```
1   import math                                          # 导入标准模块
2   from functools import reduce                         # 导入标准模块
3   import matplotlib.pyplot as plt                      # 导入第三方包
4   from pylab import *                                  # 导入第三方包
5   import pandas as pd                                  # 导入第三方包
6   mpl.rcParams['font.sans - serif'] = ['SimHei']       # 解决中文显示问题
7
8   def firstDigital(x):                                 # 获取首位数字的函数
9       x = round(x)                                     # 取浮点数 x 的四舍五入值
10      while x >= 10:
11          x //= 10
12      return x
13
14  def addDigit(lst, digit):                            # 首位数字概率累加
15      lst[digit - 1] += 1
16      return lst
17  th_freq = [math.log((x + 1)/x, 10) for x in range(1, 10)]
                                                         # 计算首位数字出现的理论概率
18  df = pd.read_csv('股票年报 2019.csv')                 # 读取当前目录 2019 年年报数据
19  freq = reduce(addDigit, map(firstDigital, filter(lambda x:x > 0, df['net_profits'])), [0] * 9)
20  pr_freq = [x/sum(freq) for x in freq]                # 计算年报中首位数字出现的实际概率
21  print('本福德理论值', th_freq)
```

22	`print('本福德实测值', pr_freq)`
23	`plt.title('股票上市公司 2019 年报净利润数据本福特定律验证')`　　# 绘制图形标题
24	`plt.xlabel('首位数字')`　　　　　　　　　　　　　　　　　# 绘制图形 x 坐标标签
25	`plt.ylabel('出现概率')`　　　　　　　　　　　　　　　　　# 绘制图形 y 坐标标签
26	`plt.xticks(range(9), range(1, 10))`　　　　　　　　　　# 绘制图形 x 坐标轴的刻度
27	`plt.plot(pr_freq, 'r-', linewidth = 2, label = '实际值')`　# 绘制首位数字的实际概率值(折线)
28	`plt.plot(pr_freq, 'go', markersize = 10)`　　　　　　　# 绘制首位数字的实际概率值(点)
29	`plt.plot(th_freq, 'b-', linewidth = 1, label = '理论值')`　# 绘制首位数字的理论概率值(折线)
30	`plt.grid(True)`　　　　　　　　　　　　　　　　　　　# 绘制网格
31	`plt.legend( )`　　　　　　　　　　　　　　　　　　　# 绘制图例标签
32	`plt.show( )`　　　　　　　　　　　　　　　　　　　　# 显示图形
>>>	# 程序输出见图 8-29

程序第 19 行,匿名函数 lambda x：x>0 表示只取年报中净利润大于 0 的数据,进行首位数字次数统计。从图 8-29 看,理论值与实际值两者拟合度比较高。

图 8-28　数据文件"股票年报 2019.csv"

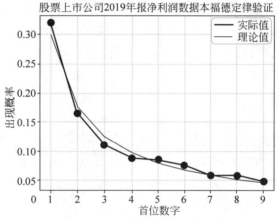

图 8-29　股票本福德理论值与实际值统计图

8.3　数据库技术

8.3.1　数据库的组成

1. 数据库的基本概念

数据库是计算应用最广泛的技术之一。例如,企业人事部门常常要把本单位职工的基本情况(职工编号、姓名、工资、简历等)存放在表中,这张表就是一个数据库。有了数据库就可以根据需要随时查询某职工的基本情况,或者计算和统计职工工资等数据。例如,阿里巴巴在 2018 年 11 月 11 日的网络商品促销中,核心数据库集群处理了 41 亿个事务,执行 285 亿次 SQL 查询,访问了 1931 亿次内存块,生成了 15TB 日志。

如图 8-30 所示,数据库系统(DBS)主要由数据库(DB)、数据库管理系统(DBMS)和应用程序组成。**数据库是按照数据结构来组织、存储和管理数据的仓库**。数据库中的数据为众多用户而共享,它摆脱了具体程序的限制和制约,不同用户可以按不同方法使用数据库中的数据,多个用户可以同时共享数据库中的数据资源。数据库管理系统是对数据库进行有效管理和操作的软件,是用户与数据库之间的接口。

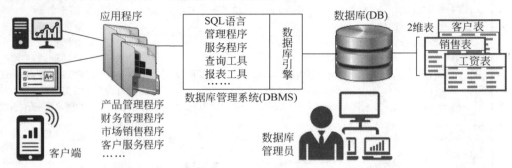

图 8-30　数据库系统

2. 数据库的类型

数据库分为层次数据库、网状数据库和关系数据库。这三种类型的数据库中,层次数据库查询速度最快(见图 8-31);网状数据库建库最灵活(见图 8-32);关系数据库最简单,也是使用最广泛的数据库(见图 8-33)。层次数据库和网状数据库很容易与实际问题建立关联,可以很好地解决数据的集中和共享问题,但是用户对这两种数据库进行数据存取时,需要指出数据存储结构和存取路径,而关系数据库则较好地解决了这些问题。

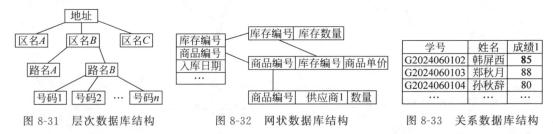

图 8-31　层次数据库结构

图 8-32　网状数据库结构

学号	姓名	成绩1
G2024060102	韩屏西	**85**
G2024060103	郑秋月	88
G2024060104	孙秋辞	80
…	…	…

图 8-33　关系数据库结构

3. 关系数据库的组成

关系数据库建立在数学关系模型基础之上,它借助集合代数的概念和方法处理数据。在数学中,$D1,D2,\cdots,Dn$ 的集合记作 $R(D1,D2,\cdots,Dn)$,其中 R 为关系名。现实世界中各种实体以及实体之间的各种联系均可以用关系模型来表示。在关系数据库中,用二维表(横向维和纵向维)来描述实体以及实体之间的联系。如图 8-34 所示,**关系数据库主要由二维表组成**,二维表由表名、记录、字段等部分组成。

学生成绩表(表名)

(字段名)	id	学号	姓名	专业	成绩1	成绩2
	1	G2024060102	韩屏西	公路1	85	88
	2	G2024060103	郑秋月	公路1	88	75
(记录)	3	G2024060104	孙秋辞	公路1	80	75
	4	G2024060105	赵如影	公路1	90	88
	5	T2024060106	王星帆	土木2	86	80
	6	T2024060107	孙小天	土木2	88	90
	7	T2024060110	朱星长	土木2	82	78

(关键字)　(字段内容)

图 8-34　二维表与关系数据库的关系

在关系数据库中,一张二维表对应一个关系,表的名称即关系名;二维表中的一行称为**一条记录**;一列称为**一个字段**,字段取值范围称为值域,将某一个字段名作为操作对象时,这个字段名称为关键字(key)。一般来说,关系中一条记录描述了现实世界中一个具体对象,字段值描述了这个对象的属性。**一个数据库可以由一个或多个表构成,一个表由多条记录构成,一条记录有多个字段。**

4. 常用数据库

软件开发中,前台用户界面和业务功能用程序语言实现,后台数据存储由数据库管理系统承载。根据 DB-Engines 数据库流行度排行网站(https://db-engines.com/en/)2024 年 7 月统计,排名前 10 的数据库如表 8-2 所示。

表 8-2　2024 年流行数据库排行(前 10 名)

序　号	数据库名称	数据库类型	序　号	数据库名称	数据库类型
1	Oracle	关系数据库	6	Redis(NoSQL)	键-值数据库
2	MySQL	关系数据库	7	Snowflake	关系数据库
3	Microsoft SQL Server	关系数据库	8	Elasticsearch	搜索引擎
4	PostgreSQL	关系数据库	9	IBM DB2	关系数据库
5	MongoDB(NoSQL)	文档数据库	10	SQLite	关系数据库

8.3.2　数据库的操作

关系数据库的运算类型分为基本运算、关系运算和控制运算。基本运算有建表、插入、修改、查询、删除、更新等;关系运算有选择、投影、连接等;控制运算有权力授予、权力收回、回滚(撤销)、重做等。

1. 数据库关系运算

(1)选择运算。选择运算是从二维表中选出符合条件的记录,它从水平方向(行)对二维表进行运算。选择条件可用逻辑表达式给出,逻辑表达式值为真的记录被选择。

【例 8-14】 在学生成绩表中,如表 8-3 所示,选择成绩在 85 分以上,学号="T2020"的同学。其中条件为:学号="T2020" and 成绩 1>85,运行结果如表 8-4 所示。

表 8-3　学生成绩表

学号	姓名	成绩 1
G2024060104	孙秋辞	80
G2024060105	赵如影	90
T2024060106	王星帆	86
T2024060107	孙小天	88
T2024060110	朱星长	82

表 8-4　选择运算结果

学号	姓名	成绩 1
T2024060106	王星帆	86
T2024060107	孙小天	88

(2)投影运算。**投影运算是从二维表中指定若干个字段(列)组成一个新的二维表(关系)**。投影后自动保留第一条重复记录,投影是从列方向对二维表进行运算。

【例 8-15】 在学生基本情况二维表中(见表 8-5),在"姓名"和"成绩"两个属性上投影,得到的新关系命名为成绩单(运行结果见表 8-6)。

计算领域的技术热点

表 8-5 学生基本情况表				表 8-6 投影运算结果	
学号	姓名	成绩 1		姓名	成绩 1
G2024060102	韩屏西	85		韩屏西	85
G2024060103	郑秋月	88	→	郑秋月	88
T2024060107	孙小天	88		孙小天	88
T2024060110	朱星长	82		朱星长	82

（3）连接运算。连接是从两个关系中,选择属性值满足一定条件的记录(元组),连接成一个新关系。

【例 8-16】 将表 8-7 与表 8-8 进行连接,生成表 8-9 成绩汇总。

表 8-7 成绩 1			表 8-8 成绩 2			表 8-9 连接运算结果		
姓名	成绩 1		姓名	成绩 2		姓名	成绩 1	成绩 2
韩屏西	85		韩屏西	88		韩屏西	85	88
郑秋月	88	+	郑秋月	75	→	郑秋月	88	75
孙小天	88		孙小天	90		孙小天	88	90
朱星长	82		朱星长	78		朱星长	82	78

2. 事务的性质

事务是用户定义的数据库操作序列,每个数据库操作语句都是一个事务。为了避免发生操作错误,**事务应当具有 ACID 特性(原子性、一致性、隔离性、持久性)**。

（1）原子性(atomicity)。事务的不可分割性,即事务操作要么都做,要么都不做。如果事务因故障而中止,则要消除该事务产生的影响,使数据库恢复到事务执行前的状态。

（2）一致性(consistency)。事务操作应使数据库保持一致状态。例如,在飞机订票系统中,事务执行前后,实际座位与订票座位加空位的和必须一致。

（3）隔离性(isolation)。多个事务并发执行时,各个事务应独立执行,不能相互干扰。一个正在执行的事务的中间结果(临时数据)不能被其他事务所访问。

（4）持久性(duration)。事务一旦执行,不论执行何种操作,都不应对该事务的结果有任何影响。例如,一旦开始了误删除操作,就必须将操作完成,不要强行中止。

3. 数据库故障恢复方法

系统发生故障时,可能使数据库处于不一致状态。一方面,有些非正常终止的事务,可能结果已经写入数据库,在系统下次启动时,恢复程序必须回滚(ROLLBACK,又称撤销)这些非正常终止的事务,撤销这些事务对数据库的影响;另一方面,有些已完成的事务,结果可能部分或全部留在缓冲区,尚未写回到磁盘中的数据库中。在系统下次启动时,恢复程序必须重做(REDO)所有已提交的事务,将数据库恢复到一致状态。数据库任何一部分被破坏或数据不正确时,可根据存储在系统其他地方的数据来重建。**数据库的回滚恢复分为两步:一是转储(建立冗余数据);二是恢复(利用冗余数据恢复)。**

8.3.3 数据库语言 SQL

1. SQL 语言的功能

SQL 具有定义数据库或数据表、存取数据、查询数据、更新数据、管理数据库等功能。

SQL 语言使用时只需要告诉计算机做什么,而不需要告诉它怎么做。流行的数据库系统都遵从 SQL 标准,SQL 语言由 ANSI 和 ISO 定义为 ISO/IEC 9075 标准。学习数据库系统的主要内容有数据库系统安装和维护、数据库创建、数据表创建、数据表字段类型确定、标准SQL 语言应用、本数据库软件对标准 SQL 语言的扩展等。

SQL 不是独立的程序语言(非图灵完备语言)。SQL 语言有两种使用方式,一是直接以命令方式交互使用;二是嵌入 Python,C,Java 等程序语言中使用。**SQL 语言对关键字大小写不敏感**,SQL 语言的 9 个核心操作如表 8-10 所示。

表 8-10　SQL 语言的 9 个核心操作

操作类型	命令	说明	格式
数据定义	CREATE	定义表	CREATE TABLE 表名(字段 1,字段 2,…,字段 n)
	DROP	删除表	DROP TABLE 表名
	ALTER	修改列	ALTER TABLE 表名 MODIFY 列名 类型
数据操作	SELECT	数据查询	SELECT 目标列 FROM 表［WHERE 条件表达式］
	INSERT	插入记录	INSERT INTO 表名［字段名］VALUES［常量］
	DELETE	删除数据	DELETE FROM 表名［WHERE 条件］
	UPDATE	修改数据	UPDATE 表名 SET 列名＝表达式…［WHERE 条件］
数据控制	GRANT	权力授予	GRANT 权力［ON 对象类型 对象名］TO 用户名…
	REVOKE	权力收回	REVOKE 权力［ON 对象类型 对象名］FROM 用户名

SQL 语言中,记录称为行,字段称为列;关系称为基本表,数据库中一个关系对应一个基本表;存储模式称为存储文件;子模式称为视图。视图是从一个或几个基本表中导出的虚表,其中只存放了视图的定义,而数据仍存放在基本表中。

2. 数据库的 SQL 查询操作

SQL 查询功能通过 select-from-where 语句实现。select 命令指出查询需要输出的列;from 子句指出表名;where 子句指定查询条件;group by,having 等为查询条件限制子句。

【例 8-17】　利用 SQL 语言查询计算专业学生的学号、姓名和成绩。

SELECT 学号,姓名,成绩 FROM 学生成绩表 WHERE 专业 = "计算机"

查询是数据库的核心操作。SQL 仅提供了唯一的查询命令 SELECT,它的使用方式灵活,功能非常丰富。如果查询涉及两个以上的表,则称为连接查询。SQL 中没有专门的连接命令,而是依靠 SELECT 语句中的 WHERE 子句来达到连接运算的目的。用来连接两个表的条件称为连接条件或连接谓词。

8.3.4　新型数据库 NoSQL

在数据存储管理系统中,NoSQL(非关系型数据库)与关系型数据库有很大的不同。与关系型数据库相比,NoSQL 特别适合社交网络服务为代表的 Web 2.0 应用,这些应用需要极高速的并发读写操作,而对数据的一致性要求不高。

1. NoSQL 数据库的特征

关系型数据库最大的优点是事务的一致性。但是在某些应用中,一致性却不显得那么重要。例如,用户 A 看到的网页内容和用户 B 看到的同一内容,更新时间不一致是可以容忍的。因此,关系型数据库的最大特点在这里无用武之地,起码是不太重要。相反,关系型

计算领域的技术热点

数据库为了维护一致性所付出的巨大代价是读写性能较差。而微博、社交网站、电子商务等应用,对并发读写能力要求极高。例如,淘宝双 11 购物狂欢节的第一分钟内,就有千万级别的用户访问量涌入,关系型数据库无法应付这种高并发的读写操作。

关系型数据库的另一个特点是具有固定的表结构,因此数据库扩展性较差。而在社交网站中,数据类型繁杂,系统经常性升级,功能不断增加,这往往意味着数据结构的巨大改动,这一特点使得关系型数据库难以应付。而 NoSQL 通常没有固定的表结构,并且避免使用数据库的连接操作。NoSQL 由于数据结构之间无关联,因此数据库非常容易扩展。

如表 8-11 所示,由于非关系型数据库本身的多样性,以及出现时间较短,因此 NoSQL数据库非常多,而且大部分都是开源软件。NoSQL 数据库目前没有形成统一标准,各种产品层出不穷,因此 NoSQL 数据库技术还需要时间来检验。

表 8-11　NoSQL 数据库产品类型

存 储 类 型	主 要 特 征	典 型 应 用	NoSQL 数据库产品
列存储	按列存储数据,方便数据压缩,查询速度更快	网络爬虫、大数据、商务网站、高变化系统、大型稀疏表	Hbase,MonetDB,SybaseIQ,Hypertable
键—值存储	数据存储简单,可通过键快速查询到值	字典、图片、音频、视频、文件、对象缓存、可扩展系统	Redis,BerkeleyDB,Memcache,DynamoDB
图存储	存储节点图之间的数据,用于关联性较高的问题	社交网络图、模式识别、欺诈检测、强关联数据检索	Neo4J,AllegroGraph,Bigdata,FlockDB
文档存储	将层次化数据结构,存储为树状结构方式	文档、发票、表格、网页、出版物、高度变化的数据	MongoDB,CouchDB,BerkeleyDB XML

2. 列存储数据库

大数据存储有两种方案可供选择:行存储和列存储。关系数据库采用行存储结构,从目前情况来看,它已经不适应大型网站(如谷歌、淘宝等)的存储容量(数 TB)和高性能计算的要求。在 NoSQL 数据库中,Hbase 数据库采用列存储;MongoDB 采用文档型的行存储;Lexst 采用二进制的行存储。这些 NoSQL 数据库各有优缺点。

在关系数据库(如 MySQL)里,表是数据存储的基本单位(见图 8-36),而行是实际数据的存储单位(记录),它们按行依次存储在表中(见图 8-35)。在列存储数据库(如 Hbase)里,数据是按列进行存储(见图 8-37)。

图 8-35　行存储数据库	图 8-36　数据表	图 8-37　列存储数据库

行存储数据库把一行(记录)中的数据值串在一起存储,然后再存储下一行的数据。行存储的读写过程是一致的,都是从某一行第一列开始,到最后一列结束。如图 8-36 所示,数据的行存储格式为:[6-12,皮带,1,28.80];[6-12,皮带,2,28.80];[6-12,皮带,1,28.80];[6-12,茶杯,2,9.80]。

列存储时,一行记录被拆分为多列,每一列数据追加到对应列的末尾处。列存储数据库把一列中的数据值串在一起存储起来,然后再存储下一列的数据。如图 8-37 所示,数据的列存储格式为:[6-12,6-12,6-12,6-12];[皮带,皮带,皮带,茶杯];[1,2,1,2;28.80, 28.80,28.80,9.80]。列存储可以读取数据库中的某一列或者全部列数据。

3. 行存储和列存储的性能对比

行存储的写入可以一次完成,而列存储需要把一行记录拆分成单列后再保存,写入次数明显比行存储更多,加上硬盘定位花费的时间,实际消耗时间会更大。

数据读取时,行存储需要将一行数据完整读出,如果只需要其中几列数据,就会存在冗余数据(冗余数据在内存中消除)。列存储可以读取数据集合中的一列或数列,大多数查询和统计只关注少数几个列(如销售金额或数量)。列存储不需要将全部数据取出,只需要取出需要的列。列存储的磁盘 I/O 操作时间只有行存储的 1/10 左右。

行存储中,一行记录中保存了多种数据类型,数据解析时需要在多种数据类型之间频繁转换,这些操作很消耗 CPU 时间,而且很难进行数据压缩。列存储中,每一列的数据类型都相同。例如,某列(如数量)数据类型为整型(int),那么列数据集合一定都是整型,这使数据解析变得十分容易,有利于分析大数据。列存储的数据压缩比可以达到 5∶1～20∶1 以上,这大幅节省了设备的存储空间。

行存储和列存储数据库各有优缺点。行存储的写入性能比列存储高很多,但是读操作(如查询)的数据量巨大时,就会影响数据的处理效率,行存储适用于记录插入、删除等操作频繁的应用领域(如销售管理系统等)。列存储适用于需要频繁读取单列数据的应用(如销售金额统计、产品库存数量统计等),适用于数据挖掘、查询密集型等应用。

8.3.5 嵌入式数据库 SQLite

SQLite 是一个开源的小型嵌入式数据库,发明人是理查德·希普(D. Richard Hipp),2000 年发布了 SQLite 1.0 版,目前最新版是 3.45.0(2024 年 1 月,420KB,源代码约 15 万行)。SQLite 是一个独立的、可嵌入的、零配置的 SQL 数据库引擎。SQLite 具备关系型数据库的基本特征,实现了绝大部分 SQL 语言标准,具有 ACID、事务处理、数据表、索引等特性,数据库文件格式向下兼容。SQLite 发行版包含一个独立的命令行访问程序(sqlite),也可以用 SQLite Expert Professional 对 SQLite 进行图形用户界面管理。

1. SQLite 数据库的优点

(1) 操作简单。**SQLite 不需要安装和配置,也没有管理、初始化等过程。**SQLite 不需要在服务器上启动和停止,使用中无须创建用户和划分权限。在系统出现灾难时(如宕机),SQLite 并不会自动做备份/恢复等保护性操作。

(2) 运行效率高。SQLite 运行时占用资源很少(标准配置时内存少于 450KB),而且没有任何管理开销。对 iPad、智能手机等移动设备来说,SQLite 的优势显著。

(3) 直接备份。SQLite 的数据库是一个单一文件,最大支持 2T 的数据库文件。只要用户权限允许,数据库可随意访问和拷贝,这便于数据库的备份、携带和共享。

(4) 应用广泛。SQLite 支持 Windows,Linux,Android 等主流操作系统,同时可以嵌入 Python,Java,PHP,C 等程序语言中。内置了 SQLite 的软件有 Python、Windows 10、谷歌浏览器、微信、QQ、智能手机(Android 和 iOS)、机顶盒等。

2. SQLite 数据库的缺点

如果有多个客户端需要通过网络访问数据库时,不应当选择 SQLite。因为 SQLite 不

计算领域的技术热点

支持客户/服务器(C/S)访问模式;SQLite 也不支持数据库加密;SQLite 的数据管理机制依赖操作系统中的文件系统。SQLite 只提供了表级锁,没有提供记录行级锁,因此 SQLite 仅支持并发执行读事务,不支持并发执行写事务。

3. 程序设计案例:SQLite 数据库应用

【例 8-18】 创建一个 test.db 数据库,在数据库下创建工资表,并且在工资表中插入记录,然后查询并输出工作表中所有记录。Python 程序如下。

```
1    import sqlite3                                              # 导入标准模块
2    import os                                                   # 导入标准模块
3
4    path = 'd:\\test\\test.db'                                  # 文件路径赋值
5    if os.path.exists(path):                                    # 如果数据库文件存在
6        os.remove(path)                                         # 删除旧数据库文件
7
8    conn = sqlite3.connect('d:\\test\\test.db')                 # 建立连接,创建数据库 test.db
9    print('成功创建新数据库.')
10   cursor = conn.cursor( )                                     # 创建游标对象
11   cursor.execute("CREATE TABLE IF NOT EXISTS 工资 ("
12       "ID INT PRIMARY KEY NOT NULL,"                          # ID = 标志(整数,主健,非空)
13       "姓名 TEXT NOT NULL,"                                   # 姓名(文本,非空)
14       "年龄 INT NOT NULL,"                                    # 年龄(整数,非空)
15       "地址 CHAR(50),"                                        # 地址(字符串,长度 50)
16       "薪酬 REAL);")                                          # 薪酬(实数)
17       # 大写字母为 SQL 语句,如果没有工资表,则创建工资表
18   cursor.execute("INSERT INTO 工资 (ID, 姓名, 年龄, 地址, 薪酬)"
19       "VALUES (1, '刘备', 42, '河北涿州', 5000.00 );")            # 执行 SQL 插入记录语句
20   cursor.execute("INSERT INTO 工资 VALUES (2, '孔明', 38, '山东琅琊', 4500.00 );")
21   cursor.execute("INSERT INTO 工资 VALUES (3, '曹操', 45, '沛国谯县', 7500.00 );")
22   cursor.execute("INSERT INTO 工资 VALUES (4, '孙权', 34, '杭州富阳', 6500.00 );")
23   cursor.execute("SELECT * FROM 工资")                        # 查询工资表中记录
24   results = cursor.fetchall( )                                # fetchall( )从查询结果取出所有记录
25   for row in results:                                         # 循环输出工资表中记录
26       print(row)                                             # 输出记录
27   conn.commit( )                                             # 提交事务
28   cursor.close( )                                            # 关闭游标
29   conn.close( )                                              # 关闭连接
>>>  成功创建新数据库 …                                         # 程序输出(略)
```

8.4 量子计算技术

8.4.1 量子计算发展与性能

1. 传统计算机发展的瓶颈

(1)电子逃逸问题。电子计算机用高电平和低电平表示数字信号 0 和 1,当集成电路中晶体管制程工艺达到 3nm 时,原子数只有 10 多个。这时电子就会发生量子隧穿效应,即电子会来回乱跑,这时就无法精确定义高低电平(即不能精确表示 0 和 1)。

(2)算力问题。传统计算机在处理化学、材料、生物等问题时非常困难。如果用电子计

算机模拟一个咖啡因分子,现有的任何计算机都做不到,就算在 CPU 芯片中集成更多的晶体管也没办法模拟一个咖啡因分子,然而量子计算机可以做到。

2. 量子计算技术的发展

基本粒子中并没有量子,量子是一种理论上的概念。**量子是指带有能量的基本粒子**(如电子、光子、中子、质子等)。如光量子就是指具有一定能量的光子。1981 年,理查德·费曼(Richard Feynman,获诺贝尔奖)首次提出用量子计算模拟物理系统的想法。1985 年,英国物理学家大卫·多伊奇(David Deutsch)将费曼的思想具体化,他提出了量子图灵机的概念。他在发表的"通用量子计算机"论文中,证明了如果通过一组简单的操作,那么任何物理过程原则上都能很好地被量子计算机模拟。1992 年,多伊奇(Deutsch)和约萨(Jozsa)给出了第一个量子算法(Deutsch-Jozsa)。在他们提出的问题中,量子计算相较于电子计算机具有指数级的加速,而这种并行能力来自量子力学中的叠加和纠缠效应。1994 年,数学家彼得·秀尔(Peter Williston Shor)提出了著名的大数因子算法,这个算法表明量子计算机可以有效地求解大数因式分解问题。

3. 量子计算的性能

量子比特可以是 $|0\rangle$,或者是 $|1\rangle$(符号 $|0\rangle$ 表示量子的叠加态 0),或者是这两种状态的叠加。假设一个量子比特,其 0 态的概率振幅是 $\alpha|0\rangle$,其 1 态的概率振幅是 $\beta|1\rangle$,如果不考虑相位,一个量子叠加态($|\Psi\rangle$)可以表示为:$|\Psi\rangle = \alpha|0\rangle + \beta|1\rangle$。

量子计算机由存储元件和逻辑门元件构成。电子计算机用电平的高低表示二进制数据,非 0 即 1(见图 8-38)。在量子计算机中,用电子的上下自旋状态来表示 0 和 1(见图 8-39)。由于量子的叠加效应,一个量子位(qubit)可以同时存储 0 和 1。也就是说,同样数量的存储单元,量子计算机的存储量比电子计算机增加了一倍。一个 250 个量子比特的存储器(由 250 个原子组成),可以存储的数据量可达 2^{250} b。通俗地说,电子计算机用 100 多个原子表示 1 个比特,而量子计算机用 1 个量子表示 1 个量子比特。

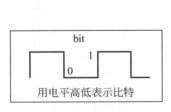

图 8-38 电平比特(b)

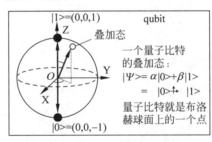

图 8-39 量子比特(qubit)

量子纠缠是一个量子的操作会影响到另外一个量子,**量子纠缠的特征使得能够实现量子并行计算**,其计算能力可随量子比特位数的增加呈指数增长。理论上,2 个量子比特的量子计算机每一步可以做到 2^2 次运算;n 个量子比特的运算速度将达到 2^n 次。IBM 和谷歌都提出 2029 年实现 100 万个量子比特,而且是纠错的通用量子计算机。

8.4.2 量子计算机硬件技术

如果将量子计算机与电子计算机类比,量子芯片对应中央处理器,量子测控系统对应电子计算机的主板和操作系统。量子计算机软件包括程序语言、编程框架等。通用量子计算机必须具备百万级别的量子比特数,并且可以进行操控和自动纠错。量子计算的技术指标包括量子比特的编译方式、相干时间(量子效应的保持时间)、量子操作、输入/输出等。量子计算目前还处于早期阶段,连最底层的物理机制都没有完全形成,所以量子计算机目前不是非常完善的物理系统。超导型量子计算机的工作原理如图 8-40 所示。

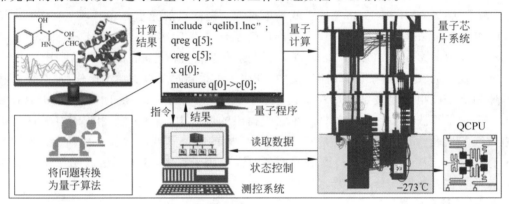

图 8-40　超导量子计算机的工作原理

量子测控系统起到了对量子芯片进行控制、处理、运算的作用。量子测控系统包括硬件和软件,量子测控软件有 QCCS、Google AI 量子测控软件、Cluster、Qblox 等。量子测控系统相当于软硬结合的操作系统,没有它量子计算机将无法运行。

科学家提出过各种量子计算的物理实现方法,如超导、光量子、离子阱、拓扑、核磁共振(NMR)、硅自旋等,2006 年后,超导量子计算机技术是目前发展的主流机型。全球量子计算机的主要设计方案如表 8-12 所示。

表 8-12　量子计算机设计的不同技术方案比较

技 术 指 标	超 导 技 术	光量子技术	离子阱技术	光 学 技 术	量子拓扑技术
运行模式	全电	全电	全光	全光	NA
量子比特数	50＋	4	70＋	48	2
相干时间	50μs	100μs	1000s	长	理论无限长
比特门保真度	99.4%	92%	99.9%	97%	理论上 100%
比特门操作时间	50ns	100ns	10μs	NA	NA
可实现门数	10^3	10^3	10^8	NA	NA
工作主频	20MHz	10MHz	100kHz	NA	NA
技术支持	谷歌、浙大	Intel、中科大	NIST、清华	MIT、中科大	微软、中科院

(1) 超导技术的可扩展性强,采用固态器件,能使未来的量子计算机与传统的电子计算机兼容。Google、IBM、英特尔等公司把精力放在超导或者半导体方向。

(2) 光量子技术相干时间长、可纠缠、稳定性高。光量子可在室温下实现,不需要超低温的制冷设备,这为通用量子计算机建立了很好的基础。

(3) 离子阱技术的量子比特质量高,相干时间较长,量子比特制备和读出效率较高;缺点是储存少、消相干、可扩展性差、小型化难等。

(4) 光学技术的相干时间长、扩展性好;缺点是量子比特的逻辑门操作困难。

(5) 量子拓扑技术的优势是对环境干扰有很大的抵抗能力,但它目前还停留在理论层面,并无器件化实现方案。

8.4.3 量子计算的程序设计

1. 量子程序设计原理

量子编程与现有的程序设计完全不同,与电子计算机编程比较,量子编程目前处于原始阶段。目前的量子算法基于量子线路而设计,它类似于传统计算机中使用 VHDL 语言的与门、非门等逻辑门编程。一个量子程序编译后,将输出量子线路图(见图 8-41),量子逻辑门的每一种排列组合都可以视为一个量子线路。

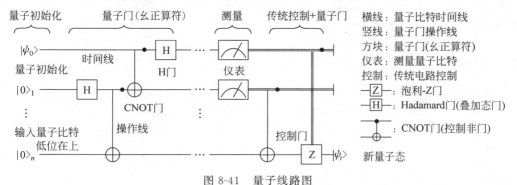

图 8-41 量子线路图

如图 8-41 所示,量子计算是 n 个量子执行一系列算符操作,最后进行测量。量子线路图中的 n 条水平横线,从左到右代表时间顺序;不同的竖直线表示不同的量子操作;直线上的各种小方块和大方块表示不同的单量子门或多量子门(又称幺正算符);人们常常将一些简单的量子门组合成复杂的量子门。图中的 ⎍ 是一个双量子控制非门(controlled-NOT)。它的功能是如果控制位(•黑点)为 1 时,则量子位受控翻转(⊕是异或符号,即如果前者为 1,那么后者是 0),否则不执行操作,但控制位自身不变。整张图就是一个量子线路图。量子计算机的软件系统目前包括量子程序语言、量子编程框架、量子中间表示,量子程序设计技术如表 8-13 所示。

表 8-13 量子计算程序设计技术

软件实现技术	程序语言和框架	程序语言和框架说明
量子程序语言	Twis,Q♯,Q|SA>,Qgcl,QCL, Qrunes,Quingo 等	编写量子算法程序,程序需要编译到量子编程框架中进行处理,实现混合计算的目的
量子编程框架	IBM Quantum,Google Fermion Cirq, Microsoft QDK,瑞士 ProjectQ 开源框架,Rigetti Forrest,华为 HiQ 等	框架用于 PC 端和 Web 端的开发; 它为量子程序提供编译、测试、验证环境; 它有封装好的量子代码库、算法程序; 量子算法中往往会包含经典计算,所以框架一部分提供经典计算与控制,另一部分负责执行量子计算
量子中间表示	QIR,OpenQASM,Quil 等	提供表示量子程序数据,描述量子逻辑门底层操作,直接与量子硬件互动

注:绝大部分量子编程框架都支持在 PC 端或 Web 端采用 Python 语言编程。

在超导量子计算机中,量子比特由超导约瑟夫森结振荡电路实现。对量子比特的逻辑门操作,采用超导电路中的特定频率、相位、波形的微波信号来实现。这些微波信号是量子程序经过量子编程框架编译后,再由量子中间表示测控系统产生,并通过微波线缆传输到量

计算领域的技术热点

子芯片上,引起量子态的受控变化,从而实现量子程序的执行。

2. 量子计算程序设计案例

ProjectQ 是一个开源量子计算编程框架,这个框架具有量子计算→量子线路编译→哈密顿量模拟→量子计算模拟→量子硬件 API 等操作,功能非常全面。软件包下载地址为:https://github.com/ProjectQ-Framework/ProjectQ,可按以下方法安装 ProjectQ。

```
1  > python3 - m pip install projectq -- upgrade
```

【例 8-19】 用 ProjectQ 进行量子计算编程。Python 程序如下。

```
1   from projectq import MainEngine          # 导入第三方包
2   from projectq.ops import X               # 导入第三方包
3   from projectq.ops import CX              # 导入第三方包
4
5   eng = MainEngine( )                       # 变量赋值(对象属性)
6   qubits = eng.allocate_qureg(2)           # 分配 2 个量子比特(调用 X 引擎)
7   X | qubits[0]                            # 量子比特初始化为 0 态(|0 >)
8   CX | (qubits[0], qubits[1])             # 对第 1 个量子比特执行纠缠门操作 CX
9   eng.flush( )                             # 概率幅是复数,因此需要再进行点乘操作
10  print(eng.backend.cheat( )[1])          # 打印量子计算结果
>>> [0j, 0j, 0j, (1 + 0j)]                   # 程序输出(注:输出的概率幅是复数)
```

程序第 7 行,输出的矢量为 $[1,0,0,0]$,这个矢量对应 $[00,01,10,11]$ 四个量子态,如果需要计算其中某一个态被测量时可能出现的概率,需要对其进行取模平方操作。

程序第 8 行,对第 1 个比特执行泡利矩阵操作,然后再执行纠缠门操作 CX。$CX(i,j)$ 量子门操作过程为:如果量子比特 i 处于 |0⟩ 态,不进行任何操作;如果量子比特 i 处于 |1⟩ 态,则对量子比特 j 执行取反操作。也就是说,如果原来 j 是 |0⟩ 态就会变成 |1⟩ 态;如果原来 j 是 |1⟩ 态就会变成 |0⟩ 态,这就是量子纠缠在量子计算中的作用。

8.4.4 量子计算存在的问题

量子计算机的主要技术难点在于精确实现量子比特的控制,实现量子纠缠的量测,维持量子叠加态等问题。量子计算机虽然算力惊人,但是也存在以下缺点。

(1)量子叠加态的量测。计算问题的输入值为量子叠加态时,可以同时得到多个输出结果,这就是量子的并行运算。简单看这个功能非常强大,量子计算机的算力会随量子位数量的增加呈指数级增长。但是,量子计算的输出结果也是量子叠加态,这意味着一旦进行量测,会导致量子状态坍缩到只有一个结果(量子坍缩),量子叠加输出结果将不复存在;如果不进行量测,又无法获得量子计算结果中的信息。

(2)难以进行精密计算。IBM 专家达里奥·吉尔(Dario Gil)表示:量子比特数量增加只是一方面,处理的量子比特数越多,量子比特之间的交互就会越复杂。因此,50 量子比特的原型机虽然有更多的量子比特,但是这些量子比特的叠加态、纠缠态也会造成错误率很高的结果,无法保证计算精度。**量子计算机很容易出错**。例如,尝试将量子比特初始化为 0 时,会有 2%～3% 的错误率;每个量子比特门操作的错误率为 1%～2%;2 个量子比特门操作的错误率为 3%～4%;测量量子比特时也会出现错误,这些错误会不断累积,最终可能会导致错误的计算结果。

（3）超低温计算环境。量子计算机之所以计算神速，主要依赖量子比特的叠加态和量子纠缠。但是量子叠加和纠缠状态极其脆弱，不能受到极轻微的干扰。IBM 量子计算科学家 Jerry Chow 在演讲中说道，"一旦噪声、热量或者震动带来哪怕一丁点的干扰，你也会一下子对它失去控制"，因此超导量子计算机工作在超低温和超稳定的环境中。例如，英特尔 49 量子比特（qubit）的测试芯片 Tangle Lake，工作在－273℃的环境中。

由于量子比特的不稳定性，导致了量子计算的精度不高。**目前量子计算机处理普通任务并没有特别的优势**。但是在一些特殊领域，如化学和材料学里的分子结构模拟、气象预报、密码破解、机器学习等问题，量子计算机有传统计算机所不具备的计算能力。

8.5　计算领域的新技术

8.5.1　物联网技术

2005 年，ITU 发布了《ITU 互联网报告 2005：物联网》报告，正式提出了物联网（internet of things，IoT）的概念。

1. 物联网的特征

早期（1999 年）物联网的定义是：**将物品通过射频识别信息、传感设备与互联网连接起来，实现物品的智能化识别和管理**。通俗地说，**物联网就是物物相连的互联网**。

以上定义体现了物联网的三个主要特征：一是互联网特征，物联网的核心和基础仍然是互联网，需要联网的物品一定要能够实现互联互通；二是识别与通信特征，即纳入物联网的物一定要具备自动识别（如 RFID）与机器到机器通信（machine to machine，M2M）的功能；三是智能化特征，即网络系统应具有自动化、自我反馈与智能控制的特点。

物联网中的物要满足以下条件：要有相应信息的接收器；要有数据传输通路；要有一定的存储功能；要有专用的应用程序；要有数据发送器；遵循物联网的通信协议；在网络中有被识别的唯一编号等。物联网的核心技术和应用如图 8-42、图 8-43 所示。

图 8-42　物联网核心技术　　　　图 8-43　物联网在各个领域的应用

2. 物联网基本结构

如图 8-44 所示，物联网基本结构分为感知层、网络层和应用层。感知层的功能是识别物体、采集数据；网络层的功能是传输信号；应用层的功能是物联网管理和应用。

3. 感知层终端设备和应用层服务器之间的通信协议

（1）HTTP 协议。HTTP 是一种简单的数据传输协议，**服务器被动等待接收终端设备**

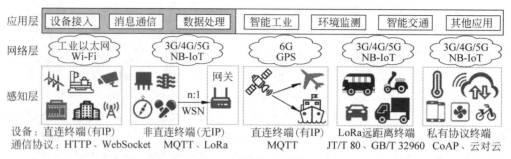

图 8-44　物联网基本结构

的 **HTTP 请求**。但是，物联网应用存在以下问题：一是大部分终端设备没有 IP 地址，服务器不知道将数据发送给哪台终端设备；二是终端设备频繁断电和移动时，无法持续连接网络，这时即使服务器发送了指令，也不能发送到指定终端设备中。

（2）WebSocket 套接字通信。首先，WebSocket 可以实现客户端和服务器之间的数据双向连续传输。HTTP 协议在客户端没有发出申请时，服务器不会主动进行通信。而 WebSocket 不同，只要服务器与客户端确立了连接，就能持续用同一个连接传输数据。其次，只要建立了连接，就算客户端没有发出申请，服务器也能给客户端发送数据。例如，在发送语音等连续数据时，使用 WebSocket 通信就非常方便。

（3）MQTT 通信协议。消息队列传输探测（message queuing telemetry transport，MQTT）协议多用于物联网工业领域，如汽车、制造、石油领域等。它具有以下特点：一是 MQTT 构建在 TCP/IP 协议之上，保持了兼容性；二是 MQTT 数据包的开销很小，能在网络带宽低、可靠性低的环境下运行；三是 MQTT 的消息短小、协议机制简单，在终端设备容易实现；四是 **MQTT 是一种一对多的通信协议，采用发布—订阅通信模型**。发布—订阅模型中有三种属性：发布者、代理、订阅者。消息发布者和订阅者都是客户端（终端设备），代理是服务器端（应用层）。MQTT 客户端的设备可以发布消息、订阅消息、退订或删除消息、断开与服务器的连接等。MQTT 服务器可以接收客户端的网络连接、接收客户端发布的消息、订阅和退订请求、转发客户端的消息。

4. 无线传感器网络（WSN）通信协议

物联网的感知层往往由一个或多个无线传感器网络（wireless sensor networks，WSN）组成，无线传感器网络常见通信技术有 ZigBee、蓝牙、Wi-Fi、远距离无线电（long range radio，LoRa）、受限应用协议（constrained application protocol，CoAP）、《电动汽车远程服务与管理系统技术规范》（GB/T 32960）等通信协议。

（1）LoRa 协议。它是一种低功耗的无线局域网协议，最大的特点是在同样功耗条件下，**通信距离比传统无线射频扩大了 3～5 倍**。

（2）CoAP 协议。它是一种物联网中类 Web 的协议，是一种低开销的简单协议，专为性能受限的终端设备（如微控制器）和性能受限的网络而设计。**CoAP 协议主要用于 M2M 之间的数据交换**，某些功能与 HTTP 非常相似，专门为 IoT 设计。

5. 物联网网关

感知层中，大部分终端设备都不具备联网能力，它们需要在本地组建无线传感器网络后，再通过网关统一接入网络层。**网关的功能是连接无线传感器网络中的多台设备，并将它们连接到互联网中的服务器。网关与设备的有线连接方式有串行通信和 USB 连接,无线连接方式有 5G、Wi-Fi、蓝牙、ZigBee 等。物联网网关需要以下功能。

(1)管理功能。网关可以获取各个终端设备的实时信息,并实现终端设备的控制、唤醒与睡眠、在线诊断等功能,同时通过编程实现对终端设备的自动化管理。

(2)寻址功能。确保各个终端设备能够精准定位和实时查询,满足终端设备跨域通信的需求。由于终端设备的地址结构与 DNS 的域名不同,因此需要新的寻址技术。

(3)协议转换。为了实现无线传感器网络(内网)与接入网(外网)的数据通信,需要由网关实现两个网络之间不同通信协议的转换。并且将上传的标准格式数据进行统一封装;将服务器下发的数据解包成标准格式数据,使指令可被终端设备识别。

6. 物联网程序设计案例

【例 8-20】 物联网中,传感器是收集环境信息的重要设备。Python 可以通过串口、蓝牙、Wi-Fi 等方式与传感器进行通信。Python 与传感器的数据传输程序如下。

```
1   import serial                                    # 导入第三方包
2
3   ser = serial.Serial('/dev/ttyUSB0', 9600)        # 打开设备串口
4   while True:                                       # 循环读取数据
5       data = ser.readline().decode().strip()       # 读取串口数据并处理
6       if not data:                                  # 判断是否为数据
7           continue                                  # 是数据则继续
8       print(data)                                   # 处理数据
```

【例 8-21】 物联网终端设备通常要与云平台进行数据交互,Python 可以通过 HTTP、MQTT 等协议与云平台进行通信。Python 与 MQTT 服务器数据通信程序如下。

```
1    import paho.mqtt.client as mqtt                  # 导入第三方包
2
3    client = mqtt.Client()                           # 连接 MQTT 服务器
4    client.connect("broker.hivemq.com", 1883, 60)    # 设置参数
5    client.publish("iot/test", "Hello, world!")      # 发布消息
6    def on_message(client, userdata, message):       # 订阅主题
7        print(message.topic, message.payload)        # 打印消息
8
9    client.subscribe("iot/test")                     # 订阅消息
10   client.on_message = on_message                   # 循环接收订阅的消息
11   client.loop_forever()                            # 保持循环调用
```

7. 物联网存在的问题

物联网目前仍然存在微型化、能源供给、标准化等方面的制约。

(1)技术困难。一是能源存储容量与传感器体积成正比,能源供应和微型化设计之间的矛盾难以调和;二是数量众多的传感器会导致耗电量加大。

(2)标准不统一。感知层有不同传感器和不同接口,如温度、压力、速度、浓度等。网络层的通信协议也有不同标准,如 ZigBee、蓝牙、Wi-Fi、5G 等。传感层的嵌入式操作系统有 TinyOS,Brillo,mbedOS,RIOT 等。**目前物联网没有一个主流标准。**

(3)成本问题。一些物联网终端设备的成本无法达到企业的预期,性价比不高。

8.5.2 云计算技术

1. 云计算的概念

计算机可能是人类制造的效率最低的机器,全球99％的计算机都在等待指令。向云计算的转变,可以将平时浪费的资源利用起来。**云计算是一种商业计算模型,它将计算任务分布到大量计算机构成的资源池上,使用户能够按需获取计算能力、存储空间和信息服务**。通俗地说,云计算就是网络计算的一种服务模式。为什么叫云呢?因为云一般比较大(如百度云提供巨大的存储空间)、规模可以动态伸缩(如大学的公共计算云则规模较小),而且边界模糊,云在空中飘忽不定,无法确定它的具体位置(如计算设备或存储设备在不同的国家或地区),但是它确实存在于某处。

云计算将计算资源与物理设施分离,让计算资源浮起来,成为一朵云,用户可以随时随地根据自己的需求使用云资源。云计算实现了计算资源与物理设施的分离,数据中心的任何一台设备都只是资源池中的一部分,不专属于任何一个应用。一旦资源池设备出现故障,马上退出一个资源池,进入另外一个资源池。如图8-45所示,**云计算的服务模式称为SPI(SaaS软件即服务,PaaS平台即服务,IaaS基础设施即服务)**。

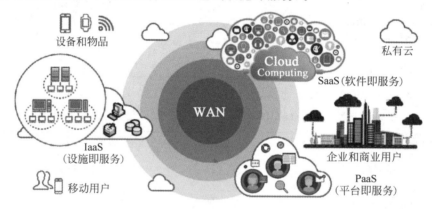

图8-45 云计算平台服务模式

2. 云计算的特征

云计算将网络中的计算、存储、设备、软件等资源集中起来,**将资源以虚拟化的方式为用户提供服务**。云计算是一种基于因特网的超级计算模式,在远程数据中心,几万台服务器和网络设备连接成一片,各种计算资源共同组成了若干个庞大的数据中心。

云计算中最关键的技术是虚拟化,此外还包括自动化管理工具,如可以让用户自助服务的门户,计费系统以及自动进行负载分配的系统等。云计算目前需要解决的问题有降低建设成本、简化管理难度、提高灵活性、建立云之间互联互通的标准等问题。

3. 云计算的应用

例如,Amazon(亚马逊)提供的专业云计算服务包括弹性计算云(Amazon EC2)、简单储存服务(Amazon S3)、简单队列服务(Amazon SQS)等,Amazon云提供全球计算、存储、数据库、分析、应用程序和部署服务,有免费服务,也有按月收费的服务;Google Earth(谷歌地图)提供包括卫星地图、Gmail(邮箱)、Docs(在线办公软件)等免费服务;微软Azure云计算提供软件和服务等。

在云计算模式中,用户通过终端接入网络,向云提出需求,云接受请求后组织资源,通过网络为用户提供服务。用户终端的功能可以大幅简化,复杂的计算与处理过程都将转移到用户终端背后的云去完成。在任何时间和任何地点,用户只要能够连接至互联网,就可以访问云。用户的应用程序并不需要运行在用户的计算机、手机等终端设备上,而是运行在互联网的大规模服务器集群中。用户处理的数据也无须存储在本地,而是保存在互联网上的数据中心。这意味着计算力也可以作为一种商品通过互联网流通。

8.5.3 区块链技术

1. 区块链概述

区块链本质上就是一个共享数据库,存储在其中的数据具有不可伪造、全程留痕、可以追溯、公开透明、集体维护等特征。 基于这些特征,区块链技术具有坚实的信任基础,创造了可靠的合作机制,具有广阔的运用前景。

区块链起源于比特币,2008 年 11 月 1 日,中本聪(Satoshi Nakamoto)发表了一篇名为"比特币:一种点对点式的电子现金系统"(Bitcoin: A Peer-to-Peer Electronic Cash System)的论文,阐述了基于 P2P 网络技术、加密技术、时间戳技术、区块链技术的电子现金系统构架理念,这标志着比特币的诞生。

2. 区块链工作原理

电子现金永远存在两个问题:一是怎么证明这笔钱是你的(真伪问题);二是如何保证同一笔钱没有被多次支付给不同的人(双重支付问题)。金银现钞等实物货币天生具有唯一性,而对于计算技术来说,数据的复制品和原始数据是完全等价的。

区块链是为了实现比特币交易而发明的一种技术。支付的本质是将账户 A 中减少的金额增加到账户 B 中。如图 8-46 所示,账户 A 将转账信息通过哈希算法(SHA-256)生成一个区块,然后将区块广播到网络中,网络中区块链参与者同意这次交易有效,并且将新区块加入公共账本上,这个公共账本就形成了一个区块链。

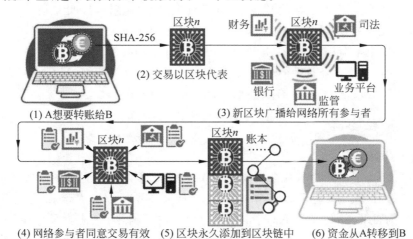

图 8-46　区块链工作原理

区块是一个一个的存储单元,记录了一定时间内各个区块节点全部的交流信息。各个区块之间通过哈希算法实现链接,后一个区块包含前一个区块的哈希值。随着信息交流的扩大,一个区块与一个区块相继接续就形成了区块链的结构。

第 8 章

计算领域的技术热点

从技术角度看,区块链相当于定义了一条时间轴,确保记录在这条时间轴上的数据可以查询,但是不可更改。区块链建立了一种基于算法、可被验证的信任。

3. 区块链核心技术

(1) 分布式账本。分布式账本指交易记账由分布在不同地方的多个节点共同完成,而且**每一个节点记录的是完整的账目**,因此它们都可以参与监督交易合法性,同时也可以共同为其做证。区块链的分布式存储体现在两个方面:一是**区块链每个节点都按照块链式结构存储完整的数据**;二是区块链每个节点存储都是独立的、地位等同的,依靠共识机制存储。**没有任何一个节点可以单独记录账本数据,从而避免了单一记账人被控制或记假账的可能性**。由于记账节点足够多,理论上讲除非所有的节点被破坏,否则账目就不会丢失,从而保证了账目数据的安全性。

(2) 非对称加密。存储在区块链上的交易信息是公开的,但是**账户的身份信息和交易信息被高度加密**,只有在数据拥有者授权的情况下才能被访问。

(3) 共识机制。共识机制是所有记账节点之间怎么达成共识,去认定一个记录的有效性,这是防止篡改的有效方法。只有在控制了全网超过 51% 记账节点的情况下,才有可能伪造出一条不存在的记录。这基本上不可能,从而杜绝了造假的可能。

(4) 智能合约。智能合约是基于可信的不可篡改的数据,可以自动执行一些预先定义好的规则和条款。以保险为例,如果说每个人的信息(如医疗信息等)都是真实可信的,就很容易在一些标准化保险产品中进行自动化的理赔。

4. 区块链应用

(1) 金融领域。区块链在国际汇兑、信用证、股权登记、证券交易所等金融领域有巨大应用价值。

(2) 物联网和物流领域。区块链也可以用于物联网和物流领域。通过区块链可以追溯物品的生产和运送过程,并且提高供应链管理效率。

(3) 数字版权领域。通过区块链技术,可以对作品进行鉴权,证明文字、视频、音频等作品的存在,保证权属的真实、唯一性。作品在区块链上被确权后,后续交易都会进行实时记录,实现数字版权全生命周期管理,也可作为司法取证中的技术性保障。

(4) 公益领域。社会公益中的相关信息,如捐赠项目、募集明细、资金流向、受助人反馈等,都可以存放在区块链上,并且有条件地进行公示,方便接受社会监督。

8.5.4 计算社会学

1. 社会可计算吗?

一些观点认为,个体行为与社会活动规律如此复杂,很难用严谨的科学方法进行逻辑推理或精确的定量计算。社会可以计算吗? 2009 年 2 月,以哈佛大学教授大卫·拉泽尔(David Lazer)为首的 15 位来自不同学科的教授联名在《科学》杂志上发表了题为"计算社会科学"的论文。这被看作是一个新兴研究领域诞生的标志。计算思维的方法融入人文社会科学虽然不乏争议,但是深刻地改变了传统人文社会科学的研究模式。

计算社会科学是利用大规模数据收集和分析能力,揭示个人和群体行为模式的科学。对计算社会科学家而言,大数据时代不仅需要记录、更需要计算,从看似随机的个体行为与社会运转中,获得对人类社会、经济、政治等更深刻、更具前瞻性的解读。

如图 8-47 所示，从计算角度看，微博就是一个图形网络，n 个博主之间的关系可以用图形矩阵表示。可以采用线性代数、矩阵运算、图论等方法建立数学模型。

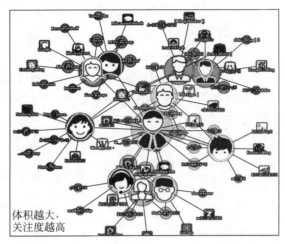

体积越大，
关注度越高

图 8-47　网站博客单击量社交网络模型

计算社会科学彻底打破了人们对人文科学的传统观念和原有的学科划分。计算社会科学需要人文学家和计算科学专家的团队合作工作。

2. 海量数据的获取与分析

目前人们以各种不同方式工作和生活在社交网络中，人们频繁地检查电子邮件和使用搜索引擎、随时随地拨打移动电话和发送微信、每天刷卡乘坐交通工具、经常使用信用卡购买商品；写博客、发微博、通过聊天软件来维护人际关系。在公共场所，监视器可以记录人们的活动情况；在医院，人们的医疗记录以数字形式被保存。以上的种种事情都留下了人们的数字印记。**通过这些数字印记可以描绘出个人和群体行为的综合图景**，这有可能会改变我们对于生活、组织和社会的理解。

Facebook 是世界上最大的社交网络，截至 2008 年存储了 30PB 的数据；2009 年 Facebook 每天产生 25TB 的日志数据。这些数据中蕴含了个人和群体行为的规律。

人民大学孟小峰教授认为：传统社会科学一般通过问卷调查的方式收集数据，以这种方式收集的数据往往不具有时间上的连续性，对连续的、动态的社会过程进行推断时准确性有限。**计算社会科学以数据挖掘与机器学习为核心技术**，使用人工智能技术从大量数据中**发现有趣的模式和知识**，在数据的驱动之下，进行探索式的知识发现和数据管理。通过数据挖掘，计算社会科学家可以处理非线性、有噪声、概念模糊的数据，分析数据质量，从而聚焦于社会过程和关系，分析复杂的社会系统。

可以通过电子商务网站的查询和交易记录，以及网上聊天记录等人际互动数据，研究人际互动在经济生产力、公众健康等方面产生的影响。

可以利用互联网上的搜索和浏览记录，研究当前社会公众最关心的热点问题。

3. 程序设计案例：《全宋词》高频词汇统计

【例 8-22】　判断《红楼梦》作者。对于《红楼梦》的作者，通常认为前 80 回是曹雪芹所著，后四十回合为高鹗所写。由于《红楼梦》前 80 回与后 40 回在遣词造句方面存在显著差异，这就需要判断作者是两个人还是一个人。

计算领域的技术热点

案例分析:有些学者通过统计名词、动词、形容词、副词、虚词出现的频次,以及不同词性之间的关系进行判断;有些学者通过虚词(如之、其、亦等)判断前后文风的差异;有些学者通过场景(花卉、树木、饮食等)频次的差异做统计判断。总而言之,需要对一些指标进行量化,然后比较指标之间是否存在显著差异,借此进行作者的判断。

【例 8-23】 探索宋代诗词。中华书局 1999 年出版了唐圭璋主编的《全宋词》,全书共计收集两宋词人 1330 余家,收录词作约 2 万首,200 多万字。如果对《全宋词》进行高频词汇统计,基本可以反映出宋代文人的诗词风格和生活情趣。Python 程序如下。

```
1   import jieba                              # 导入第三方包
2   from collections import Counter           # 导入标准模块
3   def get_words(txt):                       # 定义词频统计函数
4       mylist = jieba.cut(txt)               # 利用结巴分词进行词语切分
5       c = Counter( )                         # 统计文件中每个单词出现的次数
6       for x in mylist:                      # x 为 mylist 中一个元素,遍历所有元素
7           if len(x)>1 and x != '\r\n':      # x>1 表示不取单字,取 2 个字以上的词
8               c[x] += 1                     # 往下移动一个词
9       print('«全宋词»高频词汇统计结果:')         # 输出提示信息
10      print(c.most_common(20))              # 输出前 20 个高频词汇
11
12  with open('d:\\test\\全宋词.txt', 'r') as f:   # 读模式打开统计文本,并读入 f 变量
13      txt = f.read( )                        # 将统计文件读入变量 txt
14  get_words(txt)                            # 调用词频统计函数
```
```
>>>  《全宋词》高频词汇统计结果:
[('东风', 1371), ('何处', 1240), ('人间', 1159), ('风流', 897), ('梅花', 828), ('春风',
808), ('相思', 802), ('归来', 802), ('西风', 780), ('江南', 735), ('归去', 733), ('阑干',
663), ('如今', 656), ('回首', 648), ('千里', 632), ('多少', 631), ('明月', 599), ('万里',
574), ('黄昏', 561), ('当年', 537)]
```

由以上统计可知,宋代诗词的基本风格是"江南流水,风花雪月",宏大叙事较少。

4. 程序设计案例:《三国演义》社交网络图

社交网络是由许多网络节点构成的一种社会关系结构,节点通常指个人或组织,边是各个节点之间的联系。社交网络产生的图形结构往往非常复杂,例如,小说《三国演义》中,至少存在魏—蜀—吴三个社交网络。可以将小说的主要人物作为节点,不同人物之间的联系用边连接,可以根据人物之间联系的密切程度(例如,两个人在同一章节出现的频率)或重要程度(例如,人物在全书出现的频率)等设置边的权重。分析这些社交网络可以让我们深入了解小说中的人物,例如,谁是重要影响者、谁与谁关系密切、哪些人物在网络中心、哪些人物在网络边缘等。

NetworkX 是图论与复杂网络建模工具,它内置了常用的图与复杂网络分析算法(如最短路径搜索、广度优先搜索、深度优先搜索、生成树、聚类等),它可以进行复杂网络数据分析、仿真建模等工作。NetworkX 广泛用于研究社会、生物、基础设施等结构,可以用来建立网络模型、设计新的算法等,它能够处理大型非标准数据集。

【例 8-24】 绘制《三国演义》人物关系网络图(见图 8-48)。Python 程序如下。

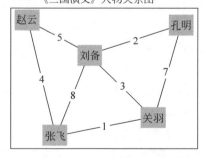

图 8-48 《三国演义》人物关系网络图

```
1    import networkx as nx                                      # 导入第三方包
2    import matplotlib.pyplot as plt                            # 导入第三方包
3    from pylab import *                                        # 导入第三方包
4
5    mpl.rcParams['font.sans - serif'] = ['SimHei']             # 设置中文字体
6    G = nx.Graph()                                             # 生成空网络 G
7    G.add_weighted_edges_from([('0','1',2), ('0','2',7), ('1','2',3), ('1','3',8), ('1','4',5),
     ('2','3',1), ('3','4',4)])
8    edge_labels = nx.get_edge_attributes(G, 'weight')          # 设置边的权重
9    labels = {'0':'孔明', '1':'刘备', '2':'关羽', '3':'张飞', '4':'赵云'}       # 设置节点标签
10   pos = nx.spring_layout(G)                                  # 设置节点放射分布的随机网络
11   nx.draw_networkx_nodes(G, pos, node_color = 'skyblue', node_size = 1500, node_shape = 's', )
                                                                # 画节点
12   nx.draw_networkx_edges(G, pos, width = 1.0, alpha = 0.5, edge_color = ['b','r','b','r','r','b','r'])
                                                                # 画边
13   nx.draw_networkx_labels(G, pos, labels, font_size = 16)    # 绘制节点标签
14   nx.draw_networkx_edge_labels(G, pos, edge_labels)          # 绘制边权重
15   plt.title('《三国演义》人物关系图', fontproperties = 'simhei', fontsize = 14)    # 绘制标题
16   plt.show()                                                 # 显示全部图形
>>>                                                            # 程序输出见图 8-48
```

注：上例使用了 matplotlib(已安装)、networkx 软件包，安装方法如下。

```
1    > pip install networkx - i https://pypi.tuna.tsinghua.edu.cn/simple
```

5. 程序设计案例：诗词平仄标注

声调是指语音的高低、升降、长短。平仄是古代诗词中用字的声调，平指平直，仄指曲折。古汉语有平、上、去、入四种声调，除平声外，上去入三种声调都有高低变化，故统称为仄声。现代普通话中，入声归入到上去两声中，这导致用普通话判别古代诗词的平仄会有少许误读。现代诗歌写作中，如果懂得古代音韵的平仄当然最好，如果搞不懂古代音韵，用今韵亦可。**现代拼音中，一二声为平，三四声为仄。**

【例 8-25】 用现代拼音的四种声调，标注诗词的平仄。

案例分析：标注诗词平仄有两种方法，一是利用古代韵书(如《平水韵》)为字典，查找诗词对应的平仄；二是根据拼音的声调数字标注，判断诗词的平仄，程序如下。

```
1    from pypinyin import lazy_pinyin, pinyin      # 导入第三方包
2    import re                                     # 导入标准模块
3
4    def py_num(py_str):                           # 定义拼音转数字函数
5        comp = re.compile('[0 - 4]\d * ')         # 正则模板，提取 0~4 的数字
6        list_str = comp.findall(py_str)           # 提取数字字符串，如:['2','2','2','4','1']
7        list_num = []                             # 初始化数字列表
8        for num in list_str:                      # 循环将数字字符串转为数字列表
9            num = int(num)                        # 字符串数字转为整数，如:'2'转为 2
10           list_num.append(num)                  # 建立数字列表，如:[2,2,2,4,1]
11       return list_num                           # 返回数字列表，如:[2,2,2,4,1]
12
13   poems = input('请输入诗句:')                   # 输入诗句，如:床前明月光
14   py_list = lazy_pinyin(poems, 2)               # 诗句转为拼音列表，如:['chua2ng', 'qia2n',...]
15   py_str = ' '.join(py_list)                    # 拼音列表转字符串，如:'chua2ng qia2n ...'
```

第 8 章

计算领域的技术热点

16	num_list = py_num(py_str)	# 调用拼音转数字函数
17	print(poems)	# 打印输入诗句
18	for pz in num_list:	# 循环判断诗句的平仄
19	if pz < 3:	# 如果声调数值小于 3(不含 3)
20	print('平', end = '')	# 打印诗句的平声(参数 end = ''为不换行)
21	else:	# 否则
22	print('仄', end = '')	# 打印诗句的仄声
>>>	请输入诗句:**床前明月光**	# 输入诗句
	床前明月光	# 打印输入诗句
	平平平仄平	# 打印诗句平仄

6. 计算社会科学的制约因素

计算社会科学的发展还有很多障碍。从研究方法层面分析,在物理学和生物学中,夸克和细胞既不会介意科学家们去发现它们的秘密,也不会对科学家在研究过程中改变它们的环境提出抗议。而从社会学到计算社会科学的变化中,很大程度上需要解决监控信息许可证制度、个人信息许可权获取和信息加密等问题。

最棘手的挑战在于数据的访问和隐私问题。**社会科学家感兴趣的大部分是私有数据**(如移动电话号码和金融交易信息等)。因此,迫切需要一种由技术(如同态加密)和规则(如隐私法)构成的自律机制,来实现既降低风险又保留进行研究的可能性,更需要建立一种社会与学术界合作的模式。

习　题　8

8-1　IBM 公司深蓝计算机在国际象棋博弈中,采用的计算策略是什么?

8-2　AlphaGo 围棋程序采用的核心技术是什么?

8-3　简要说明机器学习的过程。

8-4　简要说明大数据处理流程。

8-5　关系数据库有哪些运算类型?

8-6　简要说明行存储和列存储数据库各自的特点。

8-7　开放题:量子计算机将来会取代目前的电子计算机吗?

8-8　开放题:为什么机器学习计算量很大?

8-9　开放题:为什么网络爬虫程序没有固定不变的设计模式?

8-10　实验题:参考本书程序案例,对《全宋词》高频词汇统计。

参 考 文 献

[1] 王蕴智. 殷墟甲骨文书体分类萃编(第三卷): 宾组二类[M]. 郑州: 河南美术出版社, 2017.

[2] 贾兰坡, 盖培, 尤玉桂. 山西峙峪旧石器时代遗址发掘报告[J]. 考古学报, 1972(1): 39-58.

[3] 李约瑟. 中国科学技术史: 第3卷 数学[M]. 中国科学技术史翻译小组, 译. 北京: 科学出版社, 1978.

[4] 历代碑帖书法选编辑组. 历代碑帖书法选大盂鼎铭文[M]. 北京: 文物出版社, 1994.

[5] 王焕林. 里耶秦简"九九表"初探[J]. 吉首大学学报: 社会科学版, 2006, 27(1): 46-51.

[6] 华印椿. 论中国算盘的独创性[J]. 数学的实践与认识, 1979(1): 77-81.

[7] 龙博, 中国丝绸博物馆. 成都老官山汉墓出土提花织机的复原研究[EB/OL]. [2023-08-28]. https://mp.weixin.qq.com/s? __biz = MjM5MDc3NjEyOA == & mid = 2653445219&idx = 2&sn = c2bf9efeda30f3d194f908b7371760e5&chksm = bd63524c8a14db5a97cf3a5d4d43cb98820a7665b0b9480 7052194ed81ef501611772501b410&scene = 27.

[8] 鲁佳亮, 苏淼, 赵丰, 等. 18—19世纪法国丝织技术变革与纹样变化[J]. 丝绸, 2022, 59(6): 111-117.

[9] MENABREA L F, ADA L. Sketch of Invented by Charles Babbage(查尔斯·巴贝奇分析机概论) [EB/OL]. [2022-08-05]. https://www.fourmilab.ch/babbage/sketch.html.

[10] GLEICK J. 信息简史[M]. 高博, 译. 北京: 人民邮电出版社, 2013.

[11] 段阡. "电脑"这个词是谁发明的? [EB/OL]. [2023-08-22]. https://www.zhihu.com/question/ 20791391/answer/3340405175.

[12] CHARLES P. 编码: 隐匿在计算机软硬件背后的语言[M]. 左飞, 薛佟佟, 译. 北京: 电子工业出版社出版, 2012.

[13] JANE S. 最强大脑: 数字时代的前世今生[M]. 伊辉, 译. 北京: 新世界出版社, 2015.

[14] DENNING P J, CONNER D E, GRIES D, et al. Computing as a Discipline(作为学科的计算机科学) [J]. Communications of the ACM, 1989, 32(1): 9-23.

[15] ACM 和 IEEE 计算机学会. 计算机科学课程体系规范 2013[M]. ACM 中国教育委员会, 等译. 北京: 高等教育出版社, 2015.

[16] 张铭, 陈娟, 韩飞, 等. ACM/IEEE 计算课程体系规范 CC2020 对中国计算机专业设置的启发[J]. 中国计算机学会通讯, 2020, 16(12): 32-37.

[17] 左卫民. 关于法律人工智能在中国运用前景的若干思考[J]. 北京: 清华法学, 2018, 12(02): 108-124.

[18] 王立. 开放源代码的定义[EB/OL]. [2022-07-10]. https://blog.csdn.net/softart/article/details/1846355.

[19] 阮一峰. 如何选择开源许可证? [EB/OL]. [2023-02-20]. http://www.ruanyifeng.com/blog/2011/ 05/how_to_choose_free_software_licenses.html.

[20] KUTNER J. 程序员健康指南[M]. 陈少芸, 译. 北京: 人民邮电出版社, 2014.

[21] BROOKSHEAR J G. 计算机科学概论[M]. 刘艺, 肖成海, 马小会, 译. 11版. 北京: 人民邮电出版社, 2011.

[22] FREGE G. Conceptografia(概念文字)[EB/OL]. [2024-07-17]. https://wenku.baidu.com/view/ 629e3fd75222aaea998fcc22bcd126fff7055d68.html? _wkts_ = 1721206736755&bdQuery = FREGE+ G.+Conceptografia%28%E6%A6%82%E5%BF%B5%E6%96%87%E5%AD%97%29.

[23] DAVIES M. 逻辑的引擎[M]. 张卜天, 译. 长沙: 湖南科学技术出版社, 2006.

[24] 韩玉琦, 徐祖哲, 包云岗. 所有事情都会有新的开始……记我国第一个计算机三人小组之王传英

[EB/OL]. [2023-08-26]. https://www. ccf. org. cn/Computing _ history/Updates/2020-07-02/704429. shtml.

[25] ERNEST N,NEWMAN J R. 哥德尔证明[M].陈东威,连永君,译.北京:人民大学出版社,2008.

[26] STEVE L. 软件故事:谁发明了那些经典的编程语言[M].张沛玄,译.北京:人民邮电出版社,2014.

[27] HYUNMIN S,CAITLIN S. Programmers' Build Errors:A Case Study (at Google)(程序的编译错误)[EB/OL]. [2021-05-30]. https://dl. acm. org/doi/10. 1145/2568225. 2568255.

[28] WARFORD J S. 计算机系统核心概念及软硬件实现[M].龚奕利,译.北京:机械工业出版社,2015.

[29] GUNINESS E. 智取程序员面试[M].石宗尧,译.北京:人民邮电出版社,2015.

[30] SEBESTA R W. 程序设计语言原理[M].徐宝文,王子元,周晓宇,等译.12 版.北京:机械工业出版社,2022.

[31] JNCHIN. 逻辑程序设计语言 Prolog[EB/OL]. [2021-07-17]. https://blog. csdn. net/qq_38237214/article/details/73613903.

[32] FREEMAN ERIC,FREEMAN E,SIERRA K,et al. Head First 设计模式[M]. O'Reilly Taiwan 公司,译.北京:中国电力出版社,2007.

[33] SPOLSKY J. 软件随想录 卷 1[M].杨帆,译.北京:人民邮电出版社,2015.

[34] IEEE. 1471-2000-IEEE Recommended Practice for Architectural Description for Software-Intensive Systems [S/OL]. [2022-08-08]. https://ieeexplore. ieee. org/document/875998/references ♯ references.

[35] ABELSON H, SUSSMAN G J,SUSSMAN J. 计算机程序的构造和解释[M].裘宗燕,译.2 版.北京:机械工业出版社,2004.

[36] ALEXANDER M K. 编程原则:来自代码大师 Max Kanat-Alexander 的建议[M].李光毅,译.北京:机械工业出版社,2022.

[37] 上田勋. 编程的原则:程序员改善代码质量的 101 个方法[M].支鹏浩,译.北京:人民邮电出版社,2020.

[38] 郑人杰,许静,于波. 软件测试[M].北京:人民邮电出版社,2011.

[39] PRESSMAN R S. 软件工程:实践者的研究方法(原书第 7 版)[M].郑人杰,马素霞,译.北京:机械工业出版社,2011.

[40] WING J M. 计算思维[J].中国计算机学会通讯,2007,3(11):83-85.

[41] CRAMER F. 混沌与秩序:生物系统的复杂结构[M].柯志阳,吴彤,译.上海:上海科技教育出版社,2000.

[42] OKUN A. 平等与效率:重大的抉择[M].王奔州,译.北京:华夏出版社,1987.

[43] 吴军. 数学之美[M].北京:人民邮电出版社,2012.

[44] TURING A M. Computing machinery and intelligence(计算机器与智能)[J]. mind. 1950,59:433-460. https://wenku. baidu. com/view/1c0edec6a58da0116c174938. html.

[45] DENNING P J,METCALFE R M. 超越计算:未来五十年的电脑[M].冯艺东,译.保定:河北大学出版社,1998.

[46] 莫里兹. 数学家言行录[M].朱剑英,译.南京:江苏教育出版社,1990.

[47] BRADLEY M J. 数学前沿[M].蒲实,译.上海:上海科学技术文献出版社,2008.

[48] 李前,贺兴时,杨新社. 求解旅行商问题的离散花授粉算法[J].计算机与现代化,2016(7):37-43.

[49] LIHOREAU M,CHITTKA L,RAINE N E. Travel Optimization by Foraging Bumblebees through Readjustments of Traplines after Discovery of New Feeding Locations(大黄蜂觅食路径优化)[EB/OL]. [2021-06-05]. https://www. journals. uchicago. edu/doi/abs/10. 1086/657042.

[50] FOROUZAN B 计算机科学导论[M].刘艺,刘哲雨,译.11 版.北京:机械工业出版社,2015.

[51] CORMEN T H,CHARLES E L,RONALD L R,等. 算法导论 原书第 3 版[M].殷建平,徐云,王刚,

译.北京：机械工业出版社,2013.

[52]　坎贝尔-凯利,阿斯普雷,恩斯门格,等.计算机简史[M].蒋楠,译.3 版.北京：人民邮电出版社出版,2020.

[53]　MITCHELL M.复杂[M].唐璐,译.长沙：湖南科学技术出版社,2018.

[54]　KNUTH D E.计算机程序设计艺术 第三卷 排序与查找[M].苏运霖,译.北京：国防工业出版社,2002.

[55]　严蔚敏,吴伟民.数据结构：C 语言版[M].北京：清华大学出版社,2011.

[56]　IEEE. IEEE Standard 754 for Binary Floating-Point Arithmetic(IEEE 754 浮点数标准)[S/OL].[2021-05-20]. https://ieeexplore.ieee.org/document/8766229.

[57]　WARFORD J S.计算机系统：核心概念及软硬件实现[M].龚奕利,译.4 版.北京：机械工业出版社,2015.

[58]　量子学派.封杀这个公式,ChatGPT 智商将为零[EB/OL].[2023-02-10]. https://www.163.com/dy/article/HT8HJ2FR0511FQUH.html.

[59]　BRYANT R E.深入理解计算机系统[M].龚奕利,贺莲,译.北京：机械工业出版社,2019.

[60]　The Unicode Consortium. The Unicode Standard Version 14.0-Core Specification(Unicode 标准 14.0)[S/OL].[2024-7-16]. http://www.unicode.org/versions/Unicode14.0.0/.

[61]　冯志伟.汉字的熵[J].文字改革,1984(4)：12-17.

[62]　黄自然.以"字"为单位的汉语平均句长与句长分布研究[J].齐齐哈尔大学学报(哲学社会科学版),2018(1)：133-138.

[63]　韩明宇.中文信息熵的计算[OL].[2019-03-18]. https://blog.csdn.net/qq_37098526/article/details/88633403.

[64]　NEUMANN J V. First Draft of a Report on the EDVAC(EDVAC 计算机报告的第一份草案)[J]. IEEE Annals of the History of Computing,1993,15(44)：27-75.

[65]　MLOUGHLIN I.计算机体系结构：嵌入式方法[M].王沁,齐悦,译.北京：机械工业出版社,2012.

[66]　胡亚红,朱正东,张天乐.计算机系统结构[M].4 版.北京：科学出版社,2015.

[67]　TANENBAUM A S.计算机组成：结构化方法[M].刘卫东,宋佳兴,徐格,译.5 版.北京：人民邮电出版社,2006.

[68]　BOGATIN E.信号完整性分析[M].李玉山,李丽平,译.北京：电子工业出版社,2005.

[69]　新智元.GitHub 2021 年度报告发布：中国 755 万开发者排名全球第二[EB/OL].[2022-07-18]. https://baijiahao.baidu.com/s?id=1716694556808832759&wfr=spider&for=pc.

[70]　魏永明.奋战开源操作系统二十年：为什么编程语言是突破口？[EB/OL].[2024-01-22]. https://gitcode.csdn.net/65aa435eb8e5f01e44fc4c.html.

[71]　cnBeta. Linux 5.12 代码达到 2880 万行[EB/OL].[2024-01-12]. https://baijiahao.baidu.com/s?id=1693102214536470620&wfr=spider&for=pc.

[72]　RUSSINOVICH M E,SOLOMON D A,IONESCU A.深入解析 Windows 操作系统[M].5 版.北京：人民邮电出版社,2009.

[73]　TANENBAUM A S.现代操作系统[M].陈向群 马洪兵,译.北京：机械工业出版社,2009.

[74]　海观数码.开发一个 Windows 操作系统,究竟需要多少行代码呢？[A/OL].[2024-07-03]. https://baijiahao.baidu.com/s?id=1613220171897161122&wfr=spider&for=pc.

[75]　GOOGLE. Android 架构[EB/OL].[2021-06-20]. https://source.android.google.cn/devices/architecture?hl=zh-cn.

[76]　Linux 系统下载网.Linux 系统大全[EB/OL].[2024-01-22]. https://www.linuxdown.com/.

[77]　WEIXIN_39637233. x86 指令集_x86 指令集趣谈[EB/OL].[2022-07-21]. https://blog.csdn.net/weixin_39637233/article/details/111229316.

[78]　夜行的灯笼.指令跳转：if...else 是通过哪些指令实现的？[EB/OL].[2022-07-29]. https://blog.

csdn. net/weixin_47266438/article/details/116272257.

[79] PATTERSON D A,HENNESSY J L. 计算机组成与设计：硬件/软件接口[M]. 易江芳,刘先华,等译. 5 版. 北京：机械工业出版社,2021.

[80] PChome 电脑之家. 13 代酷睿 i9-13900K 评测偷跑,多核提升 40%功耗 420 瓦[EB/OL]. [2022-07-24]. https://baijiahao. baidu. com/s? id=1738308618774851231&wfr=spider&for=pc.

[81] FAIRYEX. 数字存储完全指南 01：储存设备的诞生与历史[EB/OL]. [2022-07-26]. https://sspai. com/post/68711.

[82] LICKLIDER J C R. 人机共生[EB/OL]. ConanXin, 译. [2023-08-08]. https://www. zhihu. com/tardis/sogou/art/43585042.

[83] TANENBAUM A S,WETHERALL D J. 计算机网络[M]. 严伟,潘爱民,译. 5 版. 北京：清华大学出版社,2012.

[84] 齐特林. 互联网的未来：光荣、毁灭与救赎的预言[M]. 康国平,译. 北京：东方出版社,2011.

[85] 李星,包丛笑. 纪念 ARPANET 诞生 50 周年：互联网技术的演进之路[EB/OL]. [2023-08-04]. https://www. sohu. com/a/364310575_278960.

[86] IETF. Index of rfc(RFC 文档索引)[EB/OL]. [2024-01-23]. https://www. ietf. org/rfc/.

[87] MITNICK K D,SIMON W L. 入侵的艺术[M]. 袁月杨,谢衡,译. 北京：清华大学出版社,2007.

[88] STALLINGS W. 密码编码学与网络安全：原理与实践[M]. 唐明,李莉,杜瑞颖,等译. 6 版. 北京：电子工业出版社,2015.

[89] 中央政府门户网站. 中国互联网协会正式公布"恶意软件"最终定义[EB/OL]. [2024-07]. https://www. gov. cn/gzdt/2006-11/24/content_452517. htm.

[90] HELLMAN H. 数学恩仇录：数学家的十大论战[M]. 范伟,译. 上海：复旦大学出版社,2009.

[91] KRIEGMAN S,BLACKISTON D,LEVIN M,et al. A scalable pipeline for designing reconfigurable organisms(用于设计可重构生物体的可扩展性管线研究)[J]. PNAS,2020,117(4)：1853-1859.

[92] RUSSEL S,NORVIG P. 人工智能：现代方法[M]. 张博雅,陈坤,田超,等译. 5 版. 北京：人民邮电出版社,2022.

[93] CREARY D M,KELLY A. 解读 NoSQL[M]. 范东来,滕雨橦,译. 北京：人民邮电出版社,2016.

[94] 蒋盛益,张钰莎,王连喜. 数据挖掘基础与应用实例[M]. 北京：经济科学出版社,2015.

[95] MITCHELL M. 复杂[M]. 唐璐 译. 长沙：湖南科学技术出版社,2018.

[96] DB-Engines. DB-Engines Ranking(数据库排行)[EB/OL]. [2024-01-22]. https://db-engines. com/en/.

[97] MA D. SQLite 的文艺复兴[EB/OL]. [2024-01-12]. https://mp. weixin. qq. com/s/ydAvQxkDwr XiAKW0EXfM8g.

[98] 量子计算. Python 魔法函数与两比特量子系统模拟[EB/OL]. [2022-07-08]. https://www. cnblogs. com/dechinphy/p/magic. html.

[99] LAZER D. 计算社会科学[J]. 孟雷,秦兵,译. 中国计算机学会通信,2011(6).

[100] 易建勋. 计算机导论：计算思维和应用技术[M]. 2 版. 北京：清华大学出版社,2018.

[101] 易建勋. Python 应用程序设计[M]. 北京：清华大学出版社,2021.

[102] 易建勋,范丰仙,刘青,等. 计算机网络设计[M]. 3 版. 北京：人民邮电出版社,2016.

[103] 易建勋,史长琼,付强. 计算机硬件技术：结构与性能[M]. 北京：清华大学出版社,2011.

附录 A　常用数学运算符号

数 学 符 号	数学符号说明	案 例 说 明
$\forall$	全称量词，for all（所有，任何）	$\forall x, P(x)$（对所有 x，都有性质 P）
$\exists$	存在量词，Existential（有些，某个）	$\exists x, P(x)$（对有些 x，有性质 P）
$\in$	属于	$C \in A$（C 属于 A）
$\notin$	不属于	$C \notin A$（C 不属于 A）
$\subseteq$	包含	$C \subseteq A$（C 包含于 A，C 是 A 的子集）
$\wedge$	与、合取	$p \wedge q$（p 并且 q）
$\vee$	或、析取	$p \vee q$（p 或者 q）
$\neg$	非、取反	$\neg p$（非 p，p 取反）
$\rightarrow$	如果……则……	$P \rightarrow Q$（如果 P 则 Q）
$\leftrightarrow$	当且仅当	$P \leftrightarrow Q$（P 当且仅当 Q）
$\varnothing$	空集合	$A = \{\varnothing\}$（集合 A 为空）
$\cap$	交集	$X \cap Y$（X 和 Y 的交集）
$\cup$	并集	$X \cup Y$（X 和 Y 的并集）
$\oplus$	异或	$p \oplus q$（p 异或 q）
$\lvert 0 \rangle$	0 态，量子叠加的一种状态	$\lvert \Psi \rangle = \alpha \lvert 0 \rangle + \beta \lvert 1 \rangle$（量子 $\lvert \Psi \rangle$ 的叠加态）
$\equiv$	同余符号（模运算），逻辑定义符号	14 mod 12 $\equiv$ 2（14 模 12 余 2）
$\gg$	远大于	$A \gg B$（A 远大于 B）
$+=$	自加运算（Python 语言）	i $+=$ 1（i 自动加 1，等价于 $i = i + 1$）
$P(a, b)$	联合概率（a 和 b 同时发生的概率）	$P(w_1, w_2)$（w_1, w_2 同时发生的概率）
$P(b \lvert a)$	条件概率（a 条件下，b 发生的概率）	$P(w_3 \lvert w_1, w_2)$（w_1, w_2 条件下 w_3 发生的概率）
$B = \{x \lvert x\}$	集合中元素的范围	$B = \{x \lvert x > 0\}$（集合 B 中的元素 $x > 0$）
$\wedge$	读[Caret，上帽]，乘方；异或；估计值	$x\verb|^|3 = x^3$；$a\verb|^|b$（a 异或 b）；$\hat{y}$（y 估计值，读 y 帽）
$\sum$	读[Sigma，西格玛]，求和符号	$\sum\limits_{i=0}^{3} X_i = X_0 + X_1 + X_2 + X_3$
$\prod$	读[Pi，派]，连乘符号	$\prod\limits_{k=1}^{4} (k+2) = (1+2)(2+2)(3+2)(4+2)$

附录 B   常用英文缩写与说明

部分计算机缩写名词没有读音标准,此处为大部分技术书籍和网站推荐的读音。

缩写字符	英文缩写读音	说　明
ARM	[ɑːrm,安媒]	公司名称,一类微处理器的通称,一种技术的名字
ASCII	['æski,阿斯克]	美国信息交换标准码
C#	[ʃarp,C 夏普]	微软公司的程序语言
cache	[kæʃ,凯希]	高速缓存
CISC	[sisk,塞斯克]	复杂指令系统计算机
DirectX	[direkt'eks,滴瑞克斯]	Windows 平台多媒体程序接口
GUI	[guːi]	图形用户界面
Hadoop	[hæduːp,哈杜普]	大数据并行计算平台
Hash	[hæʃ,哈希]	哈希函数,散列函数
IEEE	[I-triple-E,I3E]	国际电子和电工工程师协会
JPEG	['dʒeɪpeg]	一种图像压缩标准
Linux	['linʊks,里那克斯]	开源操作系统
MPEG	['empeg]	一种视频压缩标准
. Net	[dao-net,点耐特]	微软公司编程平台
O	[big-oh,大圈]	时间复杂度
P2P	[Peer to Peer,点到点]	一种通信方式
Python	['paɪθɑːn,派森]	一种解释型动态程序设计语言
RISC	[risk,瑞斯克]	精简指令系统计算机
SQL	['siːkwəl,西口]	数据库结构化查询语言
Ubuntu	[ʊ'bʊntuː,乌班图]	一种发行版 Linux 操作系统
UNIX	['junɪks,尤尼克斯]	一种操作系统
Wi-Fi	['waɪ faɪ]	无线局域网联盟
∂	[partial,怕烧]	偏导数,异常值
@	[at,艾特]	分隔符,例如,abc@qq.com